高职高专"十二五"规划教材

国家骨干高职院校建设"冶金技术"项目成果

稀土永磁材料制备技术

（第2版）

主编　石富　刘国征

北　京

冶金工业出版社

2013

内 容 提 要

　　本书为高等职业技术教育材料类专业教学用书。书中以钕铁硼永磁材料为主线，兼顾其他稀土永磁材料，系统介绍了稀土永磁材料的制备原理和技术。内容包括稀土永磁材料的发展以及与高新技术的关系；铁磁学的基本原理与技术磁参量；稀土永磁化合物的晶体结构、内禀磁特性、相图与显微结构；稀土永磁材料的熔炼与铸锭、制粉、磁场取向与成型、烧结与热处理、磁体加工与检验等基本生产过程的工艺理论、操作技术、工艺参数与磁体磁性能的关系；钕铁硼永磁材料和钐钴系永磁材料的品种、规格和磁性能，以及材料的成分、显微结构、工艺与磁性能之间的关系；此外还介绍了正在发展中的新型稀土铁系永磁材料。

　　本书在叙述上由浅入深，理论联系实践，内容充实，标准规范，实用性强，可以作为高等和中等职业技术学历教育的教学用书，也可作为职业资格和岗位技能培训教材。

图书在版编目（CIP）数据

　　稀土永磁材料制备技术/石富，刘国征主编 . —2 版 . —北京：冶金工业出版社，2013.12
　　高职高专"十二五"规划教材 . 国家骨干高职院校建设"冶金技术"项目成果
　　ISBN 978-7-5024-6560-5

　　Ⅰ . ①稀… 　Ⅱ . ①石… 　②刘… 　Ⅲ . ①稀土永磁材料—材料制备—高等职业教育—教材 　Ⅳ . ①TM273.5

　　中国版本图书馆 CIP 数据核字（2014）第 030513 号

出 版 人 　谭学余
地　　址　北京北河沿大街嵩祝院北巷 39 号，邮编 100009
电　　话　（010）64027926 　电子信箱　yjcbs@cnmip.com.cn
责任编辑　宋　良　美术编辑　杨　帆　版式设计　葛新霞
责任校对　石　静　责任印制　李玉山
ISBN 978-7-5024-6560-5
冶金工业出版社出版发行；各地新华书店经销；北京印刷一厂印刷
2007 年 1 月第 1 版，2013 年 12 月第 2 版，2013 年 12 月第 1 次印刷
787mm×1092mm　1/16；17 印张；406 千字；253 页
42.00 元
冶金工业出版社投稿电话：（010）64027932 　投稿信箱：tougao@cnmip.com.cn
冶金工业出版社发行部 　电话：（010）64044283 　传真：（010）64027893
冶金书店 　地址：北京东四西大街 46 号（100010） 　电话：（010）65289081（兼传真）
　　　　　　（本书如有印装质量问题，本社发行部负责退换）

序

  2010 年 11 月 30 日我院被国家教育部、财政部确定为"国家示范性高等职业院校"骨干高职院校立项建设单位。在骨干院校建设工作中,学院以校企合作体制机制创新为突破口,建立与市场需求联动的专业优化调整机制,形成了适应自治区能源、冶金产业结构升级需要的专业结构体系,构建了以职业素质和职业能力培养为核心的课程体系,校企合作完成专业核心课程的开发和建设任务。

  学院冶金技术专业是骨干院校建设项目之一,是中央财政支持的重点建设专业。学院与内蒙古大唐国际再生资源开发有限公司共建"高铝资源学院",合作培养利用高铝粉煤灰的"铝冶金及加工"方向的高素质高级技能型专门人才;同时逐步形成了"校企共育,分向培养"的人才培养模式,带动了钢铁冶金、稀土冶金、材料成型等专业及其方向的建设。

  冶金工业出版社集中出版的这套教材,是国家骨干高职院校建设"冶金技术"项目的成果之一。书目包括校企共同开发的"铝冶金及加工"方向的核心课程和改革课程,以及各专业方向的部分核心课程的工学结合教材。在教材编写过程中,面向职业岗位群任职要求,参照国家职业标准,引入相关企业生产案例,校企人员共同合作完成了课程开发和教材编写任务。我们希望这套教材的出版发行,对探索我国冶金职业教育改革的成功之路,对冶金行业高技能人才的培养,能够起到积极的推动作用。

  这套教材的出版得到了国家骨干高职院校建设项目经费的资助,在此我们对教育部、财政部和内蒙古自治区教育厅、财政厅给予的资助和支持,对校企双方参与课程开发和教材编写的所有人员表示衷心的感谢!

内蒙古机电职业技术学院 院长 张玉清

2013 年 10 月

第2版前言

本书为高等职业技术教育冶金类专业"十二五"规划教材，是按照教育部高等职业技术教育高技术、高技能人才的培养目标和规格，依据内蒙古机电职业技术学院校企合作发展理事会冶金分会和冶金专业建设指导委员会审定的"稀土永磁材料制备技术"教学大纲，在总结近几年教学经验并结合骨干高职院校建设"冶金技术"项目成果，征求相关企业技术人员意见的基础上编写而成的。

本书第1版于2007年由冶金工业出版社出版，此次修订力求体现职业技术教育特色，注重以职业（岗位）需求为依据，贯彻"基于工作过程"的教学原则。第Ⅰ篇"稀土永磁材料基础"三个单元作为重要的基础知识，为学有余力和深入研究应用的学生提供必不可少的学材；第Ⅱ篇"稀土永磁材料制备过程"四个单元为校内教学的主体内容，建议采用项目化教学，使学生具备稀土永磁材料制备过程各个工作岗位的知识和技能；第Ⅲ篇"稀土永磁材料产品性能及发展"三个单元的内容，供学生就业后结合具体工作岗位提升能力参考。

本书叙述上由浅入深、理论联系实践，内容充实、标准规范、实用性强，可以作为职业教育的教学用书，也可作为职业资格和岗位技能培训教材。

内蒙古机电职业技术学院石富和包钢稀土研究院刘国征任本书主编，并编写第1~3章，内蒙古机电职业技术学院贾锐军编写第4、5章；包钢稀土研究院武斌编写第6、7章，刘国征编写第8~10章；全书由刘国征任主审。在编写和审稿过程中，得到了稀土产业界和兄弟院校许多同仁的大力支持和热情帮助，得到了内蒙古机电职业技术学院领导和同事们的积极支持，在此一并表示衷心的感谢。借此机会，对所有为本书提供资料、建议和帮助的各方人士，也表示诚挚的谢意。

限于作者的水平，书中难免有错误和疏漏之处，诚请读者批评指正。

编　者

2013 年 10 月

第1版前言

本书为高等职业技术教育材料类专业教学用书，是按照教育部高职高专教育专业人才的培养目标，依据内蒙古机电职业技术学院材料与能源教学指导委员会审定的"稀土永磁材料制备技术"教学大纲，在总结近几年教学经验并征求相关企业技术人员意见的基础上编写而成的，并列入教育部《2004～2007年职业教育教材开发编写计划》和中国钢铁工业协会冶金高等职业教育教材规划。

为适应稀土材料工程技术这个新专业的教学需要，"稀土永磁材料制备技术"作为主干课程之一，其教学基本目的是：熟悉稀土永磁材料生产的基本过程；熟悉稀土永磁材料的成分、结构、工艺、磁性能及其相互之间的关系；熟悉生产流程中各个岗位的工艺原理和基本机械装备；具有在生产一线操作的基本知识和能力；具有开发新材料，采用新工艺、新设备、新技术的初步能力。

永磁材料是一种重要的功能材料，在当代高新技术迅速发展的过程中，永磁材料已成为计算机、网络信息、通讯、航空航天、交通、办公自动化、家电、人体健康与保健等技术领域的重要物质基础。以钕铁硼为代表的稀土永磁材料是磁性能最高、应用最广、发展速度最快的新一代永磁材料。本书以钕铁硼永磁材料为主线，兼顾其他稀土永磁材料，介绍其制备原理和技术。全书共为10章。第1章绪论介绍稀土永磁材料的发展、制备工艺以及与高新技术的关系；第2章是永磁材料磁学基础，扼要地叙述了铁磁学的基本原理以及技术磁参量与影响因素等内容；第3章介绍了稀土永磁化合物的晶体结构、内禀磁特性、相图与显微结构，是认识稀土永磁材料的成分、结构、工艺与性能之间关系的物理学与材料学基础；第4～7章分别论述了稀土永磁材料的熔炼与铸锭、制粉、磁场取向与成型、烧结与热处理、磁体加工与检验等基本生产过程的工艺原理和技术，重点讨论工艺理论、工艺参数与磁体磁性能的关系以及工艺操作技术；第8章和第9章分别论述钕铁硼永磁材料和钐钴系永磁材料的品种、规格和磁性能，以及材料的成分、显微结构、工艺与磁性能之间关系的规律；第10章介绍了正在发展中的新型稀土铁系永磁材料，即热变形各向异性稀土铁永磁材料、稀土铁系间隙化合物永磁材料和双相纳米晶复合交换耦合永磁材料。

本书力求体现职业技术教育特色，注重以职业（岗位）需求为依据，贯彻

"必需、够用"的原则，且注意吸收国内外有关的技术成果和生产经验，充实了必要的基础知识和基本操作技能方面的内容。叙述上由浅入深，理论联系实际，内容充实，标准规范，实用性强。本书可以作为学历教育的教学用书，也可作为职业资格和岗位技能培训教材。

在本书编写和审稿过程中，得到了稀土产业界和兄弟院校许多专家同仁的大力支持和热情帮助，得到了内蒙古机电职业技术学院领导和同事们的积极支持；包头稀土研究院刘国征教授审阅了全稿，提出了许多建设性的意见和建议，使本书的内容更加严谨，在此一并表示衷心的感谢。对所有为本书提供资料、建议和帮助的各方人士，也表示诚挚的谢意。

由于作者的水平所限，书中错误和疏漏之处，恳请读者批评指正。

编　者
2005 年 12 月

目　录

第 I 篇　稀土永磁材料基础

第Ⅱ篇　稀土永磁材料制备过程

第Ⅲ篇　稀土永磁材料产品的性能及发展

第 I 篇

稀土永磁材料基础

 **永磁材料概述**

教学目标

　　了解磁性材料的概念，认知永磁材料的分类、牌号、发展与应用；知晓稀土永磁材料的制备工艺过程；明确具有当代磁王之称的钕铁硼永磁材料与高新技术互为支撑的发展态势。

　　永磁材料是不需要消耗能量而能保持其磁场的磁功能材料。稀土永磁材料是永磁材料的主体产品，广泛应用于现代工业与科学技术中。

1.1　磁性材料的概念

　　磁性是物质的最基本属性之一。磁性材料是自古就受到人们高度重视的功能材料。早在公元前 3 ~ 4 世纪，我国已有"磁石取针"及"磁石召铁"的记载；在战国（公元前 2500 年）时期，已利用天然磁铁矿来制造司南；到宋代用钢针磁化制出了罗盘，为航海的发展提供了关键技术。而现代磁学的建立及磁性材料的发展则是近 100 年来的事了，有力地促进了近代工业技术的发展。

　　人们对于弱磁性的认识始自 18 ~ 19 世纪，因为弱磁性的测量需借助于仪器。1845 年，法拉第（M. Faraday）建立了对抗磁性与顺磁性的认识；19 世纪末，居里（P. Curie）进一步发现了抗磁磁化率不随温度变化及一些顺磁物质磁化率与温度成反比的居里定律；20 世纪初，郎之万（P. Langevie）用经典统计理论证明了居里定律，外斯（P. Weiss）提出分子场自发磁化的假说与磁畴的概念，用以解释铁磁性，并建立了居里 - 外斯定律。

　　量子力学的出现使人们开始把对物质磁性的认识建立在原子及电子的基础上，海森伯（W. K. Heisenberg）用静电性的交换作用对铁磁体中分子场的性质给出了正确的解释，揭开了现代磁学的篇章。1932 年，J. H. Van Vleck 的著作已对物质磁性作出相当全面的量子理论阐述。与此同时，磁畴及磁化过程的实验研究和宏观理论逐渐发展，它们与固体结构特别是微结构密切相关。20 世纪 40 年代末及 50 年代初，以铁氧体为代表的亚铁磁体的发现、研究及其应用形成一个热潮。50 年代后的两个重大突破为稀土化合物及其合金和非晶态磁性材料的研究及应用，强磁材料所含元素从 3d 发展到 4f 族。

　　近年来，一个新的应用领域正在迅猛发展，即各种磁记录材料和磁光记录材料。同时，薄膜、超薄膜、多层膜、超微粒材料和纳米结构的研究和应用成为又一热点。此外，巨磁电阻、有机铁磁体、化合物铁磁体和室温下铁磁半导体的发现，预示了磁学与磁性材料引人入胜的发展前景。目前，磁学和磁性材料的研究领域十分广泛，遍及各种元素及其合金和化合物，包括金属、半导体和绝缘体，有机和无机材料。多数材料为弱磁性，但材料磁性的研究重点集中在与应用有关的强磁性方面。

　　在现代科学和工业技术中，可用于制造磁功能器件的技术磁性材料（强磁性材料）称为磁功能材料。它包括硬磁材料、软磁材料、半硬磁材料、磁致伸缩材料、磁性薄膜、磁性微粉、磁性液体、磁致冷材料以及磁蓄冷材料等。其中用量最大和用途最广的是硬磁材料和软磁材料。在某些硬磁材料中，矫顽力可高达 4000kA/m。这类材料能抵抗去磁化作用（一旦磁化以后），因此又称为永磁材料。通常将永磁材料制成具有一定形状和体积的永磁体，进而制成多种多样的永磁功能器件，用于提供磁场源和磁能转换的场合。软磁材料的矫顽力低于 1kA/m，最低可达 0.08A/m，因而技术磁化到饱和后很容易退磁。软磁材料的应用是基于在外磁场有相对弱的变化时这类材料内的磁通量发生大的变化这一特性，如用于制造变压器、电感线圈、电动机和发电机的铁芯，在磁记录中用作磁场传感器，或用于应力 – 应变量器。

　　永磁材料制备原理和技术以材料科学和磁性物理学为学科基础。材料科学的基本原理植根于凝聚态物理学、合成化学与物理化学，这些学科对物质结构和物性的深入研究推动了对材料本质的了解；同时，冶金学、金属学、陶瓷学等学科的发展也使对材料的制备、结构与性能，以及它们之间的相互关系的研究愈来愈深入。沿用材料科学与工程的定义，永磁材料学科的内容可以表述为：主要是研究永磁材料的组成、结构、制备工艺、材料磁性能与使用效能以及它们之间的关系。

1.2　永磁材料的分类及牌号表示方法

　　国际电工委员会对永磁材料的分类见表 1 – 1。根据 IEC 出版物 404 – 1 中所用的分类系统，代号中的字母表示永磁材料的类别，第一位数字表示各个类别中材料的种类；第二位数字的"0"表示材料是各向同性的，"1"表示材料是各向异性的，"2"表示具有有机黏结剂的各向同性材料，"3"表示具有有机黏结剂的各向异性材料；第三位数字表示不同的等级。例如，烧结钕 – 铁 – 硼各向异性永磁材料的细分类可表示为 R7 – 1 – X，黏结钕 – 铁 – 硼各向同性永磁材料的细分类可表示为 R7 – 2 – X 等等。这里 X = 1，2，…，为材料的等级。

　　永磁材料的牌号表示方法以化学符号表示材料的主要组分，牌号中斜线前面的数字表示最大的磁能积 $(BH)_{max}$（单位 kJ/m³），斜线后面的数字表示矫顽力 H_{cj}（单位 kA/m）的十分之一，数值采用四舍五入取整。具有黏结剂的永磁材料，在牌号末尾加"P"字表示。例如，NdFeB380/80 表示 $(BH)_{max}$ 为 366 ~ 398kJ/m³，H_{cj} 为 800kA/m 的烧结钕铁硼永磁材料。

　　永磁材料的主要磁性能和辅助磁性能见表 1 – 2。

表1-1 永磁材料分类

类 别	主 要 成 分	代号的第一部分
硬磁材料（R）	铝－镍－钴－铁－钛合金	R1
	铂－钴合金	R2
	铁－钴－钒－铬合金	R3
	稀土－钴合金	R5
	铬－铁－钴合金	R6
	钕－铁－硼合金	R7
硬磁陶瓷（S）	硬磁陶瓷 （$MO_n \cdot Fe_2O_3$；M＝Ba，Sr 和/或 Pb，$n = 4.5 \sim 6.5$）	—

表1-2 永磁材料的磁性能

GB/T 9637 和 IEC50 （121）的术语号		磁 性 能	符号	单位
4.9	—	BH 积的最大值（也简短地称为"最大 BH 积"）	$(BH)_{max}$	kJ/m^3
2.26	121－02－43	剩磁	B_r	T
2.23	—	磁通密度矫顽力	H_{cb}	kA/m
2.23	—	磁极化强度矫顽力（内禀矫顽力）	H_{cj}	kA/m
4.31	—	回复磁导率	μ_{rec}	—
3.1	121－02－18	剩磁的温度系数（相当于磁饱和的温度系数 $\alpha(J_S)$）	$\alpha(B_r)$	%/K
—	—	磁极化强度矫顽力的温度系数	$\alpha(H_{cj})$	%/K
1.21	121－02－32	居里温度或居里点	T_c	K

1.3 永磁材料的发展

现代工业与科学技术广泛应用的永磁材料有铸造永磁材料、硬磁陶瓷（铁氧体）永磁材料、稀土永磁材料和其他永磁材料四大类。代表性的永磁材料和磁性能列于表1-3。

表1-3 永磁材料的磁性能

名 称	牌 号	代 号	B_r/T	H_{cj} /kA·m^{-1}	$(BH)_{max}$ /kJ·m^{-3}	T_c/℃	ρ /g·cm^{-3}
永磁钢	2J64		1.00	4.93	4.93		
铸造铝镍钴合金	AlNiCo60/11	R1－1－6	0.90	112	60.0	890	7.3
烧结铝镍钴合金	AlNiCo33/15	R1－1－23	0.65	150	33	757	7.0
永磁陶瓷（铁氧体）	Hard ferrite32/25	S1－1－10	0.41	250	32.0	500	4.9
1:5 钐钴合金	XGS165/80	R5－1－3	0.9	800	165	727	8.1
2:17 钐钴合金	XGS205/70	R5－1－14	1.05	700	205	827	8.2
黏结钐钴永磁	XGN65/60	R5－3－1	0.5	600	65		7.4
烧结 NdFeB 永磁	NdFeB260/80	R7－1－8	1.18	800	260	310	7.4

名　称	牌　号	代　号	B_r/T	H_{cj} /kA·m^{-1}	$(BH)_{max}$ /kJ·m^{-3}	T_c/℃	ρ /g·cm^{-3}
黏结 NdFeB 永磁			1.0	800	80		
纳米晶复合永磁			1.2	240	240		
热变形永磁			1.3	1100	42	500	7.7
铁铬钴合金	CrFeCo35/5	R6 - 1 - 3	1.05	51	35	637	7.6
铁镍铜合金			1.3	48	44	320	5.1
锰铝碳合金			0.6	210			
铂钴系合金	PtCo60/40	R2 - 0 - 1	0.6	400	60.0	527	15.5
铂铁系合金			1.0	340	154		

　　铸造 AlNiCo 永磁材料的磁性能中等，居里温度 T_c 高，温度稳定性好。铸造永磁材料自 1930 年出现后取代了磁钢，一度成为主流永磁材料。但它含有较多的战略金属钴和镍，磁体价格高，故 20 世纪 60 年代稀土永磁材料出现后，其产量已逐年降低。

　　铁氧体永磁材料的原材料丰富，磁体价格低，虽然磁性能不高，但仍然在汽车工业、音响、通信、家用电器、办公自动化设备中得到广泛的应用，其产量以每年 10% 左右的速度增长。目前，铁氧体永磁材料仍然是得到广泛应用的永磁材料之一。

　　稀土永磁材料按照开发应用的时间顺序分为：20 世纪 60 年代开发的 $SmCo_5$ 第一代稀土永磁材料，70 年代开发的 Sm_2Co_{17} 第二代稀土永磁材料，80 年代开发的 NdFeB 第三代稀土永磁材料，以及其后开发的其他稀土 - 铁永磁材料。Sm - Co 系永磁材料居里点高，温度稳定性好，但含有较多战略金属钴和钐，磁体价格高。因此，Sm - Co 系永磁材料的应用受到限制，自 1994 年以来产量逐年降低。

　　稀土 - 铁永磁材料是指以稀土与铁形成的金属间化合物为基体的永磁材料。按化学组成，稀土 - 铁永磁材料可分为：（1）$RE_2Fe_{14}B$（简称 2 : 14 : 1 型）化合物永磁材料；（2）$ThMn_{12}$ 型，如 $Nd(Fe, M)_{12}$ 化合物永磁材料；（3）间隙型稀土铁化合物，如 $Sm_2Fe_{17}N_x$、$Nd(Fe, M)_{12}N_x$、$Nd_3(Fe, M)_{29}N_x$ 等氮化物永磁材料；（4）双相纳米晶复合交换耦合永磁材料，如 $Nd_2Fe_{14}B/\alpha - Fe$、$Pr_2Fe_{14}B/\alpha - Fe$、$Sm_2Fe_{17}N_x/\alpha - Fe$ 永磁材料等。在上述稀土 - 铁化合物永磁材料中，$Nd_2Fe_{14}B$ 系（简称 NdFeB）永磁材料已在现代科学技术与信息产业中得到广泛的应用，在永磁材料中占有重要的地位。其他稀土 - 铁永磁材料目前还处于发展阶段，离实用化还有相当长的一段距离。NdFeB 永磁材料（包括烧结和黏结永磁材料）的磁性能高，相对价格较低，因而得到广泛应用，平均年增长率高达 20% ~ 30%。

　　Fe - Cr - Co、Fe - Ni - Cu 和 Pt 基永磁材料由于原材料价格高，或加工费用高，一直未能成为主流永磁材料。Mn - Al - C 永磁材料的发展则未到成熟期就开始萎缩。

　　永磁材料的应用主要是利用它在两磁极的气隙中产生的磁场强度 H_g。H_g 的大小与永磁材料的最大磁能积 $(BH)_m$ 的平方根成正比，因此可用 $(BH)_m$ 的不断提高来说明永磁材料的发展。图 1 - 1 所示为近 100 多年来永磁材料最大磁能积 $(BH)_m$ 的进展。图 1 - 2 所示为不同永磁体在其周围空间产生一定磁场所需磁体体积的比较。$(BH)_m$ 从 1880 年碳

钢的 $2kJ/m^3$ 到目前 NdFeB 的 $440kJ/m^3$，性能提高几百倍，而在特定空间产生同样磁通所需磁体的体积明显减小，故 NdFeB 永磁体被称为超强磁体和当代磁王。人们预计在未来的 20 年内找出 $(BH)_m$ 更高的可取代 NdFeB 的新型永磁材料的可能性很小。

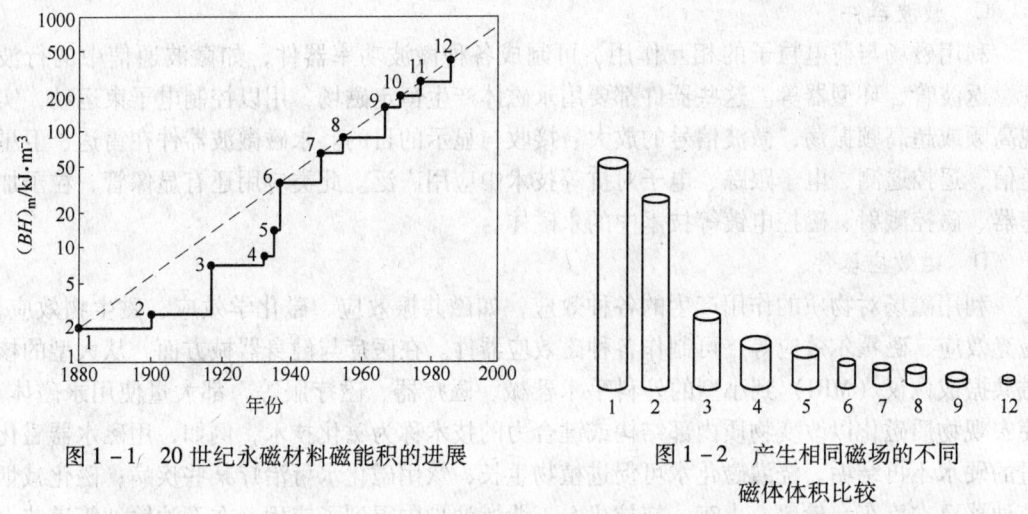

图 1-1 20 世纪永磁材料磁能积的进展   图 1-2 产生相同磁场的不同
磁体体积比较

1—C 钢；2—W 钢；3—Co 钢；4—AlNiCo；5—AlNiCo-Ti；6—AlNiCo-Ti-G；7—AlNiCo-Ti-GG；
8—AlNiCo-Ti-xx；9—$SmCo_5$；10—$(Sm,Pr)Co_5$；11—Sm_2Co_{17}；12—NdFeB

1.4 永磁材料的应用

永磁材料具有机械能与电磁能相互转换的功能。利用其能量转换功能和磁的各种物理效应，可将永磁材料制成多种多样的永磁功能器件。这些永磁功能器件已成为计算机、网络信息、通讯、航空航天、交通、办公自动化、家电、人体健康与保健等高新技术领域的核心功能器件。永磁材料已成为高新技术、新兴产业与社会进步重要的物质基础。

永磁材料应用的分类方法有多种，其中最基本的方法是从物理原理上进行分类，可分为下述几种。

A 电－机械转换

利用磁场与运动导线或载流导线的相互作用，制造发电机或永磁电动机。永磁电动机的品种很多，诸如音圈电动机（VCM）、步进电动机、磁滞电动机、线性电动机、伺服电动机等，电动机的容量小至几分瓦，大至数百千伏安，优点是不需要励磁绕组或励磁机、体积小、重量轻、比功率高。尤其是各种微电动机，主要用在计算机、网络信息、通讯、航空航天、交通运输、办公自动化、家用电器及儿童玩具中。此类应用还包括扬声器、耳机、电话、超声发声器等电－声转换器件；磁光记录、激光聚焦、打印头、传感器等信号传输和转变装置。

B 磁－机械力或转矩转换

利用磁极间的相互作用力，可实现磁悬浮、磁传动、磁起重等功能。典型的例子是已实用化的磁性轴承，它没有摩擦，不需要润滑，寿命长，主要应用于人造卫星、航天器、高速飞行器的陀螺仪，超高速离心机，纺织机械的涡轮机，电量计，特别用途电机，精密仪器和电度表等。磁悬浮列车运输系统的列车时速可达 500km/h，能够实现运输系统的高速、无污染、无噪声等目标。永磁材料在磁力机械领域的应用还在开拓与发展中，已广泛应用的有磁力传动器、磁制动器、磁打捞器、磁夹具、磁力泵、磁性阀、磁封门和磁性锁等。

C　微波器件

利用磁场与荷电粒子的相互作用，可制成各种微波功率器件，如微波通信中的行波管、返波管、环型器等。这些器件都要用永磁体产生恒定磁场，用以控制电子束运动，实现高频或超高频振荡，微波信号的放大、接收与显示的目的。永磁微波器件在雷达、卫星通信、遥控遥测、电子跟踪、电子对抗等技术中应用广泛。此类应用还有显像管、粒子加速器、磁控溅射、磁控电镀等技术中的永磁体。

D　磁效应器件

利用磁场对物质的作用产生的各种效应，如磁共振效应、磁化学效应、磁生物效应、磁光效应、磁霍尔效应等，可制作各种磁效应器件。在医疗与健身器械方面，从大型的核磁共振成像仪（MRI）到小型的外科手术器械、磁疗器、磁疗服等，都大量使用永磁体。使宏观物质磁化以改变物质内部结构或键合力的技术称为磁化技术，例如，用磁水器磁化过的硬水不再结垢，浇灌磁化水可促进植物生长，饮用磁化水可治疗某些疾病；磁化减烟节油器已在汽车、轮船、火车、拖拉机、工业燃油炉中得到了应用；在石油输油管道装上磁防蜡器后，原油中的蜡不再凝固。利用磁场将不同磁化率的物质分开的技术称为磁分离技术，在选矿、原材料处理、水处理、垃圾处理，以及在化学工业和食品工业中，都得到了广泛应用。

1.5　稀土永磁材料的制备工艺

稀土永磁材料按制备工艺方法的不同，可分为烧结永磁材料、黏结永磁材料和热变形永磁材料等，制备工艺流程如图 1－3 所示。

稀土永磁材料的制备首先需获得具有特定化学成分和结晶组织的合金铸锭。以 NdFeB 合金的熔炼为例，它是按一定配比将金属钕、铁硼合金和为某种目的有意添加的金属料加入真空感应炉，在氩气保护下熔炼成 NdFeB 合金。将熔融的合金液浇注至水冷铜模中冷却，得到合金铸锭。为了提高磁性能，也可对铸锭进行高温等温退火均匀化处理，以减少铸锭中析出的 α－Fe，提高主磁性相 $Nd_2Fe_{14}B$ 的体积分数。

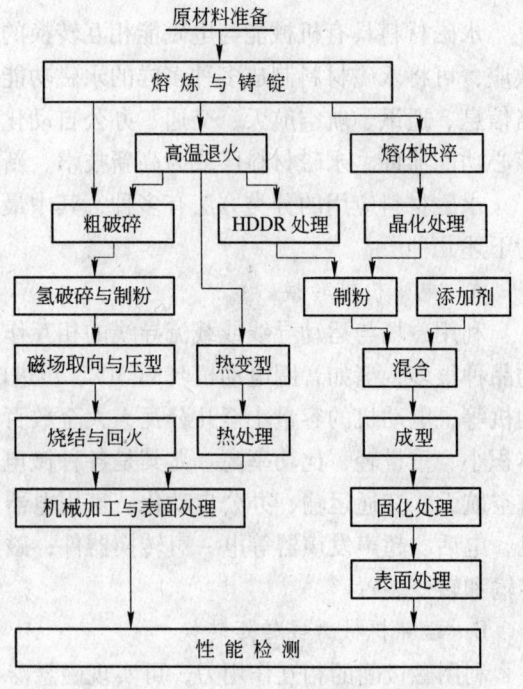

图 1－3　稀土永磁材料的制备工艺流程

烧结磁体的制备采用传统的粉末冶金工艺。将铸锭破碎至一定粒度（<3mm）并用机械法或氢碎法（HD 法）制备粗粉，然后将粗粉细磨至约 5μm 左右的磁粉。目前大规模生产采用气流磨或搅拌磨制粉，实验研究

采用球磨或小型气流磨制粉。将磁粉在磁场下取向并压制成型，或在等静压机中进一步压实。压坯的烧结和回火在真空烧结炉内于氩气保护下进行。用该工艺制备各向异性烧结磁体，其中铸锭组织、制粉、磁场成型、烧结及回火等工艺的工艺参数对磁体的磁性能有十分重要的影响。烧结磁体经过机械加工与表面处理制成所需形状的永磁体。

黏结磁体的制备采用熔体快淬法（MQ 法）或 HDDR 法制备磁粉。快淬法是将铸锭熔化后浇在一旋转的水冷铜辊表面上，得到非晶态至微晶态的薄带。薄带的粗碎颗粒（约 $200\mu m$）经过适当热处理可得到纳米晶态（$20 \sim 40nm$）组织。HDDR 法是用氢气处理铸锭，经过氢化—歧化—解吸—再结晶过程，得到细小晶粒（约 $0.3\mu m$）的微粉。MQ 粉或 HDDR 粉经过轻微破碎即可得到黏结用磁粉。将磁粉与某些高分子化合物（如环氧树脂）混合，采用压制成型、注射成型或其他方法使其成型并固化，便得到所需形状的黏结磁体。由于快淬法得到的是各向同性粉末，故快淬磁粉主要用于制备各向同性黏结磁体。当对快淬磁粉进行热压或热变形压力加工时，可得到各向异性磁体。HDDR 法得到的磁粉有各向同性和各向异性两种，可分别用于制备各向同性和各性异性黏结磁体。黏结磁体较烧结磁体的磁性能有所下降，但黏结磁体的磁性能稳定性好、工艺简单、尺寸精确，易于工业化大批量生产。

采用热变形工艺可制备各向异性的致密的磁体。铸造 PrFeB 永磁合金工艺大体上可分为合金的熔炼与铸锭、热变形、最后退火三个阶段。热变形工艺包括热压、热轧、镦粗等。铸态合金永磁性很差，经退火后，磁性有所提高，经热压或热轧后，由于产生了各向异性，所以磁性能提高幅度很大。铸造 – 热压或热轧法，是不同于粉末冶金法的另一类方法，可生产大块、异形磁体，而且大尺寸板状稀土 – 铁磁体只有通过热轧法才能获得。在热加工时，为防止合金氧化，需对合金包封，是此工艺的难点。

1.6　NdFeB 永磁材料

1.6.1　NdFeB 永磁材料与高新技术

NdFeB 作为永磁材料中最新和最高磁性的材料，在高新技术产业中开辟出一类全新的永磁材料应用领域。现代科学技术与信息产业正在向集成化、小型化、轻量化、智能化方向发展，而具有超高能密度的 NdFeB 永磁材料的出现，有力地促进了现代科学技术与信息产业的发展，为新型产业的出现提供了物质保证。

根据世界各发达国家 1993 年的统计数据，当年 NdFeB 永磁体产量约 2000t，在计算机硬磁盘驱动器（HDD）和读写磁头音圈电机（VCM）中的应用占一多半（54%）；其次是电机的应用（17%）和核磁共振人体成像仪（MRI）中的应用（11%），而永磁电机主要用于计算机、工业自动化、办公自动化和家电；再其次是应用于通讯、仪器、磁分离器和电声器件中（18%）。

计算机的快速更新换代为高性能 NdFeB 磁体的应用提供了巨大市场，尤其个人计算机、多媒体和国际互联网的普遍应用，促进了对 NdFeB 磁体需求的增长势头。硬磁盘驱动器（HDD）是高性能 NdFeB 磁体的第一大用户，使 NdFeB 磁体的用量迅速增加。高性能 NdFeB 磁体还应用于软磁盘驱动器（FDD）和光盘（CD – ROM、DVD – ROM、CD – RW 等）驱动器上。此外，计算机主机及其与计算机配套的打印机、扫描仪，还有办公自动化用的复印机、传真机、视频及远程会议系统，以及空调、冰箱、手机、数码相机等，都是应用 NdFeB 磁体的广阔市场。为满足磁头定位精度高和存取速度快的要求，用于制造 VCM 的 NdFeB 磁体的磁性能不断提高。

在汽车上，烧结 NdFeB 磁体多用于车速传感器和各种电动机上。据统计，每辆汽车要用到 17 块永磁体，豪华轿车每辆要用到 70 多块永磁体。

将汽车所用铁氧体磁体改用黏结 NdFeB 磁体后，磁体的重量减轻约 40%，体积减小约 50%，一辆汽车需用 NdFeB 磁体 0.5~1.5kg。全世界的汽车年产量达数千万辆，因此 NdFeB 磁体在汽车中的应用前景十分广阔。为改善城市空气污染状况，目前世界上各大汽车公司正在筹建电动汽车（EV）生产线。据估计每辆电动汽车的永磁电机用 NdFeB 磁体约 1.2kg，正在发展中的电动摩托车和电动自行车也需要数量可观的 NdFeB 磁体。此外，在磁悬浮列车和自动化高速公路的建设上，也需要数量更多的 NdFeB 磁体。

近年来核磁共振人体成像仪（MRI）发展迅速，永磁式 MRI 若用铁氧体磁体制造，每台用量 21t，整机质量达 70t；若用 NdFeB 永磁体制造，每台用量 2.6t，整机质量可减少至 24t，同时提高了成像质量和分辨率，发展 NdFeB 磁体式 MRI 是一个方向。

我国市场上 NdFeB 磁体的应用有自身的特点，主要应用于风力发电和节能电梯市场，以及以出口的形式应用于消费类电子产品领域。近年来，我国风力发电和节能电梯市场保持持续快速发展的势头，新兴的混合动力汽车和电动助力转向系统（EPS）、节能环保空调和节能石油抽油机市场进入快速发展通道，VCM 电机和个人消费电子类产品继续保持稳定缓慢增长的态势。我国高性能钕铁硼永磁材料行业下游需求分布如图 1-4 所示。

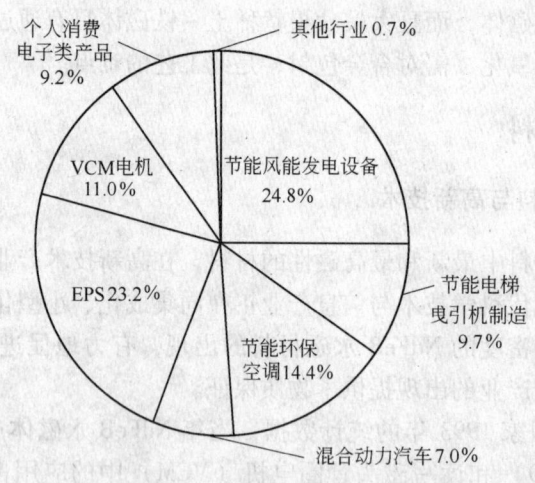

图 1-4 我国高性能钕铁硼永磁材料行业需求分布

1.6.2 NdFeB 永磁材料的进展

目前，NdFeB 永磁材料已成为材料科学中最具活力的领域，对其研究的深度和广度均是前所未有的。而永磁材料制备方法的研究与开发成为材料科学技术的重点，以不断改进制备工艺，提高磁体性能和降低生产成本，从而提高竞争能力。NdFeB 永磁材料（包括烧结永磁材料与黏结永磁材料）还处于发展阶段，主要标志为：

（1）NdFeB 永磁材料的磁性能还有待提高。目前烧结 NdFeB 磁体的磁能积还较低，其实验值、工业小批量试生产和工业大批量生产永磁体的磁能积分别仅为其理论值（509kJ/m³）的 83%、74% 和 69%。而实际烧结 NdFeB 永磁体的矫顽力（1350kA/m）仅为其理论值（6368kA/m）的 21% 左右。目前实际生产的黏结各向异性 NdFeB 磁体的磁性能还很低，提高磁性能的潜力还很大。

（2）市场对 NdFeB 永磁材料的需求量还在不断地增加。全世界烧结 NdFeB 永磁体的年产量由 1990 年的 1430t 上升到 2012 年的 36683t，年均增长率 15.7%。预测 2014 年全世界对烧结 NdFeB 的需求量将增加到 5 万吨以上。

（3）生产 NdFeB 永磁材料的工艺、技术、设备在不断改进和完善。生产高性能烧结 NdFeB 磁体出现了湿压成型（HIOP）、橡皮模压（RIP）、速凝铸带工艺和双相合金法等新技术。发展纳米晶复合磁交换耦合永磁材料将引发黏结永磁体的技术革命。

（4）NdFeB 永磁材料的温度稳定性、工作温度、抗腐蚀性能仍处于研究、改进与发展之中。

（5）NdFeB 永磁材料在现代科学技术中的应用范围仍在扩大。

1.6.3　中国 NdFeB 永磁材料的发展

烧结 NdFeB 和快淬 NdFeB 永磁材料是 1983 年分别由日本和美国发现的。1984 年上半年，中国研制的烧结 NdFeB 磁体的磁能积达到 240~280kJ/m³，1985 年已将研究成果转化为工业化生产，发展十分迅速。到 1996 年中国烧结 NdFeB 的产量增加到 2600t，在产量上超过日本的 2400t，居世界第一位。同时，中国的黏结 NdFeB 磁体也有了一定进步。

中国发展 NdFeB 永磁材料产业的突出优势是稀土资源丰富，目前探明的工业储量达 5200 万吨（以稀土氧化物 REO 计），约占世界稀土资源的 43%。中国稀土资源的主要特点是分布广，在 22 个省（区）内均有发现，其中内蒙古白云鄂博地区储量最大，占全国储量的 80% 以上。该地区的稀土矿与铁矿共生，可进行综合开发利用，有利于降低成本。中国的稀土矿种类齐全，稀土含量高，有氟碳铈矿、独居石、磷钇矿和离子吸附型矿等；稀土矿的稀土提取分离较简便，因此稀土价格较低。中国稀土资源的优势为发展 NdFeB 永磁材料产业提供了极为有利的条件。

中国烧结 NdFeB 磁体的制备已发展成为工业化的新型产业，其生产能力与实际产量已处于世界领先地位，多年来积累了一定的生产及开发研究的经验，造就了一批训练有素的技术队伍。由于我国高性能钕铁硼永磁材料行业起步较晚，加上该行业技术门槛高，投资大、回收期长，日本企业在市场中拥有强势地位等原因，导致国内高性能钕铁硼永磁材料生产企业的扩产速度一直跟不上市场需求的增长，供应缺口主要通过进口来填补。目前，日、美等国 NdFeB 永磁材料的基本专利大部分已过期，到 2014 年全部到期，我国钕铁硼永磁材料生产企业将参与到国际市场的竞争，尤其是高性能钕铁硼永磁材料生产企业，将凭借稀土资源优势和低成本等优势，在国际市场竞争中占据一定的优势。

本 章 小 结

我国应用永磁材料已有 5000 多年的历史，而永磁材料仅是磁性材料家族众多成员中的一员。将永磁材料制成永磁体后，永磁体不需要消耗能量而能保持其磁场，用于提供磁场源和磁能转换的场合。永磁材料的种类很多，本书主要讨论以钕铁硼为代表的稀土永磁材料的制备技术，读者现在应该已经熟知诸如牌号 NdFeB380/80、代号 R7 – 1 – 8 等表示的确切含义了。

　　既然永磁体不需要消耗能量而能保持其磁场，具有能量转换功能，其应用也就在于这些需要提供磁场和磁能转换的场合，而且舍其也无法替代。于是，时下有些人士致力于开发用永磁体制造"永动机"，如用作汽车发动机输出机械能，作者就曾接受过几种"永动机"发明者的咨询。依据永磁体具有的磁能—转矩转换功能，这种"永动机"的设想是成立的。但这种"永动机"不是原动机，因为从稀土永磁材料的制备工艺过程可以看出，永磁体的制造过程消耗大量能量，其中部分能量是在磁体成型时以磁场取向的方式和在磁体充磁（技术磁化）时转换为磁能而储存在永磁体中；即使是天然永磁材料，如磁铁矿，也是自然造化通过能量转换使其禀赋了磁能。况且，我们在后面还会看到，永磁体的磁能其实也是有衰减和损耗的。由此，这种"永动机"是不违背热力学第三定律的。

　　NdFeB 作为永磁材料中最新和最高磁性的材料，极大地促进了现代科学技术与信息产业的发展，为新型产业的出现提供了物质保证。我国烧结 NdFeB 磁体的制备已发展成为工业化的新型产业，随着国际 NdFeB 永磁材料专利保护的解除，我国 NdFeB 永磁材料行业将凭借稀土资源优势和低成本等优势得到迅猛发展。

复习思考题

1 – 1　磁功能材料有哪些种类，硬磁材料和软磁材料的主要区别是什么，各应用于何种场合？

1 – 2　永磁材料学科研究的主要内容是什么？

1 – 3　以钕 – 铁 – 硼合金为例，写出该永磁材料的分类代号和牌号表示方法。

1 – 4　永磁材料的磁性能有哪些，其符号和单位如何表示？

1 – 5　简述永磁材料的发展。比较各种永磁材料的磁性能和应用情况。

1 – 6　为何称 NdFeB 磁体为超强磁体和当代磁王？

1 – 7　永磁材料的应用从物理原理上可分为哪几类，各有哪些应用实例？

1 – 8　NdFeB 永磁材料在国际和国内高新技术中的应用各有何特点？

1 – 9　写出稀土永磁材料制备工艺流程，简述其主要技术方法和特点。

1 – 10　为何说 NdFeB 永磁材料仍处于发展阶段，中国发展稀土永磁材料有何优势，如何才能使中国成为生产和开发稀土永磁材料的基地与中心？

2 永磁材料磁学基础

教学目标

　　学习永磁材料磁学的基本原理，认知磁学的基本概念、自发磁化、磁体的能量和磁畴的变化以及各种技术磁参量。

　　永磁材料的磁学理论包括自发磁化理论和磁畴理论两个方面的内容，前者讨论铁磁性的起源和本质，后者说明铁磁性物质在外磁场下的特性，又称为技术磁化理论。

2.1 物质的磁性

2.1.1 磁现象与磁学量

　　人类很早就发现了磁现象，如天然磁石能吸铁；磁铁有北（N）和南（S）两个磁极；磁铁之间的同种磁极相斥，异种磁极相吸；小磁针在磁铁附近会发生偏转；地球也是一个"大磁铁"等。直至 1819 年，奥斯特发现了小磁针在载流导线附近发生偏转的现象，表明电流的附近存在磁场。正是这种磁场的作用导致了小磁针的偏转，从而揭示了电流与磁场的关系。自此，人们就以位于磁场中某处的小磁针偏转时，其 N 极的指向为该处磁场的方向。磁铁的磁场分布于两个磁极（北极 N 和南极 S）之间，磁场的方向由 N 极指向 S 极。

　　在物质的磁化理论中，常用到磁偶极子的概念。关于磁偶极子，最容易想像的是一块线度无限小的磁铁（图 2 - 1a），磁偶极子在它周围能产生磁场。另一方面，它在外磁场中要受到转矩的作用。真空中每单位外加磁场作用在磁偶极子上的最大力矩称为磁偶极矩 j_m。磁偶极子的转动方向，总是企图使它自身的磁场与外磁场有一致的方向，也就是说转动的方向是企图对外磁场有所增强。一个磁偶极子对应于 N 极和 S 极的磁极强度分别为 $+m$，$-m$，两者之间的距离为 l。这一磁偶极子产生的磁偶极矩为 $j_m = ml$，其方向由 S 极指向 N 极，单位为 Wb·m（韦伯·米）。它与真空磁导率 μ_0 的比值称为磁矩，即 $\mu_m = j_m/\mu_0$。磁铁每单位体积内的磁偶极矩称为磁极化强度，即

$$J = \frac{\Sigma j_m}{\Delta V}$$

式中，磁极化强度 J 的单位为 T（特斯拉）。

　　通常把磁偶极子等效为一个很小的圆形载流回路（图 2 - 1b），场中任意一点到回路中心的距离都比回路的线性尺寸大得多。在大距离处，电流环的磁场与一根小的棒状磁铁磁偶极子的磁场是相同的。电流环的磁矩定义为 $\mu_m = iS$，式中 i 是电流强度，S 是电流环包围的面积，磁矩的方向由右手定则确定，单位是 A·m²（安培·米²）。事实上，磁偶极子的磁场是由原子尺度上的微观电流产生的。诸如物质中电子绕原子核的运动、电子的

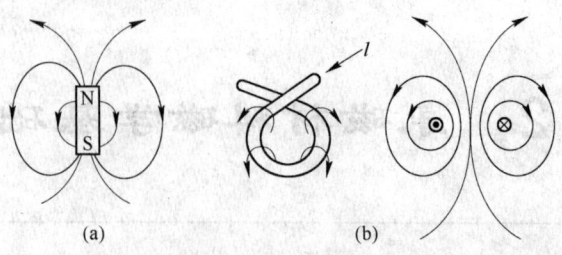

图 2 - 1　磁偶极子与电流环的磁场

自旋等，这些做环绕运动的电荷形成了原子磁矩，也要激发磁场。当这些原子磁矩作定向排列时，在宏观上就呈现出磁性。如果原子中轨道电子形成的电流及其包围的面积已知，原子磁矩可以计算。用氢原子的玻尔（Bohr）模型估算 μ_m 的数值，得到轨道磁矩的最小单位（称为玻尔磁子）为

$$\mu_B = 9.273 \times 10^{-24} (\text{A} \cdot \text{m}^2)$$

孤立基态原子的核外电子除了围绕原子核做轨道运动外，还做自旋运动，电子的自旋磁矩 $\mu_S \approx 1\mu_B$。原子磁矩是电子的轨道磁矩和自旋磁矩的总和。

材料的宏观磁性是由组成材料的原子或分子的原子磁矩或分子磁矩引起的，材料的磁化是由于它内部的原子磁矩或分子磁矩转向后合成的总磁矩不等于零所致。通常用磁化强度 M 表示材料的磁化程度，它是指材料在磁化状态中每单位体积内同向排列的磁矩，即

$$M = \frac{\Sigma \mu_m}{\Delta V}$$

式中，磁化强度 M 的单位是 A/m。

由此不难得出磁极化强度 $J = \mu_0 M$。有时用材料的单位质量的磁矩来表示磁化强度，称为质量磁化强度，$\sigma = M/d$，式中 d 为材料的密度，kg/cm^3；σ 的单位为 $\text{A} \cdot \text{m}^2/\text{kg}$。也有用 σ_A 表示 1mol 物质的量的磁化强度，$\sigma_A = A\sigma$，式中 A 为 1mol 物质的量，σ_A 的单位为 $\text{A} \cdot \text{m}^2/\text{mol}$。

磁场 H 可由永久磁铁产生，也可由电流产生。对外磁场 H 做出响应的材料，一般它们的磁矩 μ_m 将发生变化，磁化强度 M 由下式给出

$$M = \chi H \tag{2-1}$$

式中，χ 为磁化率。

任何物质在外磁场作用下，除了外磁场 H 外，还要产生一个附加的磁场。物质内部的磁感应强度 B 通过磁导率 $\mu = \mu_r \mu_0$ 与 M 和 H 相联系，关系为（用 MKSA 单位）

$$B = \mu_0(H + M) = \mu_0(H + \chi H) = \mu_0(1 + \chi)H = \mu H \tag{2-2}$$

式中，真空磁导率 $\mu_0 = 4\pi \times 10^{-7} \text{H/m}$（亨利/米）。相对磁导率 $\mu_r = 1 + \chi$。参量 μ_r 和 χ 以不同方式描述了材料对磁场的响应。式 2 - 2 中 B 的单位为 $\text{H} \cdot \text{A/m}^2$（亨利·安培/米^2，定义为 Wb/m^2），$1\text{Wb/m}^2 = 1\text{T}$（特斯拉）。应用单位 Wb/m^2，自然要把 B 定义为 φ/A，这里 φ 为磁力线数，A 为磁力线通过的垂直面积。

磁学与磁性材料理论推广使用 SI 国际单位制，由于文献上的大量磁学数据以 CGS 制和其他单位制表示，各单位制的磁学量在概念上及数值上都有区别，为了便于换算，表

2-1给出某些重要磁性物理方程，分别用 MKSA 和 CGS 单位制表示，同时给出它们之间的换算关系。例如，在 CGS 单位制中，式 2-2 要改变一下形式，即式中的 MKSA 单位要换算为 CGS 单位：

$$\frac{B(高斯)}{10^4} = 4\pi \times 10^{-7}\left[H(奥斯特)\frac{10^3}{4\pi} + M(高斯)10^3\right]$$

$$= 10^{-4}\left[H(奥斯特) + 4\pi M(高斯)\right]$$

即在 CGS 单位制中，B、H、M 或 J 三者的关系为

$$B(高斯) = H(奥斯特) + 4\pi M(高斯)$$

表 2-1　用 MKSA 和 CGS 单位制表示的常见磁性物理量和换算关系

MKSA		CGS		换算
$H = NI/l$	A/m	$H = 0.4\pi NI/l$	Oe	79.6A/m =1Oe
$B = \mu_0(H+M)$	T	$B = H+4\pi M$	G	$1T = 10^4 G$
$M = \chi H$	A/m	$M = \chi H$	G	$10^3 A/m = 1G$
$J = \mu_0 M$	Wb/m²	$J = 4\pi M$	G	$10^{-4} Wb/m^2 = 1G$
$\mu = \mu_0(1+\chi)$	H/m	$1+4\pi\chi$	无	
$\mu_m = iA$	A·m²	IA	emu，G·cm³	
$E = -M\cdot B$	J/m³	$-MH$	erg/cm³	$1J/m^3 = 10erg/cm^3$

2.1.2　材料磁性的类型

材料的磁性取决于材料中原子磁矩对外加磁场的响应。在所有材料中，原子磁矩并不都是排齐的。按照局部原子磁矩彼此耦合的方式如平行、反平行，或根本不平行，物质的磁性大体可分为抗磁性、顺磁性、铁磁性、反铁磁性和亚铁磁性等。表 2-2 列出各种磁性的异同点。其中，铁磁性和亚铁磁性为强磁性，通常将它们广义地称为铁磁性；其余属于弱磁性。

表 2-2　物质磁性的异同点

磁特性	抗磁性	顺磁性	铁磁性	反铁磁性	亚铁磁性
原子磁矩 μ_J	$\mu_J = 0$	$\mu_J \neq 0$	$\mu_J \neq 0$	$\mu_J \neq 0$	$\mu_J \neq 0$
磁化率 χ	$-(10^{-5}\sim10^{-6})$	$+(10^{-4}\sim10^{-5})$	$+(10^2\sim10^6)$	$+(10^{-2}\sim10^{-4})$	$+(10^2\sim10^6)$
磁化曲线	线性	线性	非线性	线性	非线性
饱和磁化场	无限大	$>10^{10}$A/m	$10^2\sim10^5$A/m	$>10^{10}$A/m	$10^2\sim10^5$A/m
磁性强弱	弱	弱	强	弱	强

强磁性主要表现为在无外加磁场时仍存在自发磁化。热退磁状态的铁磁性物质的 M、J 和 B 随磁化场 H 的增加而增加的磁化曲线如图 2-2 所示，它们分别称为 $M-H$、$J-H$、$B-H$ 磁化曲线。M_s、J_s 和 B_s 分别为饱和磁化强度、饱和磁极化强度以及饱和磁感应强度。铁磁体的有用，是因为可以通过一个相当小的磁场（$H \approx 100$A/m），产生一个大的磁感应强度（$B \approx 1\sim2$T），完全磁化强度 $M \approx B/\mu_0$ 的数量级为 10^6A/m，因而铁磁性的磁化率高达 10^6 数量级。铁磁体之所以有这样强的磁化强度，在于其原子或离子的 3d 电子壳

层中存在着未配对的 3d 电子，其电子的自旋磁矩未被完全抵消（方向相反的磁矩可互相抵消），使得在称为磁畴的微小区域中原子磁矩自发地定向平行排列，即发生了自发磁化。为使体系能量最小，有限大的物质通常被分成若干小的区域，微小区域中原子磁矩自发地定向平行排列，这些小的区域就称为磁畴。磁畴彼此由畴壁分隔，在不同磁畴中的磁化强度有不同方向，在畴壁表面上磁矩的变化是相对突然的（图2-3）。在无外磁场时，各磁畴磁化强度分布的矢量和为零。在外磁场中，磁畴通过畴壁移动和磁化方向转动，使试样处于磁化饱和状态，即几乎全部原子磁矩沿 H 方向平行排列。

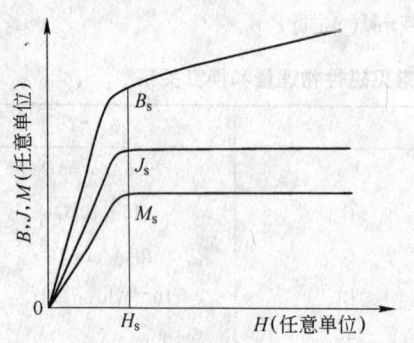

图2-2　铁磁性物质的磁化曲线

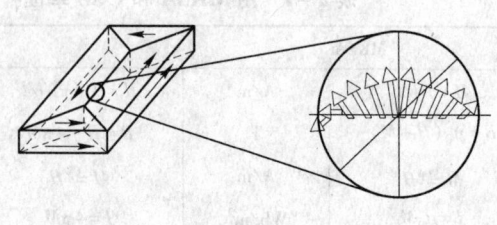

图2-3　铁磁体中的磁畴及畴壁内原子磁矩的空间变化

强磁性的另一个重要特点是存在一个临界温度，即居里（Curie）温度 T_c。在 T_c 以下，表现出铁磁性；在 T_c 以上，由于热运动较强，致使自发磁化消失而呈现出顺磁性，服从居里-外斯定律：

$$\chi = \frac{C}{T - T_c}$$

式中，C 为居里常数；T 为绝对温度。

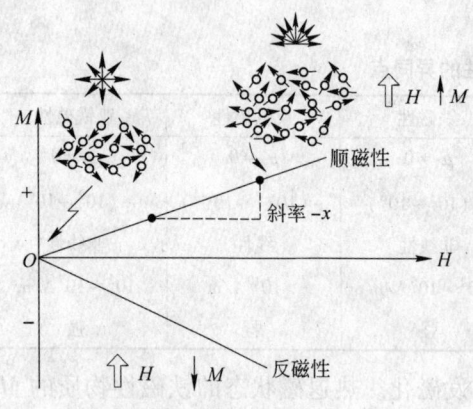

图2-4　物质中磁化响应对磁场的依赖关系

弱磁性的磁化响应对磁场的依赖关系见图2-4。磁化率 χ 通常用于描述顺磁和抗磁材料对 H 的弱磁响应，$\chi = M/H$。χ 的数值通常为 $\pm 10^{-4} \sim \pm 10^{-6}$，外磁场在使磁矩排齐方面只有弱的线性效应。顺磁体的原子或离子有未填满的电子壳层，但原子磁矩彼此并不相互作用而可以杂乱取向，这类不耦合的磁矩在外磁场 H 中可以是部分排齐的，从而引起顺磁磁化强度。产生的顺磁性磁化率服从居里定律 $\chi_P = C/T$（C 为居里常数，T 为绝对温度）。因为热能相对于磁性能很大，导致顺磁磁化率竟然如此之小。抗磁体的原子或离子的电子壳层都是填满的，它们的原子磁矩或由原子组成的分子的总磁矩为零，其磁性起因于对 H 的一种电子响应，由此生成一种新的原子或分子磁矩，其抗磁性磁化率与温度无关。

在某些磁有序材料中，原子磁矩以净磁矩为零成反平行排列的耦合，而不是铁磁体中的平行排列, 这类材料称为反铁磁体。当材料中的两个作反铁磁性耦合的物种有不相等的磁矩, 净磁矩就不再为零, 这类材料称为亚铁磁体。反铁磁体在技术上用途有限, 而亚铁磁体在技术上是十分重要的。

2.1.3 原子磁矩

物质的磁性来源于原子的磁矩。原子由原子核和核外电子组成, 电子和原子核均有磁矩。但原子核的磁矩约是电子磁矩的 1/2000, 所以原子磁矩主要来源于电子磁矩。

量子力学的计算表明, 凡填满了电子的次电子层的电子轨道磁矩和自旋磁矩, 它们各自在磁场方向的投影值的和为零, 即它们各自相互抵消, 对原子磁矩没有贡献。因此, 在考虑原子磁矩时, 只需考虑未填满的次电子层的电子轨道磁矩 $\mu_L = \sqrt{L(L+1)}\mu_B$ 和自旋磁矩 $\mu_S = \sqrt{S(S+1)}\mu_B$ 的组合

$$\mu_J = g\sqrt{J(J+1)}\mu_B \qquad (2-3)$$

其中

$$g = 1 + \frac{J(J+1) + S(S+1) - L(L+1)}{2J(J+1)} \qquad (2-4)$$

称为朗德 (Lande) 因子, 其值若在 $1\sim2$ 之间, 则两种磁矩都有贡献。以上各式中, J 为原子总角量子数; L 为原子总轨道角量子数, 是未满壳层中电子的轨道量子数 l 的组合; S 为原子总自旋量子数, 是未满壳层中电子的自旋量子数 s 的组合。根据洪德 (Hund) 法则: 1) 在未满壳层内, 在泡利 (Pauli) 原理允许的条件下, L 和 S 均取最大值; 2) 未满壳层电子数少于一半时, $J = L - S$; 电子数等于或超过一半时, $J = L + S$。对磁性材料来说, 最重要的是 3d 族过渡金属和 4f 镧系稀土金属。表 2-3 和表 2-4 分别列出由式 2-3 和式 2-4 计算得到的 3d 金属和 4f 金属的原子磁矩, 以及实验测得的晶体的原子磁矩值。

表 2-3 3d 过渡族金属原子磁矩的理论值与实验值

离 子	电子组态	L	S	J	μ_J/μ_B	实验值/μ_B
Fe^{2+}	$3d^6$	2	2	4	6.70	2.221
Co^{2+}	$3d^7$	3	3/2	9/2	6.43	1.716
Ni^{2+}	$3d^8$	3	1	4	5.59	0.606

表 2-4 4f 稀土金属原子磁矩的理论值与实验值

离 子	电子组态	L	S	J	μ_J/μ_B	实验值/μ_B
La^{3+}	$4f^0$	0	0	0	0	
Ce^{3+}	$4f^1$	3	1/2	5/2	2.54	$2.37\sim2.77$
Pr^{3+}	$4f^2$	5	1	4	3.58	$3.20\sim3.51$
Nd^{3+}	$4f^3$	6	3/2	9/2	3.62	$3.45\sim3.62$
Pm^{3+}	$4f^4$				2.68	
Sm^{3+}	$4f^5$	5	5/2	5/2	0.84	$1.32\sim1.63$
Eu^{3+}	$4f^6$	3	3	0	0	$3.60\sim3.70$

离　子	电子组态	L	S	J	μ_J/μ_B	实验值/μ_B
Gd^{3+}	$4f^7$	0	7/2	7/2	7.94	7.81 ~ 8.20
Tb^{3+}	$4f^8$	3	3	6	9.72	9.00 ~ 9.80
Dy^{3+}	$4f^9$	5	5/2	15/2	10.63	10.5 ~ 10.9
Ho^{3+}	$4f^{10}$	6	2	8	10.60	10.3 ~ 10.5
Er^{3+}	$4f^{11}$	6	3/2	15/2	9.59	9.40 ~ 9.50
Tm^{3+}	$4f^{12}$	5	1	6	7.57	7.20 ~ 7.60
Yb^{3+}	$4f^{13}$	3	1/2	7/2	4.54	4.00 ~ 4.60
Lu^{3+}	$4f^{14}$	0	0	0	0	

由表 2 – 3 和表 2 – 4 可见，3d 金属晶体中的原子磁矩（实验值）要比孤立原子磁矩的计算值小得多。因为在 3d 金属晶体中，4s 电子已公有化，3d 电子成为最外层电子。金属晶体中原子按点阵有规则排列，在点阵结点上的离子处于周围近邻离子产生的晶体场中。在晶体场作用下，晶体中原子 3d 电子的轨道磁矩不随外磁场转动，它对原子磁矩无贡献。这种现象称为轨道磁矩"冻结"。3d 金属原子磁矩主要由电子的自旋磁矩来贡献，磁矩值与 3d 金属的自发磁化有关。

4f 金属则不同，4f 金属孤立的原子磁矩（理论计算值）与晶体中的原子磁矩（实验值）几乎完全一致。因为在稀土金属晶体中 4f 电子壳层被外层的 5s 和 5p 电子壳层所屏蔽，晶体场对 4f 电子轨道磁矩的作用甚弱，所以 4f 金属的电子轨道磁矩和自旋磁矩对原子磁矩都有贡献。

2.2　铁磁性物质的自发磁化

2.2.1　3d 金属的自发磁化

铁磁性物质在居里温度以下，即使无外加磁场的作用，在磁畴内部原子磁矩也能自发地彼此平行排列而磁化到饱和，这种自发磁化起因于原子中电子的静电交换作用。在 3d 金属如铁、钴、镍中，当 3d 电子云重叠时，相邻原子的 3d 电子存在直接交换作用，它们以每秒 10^8 次的频率交换位置。与这种电子转移有关的能量改变称为交换能，其量值相当于提供了约 10^9 A/m 的静磁场。在这样强的"静磁场"作用下，金属内的原子磁矩达到自发磁化是完全可以想像的。

相邻原子 3d 电子的交换作用能 E_{ex} 与两个电子自旋磁矩的取向（夹角）有关，可以表示为

$$E_{ex} = -2AS_iS_j\cos\varphi \qquad (2-5)$$

式中，S_i、S_j 代表以普朗克常数 $\left(\hbar = \dfrac{h}{2\pi}\right)$ 为单位的电子自旋角动量；φ 为相邻原子 3d 电子自旋磁矩的夹角；A 为交换积分常数，代表两电子相互交换位置而引起的附加能量，通常称为交换能。

在平衡状态，相邻原子 3d 电子自旋磁矩的夹角应遵循能量最小原理。当 $A > 0$ 时，为使 E_{ex} 最小，则相邻原子 3d 电子的自旋磁矩夹角为零，即彼此同向平行排列，或称铁磁性

耦合，出现铁磁性磁有序；当 $A<0$ 时，为使 E_{ex} 最小，相邻原子 3d 电子自旋磁矩夹角 $\varphi=180°$，即彼此反向平行排列，称为反铁磁性耦合，出现反铁磁性磁有序；亚铁磁性则来源于铁氧体的超交换作用，实际上是未抵消的反铁磁性；当 $A=0$ 时，相邻原子 3d 电子自旋磁矩间彼此不存在交换作用，或者说交换作用十分微弱。在这种情况下，由于热运动的影响，原子自旋磁矩混乱取向，变成磁无序，即顺磁性。由此可知，材料具有铁磁性的必要条件是原子中具有未充满的电子壳层，即有原子磁矩，否则为抗磁性的；充分条件是交换能 $A>0$，否则为反铁磁性的或顺磁性的。事实上，只有近邻原子间距 a 大于电子轨道半径 r 的情况才有利于满足 $A>0$ 的条件。奈耳总结了 3d 和 4d 以及 4f 等金属及合金的交换能 A 与 $(a-2r)$ 的关系，如图 2-5 所示。在室温以上，只有铁、钴、镍和钆等的交换能是正的，是铁磁性的。

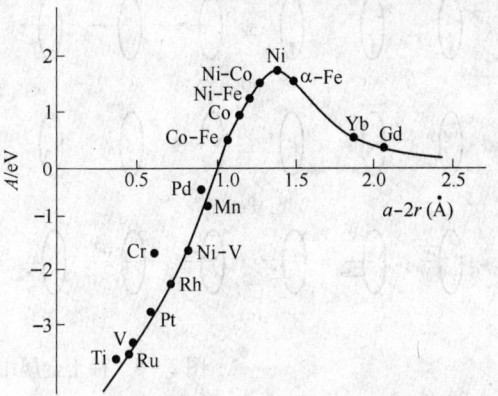

图 2-5 交换能 A 与 $(a-2r)$ 的关系
a—原子间距；r—3d 或 4f 电子轨道半径

在 3d 金属中，3d 和 4s 电子参与导电，可以看成导电电子自由地在晶格中巡游，其轨道磁矩被晶体场"冻结"。根据能带理论，3d 和 4s 壳层的能带又可分成两个副能带，由于交换作用使正、负能带被电子充满的程度不一样，则由 3d 正能带与负能带的电子浓度差数得出原子磁矩，分别是：铁为 2.2，钴为 1.7，镍为 0.6。

2.2.2 稀土金属的自发磁化与磁有序

部分稀土金属在低温下转变为铁磁性。在 4f 稀土金属中，对磁性有贡献的 4f 电子是局域的，轨道半径只有 0.06~0.08nm，外层还有 5s 和 5p 电子层对 4f 电子起屏蔽作用，相邻的 4f 电子云不可能重叠。即它们不可能像 3d 金属那样存在直接交换作用，而可用 s-f 电子间接交换作用来说明，一般将其称为 RKKY 理论。其中心思想是：在稀土金属中 4f 电子是局域化的，6s 电子是巡游电子，f 电子和 s 电子要发生交换，使 6s 电子发生极化现象。而极化了的 s 电子自旋对 4f 电子自旋有耦合作用，结果就形成了以巡游的 6s 电子为媒介，使磁性的 4f 电子自旋与相邻原子的 4f 电子自旋间接地耦合起来，从而产生自发磁化。

RKKY 理论表明，局域范围内相邻原子的电子自旋间接交换作用能为

$$E_{ex} = -2J(r_{ij})S_iS_j$$

式中，$J(r_{ij})$ 为 RKKY 交换积分，可写成 $J(r_{ij})=-AF(x)$；$F(x)=x^{-4}(x\cos x-\sin x)$；$x=2K_F\cdot r_{ij}$，$K_F$ 为费米球半径，对于稀土离子 $K_F^{-1}=0.07nm$；r_{ij} 为两原子的距离；S_i、S_j 为原子的自旋量子数；A 为有效交换积分常数，它常常是负的。

RKKY 函数 $F(x)$ 是按 r_{ij}^{-3} 衰减并以 $(2K_F)^{-1}$ 为周期振荡的波动函数，所以交换积分 $J(r_{ij})$ 是 r_{ij} 的波动函数，它反映了自旋极化的空间变化。这一结论说明：稀土金属的原子磁矩排列可以存在多样性和周期性的变化。图 2-6 为稀土金属原子磁矩排列的多种螺旋磁性示意图。所谓螺旋磁性是指相邻原子磁矩是非共线的螺旋排列。图中每一圆圈代表每

一层电子，圆圈的轴线代表晶体的 c 轴方向，箭头的方向和长短表示该层磁矩的方向和大小。由图 2-6 可见，稀土金属的螺磁性有以下 6 种：（1）面型简单（共线）铁磁性钆、铽、镝，或轴型简单（共线）铁磁性钆，见图 2-6a；（2）面型螺旋磁反铁磁性铽、镝、钬，见图 2-6b；（3）锥形螺旋磁铁磁性钬、铒，见图 2-6c；（4）锥形螺旋磁反铁磁性铒，见图 2-6d；5）轴型反向畴亚铁磁性铥见图 2-6e；6）轴型调制反铁磁性铒、铥，见图 2-6f。

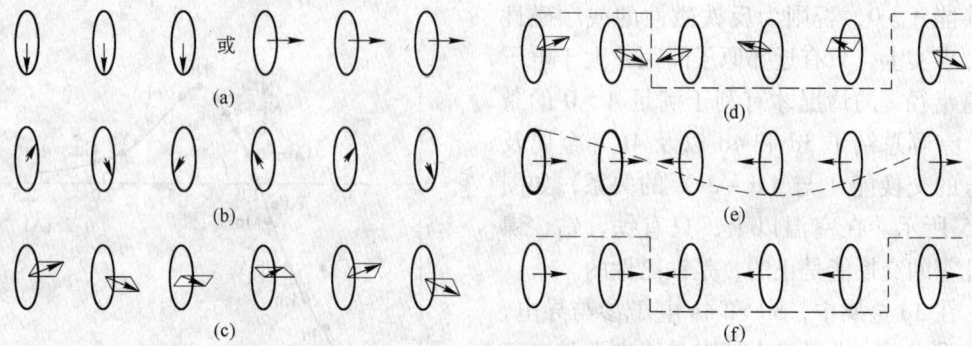

图 2-6　稀土金属中的各种螺旋磁性示意图

2.2.3　稀土金属化合物的自发磁化

稀土金属 RE 与 3d 过渡族金属 M 形成一系列化合物。其中富 3d 过渡族金属间化合物如 REM_5、RE_2M_{17}、$RE_2M_{14}B$、REM_{12} 等已成为重要的永磁材料。在这类化合物中，RE-RE 以及 RE-M 原子间距都较远，不论是 4f 电子云间，还是 3d-4f 电子云间都不可能重叠，4f 电子间不可能有直接交换作用，它也是以传导电子为媒介而产生的间接交换作用，而使 3d 与 4f 电子磁矩耦合起来的。

由于 3d 电子间存在很强的直接交换作用，而 4f 电子为间接交换作用，故使得 3d 原子的自旋磁矩 μ_S^{3d} 与 4f 原子的自旋磁矩 μ_S^{4f} 总是反平行排列的，如图 2-7 所示。根据洪德法则可知，在轻稀土化合物中，稀土金属的总角动量 $J = L - S$，轨道磁矩 μ_L^{4f} 与自旋磁矩 μ_S^{4f} 反向，则 3d 电子自旋磁矩 μ_S^{3d} 与稀土金属原子磁矩 μ_J^{4f} 是同向平行排列，即铁磁性耦合。而在重稀土化合物中，稀土金属的总角动量 $J = L + S$，轨道磁矩 μ_L^{4f} 与自旋磁矩 μ_S^{4f} 同向，则 3d 电子自旋磁矩 μ_S^{3d} 与稀土金属原子磁矩 μ_J^{4f} 是反向平行排列，属于亚铁磁性耦合。

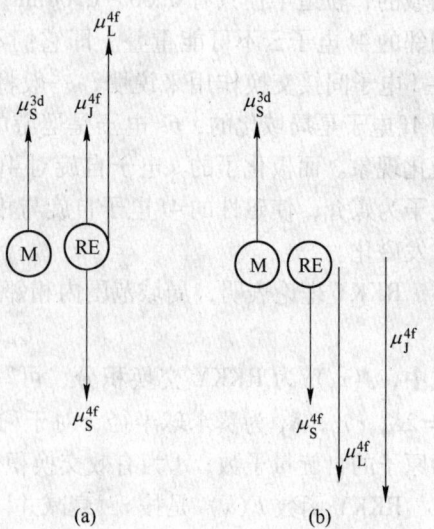

（a）　　　　　（b）

图 2-7　稀土化合物中原子磁矩的耦合方式
（a）轻稀土化合物；（b）重稀土化合物

2.3　铁磁体的磁畴结构与技术磁化

铁磁体的自发磁化在磁畴范围内发生。无外磁场时，各磁畴磁化强度分布的矢量和为零，铁磁体不显磁性。在外磁场中，磁畴通过畴壁移动和磁化方向转动，使试样处于磁化饱和状态。铁磁体磁化饱和后，即使去掉外磁场，仍能保持原子磁矩的平行排列，具有非常强的磁化强度。铁磁性材料的技术磁性能基于其多种多样的磁畴结构和磁场调整磁畴结构的过程。磁畴与磁化通常采用宏观理论处理，即按自由能极小的原理来处理。

2.3.1 影响磁畴结构的能量

铁磁性材料内存在的磁相互作用能量，直接影响到磁畴的形成及其具体结构图形。这些磁能量对磁体做了功而使其自发磁化，从而使磁性系统的自由能降低。

2.3.1.1 交换能 E_{ex}

铁磁体在 T_c 温度以下的自发磁化来源于交换作用。交换能 E_{ex}（式 2-5）比其他各项磁自由能大 $10^2 \sim 10^4$ 数量级，它倾向于使临近的原子磁矩相互平行，是形成磁畴的首要原因。其他各项磁自由能不改变其自发磁化的本质，而仅能改变磁畴结构。

2.3.1.2 磁晶各向异性能 E_K

自发磁化 M_s 沿晶体不同方向时能量密度不同，称为具有磁晶各向异性能 E_K。磁晶各向异性能起因于晶体中原子排列的各向异性能。晶体中 E_K 最小的方向称为易磁化方向，E_K 最高的方向称为难磁化方向。磁畴中自发磁化在易磁化方向。难易磁化方向取决于磁晶各向异性能常数 K_1、K_2 等的符号及绝对值的大小。对于只有一个易磁化轴 c 的六方、四方等单轴晶体

$$E_K = K_1 \sin^2\theta + K_2 \sin^4\theta \approx K_1 \sin^2\theta \qquad (2-6)$$

式中，θ 为 M_s 对易磁化轴的夹角。除磁晶各向异性能外，在单晶体和多晶体中均可出现的感生各向异性能也很重要。在凝固、热处理和加工变形等过程中，由于原子的特殊排列，均可产生单易磁化轴的感生磁各向异性能，表达式为

$$E_K = K_u \sin^2\theta \qquad (2-7)$$

式中，K_u 为感生各向异性能常数。

2.3.1.3 磁致弹性能 E_σ

铁磁体被磁场磁化时，它的形状和体积随之变化，这种现象称为磁致伸缩。磁致弹性能为磁致伸缩的逆效应，即应力及应变对磁化的影响，导致附加的磁各向异性，为磁晶各向异性中正比于应变的一部分能量，或称为应力磁各向异性能。可表达为

$$E_\sigma = -\frac{3}{2}\lambda_s \sigma \cos^2\theta \qquad (2-8)$$

式中，σ 为应力的数值；θ 为应力 σ 与磁化矢量 M_s 的夹角。上式为单轴各向异性，令 $K_\sigma = \frac{3}{2}\lambda_s\sigma$，称为应力各向异性常数。当 $K_\sigma > 0$ 时，应力方向为易磁化方向；当 $K_\sigma < 0$ 时，易向垂直于 σ 的方向。

2.3.1.4 静磁能 E_H

宏观磁化强度 M 与外磁场 H 的相互作用能称为静磁能 E_H，它力图使磁体 M 的方向与

H 的方向一致。表达式为

$$E_H = -\mu_0 M \cdot H\cos\theta \qquad (2-9)$$

式中，θ 为 M 与 H 的夹角，若在磁畴中，$M = M_s$。

2.3.1.5　退磁能 E_D

当铁磁体被磁化后，它本身的磁化亦产生磁场。这个磁场在磁体中常与磁化的方向相反，称为退磁场，以 H_D 表示。与外磁场作用下的静磁能相类似，由于退磁场作用在磁矩上，便产生退磁能：

$$E_D = -\mu_0 M \cdot H_D \qquad (2-10)$$

2.3.2　磁畴壁与畴壁能

在 T_c 温度以下，大块铁磁体中自发磁化的分布形成多畴结构。各个磁畴的 M_s 沿各自的易磁化方向，相邻磁畴间为若干原子厚度的过渡层称为畴壁。其中的 M_s 逐步从一侧磁畴的方向转动到另一侧的方向。根据畴壁两侧磁畴的 M_s 方向互成 180°、90°、109.47° 和 70.53° 等关系，将第一种称为 180° 畴壁，后几种统称为 90° 畴壁。根据畴壁中磁矩的过渡方式不同，又可将畴壁分为布洛赫（Bloch）壁和奈耳（Néel）壁。通常布洛赫壁出现于大块铁磁体中，奈耳壁出现于磁性薄膜中。

按照畴壁的表面和内部都不出现磁极，以使畴壁的能量保持最小的假设，布洛赫壁内所有原子磁矩都只在与畴壁平行的原子面上改变方向。根据公认的定义，六方、四方等单轴晶体中 180° 畴壁厚度为

$$\delta = \pi\delta_0 = \pi\sqrt{A_1/K}$$

畴壁中能量比磁畴高，180° 畴壁单位面积的能量为

$$\gamma = 4\gamma_0 = 4\sqrt{A_1 K}$$

式中，$K = K_1$；$A_1 = AS^2/a$，其中 A 为交换积分常数；a 为晶体点阵常数；S 与式 2-5 中的 S 意义相同，为电子自旋角动量。立方晶体中畴壁的厚度及能量均以 δ_0 及 γ_0 为单位，但系数不同，分别为 $\delta = 2\pi\delta_0$ 和 $\gamma = 2\gamma_0$。当晶体中有不均匀内应力时，计算式中 $K = K_1 + K_\sigma$。

在 3d 金属及合金中，畴壁较厚，畴壁内相邻原子间磁矩的角度 φ 仅有 0.18° ~ 1.8°，磁矩的分布近似具有连续性，称为连续性的畴壁。在稀土金属和合金中，畴壁十分窄，其 φ 角可达 6° ~ 180°，并且 φ 角的分布是不均匀的，称为非连续性的畴壁。窄畴壁对材料磁性有重要的影响。

2.3.3　磁畴结构

大块磁体常具有多畴结构，其首要原因是因为多畴有利于降低退磁场能。但多畴带来了畴壁能，稳定的多畴结构常取决于磁体内畴壁能与表面退磁场或表面磁能量的平衡，相应于总自由能的极小。多畴结构的特点通常是内部为粗大整齐的磁畴，磁化在易磁化方向，表面或晶粒间界处有细小的表面磁畴花样以降低退磁能。

对于单轴晶体，设想一个边长为 $l \times l$，厚度为 T 的方形单晶体，T 的方向与晶体的 c

轴平行。假定它形成若干个宽度为 D 的片形畴（图2-8），各
片形畴的 N、S 极交替排列，则晶体的退磁能约为不分畴时的
$1/n$（$n=1/D$）。但分畴后出现了畴壁能，且随畴壁总面积 T/D
而增大。若不考虑 E_K 和 E_σ，则该单晶体的总能量为

$$E_T = 1.71 \times 10^{-7} M_s^2 D + \gamma T/D$$

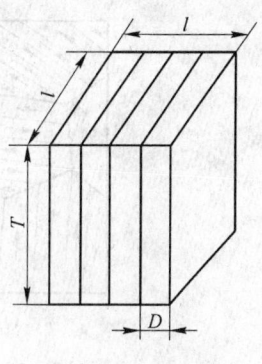

式中，右边第一项代表退磁能，第二项代表畴壁能。可见该晶
体的总能量是畴宽 D 和晶体厚度 T 的函数。处于平衡状态时，
晶体的总能量具有最小值，对上式求偏导数，求得畴宽为

$$D = \left(\frac{\gamma \times 10^7}{1.71 M_s^2} \right)^{1/2} \cdot T^{1/2}$$

图 2-8　片形畴示意图

　　对某一具体的材料而言，M_s 和 γ 都是常数，因此畴宽 D 与
晶体厚度 T 的平方根成正比。实验结果表明，当晶体厚度小于临界厚度 $T_0 = 32 \times 10^7 \gamma/M_s^2$
时，上式的关系是满足的。当晶体厚度大于 T_0 时，则由 $D \sim T^{1/2}$ 关系转变为 $D \sim T^{2/3}$ 关系。
可见材料的 M_s 越大，则 T_0 就越小。例如 $Nd_2Fe_{14}B$，当 $T = 10\mu m$ 以上时，就遵循 $D =$
$0.19T^{0.67}$ 的关系。而对于 M_s 较低的 YCo_5 样品，当其厚度 $T > 17\mu m$ 时，才遵循这一关系。

　　在片形畴的能量构成中，退磁能占很大比例。当晶体厚度大于 T_0 时，为了减小退磁
能，同时又不增加太多的畴壁能，片形畴磁体表面则出现蜂窝结构、楔形结构、波纹结构
等种种变异。实验中观察到的图形见图2-9，当样品较厚时，如 $T = 2mm$ 时，由波纹畴
和"钉状"楔形畴组成；随着样品厚度减薄，"钉状"畴逐渐消失，而变成带状波纹畴。
如果进一步减薄样品，最后则变成片状畴。

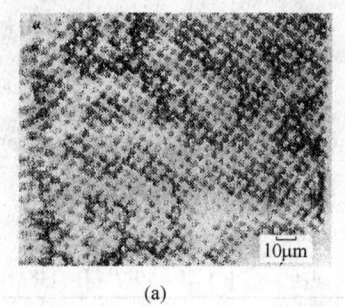
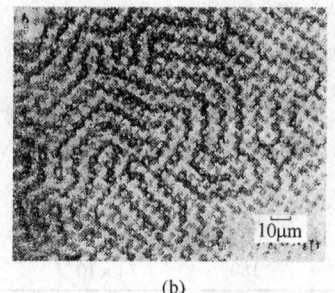
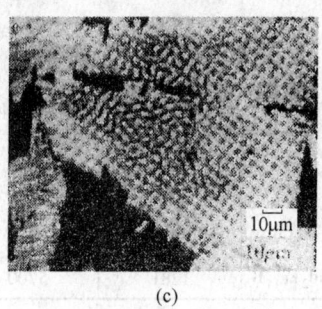

(a)　　　　　　　　　　　　(b)　　　　　　　　　　　　(c)

图 2-9　$Nd_2Fe_{14}B$ 单晶体的畴结构

(a) $T = 2mm$；(b) $T = 61\mu m$；(c) $T = 12\mu m$

　　实际材料一般都是多晶体，而且结构不很均匀，其磁畴结构还要受到晶粒尺寸、晶
界、应力、掺杂和缺陷等的影响，因此实际材料的磁畴结构是相当复杂的。例如，为减少
退磁能和畴壁能，多晶体的畴壁一般不能穿越晶界，如图2-10a 所示；在晶粒内部，畴
壁一般要穿透空洞或掺杂物的中心，或在掺杂物附近出现三角畴或钉状畴，如图2-10b、
图2-10c 所示。

　　当把铁磁体粉碎成尺寸很小的颗粒时，多畴结构中畴壁能的提高大于退磁能的降低，
因而使单畴成为能量低的状态。若不分畴，则其他能量为零，只有退磁能。若分成两块
畴，这时还要考虑畴壁能，且退磁能接近单畴球退磁能的一半。一个半径为 R 的球形单

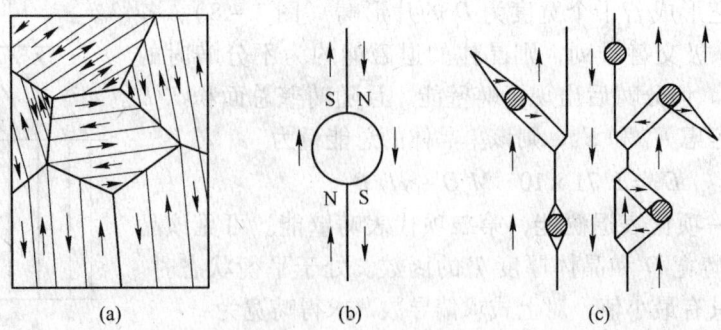

图 2 - 10　晶界（a）空洞（b）和掺杂物（c）对磁畴结构的影响

晶颗粒，在分畴与不分畴的能量相等时，由能量平衡计算可得到分畴的临界半径

$$R_c = \frac{9\gamma_{180}}{\mu_0 M_s^2}$$

可见单晶体球形颗粒的半径 $R > R_c$ 时，分畴的能量低，以多畴体存在；而当 $R < R_c$ 时，则不分畴能量低，以单畴体存在。表 2 - 5 列出几种铁磁材料的磁结构参数，由于目前对交换积分常数 A_1 没有准确的数据，因此表中估算得到的临界半径只能作为参考。

表 2 - 5　几种铁磁性材料的畴结构参数

材　料	$M_s/\mathrm{kA \cdot m^{-1}}$	$K_1/\mathrm{kJ \cdot m^{-3}}$	畴壁类型	$\gamma/\mathrm{J \cdot m^{-2}}$	δ/nm	$A_1/\mathrm{J \cdot m^{-1}}$	R_c/nm
Fe	1710	42	180° (001)	1.59×10^{-3}	119	1.51×10^{-11}	40
Ni	522	-5.0	180° (001)	76×10^{-3}	100	0.5×10^{-11}	52
Co	1400	412	180°	8.2×10^{-3}	30	4.7×10^{-11}	30
$SmCo_5$	855	15500	180°	70×10^{-3}	3.6	2.0×10^{-11}	685
$PrCo_5$	1150	10000	180°	42×10^{-3}	3.3	1.1×10^{-11}	227
YCo_5	845	5500	180°	36×10^{-3}	5.2	1.5×10^{-11}	361
$CeCo_5$	794	5200	180°	33×10^{-3}	4.9	1.3×10^{-11}	375
Sm_2Co_{17}	1280	3300	180°	43×10^{-3}	10	3.5×10^{-11}	188
$Nd_2Fe_{14}B$	1281	5700	180°	34×10^{-3}	4.6	1.25×10^{-11}	148

如果将单畴体的尺寸继续减小到一定程度，由于表面与体积的比大大增加，热运动有可能使磁有序的方向不稳定，则单畴体会转变为超顺磁体。由单畴体转变为超顺磁体的临界尺寸为 R_P，称为超顺磁体的临界尺寸。

2.3.4　铁磁体的技术磁化

技术磁化是相对于自发磁化而言的术语，它是磁体在外磁场作用下的响应。这种磁化响应由磁畴的畴壁移动和磁化方向转动等磁畴的变化引起。

磁性材料的磁特性与其技术磁化和反磁化过程密切相关。研究一块处于退磁状态的磁性材料（$B = 0$，$H = 0$，图 2 - 11）。加一个弱的磁场，推动那些在 H 方向上有最大 M 分量的磁畴扩大体积。由对小磁场 H 做出响应产生的初始磁感应 B 定义初始磁导率 $\mu_i = (B/H)_{H=0}$。在较大磁场中，B 陡然增大，磁导率增大至极大值 μ_{max}。当大多数畴壁的移动已经完成，还常常保留一些磁畴在与外磁场成垂直方向的磁化强度有非零分量。这些磁畴中的磁化强度必定要旋转到外磁场方向，使势能 $-M \times B$ 极小化。这一过程一般要比畴壁移动消耗更多能量，因为它涉及磁化强度旋转离开易磁化方向。这个"易向"可能因试样形状、结晶学、应力或原子成对有序化被固定在试样之中。当外磁场足够大，畴壁移动和磁化转动两个过程都完成了，试样处于磁饱和状态 $B_s = \mu_0(H + M_s)$。这里的 M_s 称为饱和磁化强度，B_s 称为饱和磁感应强度。

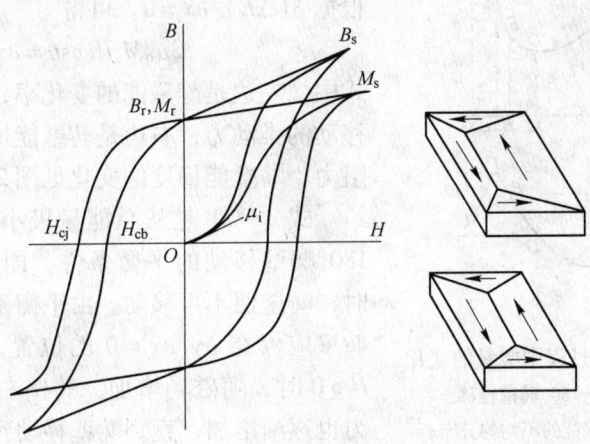

图 2 – 11　B 随 H 变化的磁滞回线及畴结构示意图

　　在降低外磁场强度时，磁化向它的易向转回来，一般没有滞后，即转动是高度可逆的无损失过程。随着外磁场进一步降低，畴壁开始横过试样反向移动。由于当畴壁从一个局部能量极小突然跳跃至另一个极小，即发生巴克豪森（Barkhausen）跳跃时有能量损失，畴壁移动是不可逆的有损失过程。当 $B-H$ 回线包括有损失磁化过程时，就会显示出滞后。即使外磁场减小到零时，畴壁的位置或磁畴的结构也不复原，保持在试样中的磁化强度和磁感应强度分别称为剩磁 M_r 和剩余磁感应 B_r。使 M 和 B 恢复至零所需的反向磁场分别记作 H_{cj} 和 H_{cb}，前者称为内禀矫顽力或顽磁，后者称为磁感矫顽力或磁通密度矫顽力。H_{cj} 和 H_{cb} 的区别对永磁材料是重要的。不加区别时以 H_c 表示矫顽力，这是磁化一种材料难易程度的极佳量度。$B-H$ 回线内的面积，数量级为 $4B_rH_c$，是磁化材料时每个循环每单位体积损失的能量，称为磁滞损失，损失的能量储存在试样内。乘积 BH 称为磁能积，是技术磁性材料磁化后所储存能量的量度，其大小与 $B-H$ 回线第二象限内的面积有关，单位为 $Wb \cdot A/m^3$ 或 J/m^3。

2.4　磁化过程的临界场与矫顽力

2.4.1　畴壁移动的临界场

　　畴壁移动的推动力为磁场作用能的降低。当铁磁体的成分、结构或内应力分布不均匀时，其畴壁能密度的分布也是不均匀的。设铁磁体内部畴壁能密度的分布如图 2 – 12b 所示，在平衡状态时，一块 180° 畴壁位于 x_0 处。在磁场 H 的作用下（磁场与 y 轴成 θ 角），畴壁向右移动了 x 的距离，引起畴壁单位面积静磁能的变化为

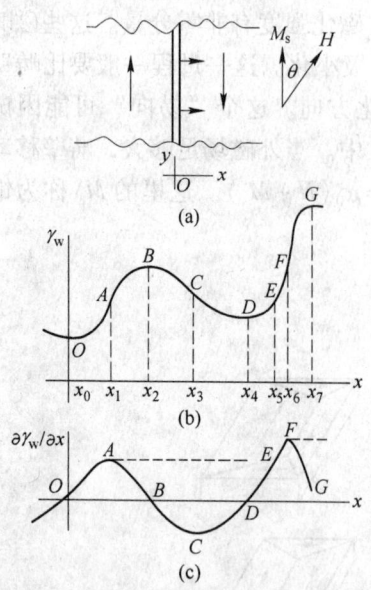

图 2 – 12　畴壁运动过程中能量的变化

（a）在磁场作用下 180°畴壁位移；

（b）铁磁体内部畴壁能的不均匀分布；

（c）畴壁能密度的变化率 $\partial\gamma/\partial x$

$$E_H = -2\mu_0 M_s H\cos\theta \cdot x$$

式中的负号表明畴壁移动过程静磁能是降低的，它是畴壁移动的推动力。但在畴壁移动过程中，畴壁能是升高的。因此畴壁移动了 x 距离后，系统的能量变化为

$$\Delta E = \gamma\ (x) - 2\mu_0 M_s H\cos\theta \cdot x$$

根据 $\partial(\Delta E)/\partial x = 0$，可得

$$2\mu_0 M_s H\cos\theta = \partial\gamma/\partial x \qquad (2-11)$$

式中，左边是静磁能的变化率，它是推动畴壁向右移动的推动力；右边是畴壁能梯度，是畴壁移动的阻力。畴壁能梯度的变化见图 2 – 12c。

式 2 – 11 是从总能量极小的原理出发求得的 180°畴壁移动的平衡条件，即当推动力等于阻力时，畴壁便不再移动。由平衡条件可见，$H = 0$ 时，畴壁应停在 $\partial\gamma/\partial x = 0$ 的位置，即 $x = x_0$ 的点上；$H > 0$ 时，随磁场增加，畴壁右移，畴壁移动的阻力也逐渐增加，直到畴壁移动到图 2 – 12b、图 2 – 12c 中 $x = x_1$ 的 A 点以前，平衡条件都是满足的。这时如果减少外磁场 H，畴壁又会退回原处，因此从 O 至 A 这一段是畴壁的可逆移动阶段。一旦畴壁移动到 A 点，便达到 $\partial\gamma/\partial x$ 最大值的点，即阻力峰 $(\partial\gamma/\partial x)_{max}$。这时磁场稍为增加一些，畴壁就要跳跃到 E 点，即巴克豪森跳跃，从而达到新的平衡。从 A 到 E 这一段便是畴壁的不可逆移动阶段，因为这时去掉外磁场，畴壁再也不能回到 x_0 处，而只能回到 D 点。如果铁磁体内部存在一系列的 $(\partial\gamma/\partial x)_{max}$，则畴壁要发生一连串的巴克豪森跳跃。

畴壁由可逆移动转变为不可逆移动所需的磁场称为临界场 H_0，由式 2 – 11 可得临界场的表达式为

$$H_0 = \frac{1}{2\mu_0 M_s\cos\theta}(\partial\gamma/\partial x)_{max} \qquad (2-12)$$

由式 2 – 12 可知，在同一单晶材料中，θ 不同，H_0 也不同。磁性材料一般是多晶体，晶粒对磁场有各种取向，因此易轴相对于磁场也有各种取向，也就是 θ 具有各种不同的值。这样，取向不同的晶粒，它们的临界场不相同时，矫顽力也就不同。大块材料的矫顽力是各晶粒对应的临界场的平均值 $H_{cj} = \overline{H}_0$。图 2 – 13a 示出单轴晶体在不同 θ 角时的饱和磁滞回线，这个过程除开始和终了是转动外，中间一大段是壁移过程。图 2 – 13b 示出的曲线是图 2 – 13a 各过程的平均效果，即大块材料的饱和磁滞回线。

在某些复相多畴的永磁材料中，其成分、结构都是十分不均匀的，畴壁能密度也是起伏不均的。在热退磁状态下，畴壁一般都处于畴壁能的最低处。在施加外磁场使之磁化时，使畴壁离开畴壁能低的位置是十分困难的，也就是说畴壁被畴壁能低的位置（或中心）钉扎住了。当磁场增加到一个临界场 H_P 时，磁化强度急剧增加，直到饱和。只要磁化场大于 H_P，矫顽力就达到最大值 $(H_{cj})_{max}$。H_P 称为钉扎场，也就等于矫顽力。

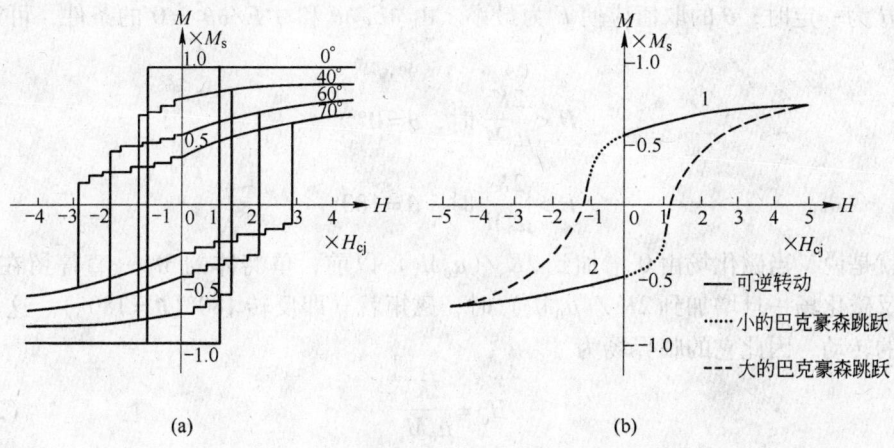

图 2 – 13　单轴各向异性晶体的饱和磁滞回线

（a）晶粒取不同 θ 角时；（b）多晶体大块材料

2.4.2　磁矩转动的临界场

考虑一种磁性材料，具有任何来源的单轴各向异性（静磁的、磁晶的、磁致弹性的或磁场感生的），在外磁场作用下，磁畴中的 M_s 转向磁场方向。磁畴中 M_s 转动的动力也是磁场作用能的降低，磁场从零增大时，磁畴中 M_s 从易磁化方向转向磁场方向，整个过程取决于与 M_s 方向有关的总自由能极小。

如图 2 – 14 所示的单畴体，M_s 沿易磁化轴，即 x 轴的正方向。现在沿 x 轴的负方向加反磁化场，使之反磁化。设在反磁化场的作用下，M_s 偏离易轴 θ 角，此时控制磁矩转动的因素，一为感生各向异性，它力图使 θ 值减小；一为静磁能，外磁场力图使 θ 值增大。结果出现平衡状态，系统的总能量为

$$E = K_u \sin^2\theta - \mu_0 M_s H\cos\theta$$

它所表明的单轴各向异性单畴体的能量与 H 和 θ 的关系可用图 2 – 15 来表示。

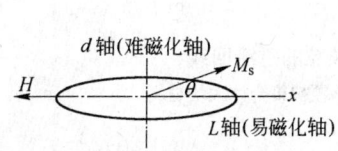

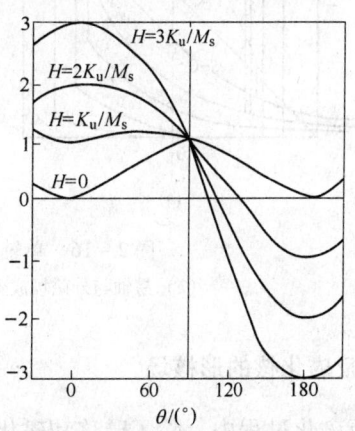

图 2 – 14　单轴各向异性磁体的反磁化　　　图 2 – 15　单畴体反磁化时能量
　　　　　　　　　　　　　　　　　　　　　　随 H 和 θ 的变化

当 H 为一定时，θ 的取值应使 E 为最小。由 $\partial E/\partial\theta$ 和 $\partial^2 E/\partial\theta^2 = 0$ 的条件，可得出两个解

$$H < \frac{2K_u}{\mu_0 M_s}\text{时，}\theta = 0°$$

$$H > \frac{2K_u}{\mu_0 M_s}\text{时，}\theta = 180°$$

也就是说，当磁化场由 0 增加到 $2K_u/(\mu_0 M_s)$ 以前，单畴体的 M_s 一直停留在 $\theta = 0°$ 处。当反磁化场一旦增加到 $2K_u/(\mu_0 M_s)$ 时，磁矩就立即反转 $180°$（$\theta = 180°$）。这是一种不可逆的转动，因此它的临界场为

$$H_0 = \frac{2K_u}{\mu_0 M_s} \tag{2-13}$$

磁畴内的磁矩转动包括可逆转动与不可逆转动。一般说来，在低磁化场下是可逆转动。对于单轴各向异性的磁体，发生不可逆转动要有两个条件：（1）磁场方向与原始的 M_s 方向的夹角 $\theta \geq \pi/2$；（2）磁场应大于临界场 H_0。

在由单畴颗粒组成的磁性材料内，因为不存在畴壁，故反磁化过程只有磁矩的转动。图 2-16a 是易轴与外磁场成一定角度时，单个颗粒的磁滞回线簇。对于单畴颗粒集合体，当颗粒的易轴排列一致时（各向异性），若忽略粒子之间的相互作用，集合体的矫顽力就与一个颗粒的矫顽力（式 2-13）相同。当颗粒的易轴紊乱排列时，若同样忽略粒子之间的相互作用，集合体的矫顽力就是各颗粒矫顽力的平均值。对单轴晶体这一平均值为 $H_{cj} = \frac{K_u}{\mu_0 M_s}$。图 2-16b 是颗粒集合体的磁滞回线，也就是图 2-16a 的平均结果。

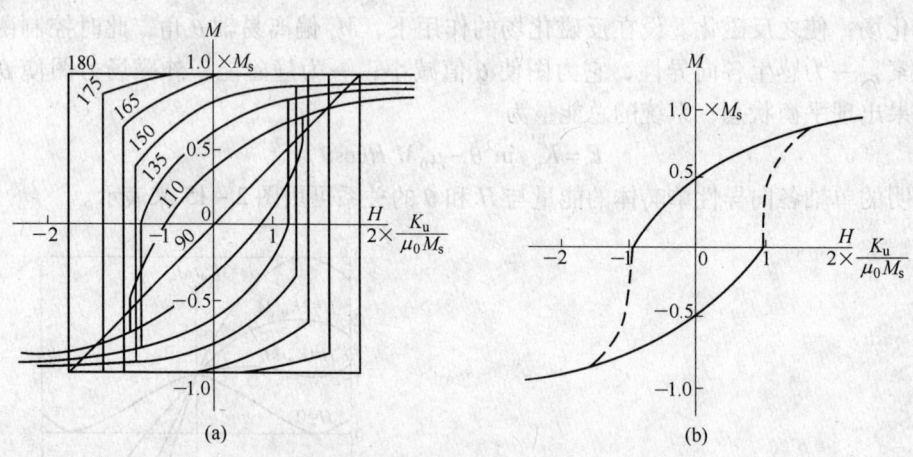

图 2-16　单轴各向异性单畴颗粒的磁滞回线

（a）易轴与外磁场成不同角度时；（b）颗粒集合体大块材料

2.4.3　反磁化核的形核场

在反磁化过程中，除了壁移和磁化转动以外，还有反磁化核的形成和长大。所谓反磁化核是指其中的磁矩方向与周围环境的磁矩方向相反的一个小区域。在某些单相多畴的磁性材料中，如果畴壁移动遇到的阻力十分小，则很容易磁化到饱和；同时，如果材料的磁

晶各向异性常数 K_1 很大，那么在反磁化过程中形成一个临界大小的反磁化核就十分困难。而一旦形成这样一个反磁化核，它就会迅速地长大，实现反磁化。

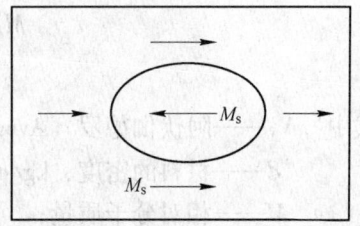

图 2-17　反磁化畴核与长大

设反磁化核为旋转椭球体，如图 2-17 所示。当反磁化核长大时，设其畴壁面积增加 dS，则畴壁能增加 $\gamma_W \cdot dS$，由于反磁化畴核的磁矩与周围环境的磁矩方向相反，反磁化核的表面存在退磁场，当反磁化核长大时，退磁场能增加 dE_d。反磁化畴核的长大是畴壁的位移过程，它要克服畴壁位移阻力而做功。畴壁位移克服最大阻力所做的功为 $2H_0 M_s \mu_0 dV$，其中 H_0 为反磁化核发生不可逆壁移长大的临界场，也可认为是钉扎场，即 $H_0 = H_P$；dV 为反畴化核长大时体积的增量。反磁化畴核的长大是在反磁化场的作用下进行的，其静磁能的变化为 $2HM_s \mu_0 dV$。上述四项能量中，前三项起阻碍反磁化畴核长大的作用，而后一项将促进反磁化畴核的长大。因此反磁化畴核长大的能量条件为

$$2HM_s \mu_0 dV - \gamma_W \cdot dS - dE_d \geqslant 2H_0 M_s \mu_0 dV$$

由上式可求得形成一个临界大小的反磁化畴核所需要的磁场为

$$H_s = H_0 + \frac{5\pi}{8\mu_0 M_s} \cdot \frac{\gamma}{d} \qquad (2-14)$$

式中，H_s 称为形核场（或称发动场），它是在材料的一个小区域内发动一个反磁化核成长所需的磁场；H_0 是使一块畴壁移动时克服最大阻力所必需的磁场（式 2-12），它通常总是小于 H_s。如果磁化开始时，样品处于磁中性状态，那么它的内部便有畴壁存在，所以外磁场只需达到 H_0 就可使样品饱和磁化。但饱和以后，再要它反磁化，外磁场的数值就必须达到 H_s 才能使反磁化核长大，这时形核场 H_s 就是材料的矫顽力。

式 2-14 表明，形核场与反磁化核的短轴直径 d 成反比，形核场可使材料中存在的反磁化核长大到宏观尺寸，这一临界尺寸 d 越小，所需的 H_s 就越大；形核场与畴壁能密度 γ 成正比，在畴壁能密度很大的材料中，形核场可以很大，如 $SmCo_5$ 合金的矫顽力由形核场决定，其矫顽力可达 1200～4800kA/m。反磁化核形成时牵涉到磁矩的转动，长大时又牵涉到畴壁的移动，但由它决定的矫顽力的数值往往在壁移矫顽力（式 2-12）和畴转矫顽力（式 2-13）之间。因为永磁体内部晶体结构不完整或化学成分不均匀，将会导致材料内部的 γ 不均匀，出现某些低 γ 的区域，这些区域便可能成为反磁化核的形成中心，使材料过早地实现反磁化，从而导致矫顽力的降低。对于形核场决定矫顽力的磁性材料来说，要力争最大限度地减少反磁化畴的形核中心，是提高矫顽力的重要途径。

2.5　永磁材料的技术磁参量

永磁材料的技术磁参量可分为非结构敏感参量和结构敏感参量。前者主要由材料的化学成分和晶体结构来决定，也称为内禀磁参量，如居里温度 T_c、饱和磁化强度 M_s 等；后者除了与内禀磁参量有关外，还与晶粒尺寸、晶粒取向、晶体缺陷、掺杂物等因素有关，如剩磁 M_r 或 B_r、矫顽力 H_{cj} 或 H_{cb}、磁能积 $(BH)_{max}$ 等。

2.5.1　饱和磁化强度 M_s

饱和磁化强度 M_s 是永磁材料极为重要的磁参量。永磁材料均要求 M_s 越高越好，饱

和磁化强度取决于组成材料的磁性原子数、原子磁矩和温度。在室温（293K）时，M_s 和 J_s 可表示为

$$M_s = n_{eff} \cdot N \cdot \mu_B = n_{eff} \frac{N_A d}{M} \cdot \mu_B \qquad (2-15)$$

$$J_s = \mu_0 M_s$$

式中　N_A——阿伏伽德罗（Avogadro）常数，$N_A = 6.023 \times 10^{23}$；

　　　　d——材料的密度，kg/m^3；

　　　　M——相对分子质量；

　　　　n_{eff}——有效玻尔磁子数。对于 3d 金属与合金，n_{eff} 近似等于 gS；对于 4f 金属与合金，n_{eff} 近似等于 gJ。

　　通常用实验方法（例如 Mössbauer 谱法）来测定稀土铁化合物中 Fe 原子和 RE 原子的原子磁矩 μ_{Fe} 和 μ_{RE}。对于 $RE_2Fe_{14}B$ 型化合物来说，其分子磁矩为 $\mu_{FU} = 14\mu_{Fe} + 2\mu_{LRE}$ 或 $\mu_{FU} = 14\mu_{Fe} - 2\mu_{HRE}$。2：17 型稀土铁化合物的分子磁矩为 $\mu_{FU} = 17\mu_{Fe} + 2\mu_{LRE}$ 或 $\mu_{FU} = 17\mu_{Fe} - 2\mu_{HRE}$。式中，$\mu_{LRE}$ 代表轻稀土原子磁矩，μ_{HRE} 代表重稀土原子磁矩。由分子磁矩数代替有效玻尔磁子数，可按式 2-15 算出 M_s 和 J_s。

　　实验结果表明，$Nd_2Fe_{14}B$ 单晶的 $J_s = 1.61T$；Fe、Co、Ni 的 J_s 分别为 2.16T、1.79T 和 0.61T。在 3d 金属中 Fe 的 J_s 是最高的。以 Fe 为基体添加 Co 时，随 Co 含量的增加 J_s 升高，当 Co 的质量分数达到 40% 时，其 J_s 达到最大值 2.4T。除 Co 以外，所有添加元素均使 Fe 的 J_s 降低。最近实验发现，$Fe_{16}N_2$ 化合物单晶薄膜的 J_s 达到 2.83T。

　　当磁体存在两个磁性相时，磁体的饱和磁化强度 M_s 与两个磁性相的饱和磁化强度 M_{s1} 和 M_{s2} 存在加和关系

$$M_s V = M_{s1} V_1 + M_{s2} V_2$$

　　如果第二相是非铁磁性相，$M_{s2} = 0$，则 $M_s = M_{s1} V_1 / V$。式中 V、V_1 和 V_2 分别为样品和样品内两个相的体积。显然减少磁体的非铁磁性第二相的体积分数有利于提高磁体的饱和磁化强度。

2.5.2　剩磁 B_r

　　剩磁由 M_s 到 M_r 的反磁化过程所决定，与单晶体不同，多晶磁性材料需从统计的角度讨论剩磁的性质。图 2-18 是单轴各向异性无织构的多晶体在各种磁化状态下的磁矩角分布的二维矢量模型。在磁中性状态，$H = 0$，各晶粒的磁化矢量在空间的分布是均匀的，样品在任一方向的 $M = 0$。磁化到技术饱和后，各晶粒的磁化矢量大体上都集中在外磁场方向。而去掉外磁场后，各晶粒的磁化矢量就都转动到最靠近外磁场方向的易轴方向。当反磁化场达到 $H = H_{cj}$ 时，各晶粒的磁化矢量在空间的分布是不均匀的，在反磁场方向有一分布，在反磁场的相反方向也有一对称分布。经过积分计算，可得单轴无织构多晶体的剩磁为 $M_r = 0.5 M_s$。同理可以计算立方晶系无织构多晶体的剩磁，如体心立方铁的剩磁为 $M_r = 0.832 M_s$，面心立方镍的剩磁为 $M_r = 0.866 M_s$。如果是单晶体，其剩磁为 $M_r = M_s \cos\theta$。当沿单晶体的易磁化方向磁化时，则 $M_r = M_s$，$B_r = \mu_0 M_r = \mu_0 M_s$，这说明 B_r 的极限值是 $\mu_0 M_s$。因此可以表明剩磁是组织敏感参量，它对晶体取向和畴结构十分敏感，即主要取决于 M_s 和 θ_i 角。为获得高剩磁，首先应该选择高 M_s 材料。θ_i 主要取决于晶粒的

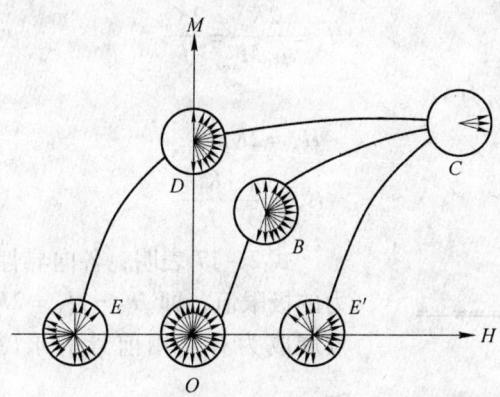

图 2－18　磁化各阶段的磁矩角分布的二维矢量模型

取向与磁畴结构，通常用获得晶体织构和磁织构的办法来提高剩磁。

　　铁磁性粉末冶金制品的剩磁与正向畴的体积分数 A、粉末颗粒的取向因子 $\overline{\cos\theta}$、粉末制品的相对密度 $\dfrac{d}{d_0}$、非铁磁性的第二相的体积分数 B 以及致密样品（铸态）的磁化强度 M_s 有关，即

$$M_r = A\,(1-B)\,\overline{\cos\theta}\,\frac{d}{d_0}M_s \tag{2－16}$$

可见提高粉末制品的取向度，提高相对密度，尽量减少非铁磁性第二相的体积分数和提高正向畴的体积分数等，是提高材料剩磁的主要途径。

2.5.3　各向异性场 H_A

　　对于单晶体，热退磁状态下的原子磁矩均沿易磁化方向排列。当沿单晶体难磁化方向磁化时，只有磁化场足够大才能使其磁化到饱和。沿难磁化方向使铁磁体磁化到饱和所需要的磁化场称为各向异性场 H_A。它相当于沿难磁化轴磁化与沿易磁化轴磁化的磁化曲线的交点对应的磁场 H_A（图 2－19）。这种情形可理解为在易磁化方向存在一种等效场，它力图使原子磁矩转动到与易磁化轴平行的方向上。因此，要想沿难磁化方向磁化到饱和，就需要与之相应的外磁场。

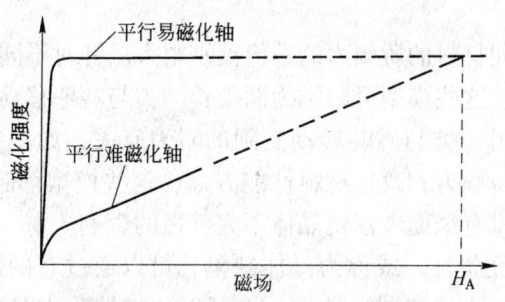

图 2－19　单晶体的各向异性场 H_A

　　各向异性场 H_A 的本质是磁晶各向异性。按照铁磁理论，单轴晶体各向异性场 H_A 的表达式为

$$H_A = \frac{2K_u}{\mu_0 M_s} = \frac{2K_u}{J_s} \qquad (2-17)$$

而立方晶体的各向异性场为

　　当 $K_1 > 0$ 时 　　　　$H_A = 2K_1 / J_s$

　　当 $K_1 < 0$ 时 　　　　$H_A = \frac{4}{3} \frac{|K_1|}{J_s}$

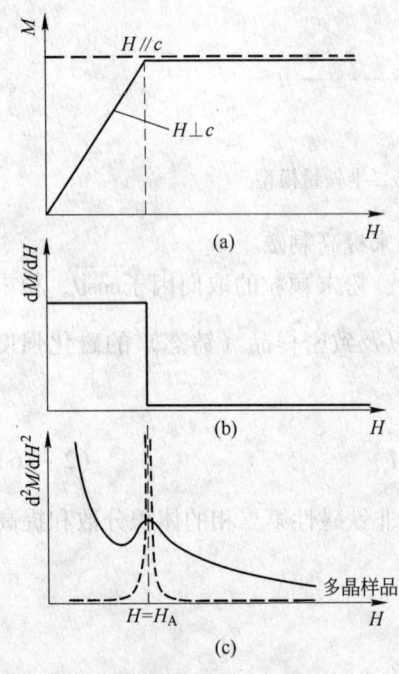

图 2-20　沿难磁化轴的磁化曲线的
$d^n M / dH^n$ 与 H 的关系

式 2-17 表明，各向异性场 H_A 是材料内禀矫顽力的极限值，即 $H_{cj} = H_A = 2K_1 / J_s$，它是该材料能否发展成为有实用前景的永磁材料的重要判断依据之一。

可用多种方法来测定各向异性场，较常用的有两种方法，即磁化曲线交点法和奇点探测法（SPD）。磁化曲线交点法是将多晶体样品破碎到相当于单晶体尺寸的粉末，使之与胶体状的树脂（环氧类）充分混合均匀，然后将样品放在磁场（大于 1.6MA/m）中使单晶体易磁化轴（c 轴）沿磁场方向充分取向并固化，使其 c 轴固定在取向轴的方向上，然后测量平行 c 轴和垂直 c 轴的磁化曲线（如图 2-20 所示），两根磁化曲线延长线的交点所对应的磁场，即为该材料的各向异性场 H_A。奇点探测法的基本原理是在单晶的难轴磁化曲线上，取磁化强度 M 对磁化场 H 的 n 阶系数 $d^n M / dH^n$ 时，在靠近各向异性场 H_A 附近会出现奇异点，即 $d^n M / dH^n$ 的峰值，如图 2-20 所示。事实上取二阶导数的峰值就十分明显了，峰值对应的磁化场就称为该材料的各向异性场 H_A。奇点探测法的突出优点是磁化曲线上的奇点与晶粒尺寸和晶粒取向没有关系，不用制造晶体取向的样品，方法简便。

2.5.4　矫顽力

实验数据表明，不同材料的矫顽力的数值差别很大。针对不同的材料曾经提出过各种各样的矫顽力理论模型。这些模型可归结为两类：一类与畴壁移动受到的阻力有关，如应力理论、掺杂理论等；另一类与磁畴转动受到的阻力有关，如一致转动、涡旋转动等模型。在解释具体材料的矫顽力和改善材料性能方面，这些模型都起到了一定的指导作用。这些模型存在的问题是没有全面考虑到晶体不完整性的影响。

实际材料的晶体不完整性，或称为晶体缺陷，可以通过它的形状不同（体缺陷、面缺陷、线缺陷和点缺陷）直接控制矫顽力；也可以通过缺陷本身的交换积分常数、磁晶各向异性常数、磁致伸缩常数和饱和磁化强度与基体不同来影响矫顽力。晶体缺陷对磁性的影响分长程和短程两种。位错、非磁性掺杂或第二相是长程的，它们影响磁弹性能，散磁场能的变化。晶粒边界、堆垛层错、反相畴边界、点缺陷等属于短程的，它们使交换能和磁晶各向异性能发生改变，因而能阻碍畴壁的运动。晶体缺陷的这些性质，使得缺陷所在之处容易形成反磁化核或钉扎畴壁的中心。如果把缺陷只看作形核点，则缺陷的数目越多，反磁化核便愈容易形成，因而矫顽力愈低。在某些复相多畴的永磁材料中，其成分、结构都是十分不均匀的，畴壁能密度也是起伏不均的。在热退磁状态下，畴壁一般都处于畴壁能的最低处。在施加外磁场使之磁化时，要使畴壁离开畴壁能低的位置是十分困难的，也就是说畴壁被畴壁能低的位置（或中心）钉扎住了。如果把缺陷单纯作为畴壁的钉扎点，则缺陷的数目越多，畴壁钉扎便愈严重，移动便愈困难，因而矫顽力就愈高。由此看来，缺陷的作用具有两重性，既可作为形核点而降低矫顽力，又可作为钉扎点而升高矫顽力。一般说来，尺寸大的缺陷对形核有利，小的缺陷对钉扎有利。

如果将式 2 – 14 写成 $H_s = H_p + H_n$，这时 $H_p = H_0$，为材料的钉扎场；$H_n = \dfrac{5\pi}{8\mu_0 M_s} \cdot \dfrac{\gamma}{d}$，为材料的反磁化核形核场。即材料的矫顽力由钉扎场和反磁化核形核场两部分组成。当 $H_p < H_n$ 时，材料的矫顽力由形核场来决定；当 $H_p > H_n$ 时，材料的矫顽力由钉扎场来决定。具体材料的矫顽力机理究竟是以形核为主，还是以钉扎为主，可以根据热退磁状态后的磁化曲线和磁滞回线的形状来判断。以形核为主的磁化曲线上升很快，起始磁导率较高，用不大的外磁场就能磁化到饱和，其矫顽力通常随外磁场的增加而增大（图 2 – 21）。以钉扎为主的磁化曲线上升很慢，外磁场未达到矫顽力以前，磁导率都很低，在矫顽力处才突然升高，其矫顽力一般与外磁场无关（图 2 – 22）。

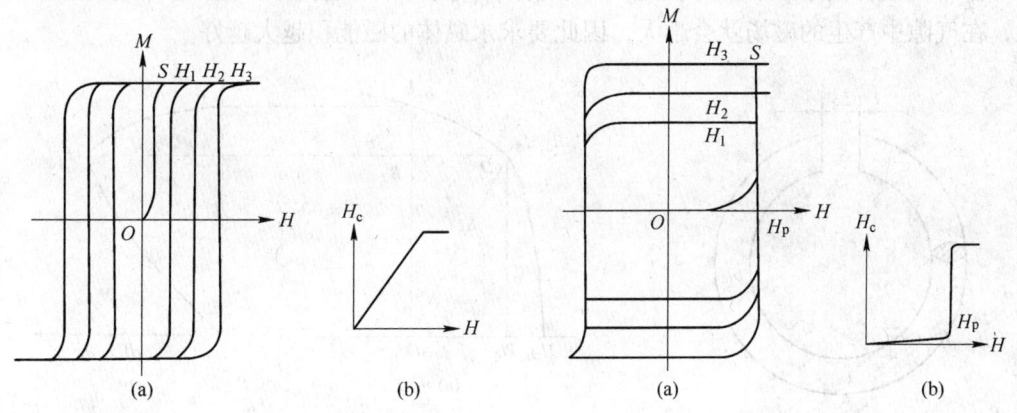

图 2 – 21 形核场决定的矫顽力   图 2 – 22 钉扎场决定的矫顽力

从金相的角度判断，凡是磁晶各向异性常数大的单相磁体，其反磁化机理以形核为主，形核的地点大多在磁晶各向异性较弱或退磁场较大的区域，如单相的稀土钴 1∶5 型和 2∶17 型磁体、NdFeB 磁体、钡锶铁氧体磁体、锰铝碳合金等。凡是磁晶各向异性常数大的复相磁体，其反磁化机理以钉扎为主，钉扎的地点多在畴壁能低的位置，如两相的稀土 1∶5 型和 2∶17 型磁体，铂钴合金等。当然在以形核为主的磁体中，反磁化核长大时的畴壁移动，也会遇到钉扎的问题，这时的矫顽力便由形核场和临界场同时决定。

永磁材料要求具有高矫顽力，寻求高 H_c 的途径有两条：其一是提高形核场 H_n 和畴壁移动的钉扎场 H_p；另一条途径是制备高磁各向异性的单畴微粒的集合体，使其反磁化过程为 M_s 的转动。这两条途径都要求高的磁各向异性。

　　近年来矫顽力理论的发展，在物理上比较全面地研究了缺陷的作用，在计算方法上应用了微磁学方程和计算机模拟，这使得研究结果的适用面较广。由面缺陷对畴壁的钉扎进行数学处理，得到的各种材料的矫顽力理论值与实验值大体上符合，这说明矫顽力新理论对软磁材料及硬磁材料都大体上适用。

2.5.5　磁能积 $(BH)_{max}$

　　永磁材料用作磁场源或磁力源（动作源），主要是利用它在空气隙中产生的磁场。图2-23为有气隙的环状磁体，根据磁路原理，可得到磁体在空气隙中产生的磁场强度为

$$H_g = \left(\frac{B_m H_m}{\mu_0} \cdot \frac{V_m}{V_g} \right)^{1/2}$$

式中，V_m、V_g 分别代表磁体和气隙的体积。H_g 除了与 V_m、V_g 有关外，主要决定于磁体内部的 B_m 和 H_m 的乘积。B_m 为磁体的磁感应强度，H_m 为磁体的退磁场。

　　如图2-24a所示，开路（有缺口）磁体的退磁曲线上任何一点 B 和 H 的乘积 BH 代表了磁体在该点的能量，称为磁能积。退磁曲线上各点的磁能积随 B 的变化见图2-24b。按图中连线方法，OD 线与退磁曲线的交点 D 对应的 B 和 H 的乘积有最大值，即

$$(BH)_{max} = B_D H_D$$

称为最大磁能积，常用 $(BH)_m$ 表示，亦简称为磁能积。如果在设计磁体时，使磁体在 D 点工作（由磁体的形状和尺寸决定），则磁体在气隙中将产生最大的磁场强度。磁能积越大，在气隙中产生的磁场就会越大，因此要求永磁体的磁能积越大越好。

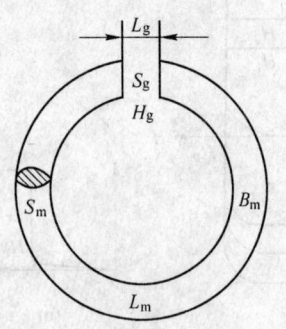

图2-23　有气隙磁体的示意图

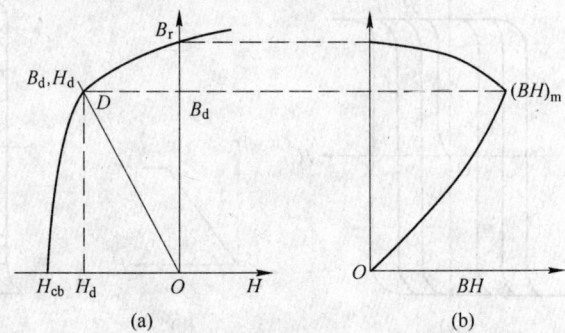

图2-24　永磁体的最大磁能积

　　$(BH)_m / (B_r H_{cb}) = \gamma$ 称为 $B-H$ 退磁曲线的隆起度，所以磁能积还可表示为

$$(BH)_m = \gamma B_r H_{cb}$$

　　理想的永磁材料应该是 $B_r = \mu_0 M_s$，$H_{cj} \geqslant H_{cb}$，即内禀退磁曲线为矩形，磁感退磁曲线为直线，见图2-25a。因为 B_r 的极限值为 $\mu_0 M_s$，H_{cb} 的极限值是 $M_r = M_s$，此时 $H_D = 1/2 M_r$，$B_D = 1/2 B_r$，由此不难求得磁能积的极限值为

$$(BH)_m^0 = \frac{1}{4} \mu_0 M_s^2 \tag{2-18}$$

在这种情况下，M_s 是决定磁能积大小的关键因素。材料的 M_s 越高，则理论磁能积就越大。例如，$Nd_2Fe_{14}B$ 单晶的 $B = 1.61T$，则其

$$(BH)_m^0 = \frac{1}{4}\mu_0\left(\frac{B_r}{\mu_0}\right)^2 = \frac{1}{4} \times \frac{1.61^2}{4\pi} \times 10^7 = 516\text{kJ/m}^3$$

任何 NdFeB 材料的 $(BH)_m$ 不能超过该估计值。由此可知，B_r 数值的高低，直接决定 $(BH)_m$ 和 H_{cb} 数值的高低。而提高 B_r 的数值，除了改善制造工艺外，关键是提高 M_s。所以选择 M_s 高的物质，是制备优质永磁材料的先决条件。

如果材料的 $H_{cj} = H_{cb}$，退磁曲线的形状是如图 2 - 25b 所示的折线。当 $H_{cj} \geqslant 1/2M_s$ 时，仍用式 2 - 18 估计 $(BH)_m$。当 $H_{cj} \leqslant 1/2M_s$ 时，估计 $(BH)_m$ 的公式为

$$(BH)_m^0 = H_{cj}(B_r - \mu_0 H_{cj})$$

在这种情况下，虽然 M_s 对 $(BH)_m$ 也有贡献，但主要由 H_{cj} 来决定，即提高材料的矫顽力是提高 $(BH)_m$ 的关键因素。AlNiCo、低矫顽力 $Sm_2(Co,Cu,Fe)_7$ 等永磁材料属于这种类型。究其原因，主要是这类合金的矫顽力机制是磁性粒子的形状各向异性，不能大幅度提高其内禀矫顽力。

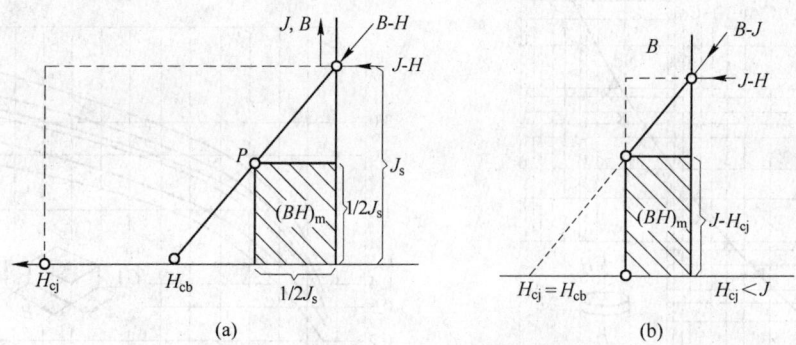

图 2 - 25　退磁曲线与理论磁能积

(a) $B_r = \mu_0 M_s$，$H_{cj} \geqslant H_{cb}$；(b) $H_{cj} = H_{cb}$，$H_{cj} \leqslant 1/2M_s$

实际永磁体的磁能积要比理论磁能积低，原因是 $B_r < \mu_0 M_s$。当 $H_{cj} \geqslant H_{cb}$ 时，将式 2 - 16 代入式 2 - 18，可得磁能积为

$$(BH)_m = \frac{1}{4}A^2\overline{\cos\theta}^2(1-\beta)^2\left(\frac{d}{d_0}\right)^2\mu_0 M_s^2 \qquad (2-19)$$

可见实际永磁体可能获得的 $(BH)_m$ 除了与材料的 M_s 有关外，还与工艺因素密切相关，因为式中的其他各项参量都是工艺因素的敏感参量。

2.5.6　永磁体的工作点与负载线

永磁体是在开路状态下工作的。由于开路状态的磁体是在退磁场的作用下，所以工作状态的永磁体的磁感应强度不是在闭路状态的 B_r 点上，而是在比 B_r 低的退磁曲线上的某一点。这一点称为永磁体的工作点，如图 2 - 24 中的 D 点。显然，工作点与退磁曲线的形状和工作状态的磁体的退磁场大小有关。在工作点处的 B_D 和 H_D 应满足下列两式

$$B_D = \mu_0(H_D + M_D)$$

$$H_D = -NM_D$$

式中，M_D 为在 H_D 作用下的永磁体的磁化强度；N 为退磁因子。当铁磁体为均匀单相且为椭球形状时，在均匀外磁场下可被均匀磁化，退磁因子 $N = 1/3$。在椭球不同方向饱和

磁化时，退磁场能不同，这种现象称为形状磁各向异性。但非椭球磁体中不可能有均匀的退磁场 H_D 和 M_D，这时退磁因子可表示为坐标的函数，其 N 值一般由实验测定。应该指出，一个有多畴结构的铁磁体的表面、晶界和缺陷处均可有表面磁极，从而产生不均匀的退磁场，亦称散磁场。

连接工作点 D 与原点 O 的直线称为负载线，这条直线与永磁体的退磁因子有关，即与永磁体的形状、大小和磁导率有关。它的斜率可由以上两式推得的 $B_D = \mu_0(1 - 1/N)H_D$ 所决定。负载线的斜率又称为导磁系数或磁导，用 P_c 表示

$$P_c = B_D/H_D = \mu_0(1 - 1/N)$$

沿轴向磁化的圆片状永磁体及沿法线方向磁化的方片状永磁体的磁导 P_c 与磁体尺寸比的关系分别如图 2-26 和图 2-27 所示。

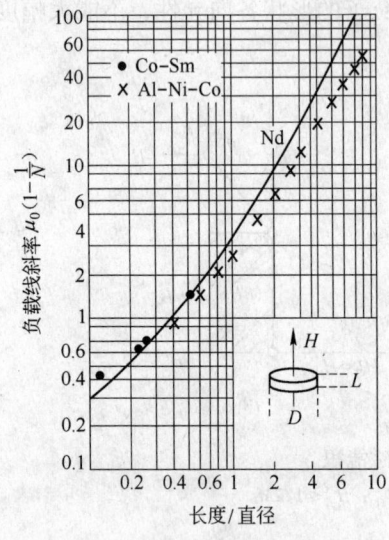

图 2-26　圆片状永磁体的
P_c 与其尺寸比的关系

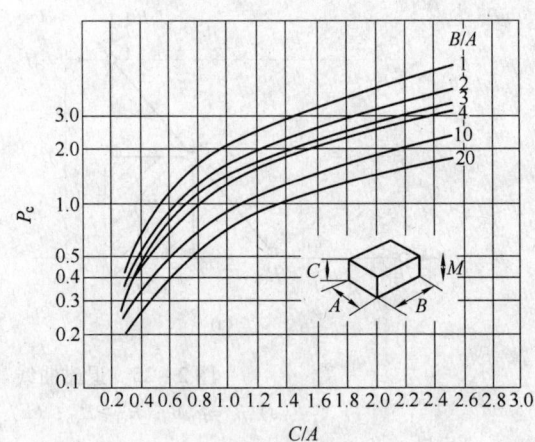

图 2-27　高矫顽力永磁体的 P_c 与其尺寸比的关系

处于工作点 D 的永磁体，当受到一个附加的周期性负磁场 H_a 作用时，如图 2-28 所示，原处于 D 点的永磁体的 B 沿退磁曲线降低到 1 点。当 H_a 减小到零时，永磁体的工作点不能再回到 D 点，而只能回到 2 点。当 H_a 周期性地作用该磁体时，则磁体的工作点将在点 1 与点 2 之间来回变化，从而形成一个小回线。此小回线的斜率叫做回复磁导率，用 μ_{rec} 表示，即

$$\mu_{rec} = \left(\frac{B_a}{\mu_0 H_a}\right)$$

式中，μ_{rec} 也是永磁材料的重要性能指标之一。μ_{rec} 的大小与材料的 H_c 有关，H_c 越大则 μ_{rec} 越小。当矫顽力 H_{cb} 近似地等于 M_r 时，则 μ_{rec} 从大于 1 趋近于 1。μ_{rec} 越小，永磁体抗外磁场干扰的能力就越强，同时材料的 $(BH)_m$ 就越高。

通常将图 2-29 所示退磁曲线上的 $J_r = 0.9$ 或 $0.8B_r$ 相对应的磁场称为弯曲点磁场 H_K，也称为膝点（Knee）矫顽力。H_K 越大，意味着内禀退磁曲线（$J-H$）的方形度越好。$J-H$ 退磁曲线的方形度 Q 可表达为

$$Q = \frac{(BH)_{\mathrm{m}}}{\dfrac{J_{\mathrm{r}}^2}{4\mu_0}}$$

永磁材料要求同时提高 B_{r}、H_{cj} 和（BH）$_{\mathrm{m}}$ 三个技术参数。由于高磁能材料的 H_{cj} 不足够高，第二象限退磁曲线不可能是方形的，以及取向度不足够高和存在不可逆反磁化过程，从而使第二象限 B-H 退磁曲线上（BH）$_{\mathrm{m}}$ 附近的回复磁导率 μ_{rec} 高达 $1.05 \sim 1.07$，为此 J_{r} 和（BH）$_{\mathrm{m}}$ 的关系应修正为

$$(BH)_{\mathrm{m}} = \frac{B_{\mathrm{r}}^2}{4\mu_0\mu_{\mathrm{rec}}} = \frac{J_{\mathrm{r}}^2}{4\mu_0\mu_{\mathrm{rec}}}$$

由此得到

$$Q = \frac{4\mu_0(BH)_{\mathrm{m}}}{J_{\mathrm{r}}^2} = \frac{1}{\mu_{\mathrm{rec}}}$$

式中，$Q = 1/\mu_{\mathrm{rec}}$，为第二象限 J-H 退磁曲线的方形度。

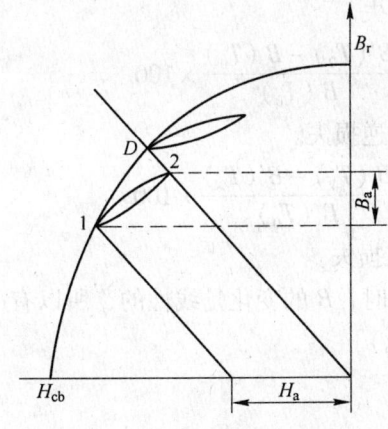

图 2-28　永磁体的小回线与
　　　　　回复磁导率

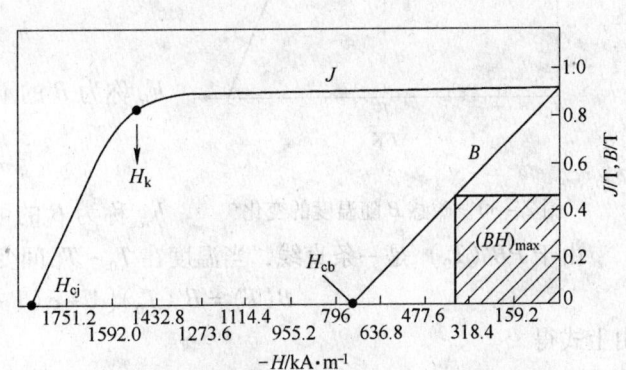

图 2-29　永磁体退磁曲线上的弯曲点

2.5.7　永磁材料的稳定性

永磁体一般用作磁场源，要求在工作环境下，当外界条件变化时，磁体提供的磁场要稳定，否则就要影响仪器仪表的精度和可靠性。永磁体的稳定性一般用其磁性参量的变化量（或相对变化量）来描述。引起磁性能变化的外界条件有温度、时间、电磁场、机械（振动与冲击）、射线、化学作用等，相应地永磁材料的稳定性有温度稳定性、时间稳定性、振动与冲击稳定性、电磁场稳定性、射线稳定性和化学稳定性等。

环境条件变化引起的磁性能变化不外乎有两方面。一方面由磁畴结构变化引起，称为磁时效。磁时效是可逆的，当磁体再一次磁化或充磁时又能恢复原来的磁性能。另一方面由磁体的显微组织变化引起，称为组织时效。组织时效是不可逆的，当再一次充磁时，不能恢复原来的磁性能。任何环境条件变化引起磁体的磁性能变化都可能包括磁时效与组织时效两种。

永磁体使用的条件不同，所要求的稳定性也不相同。在地面一般工程条件下，大多数是要求温度稳定性，即要求磁体在昼夜与四季气温变化的条件下（ ±（20 ~ 80）℃）磁性

能变化不大。前已述及居里温度是永磁体使用温度的最高极限，事实上，永磁体在居里点以下的温度范围内应用时，温度的变化对磁性能的影响也特别普遍和严重。为了使仪器与设备在温度变化时能正常工作，在设计磁路时，需要知道磁体的磁性能随温度的变化量。下面以剩磁 B_r 为例，说明磁性能的温度稳定性。

假如磁体的开路剩磁 B（或称开路磁通）随温度变化如图 2-30 所示。$B(T_0)$ 是永磁体起始 B，当温度变化到 T_1 时，B 降低到 $B(T_1)$。当环境温度又恢复到 T_0 时，一般情况下 B 不能恢复到 $B(T_0)$，而只能恢复到 $B'(T_0)$。实验证明，当温度在 T_0 和 T_1 间反复变化，并且 $\Delta T = T_1 - T_0$ 不十分大时，B 的变化是线性可逆的，即 $PB'(T_0)$ 是一条直线。根据图 2-30 可得

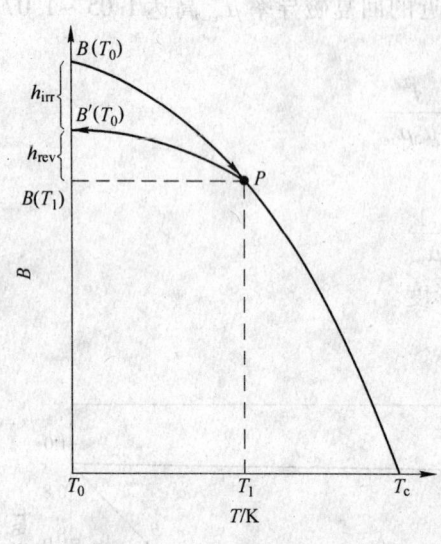

$$h_T = \frac{B(T_1) - B(T_0)}{B(T_0)} \times 100\% = \frac{\Delta B_1}{B(T_0)} \times 100\%$$

h_T 称为 B 的总损失。

$$h_{irr} = \frac{B'(T_0) - B(T_0)}{B(T_0)} \times 100$$

h_{irr} 称为 B 的不可逆损失。

$$h_{rev} = \frac{B(T_1) - B'(T_0)}{B'(T_0)} \times 100$$

图 2-30　磁感 B 随温度的变化　　h_{rev} 称为 B 的可逆损失。

由于 $PB'(T_0)$ 是一条直线，当温度在 $T_0 \sim T_1$ 间变化时，B 的变化是线性的，所以有

$$B(T) = B'(T_0)[1 + \alpha(T - T_0)]$$

由上式得

$$\bar{\alpha} = \frac{B(T) - B'(T_0)}{B'(T_0)(T - T_0)}$$

式中，$\bar{\alpha}$ 称为 B 在 $T_0 \sim T$ 温度范围内的平均可逆温度系数，单位为%/℃。

实验表明，h_T、h_{irr}、h_{rev} 和 $\bar{\alpha}$ 与永磁体的成分、热处理工艺、永磁体的形状与尺寸（如长径比 L/D）、永磁体矫顽力的高低、永磁体的工艺历史等因素有关。但这些因素对磁体温度稳定性的影响程度是不同的，一般可用实验方法来确定。

本 章 小 结

（1）重要公式。

1）材料对外磁场的响应

$$B = \mu_0(H + M) = \mu_0(H + \chi H) = \mu_0(1 + \chi)H = \mu H$$

在 SI 国际单位制中，磁场强度 H 和磁化强度 M 的单位是 A/m（安培/米），磁感应强度 B 的单位是 T（特斯拉），真空磁导率 $\mu_0 = 4\pi \times 10^{-7}$ H/m（亨利/米）。在 CGS 单位制中，上式的关系则为

$$B(高斯) = H(奥斯特) + 4\pi M(高斯)$$

2）单轴晶体的各向异性场

$$H_A = \frac{2K_u}{\mu_0 M_s} = \frac{2K_u}{J_s}$$

它是使铁磁体沿难磁化方向磁化到饱和所需要的磁化场，也是材料内禀矫顽力的极限值。

3）磁能积的极限值

$$(BH)_m^0 = \gamma B_r H_{cb} = \frac{1}{4}\mu_0 M_s^2$$

单位是 kJ/m³，与 CGS 单位制的关系是 1kJ/m³ = 1/7.96MGOe。

（2）重要概念。

1）磁偶极子、磁偶极矩、磁矩、磁极化强度。

2）原子磁矩是电子的轨道磁矩和自旋磁矩的总和。轨道磁矩的最小单位（玻尔磁子）$\mu_B = 9.273 \times 10^{-24}$（A·m²），自旋磁矩 $\mu_s \approx \mu_B$；3d 与 4f 金属原子磁矩的计算值与实验值。

3）铁磁性材料的自发磁化、居里温度、3d 电子的直接交换作用、交换能、4f 电子的间接交换作用、3d 与 4f 化合物原子磁矩的铁磁性耦合和亚铁磁性耦合；原子磁矩耦合方式与抗磁性、顺磁性、铁磁性、反铁磁性和亚铁磁性等材料磁性的关系。

4）铁磁体的技术磁化、影响磁畴结构的能量、磁畴壁与畴壁能、磁畴结构、畴壁移动的临界场、磁矩转动的临界场、反磁化核的形核场。

（3）永磁材料的技术磁参量：

饱和磁化强度 M_S

剩磁 B_r

各向异性场 H_A 与矫顽力

磁能积 $(BH)_m$

永磁体的工作点与负载线

永磁材料的稳定性

复习思考题

2-1　为何说在远距离处电流环的磁场与磁偶极子的磁场是相同的？试论证电流环磁矩 $\mu_m = iS$ 与磁偶极磁矩 $\mu_m = ml$ 的关系。

2-2　在材料内部场 B 与外磁场 H 及材料的 M 有何关系，如果材料是反铁磁性的，这种关系如何表述？

2-3　考虑一种磁性材料，如果由每单位体积 $n = 10^{29}/m^3$ 个原子组成，每个原子都有一个回转电流，则这一集合的 $M = n\mu_m$ 的数量级是多少，$B = \mu_0 M$ 的数量级是多少？（$\approx 10^6 A/m$，$\approx 1T$）

2-4　试计算 Fe^{2+}、Nd^{3+}、Gd^{3+}、Dy^{3+} 等金属离子的 μ_J。

2-5　简述物质的磁性划分，如何根据实验来确定某种材料的磁性？

2-6　何谓材料具有铁磁性的必要条件和充分条件，这两个条件如何影响自发磁化？

2-7　稀土金属原子磁矩有哪几种螺磁性排列，在稀土金属化合物中原子磁矩又如何排列？

2-8　影响磁畴结构的能量有哪些，如何理解各能量表达式的物理意义？

2-9　已知体心立方晶体铁的 $A_1 = 1.51 \times 10^{-11} J/m$，$K_1 = 42000 J/m^3$，试计算其 γ、δ 值，并估算 R_e 值。

2 – 10　试计算厚度 $T = 0.1\text{mm}$ 时 $\text{Nd}_2\text{Fe}_{14}\text{B}$ 晶体的磁畴宽度 D。

2 – 11　简述铁磁体的技术磁化过程。$4B_rH_c$ 与 BH 有何异同？

2 – 12　简述畴壁移动和磁矩转动的临界场与大块材料矫顽力的关系。形核场决定的矫顽力为何介于壁移矫顽力和畴转矫顽力之间？

2 – 13　自发磁化强度 M_s 与样品的饱和磁化强度 M_s 有何异同？实验测得 $\text{Nd}_2\text{Fe}_{14}\text{B}$ 单晶体的 $\mu_{FU} = 14\mu_{Fe} + 2\mu_{Nd} = 32.84\mu_B$，材料密度 $d = 7.55 \times 10^6 \text{g/m}^3$，试计算其饱和磁化强度 M_s。（1281kA/m）

2 – 14　单晶体剩磁的极限值是多少，单轴无织构多晶体的剩磁是多少，如何提高材料的剩磁？

2 – 15　单轴晶体的各向异性场如何表达，与矫顽力有何关系，如何测量？

2 – 16　晶体缺陷如何影响矫顽力，由形核场和钉扎场决定矫顽力的材料各有哪些？

2 – 17　环状磁体的气隙磁场强度与哪些因素有关，为何选择退磁曲线上具有最大磁能积的点为工作点？

2 – 18　理论磁能积是 $(BH)_m^0 = \dfrac{1}{4}\mu_0 M_s^2$，还是 $(BH)_m^0 = \dfrac{1}{4}(\mu_0 M_s)^2$，两者的差别是怎样出现的？

2 – 19　实际永磁体的 $(BH)_m$ 还与哪些工艺因素相关？

2 – 20　永磁体的磁导与工作点有何关系，工作点与哪些因素有关？

2 – 21　永磁体的回复磁导率与哪个磁参量有关，与 $(BH)_m$ 有何关系，退磁曲线的隆起度与方形度有何异同？

2 – 22　类似于磁感可逆温度系数 $\alpha(B)$，推导出内禀矫顽力的可逆温度系数 $\alpha(H)$ 的表达式。

3 稀土永磁材料的晶体结构、相图及组织

教学目标

认知稀土永磁化合物的晶体结构、内禀磁特性，以及稀土永磁合金的相图、显微组织和磁性能等内容，理解和贯通稀土永磁材料的成分、组织和磁性能之间的关系。

稀土永磁材料是以稀土－钴或稀土－铁金属间化合物为基体的合金，其技术磁参量与这些化合物的晶体结构类型密切相关，其技术磁参量的极限值由这些化合物的内禀磁特性来决定。而相图是表示合金系中各种相的平衡存在条件以及各相之间平衡共存关系的一种简明图解，把相图与相变机理和动力学结合起来，相图便可成为分析组织形成和变化的有力工具。

3.1 稀土永磁化合物的晶体结构

稀土－钴、稀土－铁等稀土永磁合金磁性相的晶体结构主要分为以 $SmCo_5$ 为代表的 1：5 型结构，以 Sm_2Co_{17} 为代表的 2：17 型结构和以 $Nd_2Fe_{14}B$ 为代表的 2：14：1 型结构。近年来得到发展的 REFeN 永磁材料主要涉及 $RE_2Fe_{17}N_x$、$RE(Fe,M)_{12}N_x$、$RE_3(Fe,M)_{29}N_x$ 等化合物。

3.1.1 $CaCu_5$ 型晶体结构

第一代稀土永磁合金 $SmCo_5$ 磁性相晶体结构属 $CaCu_5$ 型结构，它属于六方晶系，空间群为 Pb/mmm（图 3-1）。稀土占据 a 晶位，钴占据 c 晶位和 g 晶位。这种结构可以看做是两个原子层沿 [0001] 轴方向交替堆垛而成。其中一个原子层由稀土原子和钴原子组成（A 层），另外一层由钴原子组成（B 层），这种 $CaCu_5$ 结构由这种 A 层和 B 层的堆垛，即 ABAB 等组成。在 RE-3d 系化合物中的 $CaCu_5$ 结构中存在 $RECo_5$ 相，不存在 $REFe_5$ 相。

3.1.2 Th_2Ni_{17} 型和 Th_2Zn_{17} 型晶体结构

第二代稀土永磁合金 2：17 型磁性相化合物在高温下具有 Th_2Ni_{17} 型晶体结构，在低温下转变成 Th_2Zn_{17} 型结构。Th_2Ni_{17} 和 Th_2Zn_{17} 是同素异构体，两者的结构十分相似。

Th_2Ni_{17} 型晶体结构的空间立体图如图 3-2 所示。它属于六方晶系，空间群为 P63/mmc。一个单胞由两个 Th_2Ni_{17} 分子组成，其中稀土占据 b 和 d 晶位，钴或铁占据 g、k、f 晶位和 j 晶位。4f 是哑铃晶位，它相当于 $CaCu_5$ 型结构 c 晶位上的稀土原子被钴原子对置换的结果。

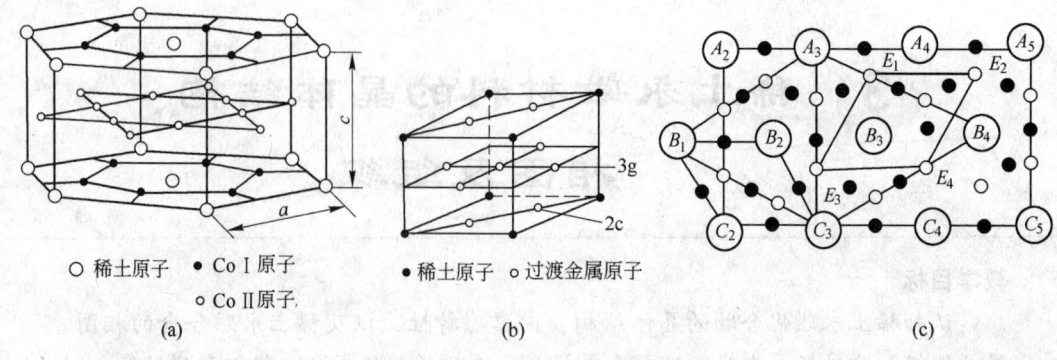

图 3 - 1　CaCu$_5$ 型晶体结构（RECo$_5$）

（a）晶体结构空间图；（b）CaCu$_5$ 型结构的晶胞图；（c）CaCu$_5$ 型结构原子在（0001）平面上的投影

　　稀土 - 钴和稀土 - 铁的 2：17 系化合物在低温下具有 Th$_2$Zn$_{17}$ 结构。Th$_2$Zn$_{17}$ 型晶体结构的空间立体图如图 3 - 3 所示，这种结构属菱方晶系（或称三方晶系），空间群为 R$\overline{3}$m。一个单胞内包含三个 Th$_2$Zn$_{17}$ 分子，其中稀土占据 c 晶位，钴或铁占据 d、f、h 晶位和 c 晶位。

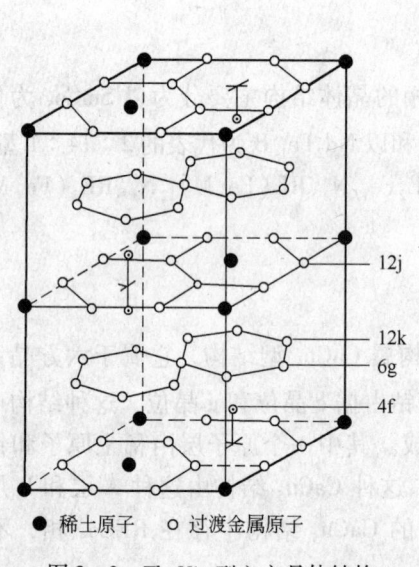

图 3 - 2　Th$_2$Ni$_{17}$ 型六方晶体结构

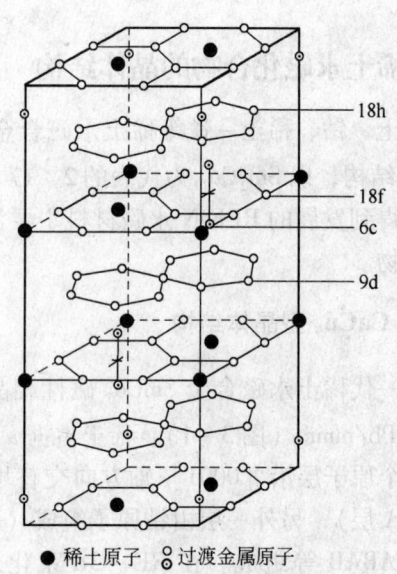

图 3 - 3　Th$_2$Zn$_{17}$ 型菱方晶体结构

3.1.3　Nd$_2$Fe$_{14}$B 化合物的晶体结构

　　第三代稀土永磁合金磁性相 RE$_2$Fe$_{14}$B 化合物单胞的空间结构如图 3 - 4 所示，它属于四方晶系，空间群为 P42/mnm。它由四个 RE$_2$Fe$_{14}$B 分子组成，在一个晶胞内有 68 个原子，其中有 8 个稀土原子，56 个铁原子，4 个硼原子。其中稀土原子占据 4f、4g 两个晶位，硼原子占据 4g 晶位，铁原子占据 4c、4e、8j$_1$、8j$_2$、16k$_1$、16k$_2$ 等六个不同的晶位。

　　所有的稀土元素与铁和硼均可形成 RE$_2$Fe$_{14}$B 化合物，其中 Nd$_2$Fe$_{14}$B、Pr$_2$Fe$_{14}$B、

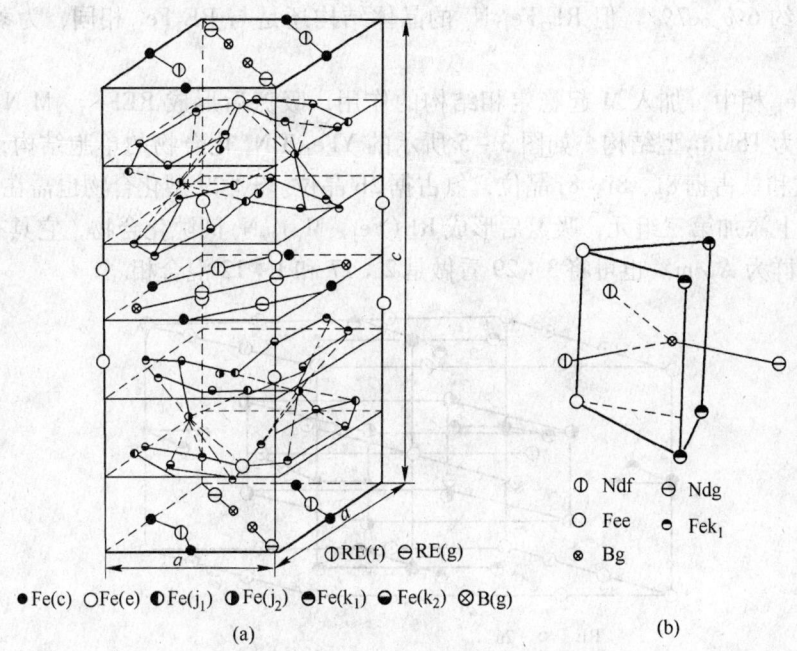

● Fe(c)　○ Fe(e)　◐ Fe(j₁)　◑ Fe(j₂)　◖ Fe(k₁)　◓ Fe(k₂)　⊗ B(g)

(a)

⊕ Ndf　⊖ Ndg
○ Fee　◑ Fek₁
⊗ Bg

(b)

图 3-4　$Nd_2Fe_{14}B$ 化合物的晶体结构

(a) 单胞结构；(b) 单胞中含有 B 原子的三角棱柱

$(Pr, Nd)_2Fe_{14}B$ 或 $(Ce, Pr, Nd)_2Fe_{14}B$ 均可制成有实用意义的永磁材料。$Nd_2Fe_{14}B$ 化合物类金属硼等元素的添加对四方相 $Nd_2Fe_{14}B$ 的形成起决定性作用。实验结果表明，不含硼的 Nd-Fe 合金由 α-Fe 和 Nd_2Fe_{17} 相组成。当硼摩尔分数增加到 4% 时，Nd_2Fe_{17} 相消失，开始出现 $Nd_2Fe_{14}B$ 相。当硼摩尔分数增加到 7% 时，α-Fe 相消失（激冷样品），合金由 $Nd_2Fe_{14}B$ 和富钕以及富硼相组成。随硼含量增加，富硼相的数量有所增加。用碳取代硼原子亦可形成 $Nd_2Fe_{14}C$ 化合物，其晶体结构与 $Nd_2Fe_{14}B$ 的相同。$Nd_2Fe_{14}C$ 化合物亦具有相当高的内禀磁性，但由于其形成困难，同时在高温区要分解，因此不能用来制备有实际意义的永磁材料。硅与碳虽然有相同的原子价，但硅的原子半径（0.1316nm）比硼的原子半径（0.098nm）大得多，因而硅只能取代铁原子晶位而不能取代硼原子晶位。

3.1.4　$RE_2Fe_{17}N_x$ 和 $REFe_{12-x}M_xN_y$ 间隙化合物晶体结构

RE_2Fe_{17} 系和 $REFe_{12}$ 系等化合物吸收氮后，形成一类含氮的间隙型永磁化合物。RE_2Fe_{17} 等化合物的晶体结构，可看做由 $CaCu_5$ 型结构派生而来。晶体结构派生的共同特点是 $CaCu_5$ 型结构中一部分钙原子被与 c 轴平行的铁原子对（哑铃原子对）所置换。它们的置换关系可表达为：

$$RE_{1-\delta}M_{2\delta+5} = REM_z \quad z = (5+2\delta)/(1-\delta)$$

当 $\delta=0$，$z=5$ 时，即为 1:5 型结构。当 $\delta=1/3$，$z=8.5$ 时，是 $CaCu_5$ 结构中钙原子的 1/3 被过渡族金属元素 M 原子对取代，便形成 2:17 型结构。其他如 $\delta=1/2$，$z=12$ 时，形成 1:12 型结构；$\delta=2/5$，$z=9.6$ 时，则形成 3:29 型结构。

RE_2Fe_{17} 吸氮后形成 $RE_2Fe_{17}N_x$ 系化合物。氮作为间隙原子存在于 RE_2Fe_{17} 晶格中，单

胞体积膨胀约 6% ~ 7%，但 $RE_2Fe_{17}N_x$ 的晶体结构还是与 RE_2Fe_{17} 相同，为菱方和六方两种。

在 $REFe_{12}$ 相中，加入 M 起稳定相结构的作用，吸氮后形成 $REFe_{12-x}M_xN_y$ 间隙化合物，其结构为 $ThMn_{12}$ 型结构。如图 3 – 5 所示的 $YFe_{11}TiN_y$ 化合物的单胞结构，稀土占据 2a 晶位，铁和钛占据 8f、8i、8j 晶位，氮占据 2b 晶位。3：29 型化合物也需在 RE – Fe 二元系的基础上添加第三组元，吸氮后形成 $RE(Fe_{1-x}M_x)_{29}N_y$ 间隙化合物，它具有单斜晶体结构，空间群为 A_2/m。也可将 3：29 看做是 2：17 和 1：12 混合相。

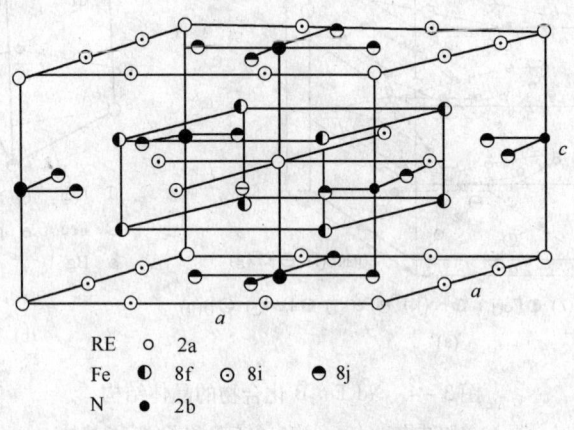

RE　○ 2a
Fe　◐ 8f　　○ 8i　　◑ 8j
N　● 2b

图 3 – 5　$YFe_{11}TiN_{0.51}$ 化合物单胞结构

3.2　稀土永磁化合物的内禀磁特性

3.2.1　稀土永磁化合物的居里温度

铁磁性物质或亚铁磁性物质由铁磁性或亚铁磁性转变为顺磁性的临界温度称为居里温度。根据分子场理论的解释，居里温度可表达为

$$T_c = \frac{2ZAJ(J+1)}{3k}$$

式中，Z 为配位数；A 为交换积分常数；J 为原子的角量子数；k 为玻耳兹曼常数。

稀土永磁化合物的居里温度如图 3 – 6 所示。居里温度从高向低依次为 RE_2Co_{17}，$RECo_5$，$RE_2Fe_{14}B$，最低为 RE_2Fe_{17}。在 RE – Co 化合物中，随钴原子含量的增加，T_c 提高。RE_2Co_{17} 具有最高的居里温度，$T_c = 800 \sim 950℃$。说明在 RE – Co 化合物中，Co – Co 原子的直接交换作用决定了化合物的居里点。而 RE – RE 或 RE – Co 的交换作用对 RE – Co 化合物的居里温度贡献较小。在 RE – Fe 化合物中，随铁原子含量的增加，T_c 反而降低。RE_2Fe_{17} 的居里温度最低，T_c 低于 200℃。RE_2Fe_{17} 化合物 f 晶位上的 Fe – Fe 原子间距很短，只有 0.239nm，它的交换作用是负的，因而降低了化合物的居里温度。RE – Fe 化合物加入硼所形成的 $RE_2Fe_{14}B$ 化合物，居里温度升至 200℃ 以上，$RE_2Fe_{14}B$ 的居里点为 312℃，大大高于 RE_2Fe_{17}。RE_2Fe_{17} 加入氮后，其居里温度和饱和磁化强度均大幅度升高。氮对其他类 RE – 3d 化合物也有类似的作用。

$RE_2Fe_{14}B$ 化合物的居里温度与 Fe – Fe、RE – Fe 和 RE – RE 原子交换作用的强弱有

关。Sinnema 等人根据分子场理论和平均场模型，将 $RE_2Fe_{14}B$ 化合物近似看作是由稀土亚点阵和铁亚点阵组成，求得化合物的 T_c 的表达式为

$$T_c = 265 + 10^2 \times [7.02 + 0.495(g-1)^2 J(J+1)]^{1/2}$$

图 3-7 中虚线是计算结果，实线是实验的结果。说明重稀土化合物 T_c 的实验值与理论值符合得很好，而轻稀土化合物 T_c 的实验值高于理论计算值。$RE_2Fe_{14}B$ 化合物的 T_c 比纯铁的居里点（1043K）低 50% 左右。$RE_2Fe_{14}B$ 化合物中的原子分布比较复杂，由于 RE-RE 和 RE-Fe 原子之间的交换作用能很小，因而 $RE_2Fe_{14}B$ 化合物的 T_c 主要由 Fe-Fe 原子之间的交换作用能决定，这使其 T_c 明显低于纯铁的居里点。当用元素取代时，平均一个钴原子取代一个铁原子，其 T_c 提高约 60K，$Nd_2Co_{14}B$ 的 T_c 接近 1000K。由于 Co-Co 和 Co-Fe 的交换作用强于 Fe-Fe 的而增强了正的交换作用，从而使 T_c 提高。在 $Pr_2(Fe_{1-x}Co_x)_{14}B$ 化合物中也是如此。用镍、硅取代铁可使 T_c 稍有提高，也可用正交换作用得到加强来解释。用铬、铝、锰、金取代铁使其 T_c 迅速降低，这与它们占据的晶位引起正交换作用降低有关。

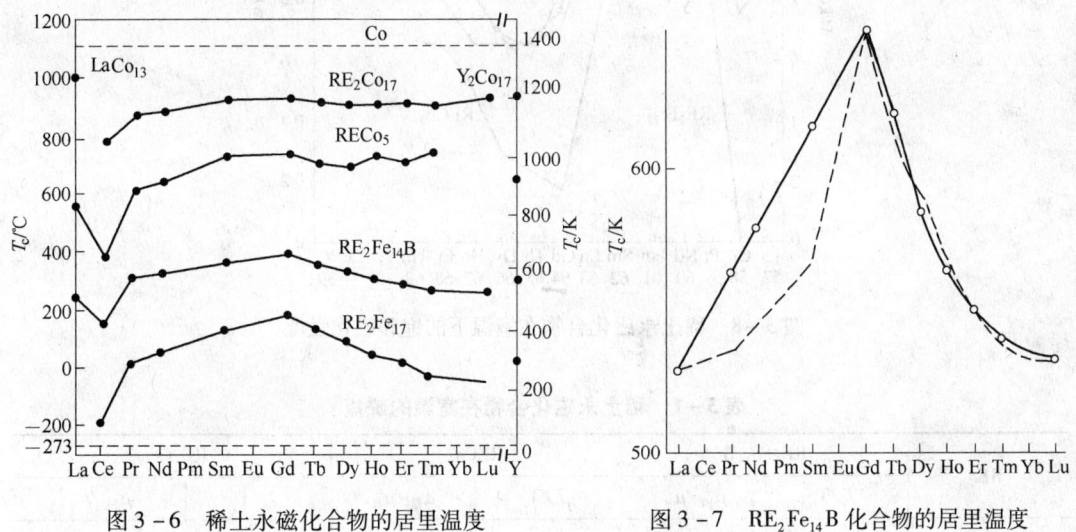

图 3-6 稀土永磁化合物的居里温度   图 3-7 $RE_2Fe_{14}B$ 化合物的居里温度

居里点 T_c 是铁磁性和顺磁性相互转变的温度，由于铁磁性物质在 T_c 温度以下自发磁化时，原子间交换作用能变化较大，因而其膨胀系数、热容量、弹性模量、电导率等与原子结合能有关的物理量出现较为突出的反常现象。由于 $RE_2Fe_{14}B$ 合金存在因瓦反常热膨胀行为，在室温附近有很低的膨胀系数；具有很大的弹性刚度（如 E 值很大），即在应力下不易变形；具有磁致伸缩，导致弹性模量 E 的温度系数极低，这就有利于制成弹性模量不随温度而变的恒弹性合金，从而适合于在精密机械中的应用。

3.2.2 稀土永磁化合物的分子磁矩与磁化强度

物质单位体积的磁矩称为磁化强度，用 M 表示。磁畴内的磁化强度称为自发磁化强度，用 M_s 表示。样品技术磁化到饱和后的磁化强度称为饱和磁化强度，也用 M_s 表示。前者是真实值，后者是宏观物体的平均值。每克物质的磁化强度，称为质量磁化强度，用 σ_s 表示，用每克物质的分子质量数除 σ_s，就可得到分子磁矩 μ_{FU}。M_s 和 σ_s 是描述物质磁

化强度的宏观参量，分子磁矩是描述物质磁化强度的微观参量，两者是一致的。

　　稀土永磁化合物在室温下的饱和磁化强度如图 3 – 8 所示。RE – Co 系和 RE – Fe 系化合物的磁化强度与稀土原子序数的关系有相同的倾向。即 LRE – M 化合物的磁化强度比 HRE – M 化合物的磁化强度高。这里用 LRE 代表轻稀土，HRE 代表重稀土，M 代表钴或铁等 3d 金属。磁化强度的差异与稀土原子和 M 原子的耦合方式有关，前者是铁磁性耦合，$\mu_{FU} = \mu_S^{3d} + \mu_J^{4f}$；后者是亚铁磁性耦合，$\mu_{FU} = \mu_S^{3d} - \mu_J^{4f}$。$RECo_5$、$RE_2Co_{17}$ 和 $RE_2Fe_{14}B$ 几种化合物在室温下的分子磁矩和磁化强度见表 3 – 1。

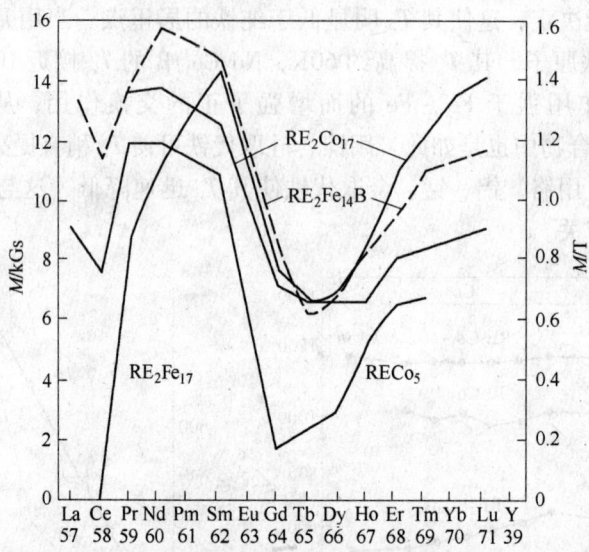

图 3 – 8　稀土永磁化合物在室温下的饱和磁化强度

表 3 – 1　稀土永磁化合物在室温的磁矩

RE	$RE_2Fe_{14}B$		$RECo_5$		RE_2Co_{17}	
	J_s/T	μ_{FU}/μ_B	J_s/T	μ_{FU}/μ_B	J_s/T	μ_{FU}/μ_B
Y	1.38	30.7	1.09		1.26	
La	1.38	30.6	0.91	7.1		
Ce	1.17	29.4	0.75	7.4	1.16	26.1
Pr	1.56	37.6	1.25	9.9	1.39	32.9
Nd	1.61	37.6	1.40	11.7	1.65	32.1
Sm	1.50	33.3	1.13	7.8	1.19	23.6
Gd	0.84	17.9	0.36	1.6	0.74	14.4
Tb	0.70	13.2	0.24	0.7	0.65	10.8
Dy	0.71	11.3	0.44	1.6	0.70	8.3
Ho	0.81	11.2	0.60	1.9	0.86	7.8
Er	0.90	12.7	0.73	1.4	0.86	10.6
Tm	1.15	18.4			1.14	13.6
Lu	1.17	28.2			1.24	27.4

在 RE – Co 系化合物中，RE_2Co_{17} 的磁化强度比 $RECo_5$ 高。$LRE_2Fe_{14}B$ 化合物存在最高的 M_s。在 LRE – M 化合物中，La – M 的 M_s 较低，因为镧原子磁矩为零，化合物的磁矩主要由 M 原子决定。Ce – M 化合物具有极低的 M_s，这与铈是 4 价有关，Ce^{4+} 的磁矩为零。另外铈的外层电子可能进入 M 原子的 3d 电子层，从而导致 Ce – M 化合物的 M_s 的降低。

3.2.3　稀土永磁化合物的各向异性

沿单晶体不同晶体方向磁化到饱和所需要的磁场强度不同的现象，称为磁晶各向异性。在最小的磁场下就能磁化到饱和的晶体学方向称为易磁化方向，简称为易向或易轴。需要最强的磁场才能磁化到饱和的方向，称为难磁化方向，或称难向或难轴，原子磁矩沿晶体的易向具有最低的能量，在平衡状态下原子磁矩均沿易向择优取向。沿单晶体易轴和难轴磁化到饱和所需要的磁化场差别越大，则它的各向异性就越大。为发展高矫顽力永磁材料，要求其具有高的各向异性。

通常用磁晶各向异性常数 K_1 或各向异性场 H_A 来描述磁晶各向异性的强弱。具有单一易磁化轴的晶体称为单轴晶体，当单轴各向异性特别强时，其磁晶各向异性常数 K_1 比 K_2 和 K_3 大得多，故常忽略 K_2、K_3 对磁晶各向异性的影响。沿单轴晶体的难轴方向磁化到饱和所需要的磁场强度称为各向异性场 H_A。H_A 与 K_1 有如下关系：

$$H_A \approx \frac{2K_1}{\mu_0 M_s} = \frac{2K_1}{J_s}$$

稀土永磁化合物的磁晶各向异性常数 K_1 和 K_2 是随温度变化而变化的，即磁结构或易磁化方向是随温度变化而变化的，这种现象称为自旋再取向。不同的化合物发生自旋再取向的起始温度也不同。表 3 – 2 列出室温附近各种化合物的磁晶各向异性参数。

表 3 – 2　稀土永磁化合物的各向异性参数

RE	$RECo_5$			RE_2Co_{17}			$RE_2Fe_{14}B$		
	易向	K_1 /MJ·m^{-3}	H_A /kA·m^{-1}	易向	K_1 /MJ·m^{-3}	H_A /kA·m^{-1}	易向	K_1 /MJ·m^{-3}	K_2 /MJ·m^{-3}
Y	c 轴	5.5	10746	基面	0.385		c 轴	1.06	
La	c 轴	6.3	13930	基面			c 轴		
Ce	c 轴	7.3	16716	基面		1194	c 轴	1.7	
Pr	c 轴	8.9	14328	基面		1592	c 轴	5.6	
Nd	基面	0.6	2388				c 轴	5.7	
Sm	c 轴	15.5	35024	c 轴	3.3	7960		– 12	0.29
Gd	c 轴	4.0	21492	基面			c 轴	0.67	
Tb			478	基面			c 轴	5.9	
Dy			1990	基面	2.1		c 轴	4.5	
Ho		4.0	10746	基面	0.42	1433	c 轴	2.5	
Er			7960	c 轴				– 0.03	
Tm				c 轴	0.56	1433		– 0.03	
Yb				基锥	0.38	1512			

比较表 3 - 1 和表 3 - 2 中 M_s 与 K_1 或 H_A 的数据，可知哪些化合物能发展成永磁材料。在 REM_5 化合物中，镨、钕、钐化合物的 M_s 最高。但 $NdCo_5$ 是易基面的，各向异性很低，不能成为永磁材料，只有铈、镨、钐的 $RECo_5$ 化合物可发展成为有工业意义的永磁材料。$SmCo_5$ 是优异的永磁材料，这不仅是由于它的 M_s 高，而且它还有特别高的各向异性。在 RE_2Co_{17} 化合物中，也是镨、钕、钐的 M_s 最高，但前两者的各向异性很低，只有 Sm_2Co_{17} 既具有很高的 M_s，也有相当高的各向异性场，可发展成为有优异磁性能的永磁材料。在 RE - Fe 系化合物中，RE_2Fe_{17} 化合物有较高的 M_s，$LRE_2Fe_{14}B$ 的 M_s 最高。虽然 RE_2Fe_{17} 化合物的 M_s 高，但它是易基面的，各向异性很低，不能成为有实用意义的永磁材料。$RE_2Fe_{14}B$ 的晶体结构与 RE_2Fe_{17} 的相近似，除了钐、铒、镱外，其他 $RE_2Fe_{14}B$ 化合物都是易 c 轴的，既具有最高的 M_s，又有很高的各向异性，可发展成为有优异磁性能的永磁材料。在氮间隙化合物中，只有 $Sm_2Fe_{17}N_x$、$NdFe_{12-x}M_xN_y$、$Sm_3(Fe,M)_{29}N_x$ 等间隙氮化物具有高居里温度，高磁化强度和高各向异性，可成为有实用意义的永磁材料。

3.3　稀土 - 钴永磁合金相图与显微组织

3.3.1　RE - Co 二元系合金相图

第一代稀土 - 钴永磁合金以 $SmCo_5$ 合金为代表，其后又发展了 $PrCo_5$、$(Sm,Pr)Co_5$、$MMCo_5$（MM 代表混合稀土）和 $Ce(Co,Cu,Fe)_5$ 等永磁合金。第二代稀土 - 钴永磁合金代表性的金属间化合物是 $Sm(Co,Cu,Fe,Zr)_z$ $(z=7\sim8)$。与稀土 - 钴永磁合金有关的 Pr - Co、Sm - Co 二元系合金相图分别如图 3 - 9 和图 3 - 10 所示。

Pr - Co 二元系形成 9 个化合物，其中 $Pr_{\sim7}Co_{\sim3}$ 化合物的钴摩尔分数稍低于 29.5%。$PrCo_3$、Pr_2Co_7、Pr_5Co_{19} 相在 1000℃ 处有很窄的固溶区。$PrCo_5$ 相在 1100℃ 处有很宽的固溶区，该固溶区向钴侧扩张。Pr_2Co_{17} 相在 1100℃ 也存在一个固溶区。

Sm - Co 二元系形成 7 个化合物，Sm_3Co、Sm_9Co_4 具有正交结构，$SmCo_2$ 为立方结构，$SmCo_3$、Sm_2Co_7 为菱形结构。图 3 - 11 是 $SmCo_5$ 和 Sm_2Co_{17} 附近区域的相图。在高温区，$SmCo_5$ 存在一个向钴侧扩展的均匀区。随温度升高，钴的溶解度可增加至 Sm/Co = 1：5.6，而钐的溶解度最高只能达到 Sm/Co = 1：4.8。在 800℃ 时，$SmCo_5$ 的固溶区很窄，钴的溶解度为 Sm/Co = 1：（5～5.1）。Sm_2Co_{17} 的固溶区则随温度升高分别向富钐侧和富钴侧扩展，Sm_2Co_{17} 在 1250℃ 由 Th_2Ni_{17} 型六方结构转变成 Th_2Zn_{17} 型菱方结构。在 750℃ 以下，$SmCo_5$ 在特定条件下要发生共析分解，即 $SmCo_5 \rightarrow Sm_2Co_7 + Sm_2Co_{17}$。

3.3.2　$SmCo_5$ 永磁合金的显微组织

对于含钐 37.66%（质量分数）的富钐 $SmCo_5$ 合金，在 1150℃ 烧结，从 900℃ 急冷下来的烧结体样品，在室温下，样品垂直于易磁化轴截面的大部分区域是没有析出相的，但偶尔也可以看到如堆垛层错、孔洞等缺陷和很小尺寸的析出相，如图 3 - 12 所示。图中层片状结构的 $SmCo_5$ 为基体相，质量分数为 60% Sm，40% Co 的液相成分的合金分布在 $SmCo_5$ 晶界上。

$SmCo_5$ 合金矫顽力的理论值达到 31840kA/m，而实际获得的矫顽力仅有理论值的十分之一，甚至更低。$SmCo_5$ 合金经 950℃ 加热并快冷后为均匀固溶体。冷却至 750℃ 时 $SmCo_5$

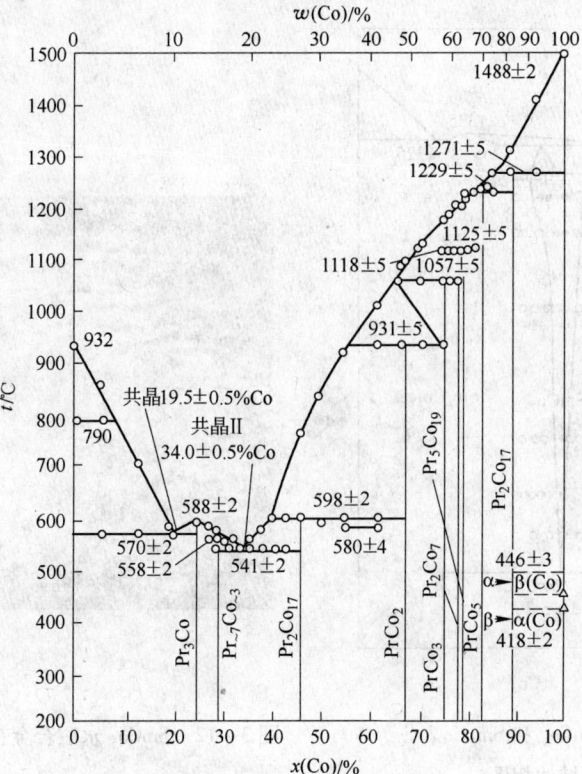

图 3-9 Pr-Co 二元系相图

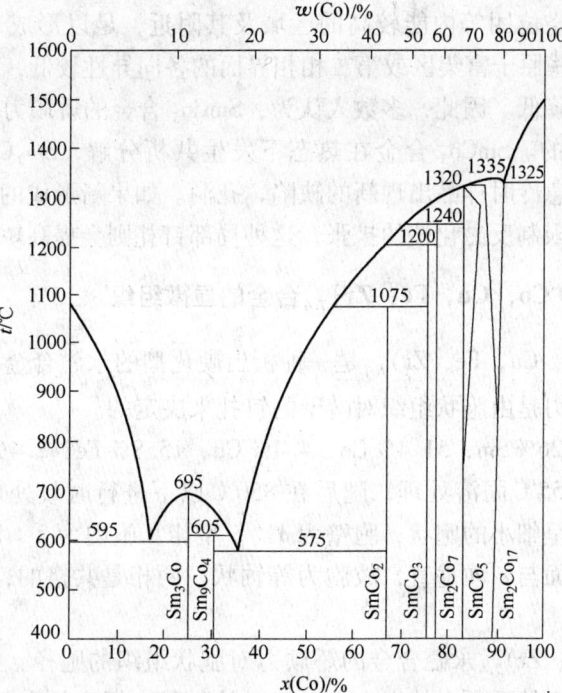

图 3-10 Sm-Co 二元系相图

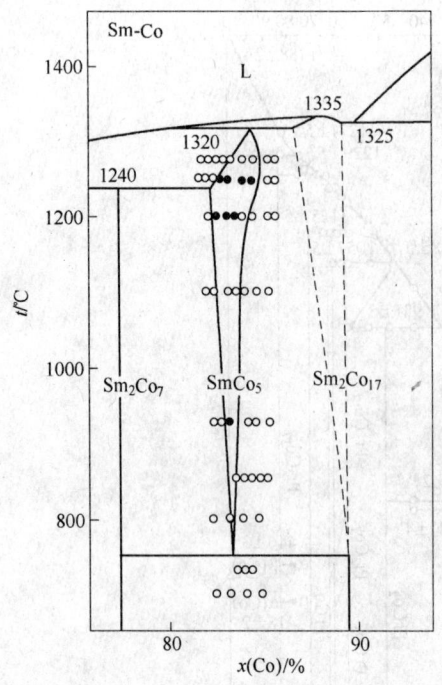

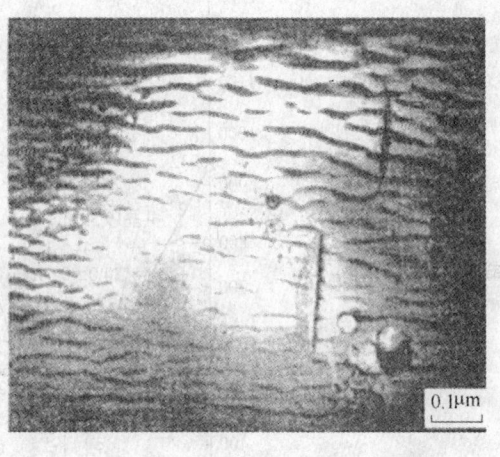

图 3 - 11　$SmCo_5$ 和 Sm_2Co_{17}　　　　　图 3 - 12　$SmCo_5$ 永磁合金在 25℃的电子显微相
　　　　　附近区域的相图

的均匀区变窄,合金内部必然要形成钐原子或钴原子的富集区或原子集团。其至在晶界、
亚晶界、堆垛层错、空位团等内能较高的区域及其附近,足以形成 Sm_2Co_7 或 Sm_2Co_{17} 或
Sm_2O_3 等第二相。这些原子富集区或第二相相界面的各向异性较低,成为反磁化畴的形核
中心,导致了矫顽力降低。因此,多数人认为,$SmCo_5$ 合金的矫顽力是由反磁化畴的形核
与长大的临界场决定的。$SmCo_5$ 合金在热态下发生共析分解,Sm_2Co_7 相和 Sm_2Co_{17} 相析
出、长大、聚合,再急冷时样品出现新的缺陷、孔洞。如果新形成的缺陷尺寸大于或等于
畴壁宽度时,缺陷将限制反磁化核的扩张,这种局部钉扎则会提高矫顽力。

3.3.3　高矫顽力 Sm(Co,Cu,Fe,Zr)$_{7.4}$ 合金的显微组织

高矫顽力 Sm(Co,Cu,Fe,Zr)$_{7.4}$ 是一种析出硬化型的永磁合金,合金具有胞状的显
微组织。合金的矫顽力是由胞状组织对畴壁的钉扎来决定的。

对于质量分数为 26% Sm,51.4% Co,4.4% Cu,15.8% Fe,2.4% Zr 成分的合金,在
1210℃烧结和经过 1155℃固溶处理,随后在 850℃以下进行时效处理。在高矫顽力状态
时,合金的显微组织呈细小的胞状,胞壁为 1:5 型相,胞内为 2:17 型相,如图 3 - 13
所示。由于此观察平面与 c 轴垂直,故胞为等轴状。两相是共格的,胞径约 50nm,胞壁
厚度约 5nm。

Sm(Co,Cu,Fe,Zr)$_{7.4}$ 永磁合金的矫顽力对胞状组织的胞径、尺寸十分敏感,其关
系如图 3 - 14 所示。它的矫顽力的产生来自于时效过程中析出的富 Sm(Co,Cu)$_5$ 相对畴
壁的钉扎。Sm(Co,Cu)$_5$ 相对畴壁的钉扎强度取决于它的形状、数量及与基体的成分差。

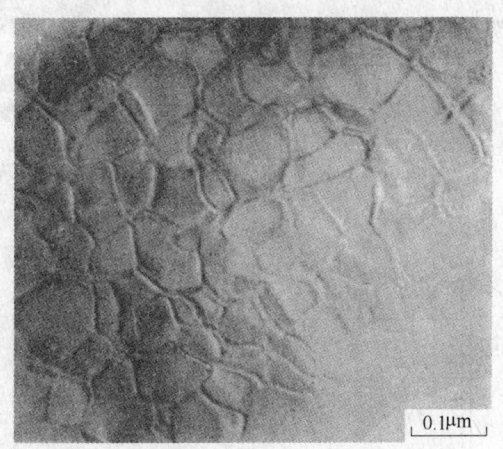

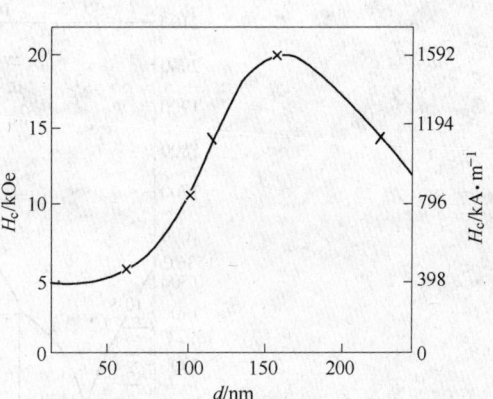

图 3-13　高矫顽力 Sm(Co, Cu, Fe, Zr)$_{7.4}$
合金室温下胞状显微结构

图 3-14　沉淀硬化 2∶17 型合金
矫顽力与胞径的关系

3.4　稀土-铁-硼系永磁合金相图与显微组织

3.4.1　Nd-Fe 二元系和 Fe-B 二元系相图

Nd-Fe 二元系和 Fe-B 二元系相图分别如图 3-15 和图 3-16 所示。

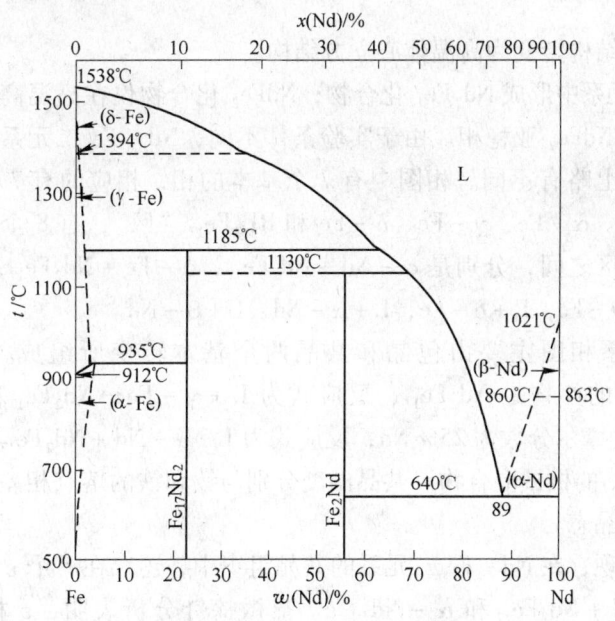

图 3-15　Nd-Fe 二元系相图

　　钕在 860℃时存在 α-Nd↔β-Nd 转变，α-Nd 为双六方结构，β-Nd 为体心立方结构。铁溶解在 α-Nd 中的摩尔分数约为 4%，随温度降低固溶度降低。铁在 912℃存在 α-Fe↔γ-Fe 转变，由体心立方结构转变为面心立方结构；在 1394℃发生 α-Fe↔δ-Fe

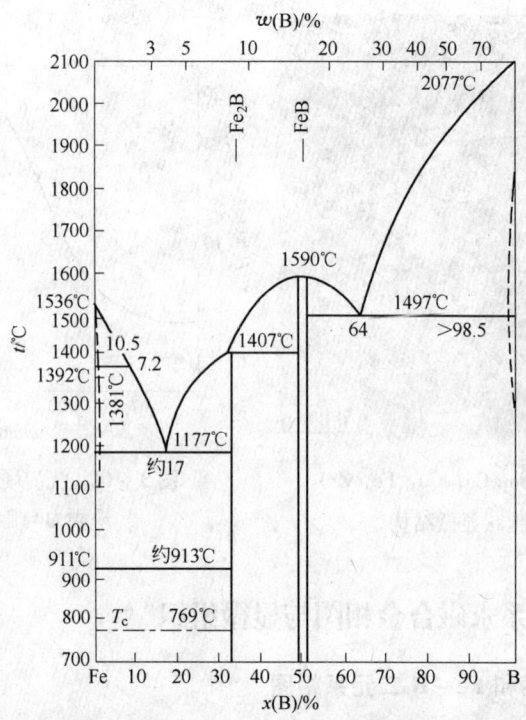

图 3-16　Fe-B 二元系相图

转变，由面心立方结构转变为高温体心立方结构。

在 Nd-Fe 二元系中形成 Nd_2Fe_{17} 化合物；$NdFe_2$ 化合物仅在高温高压下才能形成；在激冷条件下曾发现 $NdFe_7$ 亚稳相。由于实验条件不同，Nd-Fe 二元系相图各特性点的具体数据在不同资料上略有不同。相图中有 7 个基本的相，相应的有 7 个单相区，分别是 L、α-Nd、β-Nd、α-Fe、γ-Fe、δ-Fe 和 RE_2Fe_{17} "区"；有 8 个两相区，他们分别存在于相邻两单相区之间，分别是 α-Nd + Nd_2Fe_{17}、α-Fe + Nd_2Fe_{17}、L + Nd_2Fe_{17}、γ-Fe + Nd_2Fe_{17}、L + γ-Fe、L + δ-Fe、L + α-Nd、L + β-Nd。

Nd-Fe 二元系相图主要由包晶和共晶两个基本转变所组成。包晶转变发生于 1190℃，包晶转变的产物是 Nd_2Fe_{17}，反应式为 L + γ-Fe $\leftrightarrow$ Nd_2Fe_{17}；共晶转变发生于 647℃，共晶成分的摩尔分数为 25% Nd，反应式为 L $\leftrightarrow$ α-Nd + Nd_2Fe_{17}，共晶转变的产物是 α-Nd 与 Nd_2Fe_{17} 的机械混合物。共晶温度分别与钕和铁的熔点相差较远，共晶成分的合金较容易形成非晶态。

最近的实验发现，在 Nd-Fe 二元系的共晶组织中，还存在一个 ε 相。观察到两种共晶组织，即 α-Nd + Nd_2Fe_{17} 和 α-Nd + ε。显微探针分析表明，ε 相的钕摩尔分数为 33%。在极射光下可观察到大的层片状的 ε 相内有磁畴，说明它具有单轴各向异性。在氧含量较高的样品中，ε 相的体积分数较高，表明 ε 相可能是 Nd-Fe-O 系的化合物，它的钕摩尔分数大于 20%。热分析表明它具有两个吸热峰，温度分别为 685℃ 和 675℃，这与两种共晶组织相对应。

在 Fe-B 二元系相图中存在 Fe_2B 和 FeB 两个化合物。Fe_2B 以包晶反应形成，反应温度为1407℃, 它具有 CuAl$_2$ 型 (C16 型) 结构, 属于四方晶系。FeB 化合物为一致熔化、温度为1509℃, 具有摩尔分数约1%B 的成分均匀区, 属于正交晶系, B27 型结构。铁溶解在硼中的摩尔分数小于1.5%, 硼溶解在 γ – Fe 和 α – Fe 中的最大摩尔分数分别为0.025% 和0.01%。铁中的硼沿晶界偏聚, 或以硼化合物弥散沉淀。

直到目前为止, 还没有完整的 Nd – B 二元相图。在 Nd – B 二元系中, 存在 NdB$_6$, NdB$_4$, Nd$_2$B$_5$ 等化合物。

3.4.2 Nd – Fe – B 三元系相图

通常用等边三角形表示三元合金的成分, 再加上一个温度轴, 这样, 三元相图就是一个立体图形。图 3 – 17 是 Nd – Fe – B 三元系富铁部分的立体相图。该立体相图的相变化, 可用液相线的投影来说明, 如图 3 – 18 所示。

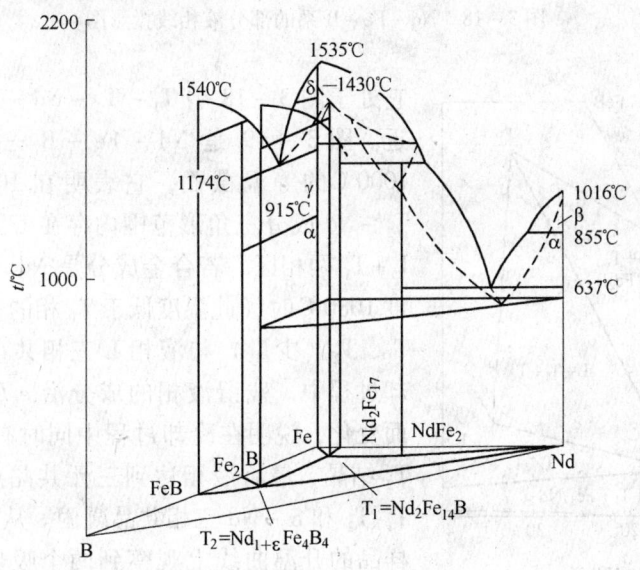

图 3 – 17 Nd – Fe – B 系立体相图

在如图 3 – 18 所示的成分范围内, 存在 3 个三元化合物, 即 Nd$_2$Fe$_{14}$B、Nd$_{1+\varepsilon}$Fe$_4$B$_4$ 和 Nd$_5$Fe$_2$B$_6$, 分别用 T$_1$、T$_2$ 和 T$_3$ 代表。T$_1$ 相通过包晶反应形成, 即 L + γ – Fe ↔ T$_1$。相应于 P_5 点成分的合金, 冷却到与液相面相接触时, 要沿着两支单变化曲线变化, 一支沿 P_5U_{11} 到 U_{11}, 另一支沿 P_5E_1 降低到 E_1。点 e_5 代表了 T$_1$ 与 T$_2$ 之间的伪二元共晶的成分点, 冷却时沿两支单变化曲线下降, 一支沿 e_5E_1 下降到 E_1, 另一支沿 e_5E_2 下降到 E_2。

在贫钕区, 最低的凝固点是三元共晶点 E_1 (1090℃), 从液相结晶出 3 个固态相, 即 L ↔ γ – Fe + T$_1$ + T$_2$。在富钕区, 最低的液相点是三元共晶点 E_2 (665℃), 从液相结晶出 3 个固态相, 即 L ↔ α – Nd + T$_1$ + T$_2$。在 E_2 点附近有 5 条单变化曲线。沿 e_5E_2 有 2 个固态相 (T$_1$ 和 T$_2$) 与液相共存。沿 $U_{14}E_2$ 有 2 个固态相 (α – Nd 和 T$_1$) 从液相共晶反应形成。沿 E_2U_{13} 有 T$_3$ 和 T$_2$ 相共晶凝固, 沿 $U_{12}U_{13}$ 有 T$_3$ 和 α – Nd 相共晶凝固, 沿 $U_{11}U_{14}$ 有 T$_1$ 和 Nd$_2$Fe$_{17}$ 相共存。含有 Nd$_2$Fe$_{17}$ 相的相区是一个很窄的成分三角形 (FeP$_7$U$_{11}$)。

高性能 Nd – Fe – B 系永磁合金的摩尔分数为 12% ~ 17% Nd, 6% ~ 8% B, 其余为铁,

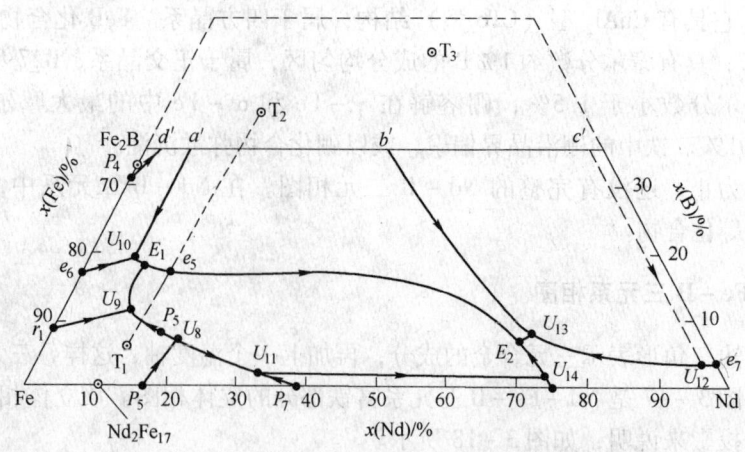

图 3 - 18　Nd - Fe - B 系的部分液相线投影图

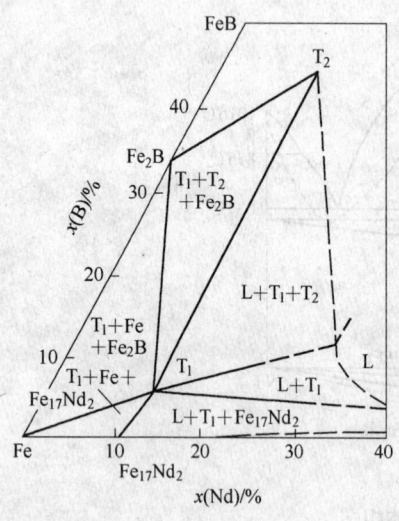

图 3 - 19　Nd - Fe - B 系富铁角区
1000℃的等温截面

它处于图 3 - 18 中 T_1 - T_2 - Nd 三角形靠近 T_1 的附近。图 3 - 19 是 Nd - Fe - B 三元系在富铁角区 1000℃的等温截面，它表明在 1000℃时，在 T_1 - T_2 - Nd 成分三角形范围内存在 L + T_1 + T_2 三相区和 L + T_1 两相区。若合金成分是 $Nd_{15}Fe_{77}B_8$，在烧结温度 1080℃时（此温度低于 T_1 相的包晶转变温度）有 T_1、T_2（少量）与液相 L 三相共存。在烧结后的冷却过程中，残留液相的成分沿 e_5E_2 线（图 3 - 18）而变化，说明在冷却过程中同时有两个固态相 T_1 + T_2 结晶，最后液相达到三元共晶点 E_2。在 E_2 点有 T_1、T_2 和 α - Nd 三相共晶凝固。从成分为 $Nd_{17}Fe_{76}B_7$ 样品的升温曲线上观察到两个吸热峰，1088℃的吸热峰相应于 T_1 和 T_2 的共晶峰，1166℃的吸热峰相应于 T_1 + T_2 共晶的熔化温度。这些结果表明 Nd - Fe - B 永磁合金的烧结温度不宜高于 1100℃，以避免 T_1

相熔化；而回火应在 E_2 共晶温度以下，即不高于 600℃下进行效果较好。

3.4.3　Nd - Fe - B 三元系的变温截面图

三元立体相图在实际应用中是不方便的，因此常用其纵截面图，即变温截面图来研究三元合金。变温截面图是用各种实验方法测定出来的，在图形上与二元相图有些相似，但二者之间有原则区别。三元系变温截面的液相线与固相线之间不存在相的平衡关系，不能用杠杆定律确定平衡状态的液、固相的成分及相对量。

为了了解不同成分 Nd - Fe - B 系永磁合金在制造过程中的相关系和相转变，现取图 3 - 20 中标示的通过铁顶点和 T_1 点直线位置的变温截面示于图 3 - 21。图中各个合金的钕、硼摩尔分数的比值是常数 2∶1。在平衡结晶条件下，具有 T_1 相化学计量成分的合金，在 1270℃结晶出初次晶 γ - Fe。T_1 相以包晶反应形成，即 L + γ - Fe ↔ T_1 + L′，包晶反应温度为1180℃，说明 T_1 相的熔点是1180℃。当合金成分偏离 T_1 相的化学计量成分时，即合金成分的钕和硼按2∶1的比例增加，铁逐渐减少时，初次晶 δ - Fe 的结晶温度逐渐降低，包晶反应温度（1180℃）不变。当温度降低到1090℃时，发生 L′ + T_1 ↔L″ + T_1 + T_2 相的转变，也就是说 T_2 相在1090℃形成。当温度降低到655℃时，则发生 L″ + T_1 + T_2 ↔T_1 + T_2 + Nd 三元共晶转变。当钕和硼的摩尔分数按2∶1的比例增加到使铁的初次晶的温度降低到与 T_1 相包晶反应温度（1180℃）相等时，此时合金的成分约为 $Nd_{15}Fe_{77.5}B_{7.5}$，T_1 相直接从熔体结晶，初次晶 γ - Fe 已消失。早期商品烧结 Nd - Fe - B 永磁合金的成分定为 $Nd_{15}Fe_{77.5}B_{7.5}$ 的道理就是如此，因为该成分的合金在铸锭中不应存在 α - Fe。从 T_1 相到 $Nd_{15}Fe_{77.5}B_{7.5}$ 成分之间的合金，在结晶过程中随温度的降低，所残留的液相的钕含量逐渐地增加，称之为富钕液相。从图3 - 18来看，在三元共晶 E_2 点，富钕液相的成分（摩尔分数）为 $Nd_{67}Fe_{26}B_7$。在平衡状态下，对于 $Nd_{15}Fe_{77.5}B_{7.5}$ 合金来说，1080℃烧结样品中存在相当数量的富钕相，它包围着 T_1 相的晶粒。应用相平衡原理，根据图3 - 18估算，富钕液相的体积分数为18% ~ 23%，它取决于合金的成分。

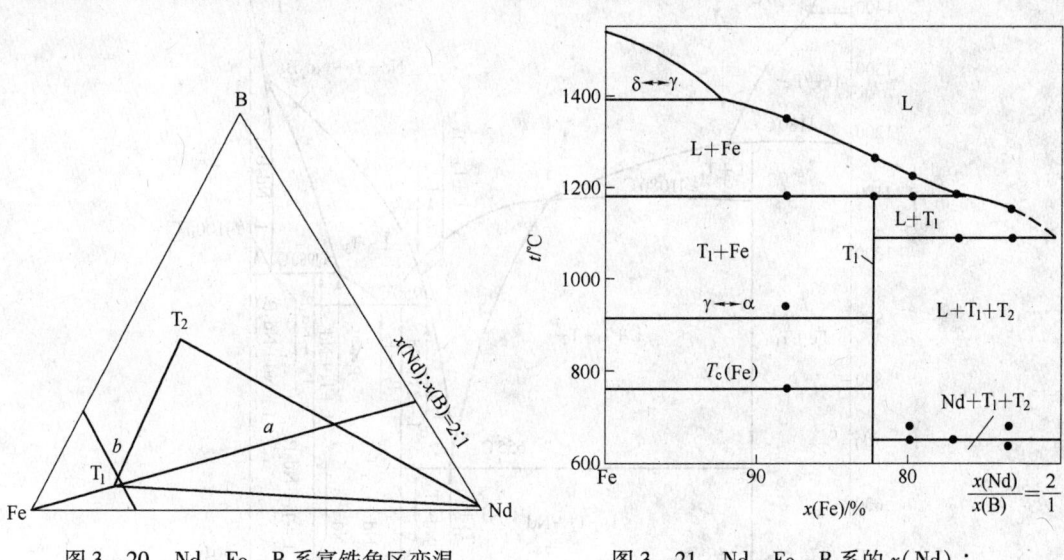

图 3 - 20　Nd - Fe - B 系富铁角区变温
截面的相对位置

图 3 - 21　Nd - Fe - B 系的 x(Nd)：
x(B) = 2∶1 变温截面图

3.4.4　Nd - Fe - B 三元系非平衡状态图

相图表示出了平衡条件下合金的相的组成，但实际使用的合金很少是处于平衡态的。因为不论是合金的铸锭，还是粉末压坯的烧结，都是以较快速度冷却，所得到的显微组织和相关系总是远离平衡态，甚至会出现相图所不能表示出的一些组织。这些非平衡组织对后续工艺和最终磁体的性能均有重要影响。因此，研究非平衡的三元系状态图，对烧结永磁体的制造有重要的影响。

图3 - 22是 Nd - Fe - B 三元系摩尔分数比为 x(Nd)∶x(B) = 2∶1 的变温截面状态图，是从熔化温度以上某一温度以5℃/s 速度快淬冷却得到的。对于商品成分 $Nd_{14}Fe_{79}B_7$ 合金，按照图3 - 21平衡相图，它的初次晶是 γ - Fe，然后在1180℃发生包晶反应形成

T_1。然而按照图 3 – 22 非平衡相图，铁的初次晶已被抑制，在略低于 1180℃ 附近 T_1 相直接从熔体中作为初次晶析出。随着温度的降低，液相成分沿图中 P_4E_2 变化，冷却到 e_5E_1 曲线时，发生 $T_1 + T_2$ 共晶转变，残余富钕液相成分将沿 e_5E_1 曲线变化。当温度下降到 655℃ 时，残余富钕液相成分的摩尔分数为 68% Nd + 32% Fe，在此温度发生三元共晶反应，即 $L \leftrightarrow T_1 + T_2 + \alpha - Nd$。比较图 3 – 21 和图 3 – 22 可以看出，熔体以 5℃/s 的速度冷却时，对于钕摩尔分数大于 13.32% 的合金，初次晶 $\gamma - Fe$ 的结晶已被抑制，而在约 1180℃ 以下，从合金熔体中直接结晶出 T_1 相。T_1 相结晶的温度随钕含量的增加而降低，即结晶温度由钕摩尔分数为 13.32% 的 1180℃ 降低到钕摩尔分数为 37.72% 的 1080℃ 左右。

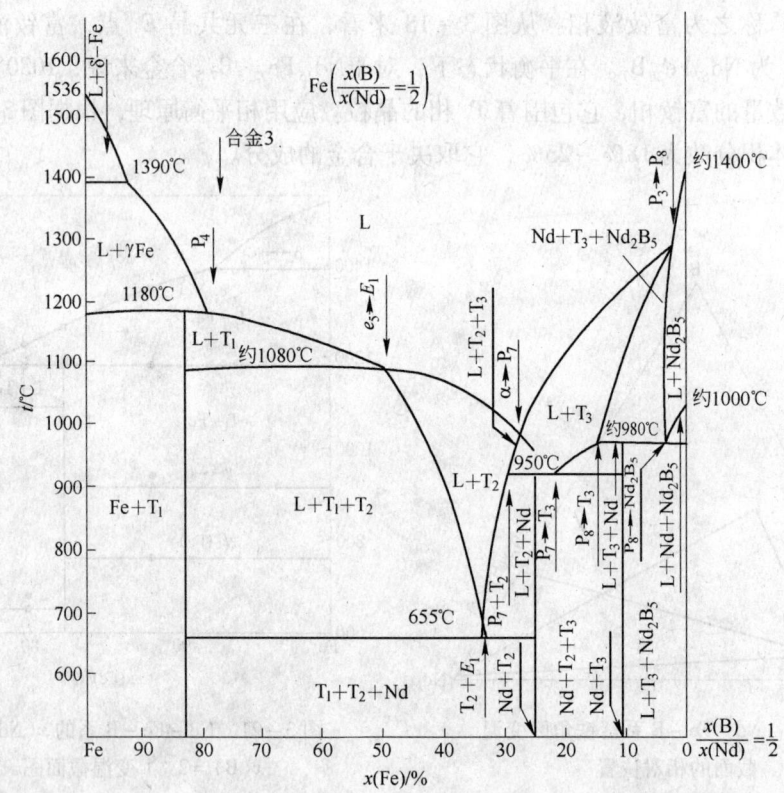

图 3 – 22　Nd – Fe – B 系 $x(Nd):x(B) = 2:1$ 的变温截面非平衡状态图

　　当合金被加热到远远地高出液相线温度，即合金液体过热时，得到的是一种亚稳定（非平衡）状态图，见图 3 – 23。T_1 相形成的温度降低到约 1110℃。T_1 相通过下列反应形成，即 $L \leftrightarrow L' + \gamma - Fe \leftrightarrow L'' + x$ 相 $\leftrightarrow L''' + T_1$ 相。其中 x 相是含有少量硼的 $Nd_2Fe_{14}B_x$ 相，它是一种亚稳定相。出现初次晶 $\gamma - Fe$ 的钕摩尔分数扩展到 12%～18%。造成上述现象的原因与过热破坏了合金液体中的 $Nd_2Fe_{14}B$ 结构的短程序原子团有关。因为当温度稍高于液相线时，合金熔体中存在 2:14:1 相结构的原子集团，它作为液态合金结晶 2:14:1 相的核心，促进 T_1 相结晶。当合金熔体过热后，这些原子集团大量减少，从而使 T_1 相结晶的温度降低。说明为了抑制铸锭中初次晶 $\gamma - Fe$ 的结晶，应严格控制浇铸温度，防止合金熔体过热。

3.4.5 Pr – Fe – B 三元系相图

Pr$_2$Fe$_{14}$B 化合物具有永磁材料的基本条件，用含铈的镨、钕金属亦可制造出较高磁性能的烧结 REFeB 系永磁体。为此有必要介绍 Pr – Fe – B 三元系相图。

图 3 – 24 是 Pr – Fe – B 三元系室温截面图，在图示成分范围内亦存在 3 个三元化合物，即 Pr$_2$Fe$_{14}$B、Pr$_2$Fe$_7$B$_6$ 和 Pr$_2$FeB$_3$，为方便讨论仍用 T$_1$、T$_2$ 和 T$_3$ 分别代表这 3 个化合物。并用 γ、δ、τ 分别代表 Pr$_2$Fe$_{17}$、Fe$_2$B、PrB$_4$。在摩尔分数为 50% B 的 Pr – Fe – B 系相图范围内存在 8 个三相区，其中 Pr 是以镨为基的固溶体，称为富镨相。图 3 – 24 表明，Pr$_2$Fe$_{14}$B 不存在任何形式的均匀区。

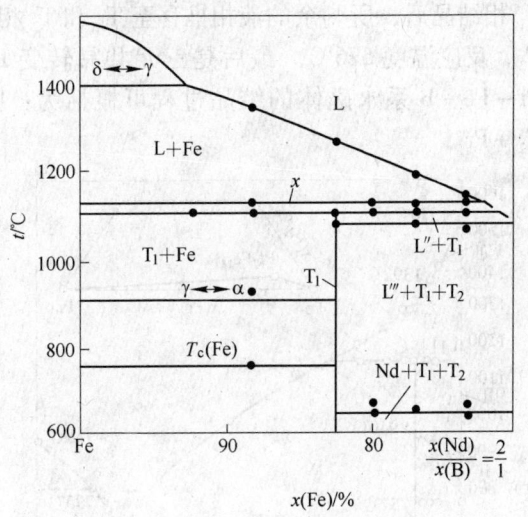

图 3 – 23　Nd – Fe – B 系亚稳定（非平衡）状态图

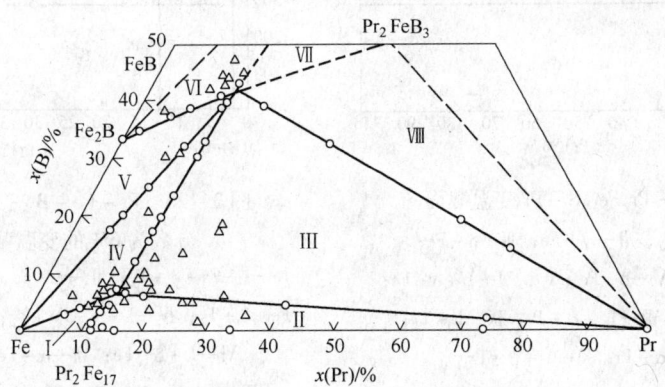

图 3 – 24　Pr – Fe – B 三元系室温截面图

Ⅰ—α – Fe + γ + T$_1$；　Ⅱ—γ + T$_1$ + Pr；　Ⅲ—T$_1$ + T$_2$ + Pr；　Ⅳ—α – Fe + T$_1$ + T$_2$；

Ⅴ—α – Fe + T$_2$ + δ；　Ⅵ—δ + T$_2$ + τ；　Ⅶ—T$_2$ + T$_3$ + τ；　Ⅷ—T$_2$ + T$_3$ + Pr

图 3 – 25 是通过 Fe – Pr$_2$Fe$_{14}$B – Pr 的变温截面图。Pr$_2$Fe$_{14}$B 相由包晶反应 L + γ – Fe↔T$_1$ 形成，转变温度为 1145℃。Pr$_2$Fe$_{14}$B 化合物的液相线在 1280℃ 左右。在 Pr – Pr$_2$Fe$_{14}$B 之间的共晶温度与成分分别为 675℃ 和 Pr$_{85}$Fe$_{13.6}$B$_{1.4}$。Pr$_2$Fe$_{14}$B 化合物的居里温度为 290℃。

图 3 – 26 是 x(Pr)≤60% 和 x(B) = 6%（摩尔分数）的 Pr – Fe – B 变温截面图。Pr – Fe – B 系永磁材料的成分为 Pr$_{15～16}$Fe$_{77～79}$B$_{6～7}$，说明该相图对 Pr – Fe – B 系永磁体的工艺制订有重要的参考价值。硼摩尔分数约为 6% 的 Pr – Fe – B 永磁材料的成分位于 T$_1$ + Pr + T$_2$ 的相区内。可见当硼摩尔分数为 6%、镨摩尔分数大于 13% 的合金从液相结晶时，首先析出固相 γ – Fe，然后以包晶反应 L + γ – Fe↔T$_1$ 生成 Pr$_2$Fe$_{14}$B 相，反应温度 1148℃。

T_1 相结晶后，所剩余的液相推移至 T_1 和 T_2 相的二元共晶线，发生二元共晶反应 $L \leftrightarrow T_1 + T_2$，反应温度 676℃。最后是三元共晶转变 $L \leftrightarrow T_1 + T_2 + Pr$，转变温度为 640℃。因而 Pr – Fe – B 系永磁体的结晶过程可概括为：$L \leftrightarrow \gamma - F + L' \leftrightarrow T_1 + L'' \leftrightarrow T_1 + T_2 + L''' \leftrightarrow T_1 + T_2 + Pr$。

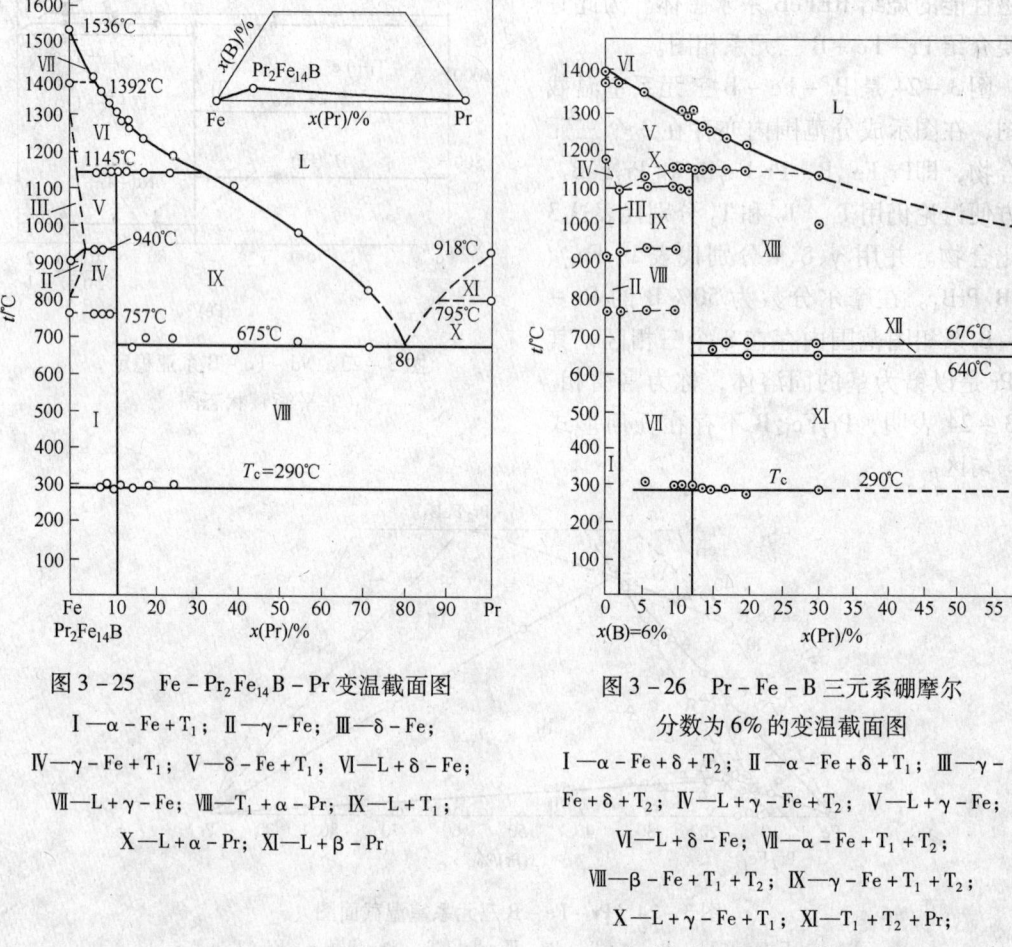

图 3 – 25　Fe – Pr$_2$Fe$_{14}$B – Pr 变温截面图

I —α – Fe + T$_1$；II —γ – Fe；III —δ – Fe；

IV —γ – Fe + T$_1$；V —δ – Fe + T$_1$；VI —L + δ – Fe；

VII —L + γ – Fe；VIII —T$_1$ + α – Pr；IX —L + T$_1$；

X —L + α – Pr；XI —L + β – Pr

图 3 – 26　Pr – Fe – B 三元系硼摩尔
分数为 6% 的变温截面图

I —α – Fe + δ + T$_2$；II —α – Fe + δ + T$_1$；III —γ –
Fe + δ + T$_2$；IV —L + γ – Fe + T$_2$；V —L + γ – Fe；

VI —L + δ – Fe；VII —α – Fe + T$_1$ + T$_2$；

VIII —β – Fe + T$_1$ + T$_2$；IX —γ – Fe + T$_1$ + T$_2$；

X —L + γ – Fe + T$_1$；XI —T$_1$ + T$_2$ + Pr；

XII —L + T$_1$ + T$_2$；XIII —L + T$_1$

实验发现，电弧炉冶炼的 Pr – Fe – B 三元合金铸锭样品中有 A$_1$ 相和 A$_2$ 相，样品的矫顽力达到 712kA/m，呈硬磁相。经 600℃ 回火 10min，A$_1$ 相消失，A$_2$ 相仍保留。同时发现，Pr$_2$Fe$_{14}$B 的矫顽力提高到 752kA/m，经 600℃ 回火 2h 后，合金仍由 A$_2$ 相和 Pr$_2$Fe$_{14}$B 相组成，但合金矫顽力提高到 1264kA/m。估计 A$_2$ 相可能是 Pr$_4$Fe$_4$B$_6$ 相，居里温度 $T_c = 264$℃。

3.4.6　烧结 NdFeB 系永磁合金的显微组织

NdFeB 系永磁合金的成分一般位于靠近 Nd$_2$Fe$_{14}$B 化合物附近的三相区内，室温下由 Nd$_2$Fe$_{14}$B 相、少量的富钕相和富硼相 3 个相组成，如图 3 – 27 所示。大量的组织观察表明，烧结 NdFeB 系永磁合金的显微组织具有如下的特征：1）基体相 Nd$_2$Fe$_{14}$B 的大块状晶粒呈多边形；2）富硼相以孤立块状或颗粒状存在；3）富钕相沿晶界或晶界交隅处分布，也有的以颗粒状存在；4）在某些烧结 NdFeB 合金的显微组织中还可以观察到钕的氧化物 Nd_2O_3、$\alpha - Fe$ 相、外来掺杂物（如氯化物）和空洞等。根据扫描与透射电镜的分析发现，烧结 NdFeB 合金中的上述 6 种相的特征如表 3 - 3 所示。后 3 种少量相不是在所有的 NdFeB 烧结磁体中都可以观察到，也不是同时存在的。

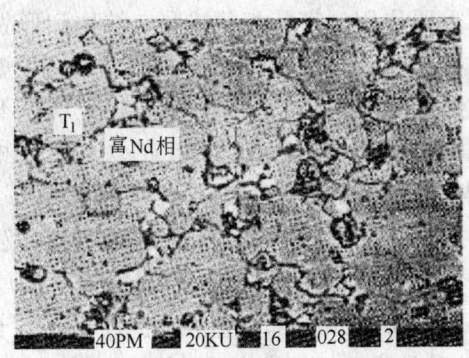 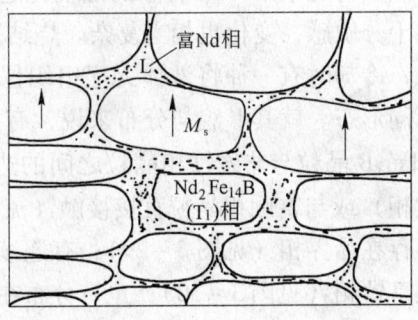

图 3 - 27　烧结 NdFeB 永磁体的显微组织特征

表 3 - 3　烧结 NdFeB 永磁合金中存在相及其特征

序号	相的名称	大体成分	相的特征（形貌、分布与特征）
1	$Nd_2Fe_{14}B$ 基体相	Nd : Fe : B = 2 : 14 : 1	多边形，不同尺寸，晶体取向不同
2	富硼相	Nd : Fe : B = 1 : 4 : 4	大块或细小颗粒沉淀
3	富钕相	Nd : Fe = 1 : (1.2 ~ 1.4) = 1 : (2.0 ~ 2.3) = 1 : (3.5 ~ 4.4) > 1 : 7	颗粒状或薄层状，沿晶界分布或处于晶界交隅处
4	钕的氧化物	Nd_2O_3	大颗粒或小颗粒沉淀
5	富铁相	Nd - Fe 化合物或 $\alpha - Fe$	沉淀
6	外来相	氯化物 $NdCl$、$Nd(OH)Cl$ 或 Fe - P - S 相	颗粒状

基体 $Nd_2Fe_{14}B$ 相（T_1 相）是主相。在烧结 NdFeB 系永磁材料中，它是唯一的铁磁性相，其体积分数决定了合金的 B_r 和 $(BH)_m$。在压制成形之前，粉末颗粒经磁场取向或热塑性形变后，$Nd_2Fe_{14}B$ 的 c 轴择优地沿取向轴取向。从理论上来说，$Nd_2Fe_{14}B$ 相的成分应是 Nd : Fe : B = 2 : 14 : 1，但大量的 EDA 分析表明，实际合金中 $Nd_2Fe_{14}B$ 相的 Fe/Nd 比介于 5.4 ~ 7.2 之间，即 $Nd_2Fe_{14}B$ 化合物存在铁原子空位或有异类原子的置换。透射电镜（TEM）观察表明，大部分 $Nd_2Fe_{14}B$ 晶粒的晶体结构相当完整，很难看到晶体缺陷与第二相沉淀，仅有极少数 $Nd_2Fe_{14}B$ 晶粒内部观察到 $\alpha - Fe$ 或 Nd_2O_3 或富钕相的沉淀。

富硼相 $Nd_{1+\varepsilon}Fe_4B_4$（$\varepsilon = 0.1$）（$T_2$ 相）大部分以多边形颗粒存在于晶界交隅处或 $Nd_2Fe_{14}B$ 晶界上；在个别的 $Nd_2Fe_{14}B$ 晶粒内部也有细小的颗粒状富硼相沉淀，与基体是非共格的。在大颗粒的富硼相内部存在高密度的堆垛层错，如图 3 - 28 所示。电子衍射分析表明，其点阵常数 $a = 0.7128nm$，$c = 0.3894nm$。三元化合物 $Nd_{1+\varepsilon}Fe_4B_4$ 中铁和硼组成一种亚结构，和钕原子组成亚结构一样属于四方对称的。在具有大量层错的富硼相中，它的成分有所不同，Fe/Nd 比可在 3.6 ~ 3.9 范围内变化。富硼相的居里温度 $T_c = 14K$，室温以上是顺磁性的，在 322℃ 形貌发生了较大变化，出现另一个磁化强度的异常。在 NdFeB 永磁合金中，富硼相的数量介于 0 ~ 8% 之间，它在 NdFeB 中起磁稀释作用，希望它的体积分数越小越好。

富钕相对烧结 NdFeB 合金的磁硬化起着重要作用。富钕相的成分、结构和形貌对工艺条件十分敏感，变化也相当复杂。烧结态的合金，由于各组元共晶温度与铁、钕熔点相差甚大，冷却时有一种将液体无序组织保留到室温的深共晶倾向，富钕相呈现出不同种类、不同形态。就其形貌与分布来说，有镶嵌在 $Nd_2Fe_{14}B$ 晶粒边界上的块状富钕相，存在 $Nd_2Fe_{14}B$ 晶粒与非磁性相晶粒之间的边界，$Nd_2Fe_{14}B$ 晶粒与富钕相（一般是 fcc 结构的富钕相）或与富硼相晶粒直接接触（见图 3 - 28）；有 $Nd_2Fe_{14}B$ 晶粒之间直接接触的晶界，不存在晶界相（见图 3 - 29）；有连续分布在晶粒边界和晶界交隅处具有不同厚度的薄层状富钕相（见图 3 - 30）；也有分布在 $Nd_2Fe_{14}B$ 晶粒内部的弥散的富钕相。由于无序深共晶，晶界上的富钕相深入到主相之中，这种软磁性相易成为反磁化核的形核中心，故在高温烧结后合金的矫顽力不高。

图 3 - 31 是根据俄歇电子能谱分析拟合得到的晶粒边界以及从边界中央到 $Nd_2Fe_{14}B$ 晶粒区的成分变化。在边界中央 fcc 结构的富钕相区（Ⅰ区），硼含量较低，氧有所富集。在富钕相向 $Nd_2Fe_{14}B$ 相的成分过渡区（Ⅱ区），与 $Nd_2Fe_{14}B$ 的成分相比，钕含量较高，氧和碳的含量也较高。上述 $Nd_2Fe_{14}B$ 晶粒的外延层可以认为是烧结后快冷或回火过程中非平衡共晶反应形成的。在烧结样品中，$Nd_2Fe_{14}B$ 晶粒外延层的钕、氧、碳含量较高，各向异性场较低，界面散磁场较高，较容易形成反磁化畴核，因此烧结样品的矫顽力较低。在回火时，$Nd_2Fe_{14}B$ 晶粒外延层的钕、氧、碳原子向富钕相区扩散，而富钕相区的

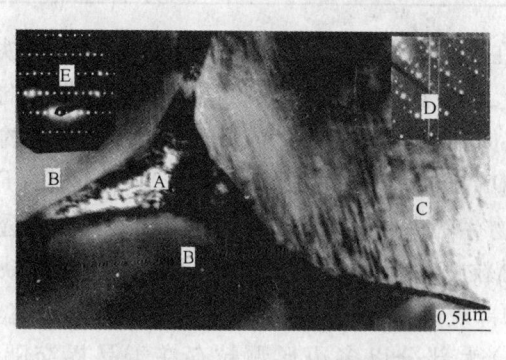

图 3 - 28　$Nd_{15}Fe_{77}B_8$ 合金室温下电子显微图
A—富钕相；B—基体相；C—富硼相；D—富硼相的
选区电子衍射花样；E—基体相的选区电子衍射花样

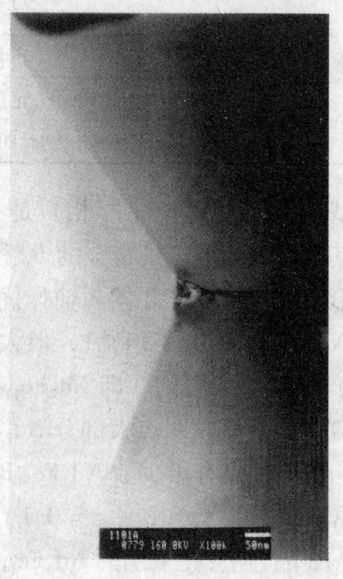

图 3 - 29　$Nd_{15}Fe_{77}B_8$ 合金
样品 25℃ 下三角晶界
（晶界交汇处为富钕相）

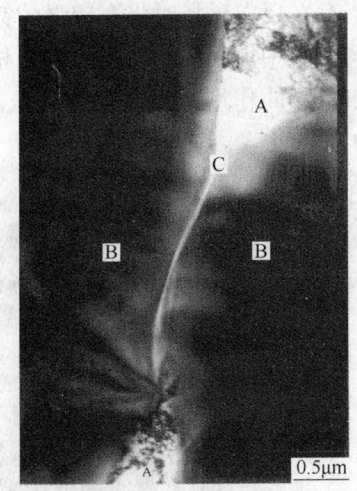 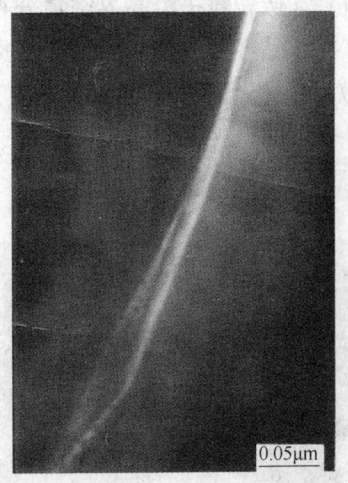

图 3-30　$Nd_{15}Fe_{77}B_8$ 合金富钕相之间的富钕相薄带

A—晶界交隅处富钕相；B—主相 $Nd_2Fe_{14}B$；C—沿晶界的富钕薄带；右图为薄带放大像

铁、硼原子向 $Nd_2Fe_{14}B$ 相区扩散，其结果是使 $Nd_2Fe_{14}B$ 晶粒外延层的成分和结构向 $Nd_2Fe_{14}B$ 相的成分和结构过渡，界面变得更加平直和光滑，使之具有 $Nd_2Fe_{14}B$ 相的各向异性与形核场，散磁场也降低。因此，回火过程是 $Nd_2Fe_{14}B$ 晶粒外延层的磁硬化过程，从而导致矫顽力提高。

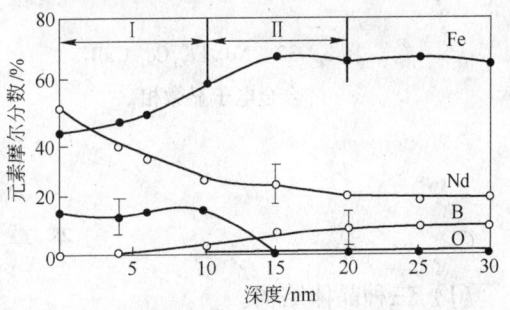

图 3-31　$Nd_{15.5}Fe_{77}B_{7.5}$ 合金沿晶断口从边界中央到 $Nd_2Fe_{14}B$ 晶粒内的成分变化

NdFeB 合金在 550～650℃ 温度范围内回火，矫顽力可提高 1 倍以上。回火的效果首先表现在晶界上，晶界中颗粒状富钕相消失，交隅处大块富钕团的钕沿晶界延伸，使晶界和交隅处的富钕相均匀化。透射电镜动态观察表明，晶界上的富钕相薄带随回火温度升高而展宽，其厚度约 20～30nm。NdFeB 合金中典型的富钕相具有双六方结构，点阵常数 $a=0.365nm$，$c=1.180nm$，钕摩尔分数约 97%，余为铁。而沿晶界分布的薄带富钕相具有面心立方（fcc）结构，其摩尔分数为 75% 钕，25% 铁。这种薄带的形成可以有效地阻止晶粒的长大，而晶界对畴壁的运动有很大阻碍作用。另外，由于薄带的各向异性很低，故可以形成有效的钉扎座，从而改善合金的矫顽力。富钕相的种类和形貌与配方中钕的用量有关，在正确工艺下，钕的用量既要起到助烧结、合金致密化、交换耦合、提高矫顽力的作用，又要不出现多余的钕。

　　NdFeB 永磁合金具有优异的磁性能，但其居里温度偏低（仅有 312℃），因而热稳定性较 Sm-Co 合金差。当用钴取代部分铁后，可以大大提高合金的居里温度，但同时又降低了合金的矫顽力。在 NdFeCoB 中用少量铝、镓替代部分铁，同时或单独添加少量铌、镝等元素，可以使合金的矫顽力得到提高。镓替代部分铁，一部分进入主相 $Nd_2Fe_{14}B$ 中，一部分进入晶界。从图 3-32 可以看到，在基体相内部靠近晶界有席条状衬度的层错；晶粒之间边界清晰；晶界交隅处有相当密集的富镓相和富钕相粒状物分布。经过适当温度回火，使富镓相、富钕相粒子沿晶界密集分布，当存在反向磁场时将有较强的钉扎，畴壁可以被牢固地钉扎在晶界上，使矫顽力得到提高。合金中加入铌出现了 Fe_2Nb 相，尺寸仅为 $2\sim4nm$，弥散分布于基体相中（图 3 – 33）。加入铌的作用是可有效地阻止晶粒的长大，使晶粒细化，有效的钉扎位置增多，从而提高了矫顽力。

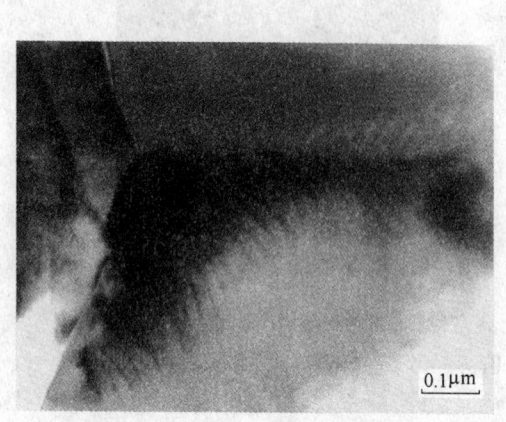

图 3 – 32　　$Nd_{15}Fe_{61}Co_{16}GaB_7$　　　　　　图 3 – 33　　$(Nd_{0.9}Dy_{0.1})_{15}Fe_{75}Nb_2B_7$
合金电子显微相　　　　　　　　　　　基体相上的 Fe_2Nb 相
　　　　　　　　　　　　　　　　　　　　　　　　　（短棒状）

本 章 小 结

（1）三种晶体结构。

以 $SmCo_5$ 为代表的 $CaCu_5$ 型 1：5 结构，以 Sm_2Co_{17} 为代表的 Th_2Ni_{17} 型和 Th_2Zn_{17} 型 2：17 结构，和以 $Nd_2Fe_{14}B$ 为代表的 2：14：1 型结构，是三代稀土永磁合金的典型晶体结构，近年得到发展的稀土铁系永磁材料的磁性相也与这些晶体结构密切相关。稀土永磁材料优异的磁性能来源于组成这些化合物的特定化学元素和晶体结构类型。

（2）两种内禀磁特性，磁化强度 M_s 与各向异性 H_A。

比较三种稀土永磁材料 M_s 和 H_A 的数值可知，只有两者都高的化合物，即 $SmCo_5$、Sm_2Co_{17}、$Nd_2Fe_{14}B$，才能够发展成为工业化应用的永磁材料。

居里温度也是一种内禀特性，虽然不是磁特性，但它的高低决定着永磁材料的使用温度、温度稳定性和力学性能等使用性能。

（3）两个永磁合金相图和三种显微组织。

与稀土 – 钴永磁合金有关的相图是 Pr – Co、Sm – Co 二元系合金相图；有关的显微组织是 $SmCo_5$ 永磁合金的显微组织和高矫顽力 $Sm(Co, Cu, Fe, Zr)_{7.4}$ 永磁合金的胞状显微组织。

在与稀土 – 铁 – 硼系永磁合金有关的多个相图中，经常使用 Nd – Fe – B 系 Nd：B = 2：1 的变温截面非平衡状态图；烧结 NdFeB 系永磁合金的显微组织是迄今研究得最多的永磁合金组织，具有基础性和代表性。

复习思考题

3 – 1　1∶5 型、2∶17 型以及 1∶12 型等化合物在结构上有何关系?

3 – 2　2∶14∶1 型化合物在结构上有何特点?

3 – 3　稀土永磁化合物的居里温度各为多少?

3 – 4　试计算 Nd、Gd、Dy 等 $RE_2Fe_{14}B$ 化合物的居里温度。

3 – 5　稀土永磁化合物的饱和磁化强度各为多少,与分子磁矩有何关系?

3 – 6　稀土永磁化合物的磁晶各向异性常数各为多少,与各向异性场有何关系?

3 – 7　简述 SmCo 系合金相图与结晶组织的关系。

3 – 8　分析 NdFeB 三元系合金的结晶过程。NdFeB 合金在平衡条件下冷却有哪些相变化?

3 – 9　烧结 NdFeB 永磁体的显微组织有何特征,磁性能与相组成有何关系?

3 – 10　烧结 NdFeB 永磁体中富钕相的分布及作用如何?

3 – 11　烧结 NdFeB 永磁体常加入哪些附加元素,有何作用?

稀土永磁材料制备过程

 稀土永磁合金的熔炼及铸锭

教学目标

根据真空感应熔炼永磁合金和铸锭工艺，能够使用真空感应炉熔炼和浇注出合格的永磁合金铸锭。熔体快淬法和速凝法正在取代传统铸锭工艺，真空热还原扩散法具有一定发展优势，知晓它们的工艺原理和操作方法。

烧结和黏结稀土永磁材料是用粉末冶金方法制备的，首先需要熔炼具有一定化学组成的母合金或单合金。稀土永磁合金的制备有不同的工艺方法，主要包括真空感应熔炼法（VIM 法）、真空电弧熔炼法、真空热还原扩散法（RD 法）等。其中以真空感应熔炼法的应用最为广泛，真空热还原扩散法近年也得到了发展，真空电弧熔炼法则多用于实验室研究。熔炼得到的合金可以直接浇铸成具有一定结晶组织的合金铸锭。也可以采用机械合金化法（MA 法）、熔体快淬法、气体雾化法、高频震荡雾化法等方法进行合金化或控制合金的结晶组织和制粉，表 4-1 列出稀土永磁合金的几种主要制备方法及其特征。

表 4-1 稀土永磁合金的制备方法及特征

制 备 方 法	合金组织特征	特 点
真空感应熔炼法	缓冷时发生宏观偏析	价廉，适于大量生产
真空电弧熔炼法	接近平衡相，偏析少	适于实验室及少量生产
热还原扩散法	热扩散不充分时，组成不均匀	不需粉碎，成本低
机械合金化法	纳米晶结构，非晶相、非平衡相	粉末原料，低温处理
熔体快淬法	非晶相、非平衡相、微晶粒等轴晶组织，偏析少	容易粉碎
气体雾化法	非晶相、非平衡相、微晶粒等轴晶组织，偏析少	球状粉末，不需粉碎

4.1 真空感应熔炼原理

稀土永磁合金的制备主要采用真空感应电炉熔炼的方法。真空感应熔炼是利用电磁感应在金属炉料内产生涡电流，从而加热炉料并获得足够高的温度，使炉内多种金属或合金

原料熔化，在熔融状态下通过原子扩散形成所需合金的过程。由于真空感应熔炼的合金纯净度高，合金成分控制准确，因而能保证合金的性能、质量及其稳定性。作为合金化的基本手段，这一技术无法被其他技术所取代。

4.1.1 真空感应电炉设备

目前国内制造的真空感应电炉型号有 ZG – 0.01、ZG – 0.025、ZG – 0.05 等，型号中ZG 表示铸钢，数字表示装料容量，如 0.01 表示装料容量为 10kg。容量较大的炉子还有100kg、150kg、200kg、250kg、500kg 等型号。真空感应电炉由电源输入系统、真空系统和感应电炉炉体三部分组成，具有使用寿命长、操作方便、运行费用较低等优点；缺点是设备庞大昂贵，耗电量大和合金组织难控制。

4.1.1.1 电源输入系统

真空感应电炉电源功率的选择主要考虑提高生产率，通常选择范围在 300 ~ 500kW/t，炉子容量越小，选择电源时每单位炉容量的功率越大。电源频率的选择主要考虑熔池能得到充分的搅拌，频率越高，熔化速度越快，但电磁搅拌力也就越小。中小型炉子的电源频率一般在 1 ~ 4kHz 的中频范围，以利于精炼反应。为了加强搅拌，容量较大（大于 1t）的感应电炉设备有搅拌辅助电源。选择低电压输入有利于解决真空放电的绝缘问题。电源输入系统使用变频机组或晶闸管中频电源。晶闸管中频电源与控制柜做成一体，晶闸管整流电路将工频电流变为直流，再用半导体功率器件将直流电转变为中频电流输出。它具有体积小、功率大、耐压高、耗能低、控制性能优良等特点，已广泛用作真空感应电炉的电源输入系统，且大大降低了炉子设备的造价。

4.1.1.2 真空系统

真空感应电炉真空系统的选择，首先应考虑熔炼室初抽时间和各闸阀隔离抽空所需的时间；还要考虑精炼期的气体排放量及真空度要求。通常熔炼室要求 15min 抽至 13.3Pa。气体排放包括由于真空密封不严引起的漏气，坩埚填充料、绝缘物等耐火材料放气，以及炉壁沉积的挥发物吸气后再放气。通常允许熔炼前熔炼室漏气与放气之总和达每千克炉容量 5×10^{-4} ~ 1×10^{-3} L/s。小容量真空感应电炉通常配置旋片式机械泵 – 油扩散泵串联的真空机组，机械泵的极限真空度为 6.65×10^{-2} Pa，油扩散泵的极限真空度为 6.66×10^{-5} Pa。真空机组只能用于抽取较为洁净无尘的气体，同时存在返油气问题，操作中必须满足油扩散泵的开启条件（入口压力低于 1.33×10^{-1} Pa），并注意对机组的冷却。

4.1.1.3 炉体

真空感应电炉的炉体结构已多样化，通常包括熔炼室、装料系统及辅助设备。

对容量不大于 500kg 的感应炉，熔炼室选择侧倾坩埚浇铸的结构（图 4 –1），感应器及坩埚与水冷铜铸模同处于炉室中，炉体与炉盖结合处用橡胶圈密封。现在发展了半连续式真空感应电炉，在炉体内或炉体外的旋转台上置多个铸模，可进行多次熔炼和浇铸，最后排空出炉，以节约抽真空费用和惰性气体用量。对工业规模用容量大于 1t 的真空感应电炉，铸锭室与熔炼室分开，坩埚与铸模间经水平导流槽连通，可以连续熔炼和浇铸，大

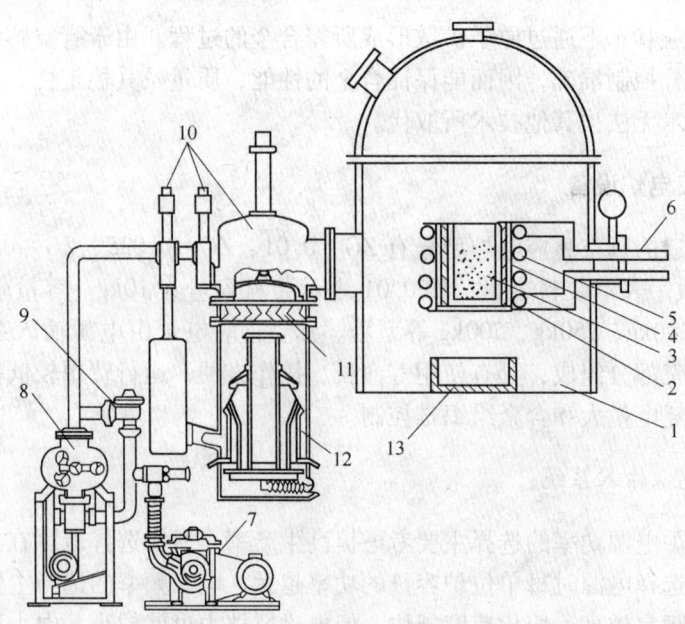

图 4-1　小容量真空感应电炉炉体

1—真空室；2—坩埚；3—炉料；4—填充料；5—感应圈；6—冷却水管；7—机械泵；
8—罗茨泵；9—真空闸阀；10—真空闸阀；11—挡油板；
12—油扩散泵；13—水冷铸模

大提高了设备利用率。

　　装料与辅助设备有加料装置、取样及捣料装置、真空闸阀及仪表、测温装置、水冷循环系统等。小型炉子采取打开炉盖直接手工装料的方法。大型炉子为了使熔炼室连续保持真空，在坩埚上方设置带有专用闸阀的加料机构，用底开式吊篮通过加料机构将块料直接送入坩埚。合金液体取样器通过一个小真空阀直接自熔池内取样，或通过加料装置自熔池取样。温度是冶炼工艺的重要参数，若使用辐射光学高温计测量，应及时清除观察孔玻璃上的挥发物。更准确的方法是用浸入式热电偶测温，它可以通过专门的真空阀送入炉内。

4.1.2　感应电炉的工作原理

　　图 4-2 为感应电炉的基本电路，包括启动开关、变频电源、电容器、感应线圈与坩埚。

　　感应电炉的工作原理是：当交流电流经水冷铜线圈时，由于电磁感应使坩埚中的金属炉料产生感应电流，感应电流克服炉料电阻产生热量，从而使金属炉料加热和熔化。具体工作过程包括以下几步。

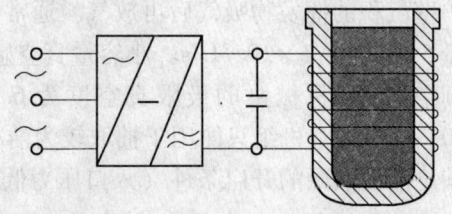

图 4-2　感应电炉的基本电路

4.1.2.1　交变电流产生交变磁场

　　当交变频率的电流通过螺旋形水冷感应线圈时，在线圈所包围的空间和四周就产生了交变磁场，一部分磁力线穿透金属炉料，还有一部分磁力线穿透坩埚材料。交变磁场的极性、强度、磁通量变化率等取决于通过水冷线圈的电流强度、频率、线圈的匝数和几何尺寸。

4.1.2.2 交变磁场产生感应电流

当穿透坩埚内金属炉料的磁力线的极性和强度产生周期性的交替变化时，按照法拉第电磁感应定律，在坩埚内的金属炉料所构成的闭合回路中产生的感应电动势与磁通量对时间的变化率成正比。如果磁通量对时间的关系按正弦规律变化，则感应电动势 E 的大小可用下式表示：

$$E = 4.44fN\Phi \quad (V)$$

式中 f——交变电流的频率，Hz；

     N——感应线圈的匝数；

     Φ——交变磁场的磁通量，Wb。

在感应电动势 E 的作用下，金属炉料中产生了感应电流 I。感应电流的方向与电源交变电流的方向相反，其大小服从欧姆定律：

$$I = \frac{4.44fN\Phi}{R} \quad (A)$$

式中 R——金属炉料的有效电阻，Ω。

4.1.2.3 感应电流转化为热能

金属炉料内产生的感应电流在流动中要克服一定的电阻，从而由电能转换为热能，使金属炉料加热并熔化。感应电流产生热量的多少服从焦耳－楞次定律：

$$Q = I^2 Rt \quad (J)$$

式中 t——通电时间，s。

4.1.3 感应电炉的熔化特点

4.1.3.1 感应电流的分布特征

交变电流通过导体时，电流密度由表面向中心依次减弱，即电流有趋于导体表面的现象，称为电流的表面效应（或集肤效应）。感应电流是交变频率的电流，它在炉料中的分布符合表面效应，即聚集在炉料导体的表面层。感应线圈中的交变电流与炉料导体中感应电流的方向相反，在互相影响下，使两导体中的电流在临近侧面处聚集（称为邻近效应）。感应线圈的最大电流密度则出现在线圈导体的内侧（称为圆环效应）。坩埚式感应电炉的电流分布是这几种效应的综合，感应线圈和炉料导体的电流分布如图4－3所示。

4.1.3.2 炉料的最佳尺寸范围

当电磁波从导体表面向导体内部传播时，经过距离 d 后，其值衰减到表面值的 $1/e$（即为表面值的0.368倍，占全部能量的86.5%），这段距离称为导体的穿透深度，d 值反比于电流频率、导体磁导率和电导率乘积的平方根。因为感应电流主要集中在炉料的穿透深度层内，所以热量主要由炉料的表面层供给。如果炉料的几何尺寸与穿透深度配合得当，则加热时间短，热效率高。通常，炉料直径为穿透深度 d 的3~6倍时可得到较好的总效率，如表4－2所示。

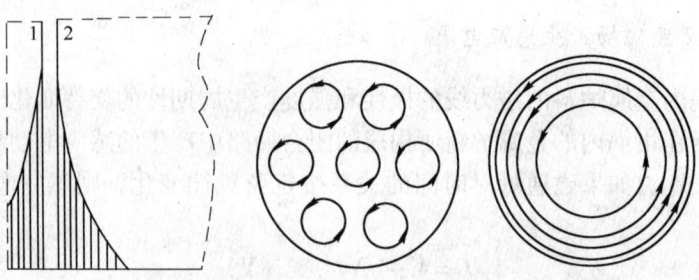

图 4-3　感应线圈和炉料导体的电流分布

表 4-2　最佳炉料尺寸与电流频率的关系

电流频率/Hz	50	150	1000	2500	4000	8000
穿透深度/mm	73	42	16	10	8	6
最佳炉料直径/mm	219～438	126～252	48～96	30～60	24～48	18～36

4.1.3.3　坩埚内的温度分布及布料原则

在电磁感应加热过程中，由于炉料中磁力线分布及坩埚对外散热等原因，坩埚内炉料的温度分布并不均匀，大致分为图 4-4 所示的 4 个区域，中心部位 3 为高温区，1 为中温区，2、4 为低温区。因此，在装料时要考虑料块的尺寸及熔点应与坩埚内的温度分布区域相适应。合理的布料原则是：高熔点料装在坩埚中下部，低熔点料装在坩埚上部；小块料装在坩埚中下部，大块料装在坩埚上部；坩埚中下部装料密实；坩埚上部装料松动，料块靠近而不卡死，防止搭桥。

4.1.3.4　感应熔炼的电磁搅拌作用

感应电炉熔炼时，导电熔体在电磁力的作用下处于不断搅动中，这一现象称为电磁搅拌。熔体中的电流方向与感应器中的电流方向是相反的，由于电磁力的作用使熔体和感应器之间互相排斥，熔体在水平方向受排斥力作用，促使熔体在纵向不停地旋转流动，坩埚中心部分的熔体上升成驼峰状，如图 4-5 所示。熔体的电磁搅拌现象，有利于合金快速熔化和原子扩散，有利于熔体化学成分、温度的均匀和熔体中的夹杂物上浮。但过度搅拌也使熔炼不平稳，熔渣不易覆盖住熔体表面，并使熔体对炉衬的冲刷增强。实践表明，感应熔炼时，液面形成"驼峰"的高低与电磁力的大小成正比，而电磁力的大小又与电流频率的平方根成反比。因此，感应电炉的电流频率越高，电磁力就越小，熔体形成的"驼峰"也就越小。为了增强电磁搅拌作用，中频感应炉通常要求感应器的高度大于熔体高度，大容量的炉子还常常增设辅助电源搅拌。

4.1.4　真空熔炼过程的特点

在冶金学科分类中，真空感应熔炼列入真空冶金范畴。真空冶金区别于大气下的冶金过程，它需配备抽气系统和密封炉体。在大气条件下进行冶金，由于空气参与冶金过程的物理化学反应，从而限制了所能得到的冶金效果，诸如：活泼金属易于氧化，合金成分难

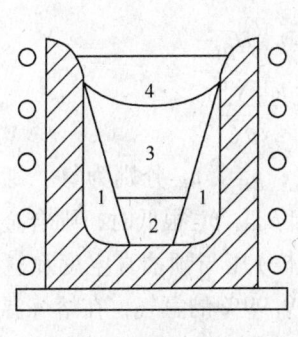

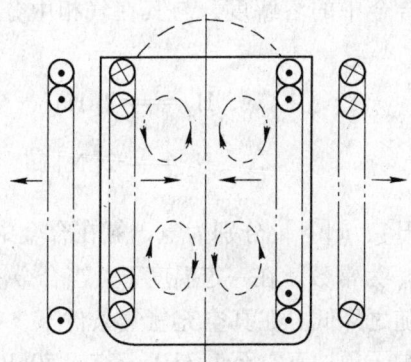

图4-4 感应炉坩埚内
的温度分布

图4-5 感应炉坩埚内
熔体的运动

精确控制；金属熔池与空气作用，合金中有害气体（N、H、O）难去除；大气下熔炼抑制了挥发过程，不能去除低沸点有害元素。真空冶金使在常压下进行的物理化学反应条件发生了变化，体现在气相压力的降低上。如果冶金反应有气相参加，当反应生成物中气体摩尔数大于反应物中气体摩尔数时，只要减少系统的压力，则可使平衡反应向着增加气态物质方向移动。这就是真空冶金物理化学反应的基本特点。

4.1.4.1 合金元素控制

稀土永磁合金在惰性气体保护下熔炼。炉子装料和密封后，抽真空至 $1.33 \times 10^{-2} \sim$ 1.33Pa，脱除炉料、炉衬和炉子内壁吸附的水分和气体。然后充入纯净氩气至 50kPa 左右，在氩气气氛下升温、熔炼和浇铸。在高温真空条件下，氩气的保护作用主要在于：1）隔断了 N_2、O_2 等污染气体的进入；2）减少了合金元素的挥发损失；3）可不必使用高真空系统（$1.33 \times 10^{-5} \sim 1.33 \times 10^{-1}$Pa），并缩短了抽真空的持续时间。

稀土金属和某些添加元素（B、Al、Ti、Zr、V、Mn、Cu、Si 等）极易氧化和吸气，在大气条件下熔炼和浇铸无法得到合金产品。在真空条件下，液态合金不与大气中氧及氮接触，避免了活泼元素氧化和吸气，能严格控制合金中活泼元素，将合金成分控制在很窄的范围内，因而能保证合金的性能、质量及其稳定性。在真空充氩气条件下，可有效地减少合金元素的挥发损失。稀土金属在熔炼温度（1000~1300℃）下的蒸气压不到 1Pa，远低于氩气总压，使体系处于一般蒸发状态，其蒸发速度比沸腾蒸发和分子蒸发的速度要小得多。合金熔体内的蒸发组元到达熔体表面时由液相变为气相，蒸发分子与炉内大量的氩气分子相碰撞，大部分分子碰撞后返回熔体，蒸发速率受蒸气分子扩散速度控制，从而降低了蒸发速率甚至使蒸发停止。而合金熔体中某些蒸气压较高的元素，当其蒸气压高于真空室内压力时，这些元素能从合金液中挥发。真空熔炼的优点之一，就是可利用挥发去除合金中有害元素铅、锑、铋、锡等。

4.1.4.2 真空脱气

脱气主要指去除合金中氢与氮。气体残存于合金中，给合金质量带来一系列不利影响，不但降低合金的力学性能，而且降低磁性能。真空冶金脱除氢、氮气体的能力不同。

氢和氮在合金中的溶解度，与其在气相中分压的平方根成正比，符合希维茨（Sieverts）定律：

$$H_2 \rightleftharpoons 2[H] \qquad w[H] = k_H \sqrt{p_{H_2}}$$

$$N_2 \rightleftharpoons 2[N] \qquad k_N = \frac{w[N]}{\sqrt{p_{N_2}}}$$

式中，$w[H]$、$w[N]$ 分别为氢、氮在合金中的溶解度；p_{H_2}、p_{N_2} 分别为氢、氮的气相分压；k_H、k_N 为常数。在一定温度下，当合金液上方气相 p_{H_2}、p_{N_2} 很低时，则合金液中气体溶解度也随之降低。在真空充氩气条件下，系统中气体分压与预抽真空度和氩气纯度有关。如果炉子预抽真空至 1.33Pa，充入 50kPa 纯度为 99.99% 的氩气，在熔炼温度下氩气压达 1.01×10^5 Pa，则气体（O_2 和 N_2）分压约为 13.3Pa。如果系统中无氢源，则很容易将合金中 $w[H]$ 降至 0.0001% 以下。氮含量则有所不同，除了以 $p_{N_2} = 10$ Pa 的条件按平方根定律溶于合金中，还以稳定的氮化物夹杂形式存在于合金中，因此真空脱氮比较困难。

4.1.4.3　夹杂物的防止

真空感应熔炼时，由于熔池表面低压条件和电磁搅拌作用，均有利于非金属夹杂物上浮，在熔池表面形成一层膜，通常称为氧化膜。如果这些氧化膜混入合金中，势必影响产品质量。稀土永磁合金真空熔炼遇到的最大问题是如何防止夹杂物沾污。

碳、氧、氮等杂质在合金中除形成间隙式固溶体外，其超过溶解度的部分形成夹杂物相存在，如 REC_2、RE_2O_3、MeO、REN 等。合金中夹杂物的去除，主要是通过夹杂物分解、低价氧化物挥发和碳与氧的结合（生成 CO）等途径实现的。在熔炼温度下，系统中 O_2 和 N_2 的分压值约 13.3Pa，远远大于该温度下夹杂物的分解压，即夹杂物处于稳定存在条件下，难以分解去除。因此，合金中夹杂物只能通过减少污染源的方法进行控制，如使用清洁的炉料、保持炉气的纯净、及时清理炉室和坩埚、精心操作等。

即使使用完全清洁或打磨掉表皮的合格炉料，在加料过程中也会引入灰尘。金属料的气孔、缩孔等孔洞中有氧化皮，金属料化学成分中杂质（如 C、S、P、Cl 等）超过要求，就会把杂质带入熔池。炉料应进行化学定量分析，以控制有害杂质含量，并经过表面清理才能使用。

熔池内合金液的氧化和吸氮是夹杂物的又一来源，因此必须控制炉子到预定的真空度和漏气速率，提高氩气纯度。氩气纯度决定了炉内 O_2、N_2 残余气体的分压，氩气纯度低，炉内 O_2、N_2 分压大，合金液氧化和吸氮就严重。目前市售氩气纯度一般可达 99.99%，如果循环使用则必须重新提纯处理。

4.1.4.4　真空坩埚反应

感应熔炼是在坩埚内进行的，在真空条件下坩埚材料与合金液强烈作用，成为合金的又一污染源，主要是由于坩埚受侵蚀、热冲击和坩埚寿命短引起的。近几年坩埚质量有了很大改进，但由于温度高，压力低，坩埚材料仍可能与熔池中活泼元素作用，使合金增氧。以感应炉常用刚玉坩埚为例，坩埚反应可表示为：

$$Al_2O_3 + 2[RE] = 2[Al] + [RE_2O_3]$$

坩埚周围的氧化镁填充料还可能发生 $MgO + C = \{Mg\} + \{CO\}$ 反应，使炉衬受损害。耐火材料中铁、锰、硅等杂质含量高，会加速炉衬损害。坩埚反应带入合金液的金属量一般不超过百分之一。因此，对于使用耐火材料的真空感应熔炼，要防止过度的坩埚反应，以控制合金中的氧含量。

4.1.5　冷坩埚悬浮熔炼技术

近几年出现的冷坩埚悬浮熔炼技术（cold crucible levitation melting）属于精细冶金，用于活泼金属、强磁性材料 NdFeB 及金属间化合物等的熔炼。冷坩埚熔炼原理见图 4-6。该技术采用分瓣水冷铜坩埚对合金进行感应熔炼，通过控制坩埚和感应器的参数，熔体和坩埚瓣间无绝缘时也不会起弧。这种技术起初被称为感应壳熔炼，因为起初在熔炼过程中炉底往往有大块凝壳。进一步发展，凝壳可以减少甚至完全消除，因此现在通称冷坩埚熔炼技术。美国已建成冷坩埚容量达 200kg 的中间试验设备，俄罗斯冷坩埚最大直径达 1m。将悬浮熔炼技术引入冷坩埚后，通过采用不同频率分段感应，上部采用较高频率和热炉体，下部采用较低频率增加对物料的悬浮力。目前最大的悬浮熔炼能力已达 2kg 以上。

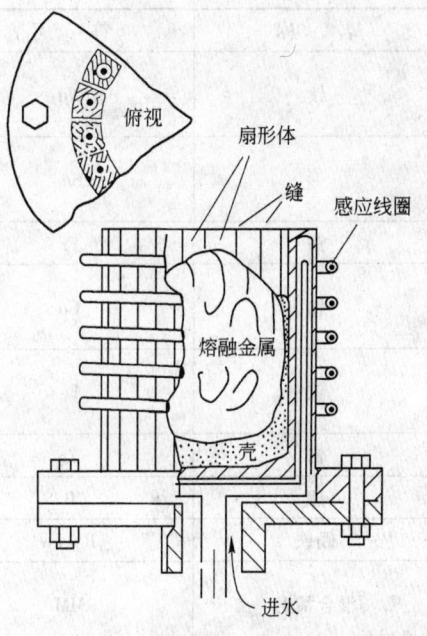

图 4-6　冷坩埚熔炼示意图

冷坩埚熔炼冶金特点如下：（1）在无坩埚材料污染环境下对材料进行熔炼和处理。因为在熔炼过程中熔体和坩埚壁处于非接触状态，坩埚壁处于冷态，熔体和坩埚壁间不发生任何反应，消除了因坩埚反应带入的污染。（2）采用感应加热方法，熔体在加热过程中被搅拌，可获得均匀过热度和均匀化学成分。（3）铜坩埚一直处于冷态，并不与熔体接触，因此坩埚不受高熔点难熔金属或活泼金属的影响，坩埚寿命长。（4）由于能量集中，加热时间短，5~10min 内物料即可全部熔化。

4.2　真空感应熔炼稀土永磁合金工艺

真空感应熔炼稀土永磁合金，为了确保熔炼合金的成分准确，不仅原材料选择要恰当，而且要通过一定的处理使其洁净。在配料时要考虑合金元素在熔炼过程中的变化，设计合理的配方，并在实际工艺中加以调整。为了减少合金成分的偏析，在熔炼时要有充分的电磁搅拌，并应提高精炼温度和在较低温度下急冷浇铸，以获得成分均匀且具有良好的柱状结晶的铸锭。

4.2.1　原材料选择

原材料选择是保证合金设计成分的关键。稀土永磁材料的原材料均为高纯度和高价格的，尤其是原材料的纯净度和均匀度将直接影响磁体的磁性能，因此原材料的选择必须恰当。要求原材料成分符合技术要求，对每一批进料除要求供货方有质量合格证外，还要抽样进行化学定量分析，应控制原材料带入的有害杂质。三种主要稀土永磁材料所需要的原材料见表4－3。目前国产金属钕、工业纯铁和硼铁合金的成分分别列于表4－4、表4－5和表4－6。

表4－3　熔炼稀土永磁合金所需的原材料

名　　称	符　　号	牌　　号	纯　　度
钕	Nd	一级品 二级品	≥99% ≥98%
钐	Sm	Sm_1 Sm_2	≥99.3%
镨	Pr		
钴	Co	Co_1 Co_2	≥99.25%
铁	Fe	DT_1 DT_2	≥99.8%
锆	Zr		≥99%
硼	B		≥98%
硼铁	B－Fe		20%B
混合稀土	MM		Ce 46%~55%；La 20%~30%； Nd 13%~20%；Pr 4%~7%

表4－4　金属钕的牌号与成分 （GB/T 9967—2010）

产品牌号				044030	044025	044020A	044020B
	RE，不小于			99.5	99.0	99.0	98.5
	Nd/RE，不小于			99.5	99.5	99.0	99.0
化学成分 （质量分数） /%	杂质含量， 不大于	稀土杂质/RE		0.1	0.5	1.0	1.0
		非稀土杂质	C	0.03	0.03	0.05	0.05
			Fe	0.2	0.3	0.5	1.0
			Si	0.03	0.05	0.05	0.05
			Mg	0.01	0.02	0.02	0.03
			Ca	0.01	0.02	0.02	0.03
			Al	0.03	0.05	0.05	0.05
			O	0.03	0.05	0.05	0.05
			Mo	0.03	0.05	0.05	0.05
			W	0.02	0.05	0.05	0.05
			Cl	0.01	0.02	0.02	0.03
			S	0.01	0.01	0.01	0.01
			P	0.01	0.03	0.05	0.05

表4-5 国产工业纯铁的牌号与成分（不大于/%）

牌号	名称	$w(C)$	$w(Si)$	$w(Mn)$	$w(S)$	$w(P)$	$w(Cu)$	$w(Al)$	$w(O)$
DT₁	沸腾纯铁	0.04	0.03	0.10	0.030	0.015	0.15		0.08~0.15
DT₂	高纯度沸腾纯铁	0.025	0.02	0.035	0.025	0.015	0.15		0.08~0.15
DT₃	镇静纯铁	0.04	0.20	0.20	0.015	0.020	0.20	0.55	0.005
DT₄	无时效镇静纯铁	0.025	0.20	0.15	0.015	0.015	0.20	0.2~0.55	0.005
ZDT₂	高纯镇静纯铁	0.025	0.15	0.30	0.010	0.010	0.20	0.10	0.005

注：D代表电工；T代表纯铁；Z代表镇静；$w(Ni)<0.2\%$；$w(Cr)<0.1\%$。

表4-6 硼铁的牌号与成分（GB/T 5682—1995）

类别	牌号		化学成分 w/%						
			B	C	Si	Al	S	P	Cu
				不大于					
低碳	FeB23C0.05		20.0~25.0	0.05	2.0	3.0	0.01	0.015	0.05
	FeB22C0.1		19.0~25.0	0.1	4.0	3.0	0.01	0.03	—
	FeB17C0.1		14.0~19.0	0.1	4.0	0.5	0.01	0.1	—
	FeB12C0.1		9.0~<14.0	0.1	4.0	6.0	0.01	0.1	—
中碳	FeB20C0.5	A	19.0~21.0	0.5	4.0	0.05	0.01	0.1	—
		B		0.5	4.0	0.5	0.01	0.2	—
	FeB18C0.5	A	17.0~<19.0	0.5	4.0	0.05	0.01	0.1	—
		B		0.5	4.0	0.5	0.01	0.2	—
	FeB16C1.0		15.0~17.0	1.0	4.0	0.5	0.01	0.2	—
	FeB14C1.0		13.0~<15.0	1.0	4.0	0.5	0.01	0.2	—
	FeB12C1.0		9.0~<13.0	1.0	4.0	0.5	0.01	0.2	—

注：表列元素B、Al、C为必测元素，其他为保证元素；作为非晶、超微晶合金材料用时全为必测元素。

由表中数据可见，在金属钕中碳的含量偏高。金属钕用氟化物电解法生产，应注意电解时石墨电极带入钕中的碳含量超标。金属钕中含有少量镨是允许的，其他稀土元素对磁性能是不利的。对于生产高性能 $(BH)_m = 320 \sim 400kJ/m^3$ 的 NdFeB 永磁体来说，选用 $w(Ce)/w(RE)<0.05\%$，$w(Nd)/w(RE)\geqslant99.5\%$，$w(\Sigma RE)\geqslant99.8\%$ 的金属钕是较为合适的。金属钐用金属热还原法生产，应注意氯含量超标。目前国产纯铁中，DT₁和ZDT₂是作为精密合金、高温合金和粉末冶金生产用的原材料纯铁，而DT₃和DT₄是作为生产电磁元件用的原材料纯铁，它们均不是专门为生产稀土永磁合金所提供的纯铁。目前国内生产NdFeB系永磁合金普遍采用DT₄，其氧含量较低，但缺点是硅、锰、铝含量过高，导致磁体的 J_S 降低。DT₂的硅、锰、铝等含量较低，但氧含量过高，非金属夹杂物含量也可能较高。建议选用 $w(C)\leqslant0.003\%$，$w(Si)\leqslant0.025\%$，$w(Mn)\leqslant0.015\%$，$w(S)\leqslant0.005\%$，$w(P)\leqslant0.010\%$，$w(Al)\leqslant0.020\%$，$w(N)\leqslant0.005\%$，$w(O)\leqslant0.005\%$ 的纯铁。硼铁合金有两种，一种是用铝热法生产的，另一种是用电炉法生产的（见表4-6）。铝热法生产的硼铁中硼含量波动和偏析值大于3.1%~4.5%，且成本较高；而电炉法生产的硼铁中，硼的偏析值小于1.5%~1.9%，较为适用。

4.2.2　原材料处理及配料

原材料表面应光洁、无锈蚀、有光泽。稀土金属一般用真空密封包装或用石蜡封装，对于石蜡封装，使用时先用开水化去石蜡，然后用汽油清洗金属锭。金属钴等表面的氧化层要用稀酸清除。纯铁表面的锈蚀可用抛丸机清除或机械切削方法清除。原材料的保存要避免与水、油及其他污染物接触。

原材料的块度与熔炼方法和装炉量有关，应按要求用机械方法剪切成块状。熔炼NdFeB合金时，用硼铁比用硼粉好，不仅成本较低，而且易于加入，成分易控制，熔炼也方便。硼铁锭要经过破碎并充分混匀，以消除其成分不均匀性。若用硼粉，熔炼时在540~870℃温度范围易氧化和发生喷溅、挥发，成分不易控制。硼粉应与铁粉混匀并压成块状后使用。

熔炼稀土永磁合金的配料计算及称量均应准确。配料计算时，先将设计合金的各个元素的摩尔分数换算成质量分数，然后除以原材料的纯度得到各种原材料的实际用量。例如，熔炼 $Nd_{16.5}Fe_{76}B_{7.5}$ 合金的配料计算如下：

合金物质的量　　　$n = 144.24 \times 16.5 + 55.85 \times 76 + 10.81 \times 7.5 = 6705.64$

钕的质量分数　　　$w(Nd) = 144.24 \times 16.5 / 6705.64 \times 100\% = 35.49\%$

铁的质量分数　　　$w(Fe) = 55.85 \times 76 / 6705.64 \times 100\% = 63.30\%$

硼的质量分数　　　$w(B) = 10.81 \times 7.5 / 6705.64 \times 100\% = 1.21\%$

如果选用的原材料为：金属钕，$w(Nd) \geqslant 99\%$；纯铁，DT_2；硼铁，FeB_{20}，含硼20%，余为铁。则配制100kg炉料需加入：

金属钕　　　$35.49 / 0.99 = 35.85kg$

硼铁　　　　$1.21 / 0.2 = 6.05kg$

纯铁　　　　$63.30 - 6.05 \times 0.8 = 58.46kg$

实际配料时，称量误差要求小于0.1%。还要考虑元素挥发、氧化、形成多相微结构、添加替代元素等因素，适当增加稀土元素的加入量。为保证合金成分，稀土元素一般过量加入3%~5%。熔炼获得合金后，经化学分析确定其成分是否符合要求。若偏离要求，则需根据这些数据调整加料配比。

4.2.3　坩埚的选择和准备

真空感应电炉熔炼通常为有坩埚法熔炼，用于熔炼稀土永磁合金的坩埚，要求其化学成分稳定，能耐高温，不与合金反应，耐急冷急热性好。刚玉坩埚（Al_2O_3 含量不小于95%）是中性的，适应性较强，熔炼稀上永磁合金通常选用刚玉标准坩埚。容量25kg左右的小型真空感应电炉，最好选用预先烧结好的标准坩埚。可以自捣坩埚，但所花的时间和劳力在成本上是不合算的。

坩埚的准备过程示意于图4-7。感应线圈用方形或圆形紫铜管绕制，管内可通冷却水。线圈匝与匝之间有一定距离，并用绝缘支架隔离，以防止短路打火。制作坩埚时，先将感应线圈用木块垫平，在坩埚底部平铺10mm厚的石棉水泥板，然后在感应线圈内周及底部衬玻璃丝布作绝缘层。炉衬用小于0.5mm的电熔镁砂捣制，为了提高捣制料的结合性能，需加入2%~5%的黏结剂，如掺入硼酸等。电熔镁砂预先用磁选方法除去铁磁性物质，掺入硼酸并进行充分混合。坩埚底部的填充料分两层打结，每层厚 20 ~ 30mm。底部填充料打结好后，将标准坩埚放入并固定位置，在坩埚外侧间隙内填充电熔镁砂并捣实。封口处用水玻璃作黏结剂进行湿打结，并用水玻璃涂抹表面。捣制时应注意坩埚熔池与感应线圈的加热区相匹配，且浇口位置要便于浇铸。

　　打结好的坩埚用石墨芯棒作发热体，给炉子通电进行感应加热，在 600 ~ 1600℃ 温度范围内烧结 4 ~ 5h，然后降温到 1100℃ 左右取出发热体。新坩埚还应用旧炉料洗炉，使坩埚表面烧结一层致密层，以减少金属液与坩埚的化学反应。

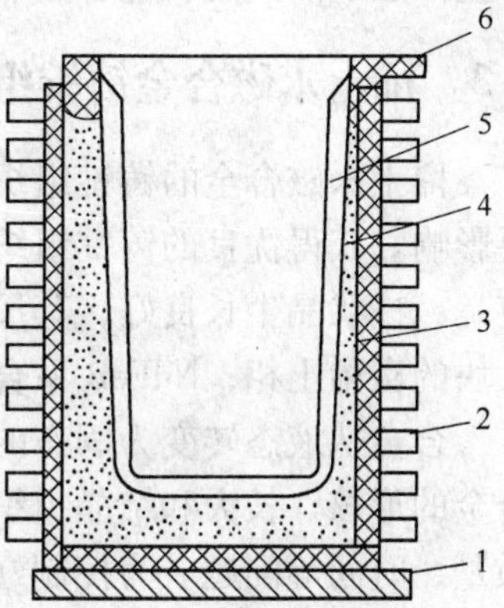

图 4 - 7　坩埚准备示意图
1—石棉板；2—感应线圈；
3—玻璃丝布；4—填充料；
5—刚玉坩埚；6—浇口

4.2.4　真空感应熔炼操作

　　真空感应熔炼工艺包括装料、熔化、精炼、浇铸等工序。在操作程序上大致为装料—关闭真空室—抽气—加热—充氩气—熔化—精炼—保温—浇铸—冷却—出炉—清炉等步骤。

　　装料时要把炉料码放整齐，要求料块尺寸大小基本一致，重量在 50 ~ 500g 之间。小容量炉子可一次装入全部炉料，熔点高的金属如铁、硼铁装在坩埚下部，如熔炼 NdFeB 合金时，铁、硼铁装在坩埚下部，金属钕放在上部。炉子有自动加料装置的，可先将铁、钴、铜、锆和硼铁等熔化后，再加入金属钕。

　　装料后密封炉体，抽真空到 1.3×10^{-2} Pa。如果真空度达不到要求，可用氩气洗炉两次，以便把残余空气带出。然后送电预热炉料，以排除炉料吸附的气体、有机物、油渍等，此时炉内真空度下降。待真空度再次达到 10^{-2} Pa 后，停止抽真空并充入高纯氩气（Ar 含量不低于 99.99%），使炉内氩气压达到 50kPa 左右。

　　预热一段时间后，逐步加大输入功率，使炉料均匀加热以防止搭桥。当金属钕熔化下沉，铁等高熔点金属开始熔化时，加大功率送电使炉料迅速熔化。待炉料熔清后，稍降功率开始精炼，此时保温 3 ~ 5min，称为静定。然后再加大功率升温精炼 2min，以加强电磁搅拌，保证合金成分均匀。必要时电磁搅拌可反复多次。

　　精炼结束后，降低送电功率，待熔体不再翻动时停止送电。熔体稍加冷却后进行浇铸，浇铸温度一般不超过合金熔点 200℃，并应适当减少这一过热温度。小容量炉子可倾转坩埚将合金熔体注入水冷铜结晶器中，强制冷却得到片形柱状晶组织的铸锭。浇铸后不应立即破坏真空，以避免红热合金及坩埚壁附着的金属氧化。经过适当时间冷却后，将空气充入真空室，打开炉盖取出合金锭。对于设置多个铸模的炉子，可几次熔炼和浇铸后一次出炉，从而节省了抽真空时间和减少了氩气消耗。

　　在熔炼过程中，必须认真检查设备运转情况。熔炼前要检查冷却水是否接通；炉子停止工作后，还应继续通水冷却 30min。系统内冷却水压力一般限制在 200kPa 以内，出水温度控制在 50℃ 以下。熔炼操作应小心，防止坩埚开裂。坩埚一旦开裂，坩埚壁内的气体可能会进入合金液中，甚至造成合金液的渗漏。熔化时如发生炉料搭桥，应停炉重新装料，禁止盲目加大功率送电，以免损坏坩埚。油扩散泵工作期间，不应破坏炉内真空，以防止扩散泵油倒流引起合金氧化。

4.3　稀土永磁合金铸锭组织的控制

稀土永磁合金的铸锭组织对制粉、取向压制、烧结等工艺以及最终磁体的性能均有重要影响。获得优良的铸锭组织，是制备高性能烧结磁体的关键技术之一。良好的铸锭组织应是：柱状晶生长良好，其尺寸细小；富钴或富钕等液相成分沿晶界均匀分布，但不得有大块的富稀土相；NdFeB 系合金不存在 $\alpha-Fe$ 晶体。

合金从液态转变为固态的状态变化称为结晶或凝固。结晶是从热力学的角度研究液态合金的形核、长大和结晶组织的形成规律；凝固是从传热学的角度研究铸锭的凝固方式、质量、时间等问题。为控制好铸锭组织，需了解铸锭的结晶过程和凝固过程。

4.3.1　稀土永磁合金结晶过程的机制

合金的结晶是一个形核、长大的过程，根据这一机制，决定结晶速率的因素是形核速率 N，即单位时间单位体积内形成的晶核数目；长大速率 A，即晶核的半径随时间增大的速率。形核和长大这两个过程所需的激活能一般并不相等，在接近合金的熔点时，控制长大过程的原子扩散通常很快，所以对结晶速率的影响不大，结晶速率主要受形核速率的影响。在结晶过程中，形核速率 N 越大，将有更多的晶核同时生成，这样得到的晶粒尺寸会更细小。结晶过程的形核速率可表达为

$$N = N_0 \exp[-(\Delta G_N^* + \Delta G_A^*)/kT]$$

式中　ΔG_N^*——临界尺寸晶胚的自由能；

　　　ΔG_A^*——液态原子扩散激活能；

　　　k——玻耳兹曼常数；

　　　T——绝对温度。

对某一特定的合金来说，N_0 是一常数。上式表明，形核速率由两个指数项来决定，第一项与晶胚数有关，第二项与原子扩散有关，它们都随温度而变化，即取决于液相过冷度的大小。由金属学知，形核时晶胚的临界半径 r^* 对应于自由能变化的极大值 ΔG_N^*，而 r^* 与液相过冷度成反比。当过冷度较小时，r^* 大，需要的形核能 ΔG_N^* 也大，形成晶核困难，形核速率较小。当过冷度增加时，晶胚临界半径 r^* 和形核能 ΔG_N^* 减小，由于晶核是由热涨落形成的，从而形成晶核的几率大大提高，形核速率亦随之增加。但当过冷度太大时，由于原子扩散困难，形核速率减小。熔体快淬工艺就是利用极高的过冷度，使形核速率趋近于零，从而得到微晶态甚至非晶态合金。图 4-8 中 T_m 为合金的熔点；N_m 为最大的形核速率，对应的温度为 T_n。可见获得最大形核速率的过冷度为 $\Delta T = T_m - T_n$。纯金属从液相中直接形核时，必须达到很大的过冷度（200～300℃）才能自发形核。而实际合金结晶时，往往在不到 10℃ 的很小过冷度下便已开始形核。这是因为液态合金中存在微小的高熔点固相质点，或者总是与铸模内壁相接触，于是晶核就优先依附于这些现成的固态表面而形成，这种非自发形

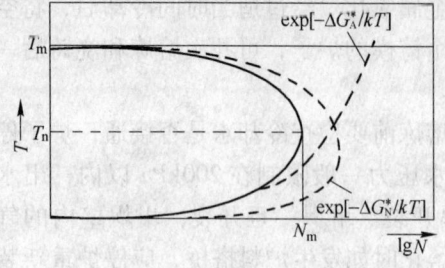

图 4-8　结晶形核速率与温度的关系

核有力地促进了结晶过程。

为获得合金铸锭组织的细小片状晶,应控制浇铸时的过冷度,并与该合金获得最大形核速率的过冷度 ΔT 相对应。通过降低浇铸温度,增大冷却速度,都能增大过冷度。通常采用水冷铜铸模来增大铸锭的冷却速度,这种增大过冷度的方法只对小型或薄壁的铸锭有效。因为铸锭断面较大时,只是表层冷却得快,而心部冷却得慢,无法用快冷达到很大的过冷度。因此水冷铜铸模常制成盘形结晶器,结晶器内部通水冷却。盘形铸锭厚度约30~40mm,以保证铸锭在厚度方向上都能达到要求的过冷度。

4.3.2　稀土永磁合金铸锭的晶体生长特征

由 NdFeB 系合金非平衡结晶相图可知,如果液态合金过热,或者铸锭冷却速度不足够快,则铸锭中很容易出现铁的初次晶。$\gamma - Fe$ 具有面心立方结构,在液相中形核后,在 $\gamma - Fe$ 晶格原子密排的 (111) 晶面上通过原子堆砌而形成隆起物,并逐渐成长为角锥体和发展为枝晶叉,最终长成三维树枝状晶,如图 4-9 所示。而按照生长顺序排列的树枝晶的主干以及二次、三次晶叉,都是互相垂直并按 [100] 方向生长的晶体。在随后的包晶反应过程中,由于 $\gamma - Fe$ 枝晶空隙中液相的原子扩散较困难,使包晶反应经常不能进行到底,在包晶团内部的 $\gamma - Fe$ 初生枝晶被保留下来,并在低温下转变为体心立方的 $\alpha -$ Fe 枝晶。图 4-10a 中的黑色相是 $\alpha - Fe$,形如鱼骨状或树枝状;另外富钕相较粗大,且分布不均匀。$\alpha - Fe$ 枝晶的横截面接近于圆形,这是由于具有不同原子排列的各个晶面上的表面张力相差不大所致。铸锭中若有铁的初次晶或大块富钕相,将影响制粉效率,且在烧结时要延长烧结时间使铁溶解,而过长的烧结时间又会导致晶粒长大。

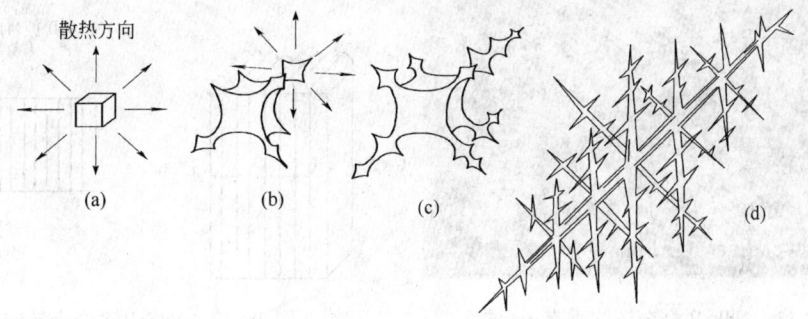

散热方向

(a)　　　　(b)　　　　(c)　　　　(d)

图 4-9　$\gamma - Fe$ 枝晶成长示意图

$\gamma - Fe$ 初晶分叉的程度与冷却速度有关。冷却速度较快时,固液界面处液相中的钕原子来不及向远处扩散,因而使 $\gamma - Fe$ 一次晶轴的长大受到限制,并会促使二次或高次晶轴的形成。当铸锭冷却速度足够快时,例如图 3-22 中,当铸锭的冷却速度为 5℃/s 时,$\gamma - Fe$ 初次晶已被抑制,而直接从合金液中结晶出 T_1 相,随后在 T_1 相边界发生二次共晶转变。如图 4-10b 所示,此时富钕相以薄层状分布在长片状 T_1 相的边缘处。

图 4-11 是 $(Nd_{0.95}Dy_{0.05})_{15.5}(Fe_{0.99}Al_{0.01})_{78}B_{6.5}$ 合金垂直于铸锭冷却方向的横截面组织。图 4-12 为 NdFeB 合金非平衡结晶的铸锭组织示意图。可以看出,NdFeB 合金铸锭的 $Nd_2Fe_{14}B$ 晶体以片状方式生长,片状晶厚度为 30~50μm,宽度为 500~1500μm,而长度决定于铸锭冷却方向锭模的尺寸。如果是单向冷却,铸锭的厚度为 30~40mm 时,则片

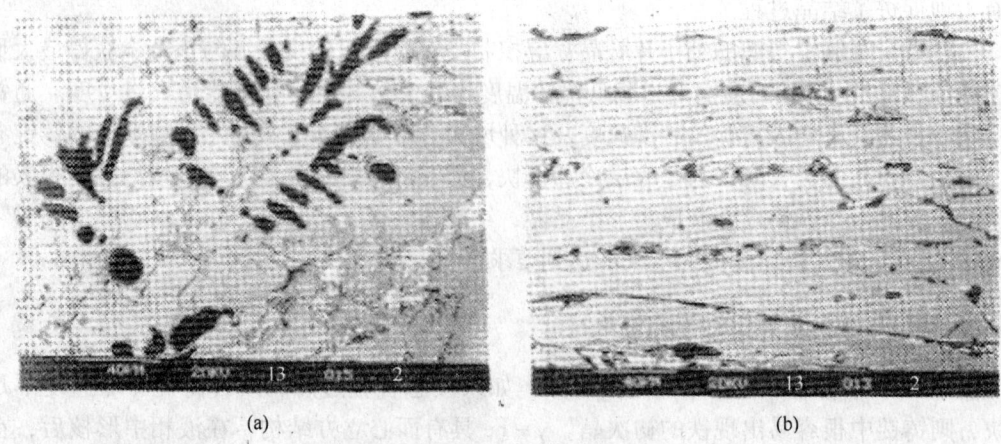

(a)　　　　　　　　　　　　　　　(b)

图4－10　NdFeB合金铸锭组织

（a）铸锭冷却速度较慢；（b）铸锭冷却速度足够快

状晶的长度可达30~35mm。若干个晶片彼此平行地组成一个片状晶集团，晶片之间有富钕相存在。对某一固定成分的NdFeB合金来说，片状晶的尺寸与其数目成反比；由于富钕相一般沿片状晶晶界分布，因此富钕相的分散度与片状晶数目成正比。为了制备高性能NdFeB磁体，若能将铸锭组织的片状晶尺寸控制在5μm以下是较为理想的。

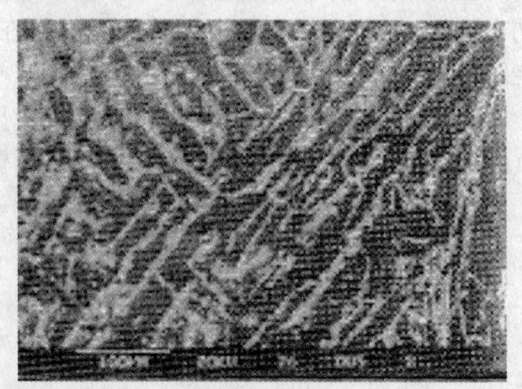

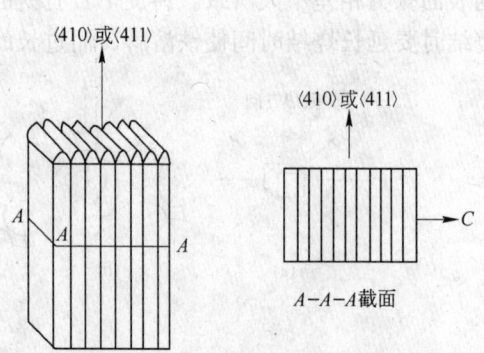

图4－11　NdFeB合金铸锭垂直于冷却　　　　图4－12　NdFeB系合金铸锭的
　　　　　方向的横截面组织　　　　　　　　　　　　　片状晶结构示意图

图4－13是与铸锭冷却方向垂直截面的X射线衍射谱。可见（410）面上的衍射峰最强，其次是（411）面的衍射峰，而（006）面的衍射峰最弱。说明铸锭晶体沿<410>和<411>方向生长速度最快，而沿c轴方向的生长速度要慢得多，因而晶体以片状晶的方式生长。

在$Nd_2Fe_{14}B$晶胞中，沿c轴方向具有层状结构的特征，钕、硼原子主要在$z=0$和$0.5c$（c为点阵常数）原子层上，以铁为主的原子层介于$z=0~0.5c$和$0.5~1.0c$之间的原子层上。铁原子层与富钕、硼原子层的间距为$0.114~0.246c$。在液体合金结晶时，宏观上随机分布的铁、钕、硼原子只要沿c轴扩散约0.24nm的距离，便可构成$Nd_2Fe_{14}B$四方晶体的层状结构，因而铸锭的T_1相沿a轴方向很容易生长。另外，（410）和（411）

面的原子密度较大，它们的能量较低，这也
是 T_1 相沿 a 轴生长较快的另一个原因。

4.3.3　稀土永磁合金铸锭的凝固方式及对铸锭组织的控制

铸锭在凝固过程中，存在固相区、凝固
区和液相区 3 个区域。铸锭质量的优劣与凝
固区的大小和结构有密切关系。图 4–14 为
NdFeB 合金铸锭的凝固区域结构图。图中左
侧是 NdFeB 合金非平衡状态图的一部分，c_0
成分合金的结晶温度范围为 $t_L \sim t_E \sim t_S$。右图
上部是某一瞬时铸锭断面的温度场 T 曲线，

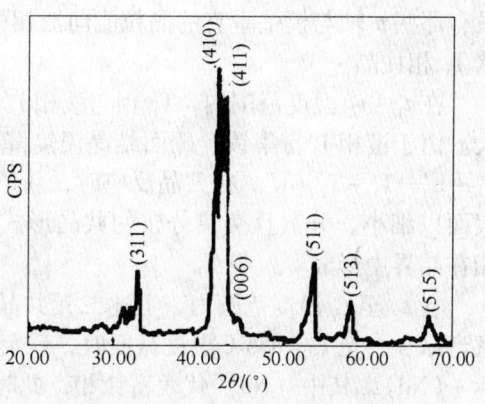

图 4–13　NdFeB 合金铸锭垂直于
冷却方向横截面的 X 射线衍射图谱

下部是该瞬时正在凝固的铸锭断面。由状态图的温度 t_L、t_E 和 t_S 点引水平线与 T 曲线相
交，与 3 个交点对应的铸锭断面的区域即为凝固区域，其左边为固相区，右边为液相区。
在整个凝固过程中，凝固区域的结构是变化的。如随着固相区增厚，固相区的热阻增加，
使液相区的温度梯度减小，铸锭凝固区域将逐渐变宽。理想的工艺是应能保持凝固全过程
的凝固条件不变，确保获得基体致密、成分均匀的铸锭组织。

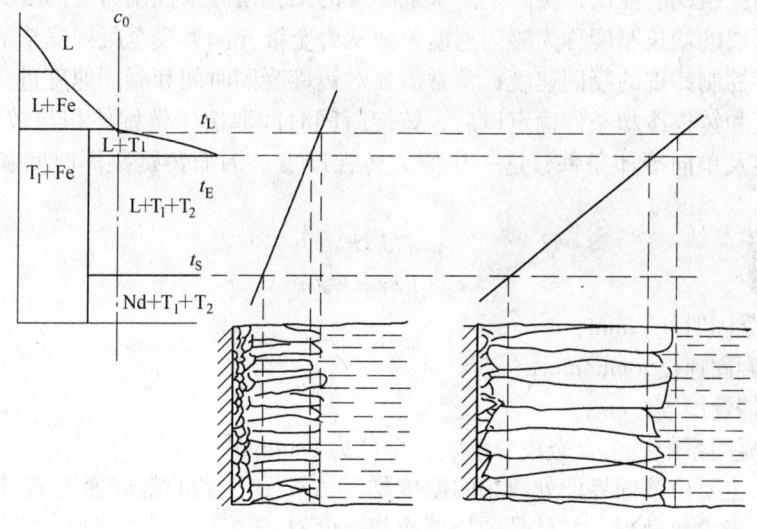

图 4–14　凝固区域结构示意图

在实际铸锭中，采用水冷铜铸模进行强制冷却。由于盘形铸模的底部通水冷却，因而
铸模底面的温度较低。当合金液注入铸模后，与铸模底面模壁接触的合金液受到急冷而达
到很大的过冷度，同时模壁表面又对合金液的形核有促进作用，使得成分为 c_0 的合金液
在 t_L 温度（1185℃）以下，直接从液相中结晶出 T_1 相，发生 $L \rightarrow T_1 + L'$ 转变，因而在靠
近模壁处形成大量的细粒等轴状 T_1 相晶体。随着急冷区厚度的增加，从液相到模壁的温
度梯度变小，冷却速度降低，这就有利于晶粒长大而不利于新晶粒形核，于是模壁处的一
些晶粒继续向合金液中长大。而且，每个晶粒的长大都受到四周正在长大的晶粒的限制，

只有那些 a 轴与模壁垂直的晶粒能向液相中生长，因而形成彼此平行的、粗大而密集的片状 T_1 相柱晶。

在 $t_L \sim t_E$ 温度范围内，T_1 相与液相 L′ 共存，液相可在 T_1 相骨架间流动，T_1 相继续长大。由于液相 L′ 富集钕、硼而结晶温度降低，在 t_E 温度（1080℃）L′ 发生共晶反应，即 $T_1 + L′ \rightarrow T_1 + T_2 + L″$。在共晶反应时，新产生的 T_1 相与 T_2 相可能依附于初生的 T_1 相柱晶表面以细小、分散且交错分布的共晶形式存在；或者 T_1 相在原有 T_1 相表面形成，而 T_2 相在晶界中形成。

在 t_E 至 t_S 温度范围内，上述二元共晶反应继续进行，L″ 相的成分愈趋富钕，其数量逐渐减少。至 $t_S = 655℃$ 温度截面时，残余液相发生三元共晶反应，即 $L″ + T_1 + T_2 \rightarrow T_1 + T_2 + (Nd)$，其中（Nd）代表富钕相，此时富钕相的成分已接近于纯钕。由于三元共晶反应仍依附于初生 T_1 相片状柱晶的表面进行，故铸锭中富钕相一般都沿片状柱晶的晶界分布。

在水冷铸模中铸锭由下而上的单向凝固过程中，固相冷却产生的体积收缩可以不断地由合金液补缩，消除了铸锭缩孔和缩松。水冷铸模的强制冷却作用使合金凝固速度加快，减少了显微偏析，并使非金属夹杂物细化、弥散，从而有利于获得组织致密、成分均匀的铸锭。只有在铸锭顶部最后凝固的表面层中，才会由富集钕和氧化夹杂而产生成分不均匀和组织不均匀。

对合金铸锭组织的控制，实际上是采取相应的工艺措施来控制铸锭的凝固速度。铸锭单位时间凝固层的增长厚度称为凝固速度，而从合金液充满铸模至凝固完毕的时间称为凝固时间。为了控制铸锭的凝固速度，常常需要对铸锭凝固时间和凝固速度进行估算。当合金、浇铸温度和铸模冷却条件确定以后，铸锭凝固时间取决于铸锭体积与散热面积之比，对于盘形铸锭及单向冷却条件，这一比值为铸锭厚度。因而铸锭凝固时间和凝固速度分别为

$$\tau = (h/k)^2$$
$$v_S = h/\tau = k^2/h$$

式中　τ——凝固时间，min；

v_S——凝固速度，cm/min；

h——铸锭厚度，cm；

k——凝固系数，由合金成分确定，单位为 cm/min$^{1/2}$。

柱晶生长主要由液界面处液相的温度梯度 ΔT_L 和柱晶的凝固速度 v_S 来控制。对某个成分的合金来说，获得良好柱晶的局部冷却速度 $Q_C = \Delta T_L \cdot v_S$ 的值是一定的。其中 ΔT_L 与合金成分、浇铸温度及冷却强度有关，v_S 则主要取决于冷却强度。浇铸温度一般控制在合金液相线温度以上 30~50℃，应尽力避免合金液过热，因过热会析出 $\gamma - Fe$ 枝晶。铸锭冷却强度可通过调节冷却水流量来控制，但这种控制对于细化片状柱晶是有限度的。因凝固速度 v_S 与铸锭的厚度 h 成反比，减薄铸锭厚度可显著地增大 v_S 值，所以减薄铸锭厚度可有效地细化晶粒尺寸。近年采用立式铸锭模浇铸，由水平模的单面冷却变为双面冷却，事实上将铸锭厚度减薄为实际厚度的二分之一，故明显细化了晶粒尺寸。

4.4　熔体快淬法和速凝法制备稀土永磁合金

熔体快淬（又称为 Magnequench，即 MQ 法）和速凝铸造法（Strip Casting，简称 SC

法）已成为美、日等国制备稀土永磁合金的主要工艺技术，其核心技术是将熔融合金浇铸到旋转的水冷金属辊轮表面，获得一定厚度的速凝合金薄片。

4.4.1　熔体快淬法制备 NdFeB 磁粉工艺

用熔体快淬法制备 NdFeB 磁粉的工艺流程如图 4 – 15 所示。将快淬得到的合金薄带制成粉，可直接得到快淬商品磁粉。该磁粉可用下述三种方法制成实用永磁体：（1）用黏结法制成各向同性黏结磁体；（2）用热压法制成热压各向同性致密磁体；（3）用热加工变形法制成热变形各向异性磁体。表 4 – 7 是 $Nd_{13.5}Fe_{81.7}B_{4.8}$ 快淬合金三种磁体的磁性能比较。如果将热变形的各向异性永磁体破碎、研磨成磁粉，然后可用它制成各向异性黏结磁体。

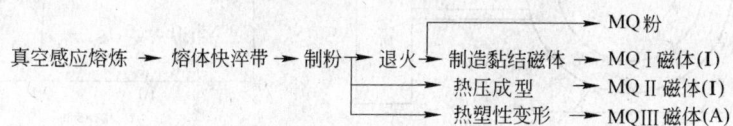

图 4 – 15　熔体快淬法制备 NdFeB 永磁材料工艺流程

I—代表各向同性；A—代表各向异性

表 4 – 7　$Nd_{13.5}Fe_{81.7}B_{4.8}$ 快淬合金三种磁体的磁性能

磁体类型	$(BH)_m$ /kJ·m^{-3}	B_r/T	H_{cb}/kA·m^{-1}	H_{cj}/kA·m^{-1}	μ_{rec}	工作温度/℃	$\alpha(B/H=1)$ /%·℃$^{-1}$	$\rho/\mu\Omega\cdot cm$	R_c
黏结磁体	63.7	0.63	421.9	1194	1.15	125	– 0.0195	18000	36 ~ 38
热压磁体	103.5	0.79	517.4	1273.6	1.15	150	– 0.157	160	60
热变形磁体	254.7	1.175	835.8	1034.8	1.05	150/100	– 0.157	160	60

熔体快淬法制备 NdFeB 薄带有双辊法和单辊法两种。单辊法真空快淬法的生产设备如图 4 – 16 所示。感应圈将在石英坩埚内的 NdFeB 母合金加热熔化成为熔体，通过气阀调节氩气压力将熔体从坩埚下端的窄缝直接喷射到高速转动的紫铜辊的表面。紫铜辊可通冷却液冷却，或利用其自身的良导热性质，将喷射到其表面的合金液体以 $10^5 \sim 10^6$℃/s 速度冷却。在紫铜辊直径和温度为一定的条件下，紫铜辊的转速（r/min）或表面线速度（m/s）与其冷却速度（℃/s）成正比。用单辊法制备的 NdFeB 薄带的厚度为 30 ~ 80μm，宽度为 1 ~ 3mm，长度取决于坩埚的容量。

4.4.2　快淬磁各向同性 NdFeB 合金的结构与磁性能

快淬 NdFeB 永磁合金的磁性能对工艺因素十分敏感，如与快淬速度（冷却辊的表面线速度）、液体喷射压力、喷嘴直径、喷嘴与冷却辊表面的间距等参数有关，因为这些工艺因素决定了永磁合金的显微组织和磁结构。其中快淬速度 v 对组织与性能的影响最大。

图 4 – 17 给出磁性（矫顽力）与快淬速度的关系，对于 $Nd_{15}(Fe_{1-x}B_x)_{85}$ 合金，当 $x = 0.07$，淬速为 $v = 15 \sim 25$m/s 时达到最高性能。如果淬速过慢，得到晶化态合金，晶粒粗大，分布不均匀，永磁性差。如果淬速过快，则得到非晶态合金，呈软磁性，即矫顽力很低。虽经适当温度热处理后可得到较高永磁性，但比最佳淬速所得的磁性还是要差些。

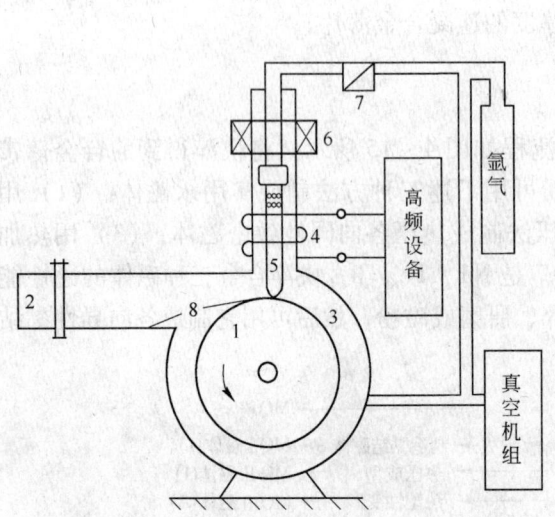

图 4-16　单辊真空熔体快淬设备示意图

1—紫铜辊；2—接料筒；3—真空室；4—感应圈；
5—坩埚；6—升降机构；7—氩气阀；8—快淬薄带

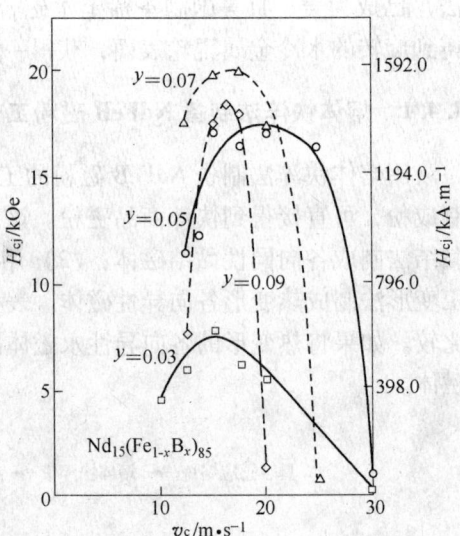

图 4-17　$Nd_{15}(Fe_{1-x}B_x)_{85}$ 合金磁性与
快淬速度的关系

图 4-18 为不同淬速下 NdFeB 合金的退磁曲线，当快淬速度 $v=19m/s$ 时，可获得较高的磁能积 $(BH)_m=111.4kJ/m^3$。将获得最大磁能积 $(BH)_m$ 的快淬速度称为最佳的快淬速度 v_c，低于 v_c 的快淬速度称为欠快淬速度；高于 v_c 的快淬速度称为过快淬速度。图 4-18 表明，用欠快淬速度和过快淬速度制备的 NdFeB 合金薄带的磁性能都很低。因为用欠快淬速度（小于 14m/s）制备的 NdFeB 薄带的退磁曲线出现了台阶段，说明它是由两个铁磁性相组成的。而过快淬速度（不小于 30m/s）制备的合金带是非晶态的，矫顽力几乎等于零。

实验发现最佳淬速对应的合金具有 20~40nm 微晶组织，因其晶粒直径接近于单畴粒子的尺寸，故有最好的永磁性。合金的成分不同，所需的最佳淬速也有所不同。例如，用最佳淬速 $v_c=21m/s$ 制

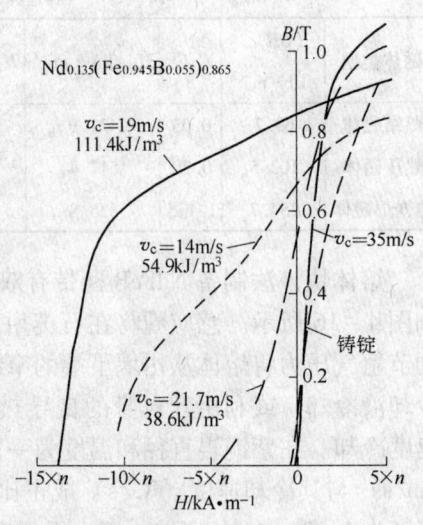

图 4-18　不同淬速下 $Nd_{13.5}Fe_{81.7}B_{4.8}$
合金薄带的退磁曲线

备的 $Nd_{13.5}Fe_{81}B_{5.5}$ 合金的晶粒尺寸约 30~80nm，每一个晶粒被一薄层非晶层所包围，非晶薄层的厚度约 1~2nm。晶粒内部的 Nd/Fe 比，比 $Nd_2Fe_{14}B$ 的高。用欠淬速（如小于 12m/s）制备的同种合金，晶粒尺寸长大到 150nm，在晶界处有非晶相，在晶界交隅处出现小颗粒状的富钕相。它具有 bcc 结构，点阵常数为 0.41nm，接近 $\beta-Nd$ 的点阵常数。用过淬速（如 32m/s）制备的合金是非晶态的。在稍高于晶化温度以上的温度（如 600℃）回火 1min，晶化迅速地发生，矫顽力迅速地提高。此时晶粒尺寸达到 30~40nm，每一晶粒由富钕贫硼的薄层相所包围。若在 600℃ 回火 15min，$Nd_2Fe_{14}B$ 晶粒已长大到

60nm。在晶粒长大过程中，硼向晶粒内部扩散，93.5% 的硼在晶粒内部，在晶界上既有非晶相，也有颗粒状的富钕相存在。

在实际生产中，为了便于操作，总是将合金快淬至具有一定晶化度，但又不是完全微晶态的状态，经最佳温度热处理后，可得到较高的磁性能。实验表明，$Nd_{15}Fe_{77}B_8$ 快淬合金在较宽的温度范围内，如 600 ~ 700℃ 之间热处理均可得到相当高的磁性。不同初始淬态性能的合金，对应不同的最佳热处理温度。将快淬合金薄带在振动粉碎机中粉碎成 200μm 左右的鳞片状颗粒。这种颗粒相当稳定，在空气中不易氧化，经过适当时效处理后，将其制成粉可直接得到快淬商品磁粉。

目前生产快淬 NdFeB 磁粉的公司主要有两个，一个是国际麦格昆公司（Magnequench International Inc.，简称 MQI 公司），另一个是先进磁性材料公司（Advanced Magnetic Materials Inc.，简称 AMM 公司），2001 年两公司共生产 4500t 的快淬 NdFeB 磁粉，预计 2004 年达到 7000t，每年的产量以 20% 的速度递增。MQI 公司生产十种牌号的快淬 NdFeB 磁粉，用于制备各种类型的黏结各向同性永磁体，具体产品的牌号和性能可查阅有关资料。

4.4.3　速凝法制备 NdFeB 合金工艺

在传统的金属模铸锭工艺中，减薄铸锭厚度可有效地细化晶粒尺寸。但由于铸锭心部与表面的冷却条件有很大差别，对于 NdFeB 合金仍难以消除 α - Fe 的析出。而消除合金中的 α - Fe 是获得高性能烧结 NdFeB 磁体的重要手段。为此，1995 年 Yamamoto K 等人开发了所谓的速凝铸造工艺。

速凝铸造工艺的基本原理与快淬法相似，它是将合金熔体浇铸到具有一定转速的水冷铜辊上，在 $10^2 ~ 10^4$℃/s 的冷速下形成厚度在 0.03 ~ 10mm 范围内的合金薄片。沈阳中北真空技术公司研制的 VI - SC 系列新型真空熔炼速凝炉原理如图 4 - 19 所示。它由感应熔炼坩埚、中间包、旋转冷却辊、转动冷却容器组装在一个大的真空容器内，其外部与真空机组和中频电源连接。在熔炼坩埚内装料后，接通中频电源使合金原料熔化，利用电磁搅拌使合金液成分均匀化，待合金液达到所要求温度时，将合金液以一定流速注入中间包。中间包也与中频电源接通，以保证中间包内合金液维持恒定温度，同时要维持中间包内恒定的合金液面，以一定的流速和流量将合金液喷射到以一定速度旋转的冷却辊表面上，它将熔潭（Puddle）拉伸形成一定厚度（一般为 0.25 ~ 0.35mm）的速凝薄带，即鳞片铸锭

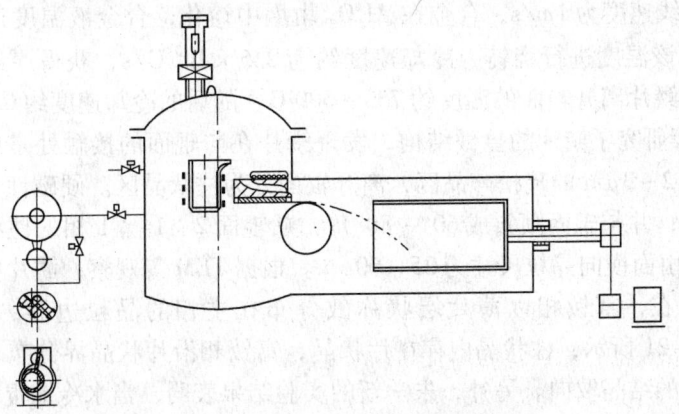

图 4 - 19　VI - SC 系列真空熔炼速凝炉原理图

（国外称为 Strip Casting，简称 SC）。并将 SC 送入转动的冷却容器，使 SC 冷却到一定温度，以避免 SC 之间的黏连。

通过合理选择旋转辊的材质和冷却能力来控制鳞片铸锭的显微结构，使铸锭内不存在 α-Fe，不存在团块状富钕相，不存在细小的等轴晶区或非晶区，从而使铸锭具有可制备高性能烧结 NdFeB 磁体所需的显微结构。表 4-8 是 $Nd_{30.8}Fe_{68.2}B_{1.0}$ 合金采用不同的铸造工艺制备的铸锭化学分析结果及相应烧结磁体的磁性能。可见速凝工艺制备的鳞片具有组织均匀、晶粒细化、无 α-Fe、富钕相均匀弥散且环绕于主相周围等优点，制得的烧结磁体的磁性能显著优于传统合金铸锭制得的磁体。此外，还发现将鳞片在大气中放置 20 天后氧含量仅为 120×10^{-6}，表明鳞片具有一定的抗氧化能力，适合进行 NdFeB 磁体的规模化生产。

表 4-8　$Nd_{30.8}Fe_{68.2}B_{1.0}$ 合金铸锭化学分析结果和烧结磁体的磁性能

磁性能参数	主相晶粒尺寸 /μm	α-Fe 晶粒尺寸	富钕相	B_r/T	H_{cj} /kA·m^{-1}	$(BH)_m$ /kJ·m^{-3}
速凝鳞片	短轴 3~10 (7) 长轴 10~80 (70)	未见到	环绕主相均匀弥散	1.29	1200	326
金属模铸	短轴 50~250 (170) 长轴 50~400 (190)	几十微米晶粒	几十到几百微米弥散的 α-Fe 和富钕相	1.18	1100	284

4.4.4　速凝磁各向异性 NdFeB 鳞片铸锭的显微组织

Hirose 等人比较了质量分数为 30.5% Nd-68.5% Fe-1.0% B 的合金铸锭与鳞片铸锭的显微组织，如图 4-20 所示。图中 a 是水冷铜模铸锭（冷却方向的厚度为 30mm）的 SEM 的背散射电子像，黑色相为树枝状 α-Fe，白色相为团块状的富钕相，基体是 $Nd_2Fe_{14}B$ 相，显微组织十分均匀。经 1050℃ 退火 4h 后，α-Fe 的数量有所减少，但富钕相聚集长大，如图中 b 所示。图中 c 是相同成分的合金用速凝法制备的鳞片铸锭的显微组织，可见仅有少量的 α-Fe，富钕相沿 2:14:1 相的片状晶界分布均匀。2:14:1 相片状晶厚度约为 5~8μm，图中 d 表明，2:14:1 相的柱状晶内部有若干个片状晶，柱状晶短轴方向的尺寸约 20~30μm。以上速凝铸造工艺的基本参数为：水冷纯铜辊轮直径为 400mm，辊表面线速度为 1m/s，合金在 Al_2O_3 坩埚中熔化，合金液温度达到 1450℃ 并在中间包中也保持该温度进行浇铸，冷却速度约为 2.5×10^3℃/s，获得厚约 0.3mm、宽几十毫米的鳞片。鳞片离开辊面的温度约 750~600℃，随后的冷却速度约 0.5℃/s。

Bernardi J 等研究了鳞片的显微结构，发现鳞片在与辊面的接触处是成核中心，贴近辊面处是粒度为 2~3μm 的疏松碎晶区，离开辊面处为柱状晶区。硬磁性相的柱状晶沿成核中心定向生长，并与辊面倾斜成 60°~80°角，贴辊面 2:14:1 相的柱状晶横向尺寸为 5~25μm，而自由面横向晶粒尺寸为 25~60μm。根据 TEM 等观察，鳞片中没有 α-Fe 和 $Nd_{1+\varepsilon}Fe_4B_4$ 相存在，富钕相以薄片层状弥散分布在主相的晶粒边界，其厚度约 60~150nm。如图 4-21 所示，柱状晶内存在片状晶，富钕相沿片状晶界分布，所有的硬磁性相晶粒都有同样的结晶取向。另外，朱学新的实验结果表明，当水冷铜辊表面套上钼金属套以后，合金液喷射到钼套表面上，此时 2:14:1 相均匀地生核，并且柱状晶沿着钼套

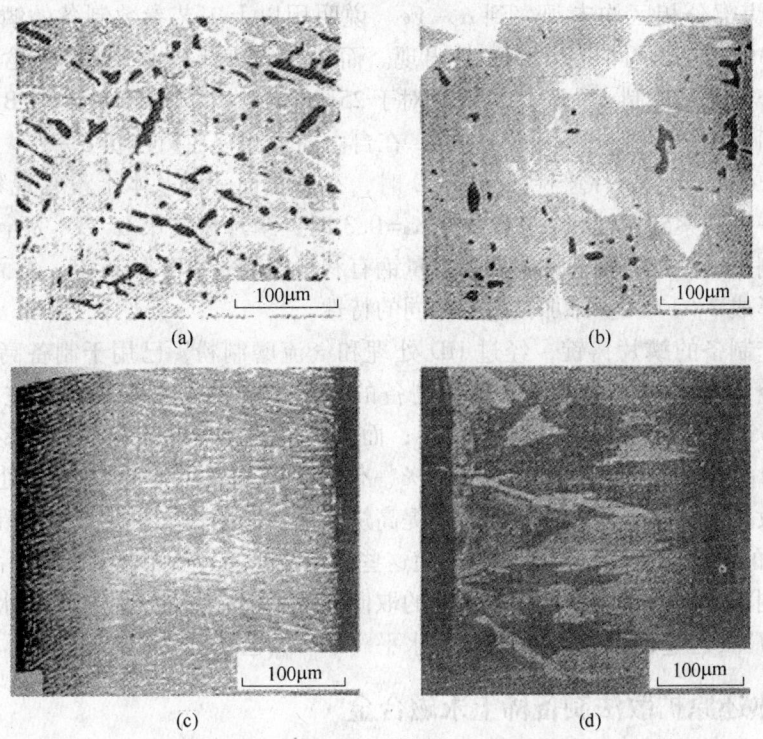

图 4-20 30.5% Nd – 68.5% Fe – 1.0% B 合金铸锭与鳞片铸锭的显微组织

(a) 水冷铜模铸锭；(b) 经 1050℃退火 4h 后的铸锭；

(c) 速凝鳞片铸锭；(d) 光学偏光显微组织

表面径向生长，得到穿透式的柱状晶，如图 4-22 所示，从而获得具有理想显微组织的鳞片铸锭。这与合金液、钼表面热交换、2∶14∶1 相柱状晶生长速率相适应有关。

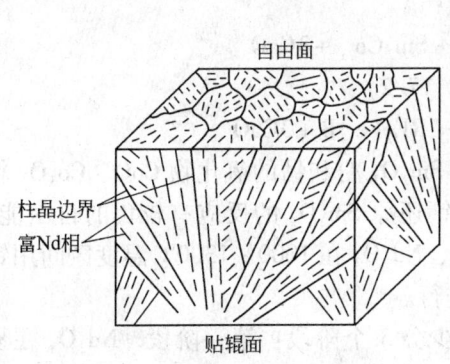

图 4-21 在鳞片铸锭中，2∶14∶1 相的柱状晶生长与富钕相分布示意图

图 4-22 稀土总量为 29% 的 NdFeB 合金鳞片铸锭的显微组织

Hirose 等人的研究表明，在上述工艺条件下制备鳞片铸锭，对于成分为 29.2% Nd – 69.8% Fe – 1.0% B（质量分数）的合金鳞片，完全没有观察到 α – Fe；而对于成分为 28.3% Nd – 70.7% Fe – 1.0% B（质量分数）的合金鳞片，只在自由面一侧观察到少量的

α - Fe，其余大部分相区均未观察到 α - Fe。说明用以上工艺参数制备的鳞片铸锭，当 $w(\text{Nd}) \geqslant 28.3\%$ 时，即可抑制 α - Fe 的出现。而传统的铸锭技术，则需钕含量大于等于 33.0% 质量分数才可抑制 α - Fe 的出现。对于 25.0% Nd - 74.0% Fe - 1.0% B 合金鳞片铸锭，在贴辊面一侧观察到长片状的 α - Fe，在自由面一侧存在树枝状 α - Fe。另外，对于 $(\text{Nd}_{1-x}\text{Dy}_x)_2\text{Fe}_{14}\text{B}$ 合金鳞片铸锭，当 $x = 0$ 时，在贴辊面一侧基本上没有观察到 α - Fe，而在自由面一侧观察到树枝状 α - Fe。当 $x = 0.3$ 时，鳞片铸锭中 α - Fe 完全被抑制，而在自由面一侧出现 2：17 相。说明添加少量镝有利于抑制 α - Fe 的析出，然而镝高达 0.3 时，较容易形成 2：17 相。添加铽也有相同的特性。

速凝工艺制备的鳞片铸锭，经过 HD 处理和气流磨制粉，已用于制备高性能 NdFeB 烧结磁体。金相观察表明，用速凝鳞片制备的烧结磁体晶粒细小均匀，主相晶粒小于 $10\mu m$ 的占 96%，而大于 $13\mu m$ 的仅占 1%；而常规烧结磁体的晶粒则大得多，主相晶粒小于 $10\mu m$ 的占 64%，大于 $13\mu m$ 的占 17%。但速凝鳞片需在 900℃ 左右热处理，以使主相成分和富钕相成分接近正分成分，才能提高烧结磁体的磁性能。此外，速凝鳞片中存在 $2 \sim 3\mu m$ 以下的磁晶，应先采用氢爆工艺使这些碎晶分离成单晶颗粒，在随后的制粉过程中才容易得到粒度均匀的粉末，提高磁粉的取向度。目前，国外工业化生产水平的速凝工艺磁体，$(BH)_{max}$ 已超过 414kJ/m^3，实验室水平 $(BH)_{max}$ 已达到 451kJ/m^3。

4.5　真空热还原扩散法制备稀土永磁合金

真空热还原扩散法（RD 法）是用金属钙还原稀土氧化物，并与钴或铁等过渡金属相互扩散，直接制取稀土永磁合金的方法。由于该工艺将熔炼法制取纯稀土金属、熔炼合金及合金锭粗破碎三个工艺环节的功能集中于还原扩散一道工序中完成，而且使用的原料便宜，因此制备的永磁合金价格低廉，成本比粉末冶金低 30% ~ 50%。

4.5.1　还原扩散法的基本原理

热还原扩散法制取稀土永磁合金有下列反应：

$$\text{Sm}_2\text{O}_3 + 3\text{Ca} + 2x\text{Co} \longrightarrow \text{Sm}_2\text{Co}_{2x} + 3\text{CaO}$$

$$x = (7/2, 10/2, 17/2)$$

$$\text{RE}_2\text{O}_3 + 14\text{Fe} + \text{B} + 3\text{Ca} \longrightarrow \text{RE}_2\text{Fe}_{14}\text{B} + 3\text{CaO}$$

热力学计算表明，制取 Sm - Co 合金可以用 Sm_2O_3 粉和钴的氧化物 CoO、Co_3O_4 粉等还原，还原剂可以用钙或它的氢化物 CaH_2。用钙还原 Sm_2O_3 的反应有较负的自由能值。用钙还原 RE_2O_3 制取 NdFeB 的 $\Delta G - T$ 关系表明，Nd_2O_3 在 1000 ~ 1300℃ 温度区间用钙还原，$\Delta G = -850 \sim -750 \text{kJ/mol}$，还原反应亦能进行。

不少研究指出，Fe - Nd 系还原扩散过程至少分 3 个阶段：第一阶段，Nd_2O_3 在易形成中间化合物的铁粉周围被钙还原；第二阶段，钕穿过 $\text{Fe}_{17}\text{Nd}_2$ 层到达该化合物和铁核的界面；第三阶段，在界面的钕和铁粉反应生成 Nd - Fe 化合物。这 3 个阶段中任一个都可以成为速度控制环节。若假设钕通过合金相的扩散是速度限制环节，则可用以下方程描述：

$$L - L_0 = kt^{1/2}$$

式中　L，L_0——t 和 t_0 时的合金层厚度；

k——常数。

用实验数据做 $(L-L_0) \sim t^{1/2}$ 图，见图 4 - 23。由该图可见，$(L-L_0) \sim t^{1/2}$ 是线性关系，证明了二组元系的稀土元素通过合金层的扩散是速度控制步骤。作 $\lg k^2 \sim 1/T$ 图（图 4 - 24），求出表观活化能 ΔE，Nd - Fe 为 0，Sm - Co 为 150kJ/mol。

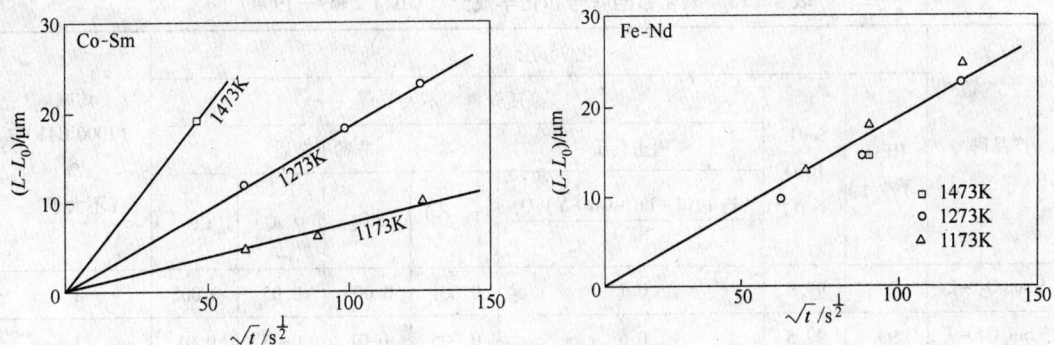

图 4 - 23　RD 过程合金层长大和时间平方根关系

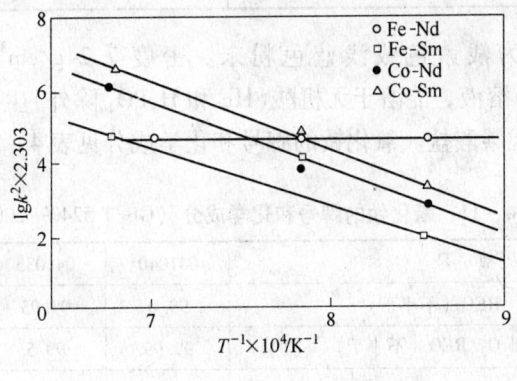

图 4 - 24　$\lg k^2 \sim 1/T$ 关系图

4.5.2　原材料准备

表 4 - 9 列出了制备 $SmCo_5$、$Sm(Co，Cu，Fe，Zr)_{7.4}$ 和 NdFeB 永磁合金所需要的原材料。

表 4 - 9　RD 法制备永磁合金的原材料

$SmCo_5$	$Sm(Co，Cu，Fe，Zr)_{7.4}$	NdFeB
Sm_2O_3 粉（99.5%）	Sm_2Co_3 粉（99.5%）	Nd_2O_3 粉（99.5%）
Co 粉（99.5%）	Co 粉（99.5%），0.038mm	Fe - B 粉（98%），0.038mm
	Cu 粉（99.5%），0.038mm	Fe 粉，0.074mm
	Fe 粉（99.5%），0.038mm	Co 粉，0.074mm
	Zr 粉（99.5%），0.038mm	
Ca 粒（98%）	Ca 粒（98%），0.167mm	Ca 粒（98%）

氧化钐（Sm_2O_3）为白色略带淡黄色粉末，密度 8.347g/cm^3，熔点 2269℃，沸点 3780℃；不溶于水和碱溶液，能溶于无机酸（HF 和 H_3PO_4 除外）生成相应的盐；在空气中吸收 CO_2 和水生成酸式碳酸盐。氧化钐的牌号和化学成分见表 4 – 10。

表 4 – 10 氧化钐的牌号和化学成分（GB/T 2969—1994）

产品牌号	REO（不小于）	SmO/REO（不小于）	化学成分/% 杂质含量（不大于） 稀土杂质 $\frac{(Pr + Nd + Eu + Gd + Y)_xO_y}{REO}$	非稀土杂质 Fe_2O_3	SiO_2	CaO	Cl^-	灼减（1000℃1h）/%（不大于）
Sm_2O_3 – 2	99	99.9	0.1	0.001	0.005	0.05	0.005	1
Sm_2O_3 – 3	99	99.5	0.5	0.005	0.01	0.05	0.01	1
Sm_2O_3 – 4	99	99	1	0.01	0.01	0.1	0.02	1
Sm_2O_3 – 7	99	96	4	0.05	0.05	0.1	0.03	1

氧化钕（Nd_2O_3）为浅紫色或浅蓝色粉末。密度 7.24g/cm^3，熔点 2272℃，沸点 3780℃。不溶于水和碱溶液，能溶于无机酸（HF 和 H_3PO_4 除外）生成相应的盐。在空气中吸收 CO_2 和水生成酸式碳酸盐。氧化钕的牌号和化学成分见表 4 – 11。

表 4 – 11 氧化钕的牌号和化学成分（GB/T 5240—2006）

产品牌号			041040	041035	041030	041020
REO（不小于）			99.0	99.95	99.0	99.0
Nd_2O_3/REO（不小于）			99.99	99.5	99.9	99.9
化学成分（质量分数）/%	杂质含量（不大于）	稀土杂质 REO La_2O_3	0.001	0.005	0.01	含量 1.0
		CeO_2	0.003	0.01	0.01	
		Pr_6O_{11}	0.003	0.03	0.05	
		Sm_2O_3	0.001	0.01	0.01	
		Y_2O_3	0.002	0.005	0.01	
		非稀土杂质 Fe_2O_3	0.0005	0.001	0.005	0.01
		SiO_2	0.005	0.01	0.01	0.05
		CaO	0.01	0.03	0.03	0.05
		Al_2O_3	0.03	0.05	0.10	0.10
		Cl^-	0.03	0.03	0.03	0.05
		SO_4^{2-}	0.01	0.01	0.01	0.01
灼减（质量分数）/%（不大于）			1.0	1.0	1.0	1.0

氧化钴用草酸钴或氢氧化钴煅烧法生产，产品为黑灰色粉末。用于生产磁性材料和硬质合金的氧化钴的牌号和化学成分见表 4 – 12。产品均应通过 0.246mm 标准筛网，松装密度为 0.4 ~ 0.6g/cm^3。

表 4 – 12　氧化钴的牌号和化学成分（GB 6518—86）

产品牌号	Co (不小于)	化学成分/%											
		杂质含量（不大于）											
		Ni	Fe	Ca	Mn	Na	Cu	Mg	Zn	Si	Pb	As	S
Co_2O_3 – Y0	70.0	0.1	0.01	0.008	0.010	0.004	0.01	0.01	0.005	0.01	0.002	0.02	0.01
Co_2O_3 – Y1	70.0	0.3	0.04	0.010	0.015	0.008	0.02	0.02	0.005	0.02	0.005	0.02	0.01
Co_2O_3 – Y2	70.0	0.3	0.06	0.018	0.05	0.015	0.05	0.03	0.01	0.03	0.005	0.02	0.05

　　铁、钴、铜、锆等金属是粉粒状，这些粉末粒子尺寸越小，则形成磁体粉所需的时间就越短，还原扩散速度就越快。在制备 $SmCo_5$ 的情况下，反应所获得的产物 $SmCo_5$ 粉末颗粒尺寸除与还原扩散的时间有关外，如果使用金属钴粉，还与钴粉末颗粒的尺寸有关，分别见图 4 – 25 和图 4 – 26。

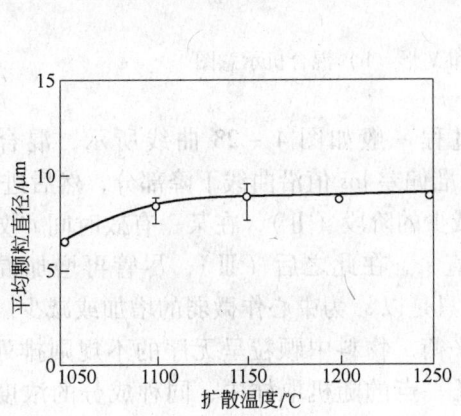

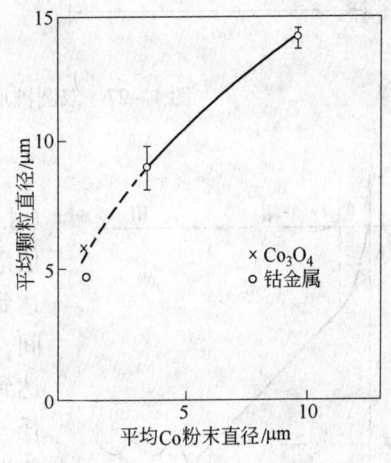

　　图 4 – 25　扩散温度对 RD 粉末尺寸的影响　　　图 4 – 26　RD 法 $SmCo_5$ 粉末粒子与

　　　　　　　　　　　　　　　　　　　　　　　Co 粉末粒子尺寸的关系

　　配料计算一般根据化学反应平衡式来进行，并按下式计算某一组分的配入量：

　　　　某一组分配入量 =（配料总量 × 质量百分数）/（纯度 × 收率）

　　收率根据实验来确定，并在生产过程中进行调整。钙的收率较低，其添加量相当于理论值的 1.4 ~ 1.5 倍。

　　例如，$Nd_{16.5}Fe_{76}B_{7.5}$ 合金中各组分的质量百分数为：Nd 35.49%，Fe 63.36%，B 1.21%，假定各组分的收率后，可按上式计算配制 100kg 合金的原材料配入量：

$$m(Nd_2O_3 \text{ 粉}) = [(100 \times 0.3549)/(0.995 \times 0.95)] \times (168.24/144.24) = 43.79kg$$

$$m(20B - Fe \text{ 粉}) = [(100 \times 0.0121)/(0.98 \times 0.95)] \times (1/0.2) = 6.50kg$$

$$m(\text{铁粉}) = 63.36 - 6.50 \times 0.8 = 58.10kg$$

$$m(\text{钙粒}) = [(43.79/0.98) \times (3 \times 40.08)/(2 \times 168.24)] \times 1.5 = 23.95kg$$

4.5.3　混料

混料是使各组分得以均匀分布的混合操作过程，目的是为还原扩散反应创造良好的条件。把称量好的各种原料装入图4-27所示的双圆锥形或V形混合机中，物料在外力作用（容器旋转）下产生对流以及局部扩散和剪切运动达到混合。

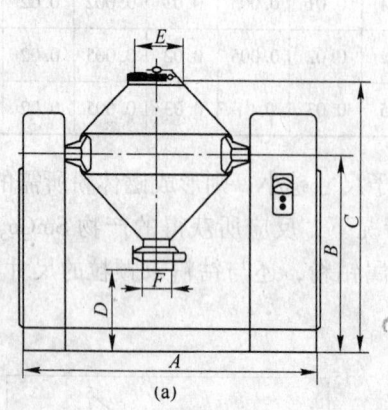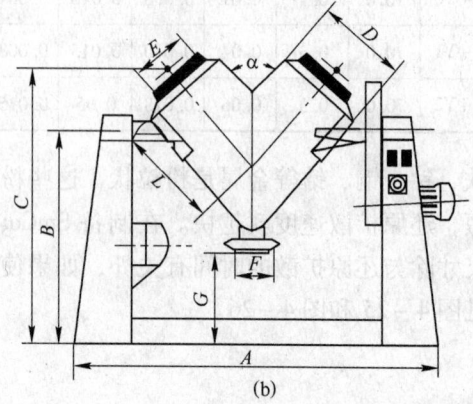

图4-27　双圆锥形（a）和V形（b）混合机示意图

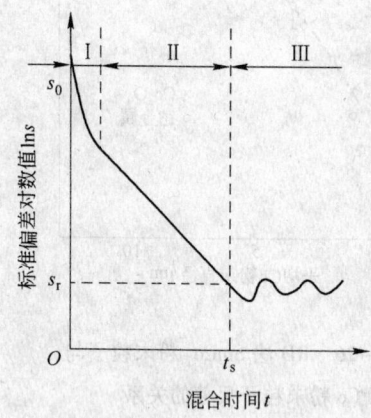

图4-28　混合过程曲线

混合过程一般如图4-28曲线所示，混合初期（Ⅰ）为标准偏差lns值沿曲线下降部分，然后进入lns值沿直线减少的阶段（Ⅱ），在某一有效时间 t_s 处 s 值达到最小值 s_r。在此之后（Ⅲ），尽管再增加混合时间，s 值也只是以 s_r 为中心作微弱的增加或减少。这时达到动态平衡，物料中颗粒呈无序的不规则排列，在任一时刻任一点的随机取样中，同种成分的浓度值均接近一致。这种状态称为随机完全混合状态。在整个混合过程中，初期是以对流混合为主，显然这一阶段的混合速度较大；在第二区域中，则以扩散混合为主；在全部混合过程中剪切混合都起着作用。

物料颗粒的粒度、密度、形状、粗糙度、休止角等物理性质的差异将会引起分料。其中以混合料的粒度和密度差影响较大，在物料堆积、运输甚至混合过程中都会引起粗细颗粒或密度大小不一的颗粒离析分层。从混合作用来看，对流混合不利于分料，而扩散混合则有利于分料。因此，对于具有较大分料倾向的物料，应选用以对流混合为主的混合机。除了控制各组分物料的平均粒度在工艺要求的规定范围内，还应使密度相近的物料粒度相近；而对密度差较大的物料，则使其颗粒的质量相近，以避免各组分物料的分料。此外，在运输中应尽量减小振动和落差，缩短输送距离。配合料的贮存也应力求避免分料。

实验表明，回转容器型混合机的最佳转速 n（r/min）与容器最大回转半径及混合料的平均粒径有关，一般有如下关系：

$$n = \sqrt{cg} \cdot \sqrt{\frac{d}{R}}$$

式中 c——实验常数，对于水平圆筒混合机，一般取 $c = 1500$（$1/m$）；对于 V 形、二重
　　　　圆锥形和正立方体形混合机，一般取 $c = 600 \sim 700$（$1/m$）；

　　　g——重力加速度，m/s^2；

　　　d——混合料平均粒径，m；

　　　R——容器最大回转半径，m。

物料在容器中应尽可能得到较剧烈的流动，物料装满容器是不利于混合的。实验表明，对于水平圆筒混合机，装料比（即装料体积与容器容积之比）Q/V 为 30% 时，混合速度系数 φ 有一个极大值（约 $2.851/m$）；对于 V 形和正立方体形混合机，Q/V 可以达到 50%；一些固定容器式混合机，Q/V 可以达到 60%。

分析物料在混合机中的对流流动情况，可以推算物料进行循环流动一次的时间，进而确定最佳混合时间。水平圆筒混合机依靠重力的径向混合是主要的，轴向混合是次要的，采用长径比 $L/D < 1$ 的混合机较有利于混合。若确定其循环对流的流量为 $q(m^3/s)$，当装料量为 $Q(m^3)$ 时，物料循环流动一次的周期为 $T = Q/q$。试验表明，虽然 Q/V 和 n 值有所改变，但在达到较好的混合均匀度时的时间 t 与 T 有一定关系：$t \approx 20T$。对于某一台混合机，T 值算出后，混合时间 t 就可以确定。实践中，也可以利用过混合现象，根据图 4 - 28 对混合时间进行优选，以控制混合的时间来保证混合质量。

混合稀土永磁合金还原扩散炉料时，考虑钙在空气中会发生氧化，最好在保护气氛下混合，或者在混料后期加钙。为便于装料和防止分料，应将混合均匀的炉料压成块状。

4.5.4 还原扩散处理

还原扩散在真空感应炉或电阻炉内进行。在真空感应炉内还原的操作可参照真空感应熔炼法，但还原温度和还原时间与熔炼工艺不同。在电阻炉内还原时，将混合料装入不锈钢容器中，对容器抽真空充氩气后升温还原。

国内制取 $SmCo_5$ 合金采用的典型工艺是 850℃ 保温 2h，1100℃ 保温 3h，1160℃ 保温 2h。X 射线分析表明，850℃ 保温 2h 后，还存在 Sm_2O_3、Co 和 Sm 的衍射峰，还原尚未完全；1100℃ 保温 3h 后，仅有 $SmCo_5$ 相和少量的 Sm_2Co_{17} 相，还原扩散已经完成。

Sm_2Co_{17} 性能比 $SmCo_5$ 好，但用上述工艺不能制得高矫顽力的磁体。用铁或铜部分取代钴，再添加少量的锆、钒、钛等过渡金属，可以获得磁能积 $240kJ/m^3$ 和矫顽力 $2MA/m$ 的磁体。Sm_2Co_{17} 还原扩散处理采用：850℃ 保温 1h，1100℃ 保温 3h，1160℃ 保温 2h。用这一工艺制备的 $Sm(Co，Cu，Fe，Zr)_{7.4}$ 永磁体由主相 2∶17 相和少量的 1∶5 相组成，如果还原扩散工艺是 850℃ 保温 1h，1180℃ 保温 5h，则合金仅有 2∶17 相，而不存在 1∶5 相。实验结果表明，温度越高，还原扩散进行得就越快。

NdFeB 还原扩散温度为 1200℃（真空），保温 4h。制得的 $Nd_{15}Fe_{77}B_8$ 永磁合金含有低共晶的富钕相，其钕含量大于 70%。富钕相的存在对于获得高矫顽力是十分重要的，但它的抗腐蚀能力很差，所以在制取过程中必须注意其腐蚀问题。赫杰特等人用 RD 法制取的 NdFeB 磁体性能列于表 4 - 13。

表 4 – 13　RD 法制取的 NdFeB 磁体性能

合 金	密度 /g·cm⁻³	J_S/T	B_r/T	H_{cj} /kA·m⁻¹	H_{cb} /kA·m⁻¹	H_K /kA·m⁻¹	$(BH)_m$ /kJ·m⁻³
NdFeB	7.47	1.105	1.08	318.4	310.4	262.6	167.1
NdFeBAla	7.40	1.115	1.085	859.6	692.5	579	210.9
NdFeBAlb	7.37	1.185	1.15	811.9	684.5	541.3	237.2
NdDyFeB	7.48	1.220	1.10	708.4	652.7	605	222.8
NdFeCoB	7.48	1.140	1.10	350.2	342.3	310.4	191.0
NdFeCoBAl	7.44	1.040	1.10	589.1	533.3	469.6	183.0
NdDyFeCoB	7.51	1.060	1.04	676.5	620.8	579	199.0

4.5.5　去除氧化钙和钙

由以上工艺可知，还原扩散反应在合金的熔点附近（NdFeB）或低于熔点（Sm – Co）的温度下进行，还原扩散产物未形成熔体，永磁合金与 CaO 和残余的 Ca 呈粉粒状熔接在一起。去除产物中 CaO 和 Ca 可用水磨法和化学法，用两种方法制取 $Sm(Co,Cu,Fe,Zr)_{7.4}$ 合金的磁粉粒度、含氧量与磁体性能见表 4 – 14。

表 4 – 14　水磨法和化学法除钙与磁性能的关系

分离方法	平均质点尺寸/μm	氧含量/%	钙含量/%	H_{cj}/kA·m⁻¹
水磨法	4.5	0.33	0.05	>302.4
化学法	8.9	0.20	0.17	87.5

生产中一般采用水磨法除钙。还原扩散产物经过一定时间冷却后出炉，将其压碎放在球磨罐中，以水作介质进行磨粉，借助水清除 CaO 和 Ca，其反应式如下：

$$CaO + H_2O \longrightarrow Ca(OH)_2 \downarrow - \Delta H$$

$$Ca + 2H_2O \longrightarrow Ca(OH)_2 \downarrow + H_2 \uparrow - \Delta H$$

经水磨后钙含量可降至 0.5% 以下，若用弱的醋酸洗涤，可以进一步使钙含量降至 0.1%，反应为：

$$Ca(OH)_2 + 2HAc \longrightarrow Ca(Ac)_2 + 2H_2O$$

洗涤后的粉料在低于 50℃ 下干燥，粒度达 500μm，再经细磨作业制取磁粉。细磨及其以后的作业过程与熔炼法（粉末冶金法）相同。

还原扩散法用稀土氧化物作原料，氧化钙产物难于去除。目前已研究用稀土氯化物作原料的 RD 工艺，此法不仅原料价格低，而且还原扩散温度也低。可以制得含氧、钙分别为 0.2% 和 0.1%，产率为 98% 的 NdFeB 产品。

本 章 小 结

（1）真空感应熔炼是一种成熟的、典型的熔炼合金的工业方法，应用十分广泛。认知真空感应炉设备组成、工作原理、熔化特点、真空冶金特点后，基本上就可用其熔炼各种合金了。

（2）真空感应熔炼稀土永磁合金，要求合金的成分准确并获得成分均匀和具有良好柱状晶的铸锭。对于原材料的选择、处理、配料都有具体、明确的规定；坩埚的制备、装料、熔化、精炼、浇注等熔炼操作需按照操作规程实施。

（3）获得优良的铸锭组织，是制备高性能烧结磁体的关键技术之一。要求稀土永磁合金的柱状晶生长良好，尺寸细小，液相成分沿晶界均匀分布，不得有其他非磁性相，需凭借其结晶过程机制、晶体生长特征及凝固方式等理论来确定铸锭组织的控制方法。

（4）熔体快淬法和速凝法是原理相同的两种铸造工艺。熔体快淬法用于制备黏结、热压、热塑性变形磁体原料。目前采用真空感应熔炼、速凝铸造鳞片和气流磨制粉已成为我国制备钕铁硼烧结磁体的主流工艺。速凝法抑制了 α – Fe 的析出，磁体可获得更好的磁性能。

（5）真空热还原扩散法简化了金属和合金制备工艺，原料价格低；但还原扩散过程周期长，混料、还原扩散和水磨除钙三个环节影响质量的因素较多，磁体性能还有待提高。

复习思考题

4 – 1　稀土永磁合金熔炼和铸锭主要有哪几种方法，各有何特征？

4 – 2　真空感应电炉由哪几部分组成，电源输入系统和真空系统的选择主要考虑哪些问题？

4 – 3　简述感应电炉的工作原理。感应电流如何分布，坩埚内温度如何分布和如何布料？

4 – 4　真空充氩气条件下熔炼合金有何特点，对氮、碳等元素有无去除作用？

4 – 5　真空感应熔炼稀土永磁合金如何保证其成分准确？

4 – 6　现熔炼 $Nd_{18}Fe_{76}B_6$ 合金，试选择原材料并进行配料计算。

4 – 7　简述预制坩埚的准备过程。

4 – 8　简述真空感应电炉熔炼稀土永磁合金的工艺操作步骤。

4 – 9　NdFeB 合金的凝固区域有何特点，如何才能有效地细化晶粒尺寸？

4 – 10　熔体快淬法制备的磁粉可用以制备哪几种磁体，用最佳淬速制备的合金晶粒尺寸如何？

4 – 11　速凝工艺制备的鳞片铸锭有何特点，对磁体的磁性能有何影响？

4 – 12　写出还原扩散法制备稀土永磁合金的基本反应，计算 $Nd_{18}Fe_{76}B_6$ 合金的原材料配入量。

4 – 13　混料过程分几个阶段，如何控制混合时间？

4 – 14　简述真空电阻炉还原扩散处理稀土永磁合金的操作过程及要点。

 **稀土永磁合金制粉原理与技术**

教学目标

  认知稀土永磁粉末的细度特征及要求；根据机械球磨法和气流磨法制粉原理，能够操作相关设备制备出合格磁粉；根据 HD 法和 HDDR 法的物理化学原理，会调整工艺参数，能够操作设备完成制粉任务。了解双合金法和机械合金化法制粉工艺。

  稀土永磁合金制粉的目的是将大块合金铸锭破碎至一定尺寸的粉末体。制粉主要采用机械法，即使用各种粉碎机械将合金铸锭逐级粉碎成粉末体，粉碎过程不改变材料的化学成分，如机械球磨法和气流磨法、雾化沉积法等。另一类制粉方法属于物理化学法，如氢碎法（HD 法）、氢化 – 歧化 – 脱氢 – 重组工艺（HDDR 法）、机械合金化法等，是以还原和离解等化学反应为基础的。目前，烧结和黏结 Sm – Co 系磁体采用机械球磨法制粉。烧结 NdFeB 磁体较流行的制粉工艺是用 HD 法粉碎合金铸锭，再用气流磨磨粉。黏结 NdFeB 磁粉用得最多的制备工艺是熔体快淬法和 HDDR 法。

5.1 稀土永磁粉末的细度特征及要求

5.1.1 粉末体性能概述

  通常把固态物质按分散程度不同分为致密体、粉末体和胶体三类，即大小在 1mm 以上的称为致密体或常说的固体，0.1μm 以下的称为胶体微粒，而介于两者之间的称为粉末体。粉末体简称粉体或粉末，是由大量的粉末颗粒及颗粒间的空隙所构成的集合体。粉末体内颗粒之间有许多小孔隙而且联结面很少，面上的原子间不能形成强的键力。因此粉末体不像致密体那样具有固定形状，而表现出与液体相似的流动性。但由于相对移动时有摩擦，故粉末的流动性又是有限的。

  在粉末冶金工艺的压制成型和烧结等主要工序中，合金粉末的行为取决于粉末的性能，而粉末的性能又由粉末的制备方法所决定。粉末性能包括粉末的结构、化学成分、物理性能和工艺性能。

  粉末的结构包括外部结构和内部结构。外部结构指颗粒的形状和表面状态，对颗粒群的许多性质都有影响，例如流动性、填充性、磁性、比表面积和化学活性等。内部结构指颗粒的晶体形貌和晶内孔隙、裂隙、夹杂等缺陷。内部结构中的夹杂主要影响粉末质量和化学成分。颗粒的外部和内部缺陷，降低粉末的有效密度，引起烧结体磁性下降和强度改变。

  颗粒形状是指粉末颗粒的几何形状，可将粉末试样均匀分布在玻璃试片上，用放大镜或各式显微镜进行观察，也可以用图像分析仪进行分析。颗粒形状可以笼统地划分为规则形状和不规则形状两大类。规则形状的颗粒外形可近似地用某种几何形状的名称描述，它们与粉末生产方法密切相关。表5-1列出了颗粒形状和生产方法之间的关系。粉末颗粒外形如图5-1所示。

表5-1 粉末颗粒形状与生产方法的关系

颗粒形状	粉末生产方法	颗粒形状	粉末生产方法
球　形	气相沉积，液相沉积	树枝状	水溶液电解
近球形	气体雾化，置换（溶液）	多孔海绵状	金属氧化物还原
片　状	塑性金属机械研磨	碟　状	金属旋涡研磨
多角形	机械粉碎	不规则形	水雾化、机械粉碎、化学沉积

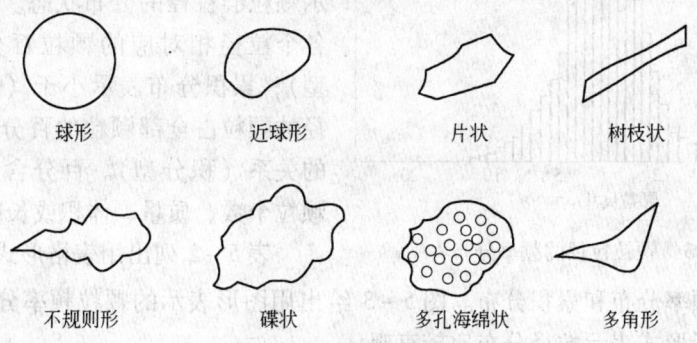

图5-1 粉末颗粒形状

粉末的化学成分主要以合金组元的含量以及夹杂或杂质的含量表示。粉末中夹杂和杂质的含量，主要取决于熔炼合金时原材料的纯度和熔炼操作技术，另外与合金制粉过程和储存时的氧化有关。粉末中的气体（如保护气体）会增加粉末的脆性，而使压制困难；加热时气体析出会影响压坯烧结时的正常收缩过程。

粉末的物理性能包括：粉末的粒度、粒度分布、比表面积、真密度、显微硬度、电特性和磁特性等。

对于微米量级粉末，尤其是 NdFeB 磁粉，由于粉末颗粒之间的范德华力、London 力和磁力的相互作用，使粉末团聚成二次粉末颗粒，即若干个粉末颗粒在这些力的相互作用下团聚在一起的小颗粒集团。图5-2描绘了若干一次颗粒聚集成二次颗粒的情况。在 NdFeB 磁粉中，由于有二次颗粒的存在，使粉末流动性变差，给粉末颗粒磁场取向增加了困难。

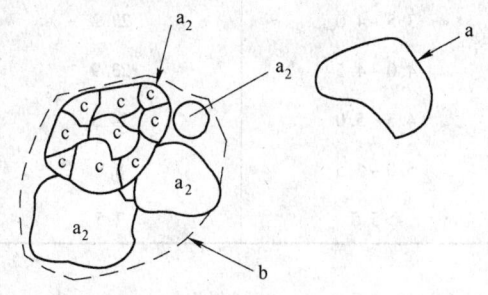

图5-2 二次聚集颗粒示意图
a—单颗粒；a_2——一次颗粒；b—二次颗粒；c—晶粒

粉末的工艺性能用粉末的松装密度、粉末的流动性和粉末的压制性来表示。粉末的这3个工艺特性是粉末其他所有性能的综合函数。

5.1.2　粉体的粒度分布

粉体系由大量的单颗粒所组成的多颗粒系统，一般将其颗粒的平均大小称为粒度。而粒径是指单个颗粒在空间范围指定方向所占据的线性尺寸。球形颗粒的直径就是粒径，非球形颗粒的粒径常用与其体积相等或投影面积相等的球体直径表示，称为当量球直径或相当径。不同的当量球直径与颗粒的各种物理现象相对应。习惯上可将粒度和粒径两词通用。

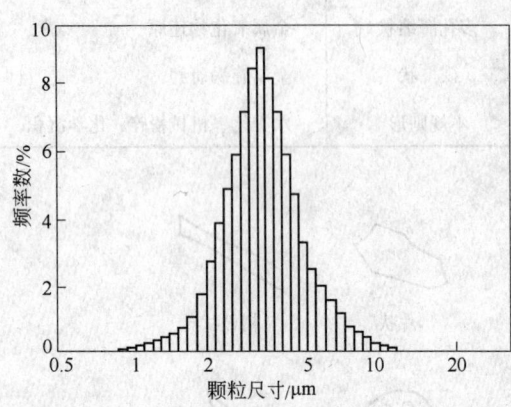

图 5 - 3　颗粒粒径的频率分布

所谓粒度分布是指粉体中不同粒径区间的颗粒含量。了解和控制粉体的粒度分布在实际粉体应用中具有重要意义。在粒度分析中，常用表格、图形或函数形式表示颗粒群粒径的分布状态。频率分布表示各个粒径相对应的颗粒百分含量（微分型）；累积分布表示小于（或大于）某粒径的颗粒占全部颗粒的百分含量与该粒径的关系（积分型）。百分含量的基准可用颗粒个数、质量、体积或长度等为基准。

表 5 - 2 列出用表格形式表示的以质量为基准的颗粒频率分布和累积分布。图 5 - 3 给出用图形表示的颗粒频率分布，也以质量为基准。用图形形式表示粒径分布比较直观。

表 5 - 2　颗粒的频率分布和累积分布

粒径/μm	频率分布/%	累积分布/%	
		大于该粒径范围	小于该粒径范围
<3.0	6.5	100.0	6.5
3.0 ~ 3.5	15.8	93.5	22.3
3.5 ~ 4.0	23.2	77.7	45.5
4.0 ~ 4.5	23.9	54.5	69.4
4.5 ~ 5.0	14.3	30.6	83.7
5.0 ~ 5.5	8.8	16.3	92.5
>5.5	7.5	7.5	100.0

5.1.3　颗粒粒度的测量

颗粒粒度的测量是一门高科技含量的学问，已经发展了多种粒度测量方法。表 5 - 3 列出测量颗粒粒度的主要方法，其中包括筛分法、沉降法、激光法、小孔通过法等。粒度测量方法的选择首先要考虑粉体的粒度范围在粒度仪的测量范围内，否则就得不到正确的结果；其次要根据粉体的性质和实际测量结果而定。

表 5-3 粒度测量的分类方法

方法分类	测 量 装 置	测量结果
筛分法	电磁振动式、音波振动式	粒度分布的直方图
沉降法	比重计、比重天平、沉降天平、光透过式、X 射线透过式	粒度分布
激光法	激光粒度仪、光子相干粒度仪	粒度分布
小孔通过法	库尔特粒度仪	粒度分布、个数计量
图像分析法	放大投影器，图像分析仪	粒度分布，形状参数
流体透过法	气体透过粒度仪	表面积、平均粒度
吸附法	BET 吸附仪	表面积、平均粒度

在传统的粒度测量方法中，以筛分法最为常见，因此表达粒度常以"目"为单位。所谓"目"，是指 $1m^2$ 上筛孔的数目。目数越大，表明筛孔越小，能通过筛孔的最大颗粒就越小。常以物料通过不同目数筛网的质量分数作为其粒度分布。现在国外已可制备2500 目，筛孔尺寸小于 $5\mu m$ 的筛网，但因使用的筛数有限，测量结果的精度不高，目前筛分法仅限于测量大颗粒的粒度分布。但是，应当指出，筛分仍然是一种分级的有效手段，应用也很普遍。

将光透过原理与沉降法相结合，可制成一大类粒度仪，称为光透过沉降粒度仪。当光束通过盛有粉体悬浮液的测量池时，一部分光被反射或吸收，仅有一部分光到达光电传感器，后者将光强转变成电信号。由于透过光强与悬浮液的浓度或颗粒的投影面积有关，以及颗粒在力场中沉降，可用斯托克斯定律计算其粒径的大小，从而得到累积粒度分布。按力场不同，这类仪器可分为重力场和离心力场两类，二者均可以采用可见光，也可以采用 X 光。重力场光透过沉降法的测量范围为 $0.1\sim1000\mu m$，离心力光透过沉降法的测量范围为 $0.007\sim30\mu m$。这类仪器配备图像传感器后，将沉降过程可视化，可明显节省测量时间，如测量时间缩短至 5min 左右。光透过沉降粒度仪分辨率高，测量范围宽，操作简单可靠，广泛地用于科研和工厂质量控制。

激光法是近 20 年来发展的颗粒粒度测量新方法。激光法也需将粉体均匀地悬浮于液体中（一般用水），采用同心多元光电探测器测量不同散射角下的散射光强度，然后根据米氏散射理论或夫朗和费衍射理论计算出粒度分布。激光粒度仪的测量范围一般为 $0.5\sim1000\mu m$，其优点是适合在线测量，特别适合对雾滴粒度分布的测量。一般而言，激光法的分辨率不如沉降法。

如果要测颗粒个数，可选用库尔特粒度仪。该粒度仪可测量悬浮液中颗粒的大小和个数。当悬浮于电解质中的颗粒通过小孔时，可引起电导率的变化，其变化峰值与颗粒的大小有关。此法主要用于需要对颗粒计数的场合，适合粒度范围窄的样品。其测量粒度的下限为 $0.3\mu m$。

如果要测颗粒的形状，可选用图像分析仪。常见的图像分析仪由光学显微镜、图像板、摄像机和计算机组成，测量范围为 $1\sim100\mu m$。有的电子显微镜配有图像分析系统，其测量范围为 $0.001\sim10\mu m$。图像分析法既是测量形状的方法，也是测量粒度的方法。颗粒的图像经过分析仪处理后，可逐个测量其面积、周长及各种形状参数。由面积、周长可得到相应的粒径，进而可得到粒度分布。该法的优点是具有可视性，可信程度高。但由于测量的颗粒数目有限，特别是在粒度分布很宽的场合，其应用受到一定限制。

表 5 – 3 所列其他粒度测量仪器一般不适合细颗粒的测量，而且因其测量耗时太多，或因测量结果不准确，已被逐渐淘汰。实践和理论都证明，用不同工作原理的仪器，甚至同一原理的仪器测量同一样品，得出的结果往往是不同的。按照一般的测量常识，诸多不同结果中，至多只有一个是正确的，然而在粒度测量中，却有可能所有结果都正确。原因在于粉体样品是由成万上亿个颗粒组成的，这些颗粒大小不同、形状各异，对其测量自然也就是抽象、复杂的。因此到目前为止，尽管世界上已经有了各种各样的粒度测量仪器，但并没有形成完整的国际标准，我国的国家标准还是空白。

5.1.4　对稀土永磁合金磁性粉末的要求

制备烧结磁体必须先将合金铸锭粉碎成粉末，粉末的性能直接影响磁体的取向成型、烧结质量和最终产品的磁性能。只有制得较理想的粉末，才能获得合格的磁体。因此，对稀土永磁合金磁粉有如下要求：

（1）磁粉的粒度应能使烧结后磁体的矫顽力和密度达到良好的配合。磁粉颗粒的内禀矫顽力随粒度细化而增加，在某一粒度时达到最佳值。若粒度再细化，则会使内禀矫顽力有较大降低，这种现象称为过磨。实践证明，稀土永磁粉末粒度为 3 ~ 5μm 时，可获得较高矫顽力，同时磁体密度达到最大值。

（2）由于磁粉颗粒过大和过小均对磁性能不利，故要求粒度分布要窄，即要求 3 ~ 5μm 颗粒占 80% ~ 90%，不要有小于 1μm 和大于 10μm 的颗粒存在。

（3）要保证所有的磁粉颗粒都是单晶体。单晶粉末在磁场取向时可获得高的取向度，从而提高磁体的剩磁值和磁能积。

（4）磁粉颗粒呈球状或近似球状，表面光滑且晶体缺陷尽可能少。颗粒表面光滑可有效降低磁体的烧结温度。

（5）磁粉颗粒表面吸附的杂质和气体要尽可能少，尤其是氧含量应低于 1500×10^{-6}。

5.2　机械球磨制粉

5.2.1　机械法制粉原理

机械法制粉以颗粒集团单个颗粒体的破碎为基础。由 Griffith 强度理论可知，脆性材料受外力作用达到某一极限时产生裂纹，然后裂纹逐级扩展，直至颗粒碎裂。这一过程必须满足力和能量两个条件。作为力的条件而言，在裂纹尖端产生的局部拉应力必须大于尖端分子之间的结合力，这一拉应力通常比材料的实际抗拉强度大 2 ~ 3 个数量级。为了克服裂纹尖端分子之间的结合力，裂纹长度至少应有数微米。就能量条件而言，破碎时的能量消耗于两个方面：一是裂纹扩展时产生新表面所需的表面能；二是因弹性变形而贮存于固体中的弹性能。显然，如果载荷所施加的能量，或材料因断裂或产生裂纹所释放的弹性能足以满足产生新表面所需的表面能，则多余的输入能将转化为动能促使裂纹扩展。

脆性材料颗粒的破坏过程是体积粉碎和表面粉碎两种不同破坏形式的组合。如图 5 – 4 所示，体积粉碎使整个颗粒都受到破坏；而表面粉碎仅在颗粒的表面产生破坏，从颗粒表面不断削下微粉成分。由此粉碎产物的粒度分布具有双成分性，即整个粒度分布包含粗粒（过渡成分）和微粒（稳定成分）两部分的分布。体积粉碎构成过渡成分，它取决于破碎机的结构；表面粉碎构成稳定成分，它取决于材料的物性。通常又将体积粉碎看作冲击粉碎，表面粉碎看作摩擦粉碎。但需指出，体积粉碎未必就是冲击粉碎，因为冲击力小时冲击粉碎主要表现为表面粉碎；而摩擦粉碎中往往还伴随压缩作用，压缩作用却为体积粉碎。例如，随着球磨机研磨体重量的增加，或球磨机转速的提高，将呈现材料颗粒由表面粉碎移向体积粉碎的倾向。又如，球磨机、振动磨、气流磨的粉碎模型顺序近乎由体积粉碎至表面粉碎。一般粗破碎采用冲击力和压缩力，微粉碎采用剪切力和摩擦力。

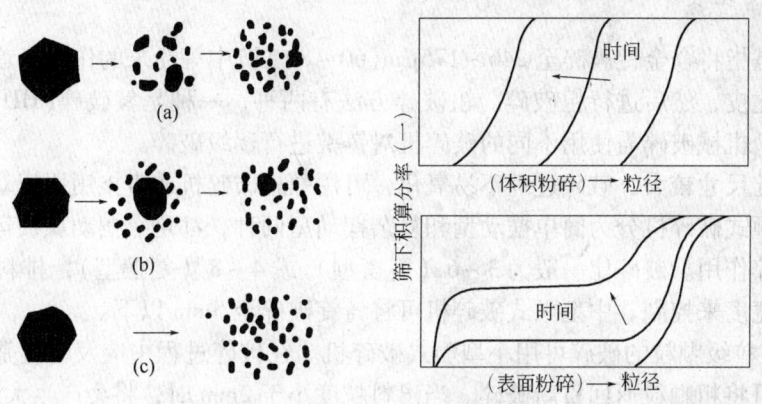

图 5 - 4　体积粉碎、表面粉碎及粒度分布经时变化模型
(a) 体积粉碎模型；(b) 表面粉碎模型；(c) 同时粉碎模型

　　粉碎效率与材料物性及粉碎施力等诸多因素有关。材料物性的影响主要是指材料的强度和硬度对粉碎效率的影响，通常用易碎性（易磨性）这一综合指标进行评价。施力条件对粉碎效率的影响较为复杂，作为操作条件进行控制是困难的，但对于微粒粉碎应考虑以下因素：

　　(1) 实验表明，粗颗粒受负荷作用发生破裂，而细颗粒仅有塑性变形，对稀土永磁合金粉末而言，$1 \sim 2 \mu m$ 为过渡至完全变形的界限。这一现象的出现是由于粒度减小，颗粒上的裂纹长度变短以至消失所致。因此，在一定的粒度下，反复的机械应力作用不会导致破碎，而仅仅产生变形。

　　(2) 颗粒在外力作用下的裂纹扩展直至破坏，是随时间而扩大的过程。对材料的加荷速度增大时，材料的变形阻抗增大，其破坏应力（强度）也增大。实验表明，加荷速度在 $10^{7} \sim 10^{9} N/s$ 范围内时，加荷周期与颗粒碎裂的固有周期相近，所需的破碎能显著下降，即可显著地提高粉碎效率。

　　(3) 对于气流磨、冲击粉碎机等靠碎料粒子加速碰撞而进行的粉碎，正如增大加荷速度的作用一样，存在有粉碎效率极大的碰撞速度。但随着粒径减小，所需碰撞速度显著增大 $(40 \sim 70 m/s)$。而采用粉碎介质对碎料粒子进行碰撞粉碎的方法更为合理，由于粉碎介质所具有的运动能被 100% 地变换为粒子破碎能，所需的介质碰撞速度将大大减小 $(10 cm/s$ 左右$)$。实际上还必须增加粉碎介质和碎料粒子单位时间的碰撞概率。

　　(4) 许多实验都表明粉碎是效率极低的操作，其有效能量的利用率大约仅占 0.6% ~ 0.3%。这是因为用于粉碎的能量中，约有 95% ~99% 以上转化为热而逸散。发热的原因是由于施加于粉体的力在粉体层中分散，而未能完全传递到各个颗粒上，因而达不到强度极限，只是作为固体应力而被储藏起来，一旦恢复原状时便作为热而散发。同时，颗粒间的接触摩擦还产生摩擦热，以及还有机械力化学的消耗。

5.2.2　机械法制粉过程

机械法制粉包括粗破碎和磨粉两个过程，机械球磨制粉还涉及粉末的干燥操作。

5.2.2.1　粗破碎

粗破碎是指将合金锭破碎至 $246 \sim 175 \mu m$（$60 \sim 80$ 目）中等粉末的作业。首先应清除铸锭表面的氧化皮，然后进行粗破碎。粗破碎方法有两种，一种是氢破碎（HD 法），另一种是机械破碎。机械破碎需使用不同的破碎机对铸锭进行逐级破碎。

合金铸锭尺寸较大，破碎过程不易氧化，可用颚式破碎机或直接用压床对铸锭反复加压而破碎。颚式破碎机分为简单摆动型和复杂摆动型两种，都是靠摆动颚板运动对铸锭施力而起到压碎作用。破碎比一般为 $3 \sim 6$（简摆型）或 $4 \sim 8$（复摆型），排料粒度可通过调整排料口宽度来控制。中型颚式破碎机可将铸锭破碎至 5mm 以下。

$5 \sim 2mm$ 粒级颗粒的破碎可用小型颚式破碎机。在破碎过程中应及时过筛分级，以防止过粉碎并可将粗颗粒返回重新破碎。当出料粒度小于 2mm 时，将会产生大量微细颗粒，为防止这部分微细颗粒氧化，可在颚式破碎机中局部充入氮气加以保护。有的工厂将两个封闭式颚式破碎机串联起来，在高纯氮气（N_2 含量不低于 99.99%）保护下破碎，并将排出的颗粒（$1 \sim 3mm$）在纯氮气保护下送入球磨机。

把 2mm 粒级的颗粒粉碎到 $246 \sim 175 \mu m$，常用锤击式粉碎机、球磨机等，也有用棒磨机或振动磨的。从减少噪声和减轻部件损坏的角度考虑，宜使用球磨机。由于这一级制粉的出料粒度已经很小，因此，必须采用液体介质保护，以防止氧化。

5.2.2.2　磨粉

磨粉是将 $246 \sim 175 \mu m$（$60 \sim 80$ 目）的中等粉末研磨至 $3 \sim 4 \mu m$ 粉末的最终粉碎作业。一般采用球磨制粉或气流磨制粉两种方法。球磨制粉有滚动球磨、振动球磨和高能球磨等。振动球磨比滚动球磨效率高，磨粉时间可缩短，但制得的粉末颗粒形状不规则，不利于磁场取向，故不适合于稀土永磁合金磨粉作业。高能球磨主要指搅动球磨，这是目前效率最高的一种球磨方式，但制得的粉末颗粒尺寸过于离散，而且需实现闭路粉碎才能适合于大规模生产。目前生产规模较小的厂家用滚动球磨和搅动球磨，多数 NdFeB 生产厂采用气流磨磨粉。

5.2.2.3　粉末的干燥

由于机械球磨制粉采用有机溶剂液体介质保护，压型前须使粉末和液体介质分离，这种操作称为干燥。有机溶剂残留在粉末中，在烧结过程中会危及真空炉扩散泵的使用寿命，而且会使烧结磁体中残留碳增加而降低磁性能。因此，在干燥时一定要使有机溶剂挥发干净，一般要求其残留量低于 500×10^{-6}。干燥的方法有自然风干、真空干燥、喷雾干燥、搅拌加热干燥等。

自然风干是将抽滤掉液体介质后的粉末置于通风柜中，让介质自然挥发干净的处理方法。Sm－Co 型磁粉可用该法处理，NdFeB 磁粉用该法处理则氧化严重，不仅使磁体性能下降，还有自燃爆炸的危险。

真空干燥是将浆料置于真空容器中干燥，大大减轻了粉末的氧化。但该法对设备的密封性要求很高，而挥发的有机介质又极易使真空泵油变质，增加了成本。

喷雾干燥是用高压惰性气体（氩气）带动浆料呈雾状喷入容器，粉料靠自重落下，与逆流而上的被加热保护气体形成对流，从而使粉末得到干燥。有机介质通过冷凝设备可以回收。

搅拌加热干燥是将浆料置于夹套加热（夹套中通入过热蒸汽或热油）的搅拌容器内，经搅拌和加热而干燥。搅拌容器内通入惰性气体以带走有机介质，并通过冷凝装置加以回收。这是目前较好的一种干燥方法。

干燥操作时应尽量缩短粉末在空气中的停留时间。粉末吸氧量与环境温度及湿度有直接关系，一般合金锭含氧量为 $200 \times 10^{-6} \sim 400 \times 10^{-6}$，磨粉后增至 700×10^{-6} 左右。如果在室温 20℃，相对湿度为 50% 的空气中存放 48h，含氧量会增加到 960×10^{-6}，而在室温 30℃、相对湿度 100% 的空气中存放 48h，含氧量则会增加到 12600×10^{-6}。因此，干燥后的粉末如不及时使用，应在真空柜内存放，且放置时间也不宜过长。

5.2.3　滚动球磨制粉技术

小型滚动球磨机是水平放置在两组托辊式支承装置上低速回转的筒体，它依靠电机经减速器驱动托辊旋转，从而带动筒体以一定转速回转。筒体用不锈钢制成，内装大小相匹配的轴承钢球作为研钢球质，以 120 号汽油、石油醚等作为保护介质。批次粉碎时，先将粗破碎后的中等粉末装入筒体，并补充保护介质至装满磨筒。然后盖紧筒盖，筒盖与筒体之间用橡胶垫密封。安装好磨筒后，启动电机驱动筒体回转进行球磨。球磨到一定时间后，停机排料，至此完成一个批次的球磨。

就滚动球磨机而言，磨机筒体的回转速度对于磨粉的作用有很大影响。当用不同的转速转动同一条件的磨机时，钢球和物料会出现如图 5－5 所示的三种运动状态。图 5－5a 是磨筒转速较低时，筒壁对钢球的提升摩擦力不足以将钢球带到一定的高度，钢球达到自然堆积角时即沿斜坡泻落下来，物料在钢球间主要受到磨剥作用，钢球的冲击动能很小，故粉碎效率不高。图 5－5b 是当磨筒转速升高时，钢球靠筒壁的摩擦提升力带到比较适中的高度，然后靠重力抛落下来，物料受到钢球的冲击作用，同时由于钢球剧烈地翻滚和滑动，使物料受到研磨、摩擦、剪切等作用，故这种状态的粉碎效率最高。图 5－5c 是磨筒转速太高所形成的，当钢球受到的离心惯性力大于其重力时，将贴随在筒壁上并与之一道作等速圆周运动，此时粉碎作用几乎停止。由钢球的离心惯性力与重力相平衡的条件，可得出产生圆周运动的临界转速为

$$n_c = 42.4/D^{1/2}$$

式中　n_c——临界转速，r/min；

D——磨筒直径，m。

为提高滚动球磨的效率，磨筒的转速一般应控制在 $(0.6 \sim 0.8)n_c$ 之间，使其处于抛落运动状态。

以上 3 种运动状态仅是抽象出来的理想状态。实际上，在同一工艺条件下操作的磨机

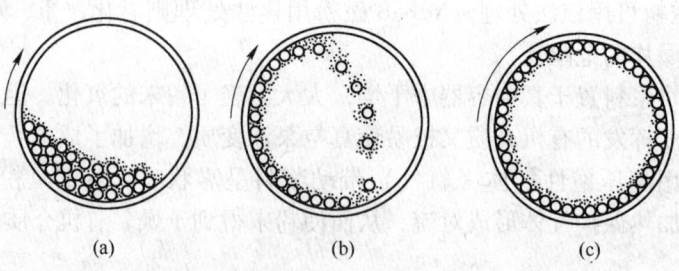

图 5 - 5　球磨机钢球的运动轨迹

内，各种不同级配的钢球同时存在几种不同形态的运动行为。所谓钢球粉碎物料的粉磨作用，则是上述各种运动对于被磨物料综合作用的结果。不过，最基本的作用仍然可以归结为冲击和研磨。

滚动球磨效率受到磨筒尺寸、转速、时间、球料比等因素的影响。磨筒长度与直径之比 L/D 一般为 1 ~ 2。钢球的大小按 $d \leqslant (1/18 \sim 1/24)D$ 的范围选用，一般用 3 ~ 6 种不同规格的球相配合，其体积约占磨筒容积的 40% ~ 50% 为宜。装料量应以填满钢球间的空隙并稍稍盖住球料表面为宜。一般可选择球重：料重 = (5 ~ 15)：1，球料比大一些球磨效率可以高一些。在钢球搭配和球料比一定的条件下，将 60 ~ 80 目的粗粉球磨到 3 ~ 5μm 所需要的时间，一般由实验确定。

批次粉碎过程中，产品中的粗粒含量随时间呈指数规律衰减。设 R_d、R_0 分别为给料和产品中大于某一人为划定粒级的累积比率，则动力学模型为

$$R_d = R_0 \exp\left[-R(d)t^{n(d)} \right]$$

式中，$R(d)$、$n(d)$ 值为颗粒粒度的函数，其值可通过试验确定；t 为粉碎时间。该式表明，粉碎初期粗粒含量减少很快，随着粉碎时间延长，粗粒含量的减少速度变慢。存在这一现象的主要原因是颗粒越细越难粉碎，以及粉碎后期粗粒含量减少，粉碎效率下降所致。说明粉碎时间愈短，产品中粗粒含量愈高。反之，要想得到粗粒含量少的产品，就必须延长粉碎时间，但此时生产率低，粉碎效率也低。

5.2.4　机械球磨制粉过程的防氧化保护

尽管球磨是在保护介质中进行的，仍不可避免地有氧进入。图 5 - 6 是稀土永磁合金颗粒尺寸和吸氧量与振动球磨时间的关系。球磨时间越长，颗粒尺寸越小，粉末的吸氧量就越高。NdFeB 粉末比 Sm - Co 合金粉末更容易得到细小粉末，球磨 2h 后，NdFeB 的吸氧量是 Sm - Co 合金的 3 倍。若球磨 4h，NdFeB 的吸氧量增加到约 14000×10^{-6}，此时制得的磁体将失去矫顽力。

成分为 $MM_{13.5}Dy_{4.5}Fe_{74}B_8$ 的烧结磁体和取向粉末压结体的 H_{cj}、粉末颗粒尺寸与球磨时间的关系，如图 5 - 7 所示。由图可见，随球磨时间的延长，粉末颗粒尺寸减小，H_{cj} 开始迅速提高，这是由于粉末颗粒尺寸细化有利于晶体取向引起的。当球磨时间为 30 ~ 35min（相当于粉末颗粒尺寸为 5.88 ~ 1.73μm），粉末颗粒维持单晶体的尺寸，烧结态磁体的 H_{cj} 达到最大值。当球磨时间大于 35min 后，则 H_{cj} 显著地降低，这是粉末颗粒表面氧化，改变了表面成分引起的。

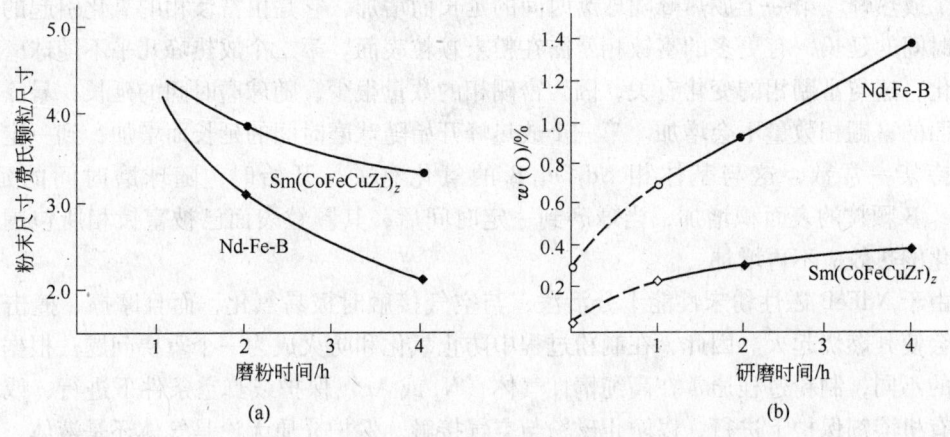

图5-6　粉末颗粒尺寸、吸氧量与振动球磨时间的关系

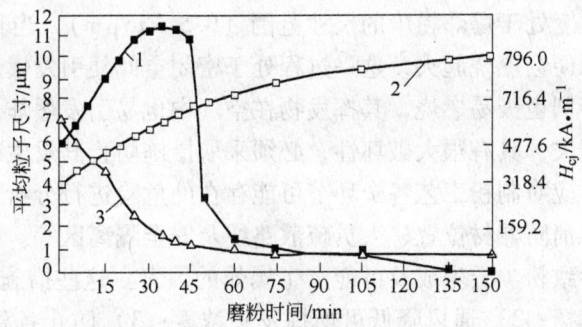

图5-7　烧结磁体和取向粉末压结体的H_{cj}、平均颗粒尺寸与球磨时间的关系

1—烧结磁体；2—取向粉末压结体；3—平均颗粒尺寸

　　粉末的表面积贮存着高的表面能，大量的晶体缺陷又贮存了高的晶格畸变能，对于气体、液体或微粒表现出极强的物理吸附和化学活性。不管粉末在何种气氛中，在粉末颗粒表面都会由未饱和力场自发地形成气体薄膜，吸附层可达几百个原子的厚度。如果吸附层内有氧存在，氧分子首先分解成原子，然后氧原子与颗粒表面的钕原子形成化学键，这一阶段称为氧的化学吸附。氧化物在金属钕晶粒的有利位置处（比如位错和杂质原子处）外延成核，各个成核区逐渐长大，然后与其他的成核区相互接触，直至氧化物覆盖住整个金属钕基底。由于Nd_2O_3薄膜是疏松的，那么氧可以通过它，并且继续在氧化物-金属界面上进行反应。在制粉过程中，随颗粒尺寸变小，粉末的比表面积增加，例如，边长为1mm的立方体颗粒粉碎至边长为$1\mu m$的颗粒时，比表面积由$0.006m^2/cm^3$增大至$6m^2/cm^3$，增大为原来的1000倍。显然，单位质量NdFeB粉末的氧化速率取决于粉末细化的程度、吸附气体中氧的浓度，以及材料的钕含量。当粉末处于$1\sim2\mu m$粒级时，其比表面积及由比表面积决定的氧化速度较大颗粒至少增大了1000倍，以至于与空气接触时会引发自燃。

　　为了弄清楚粉末颗粒的表面氧化行为，利用示差热分析仪（DSC）分析质量为21.96mg，尺寸约$7.0\mu m$的$MM_{13.5}Dy_{4.5}Fe_{74.3}B_{7.7}$合金粉末在加热过程中的热效应，发现存在三个放热峰。第一个放热峰随球磨时间的延长而增加，它是由富钕相的氧化引起的，随球磨时间的延长，有更多的富钕相暴露在粉末颗粒表面。第二个放热峰几乎不随球磨时间而变化，这与富硼相的变化有关，因为富硼相的数量很少，随球磨时间的延长，暴露在颗粒表面的富硼相数量不会增加。第三个放热峰开始随球磨时间的延长而增加，到一定时间后维持某一常数，这与基体相 Nd$_2$Fe$_{14}$B 的氧化有关。开始时，随球磨时间的延长，Nd$_2$Fe$_{14}$B 颗粒的表面积增加，当球磨到一定时间后，其颗粒表面已被富钕相所包围，所以氧化的热效应不再增加。

由于 NdFeB 磁性粉末性能十分活泼，与空气接触时极易氧化，而且摩擦、撞击及明火都会使其燃烧起火。因此，在制粉过程中防止氧化和防火成为一个重要问题。根据制粉工艺的不同，制粉过程通常在高纯惰性气体（N$_2$ 或 Ar）保护或真空条件下进行，或者在液体有机溶剂保护下进行，以防止磁粉与空气接触。保护介质无论是气体还是液体，制粉排料后都需使粉末与介质分离。为了易于分离，液体保护介质通常使用易挥发的有机溶剂，如汽油、甲苯、石油醚、环乙烷、氟氯烷、无水乙醇等。

NdFeB 粉末的粒度处于爆炸粉尘的尺寸范围（$0.5 \sim 15\mu m$），当其悬浮于空气中形成粉尘云时，遇到火源便会燃烧起火，这一过程处于密闭空间便引发爆炸。同时，保护介质汽油、甲苯等有机溶剂也极易燃烧，其挥发物在空气中也易引发爆炸。由于粉尘爆炸可造成人员伤亡和财产损失，具有很大破坏性，必须采取措施防止其发生或将其破坏程度限制在最小范围。通常，应对制粉工艺各个环节可能存在的危险进行分析，以确定厂区安全布置，包括设备布置、消防器材位置、人员疏散路线及安全隔离区等。采取相应的措施防止在制粉过程中可能导致粉尘云生成及可能产生爆炸的因素。这些措施可以有：1）防止粉尘积累和防止粉尘飞扬；2）通风降低可燃挥发物浓度；3）防止各种可能点燃粉尘的明火、火源、静电放电、火花等点火源；4）避免摩擦和撞击粉末；5）设备内充以惰性气体，降低氧浓度；6）在设备及管道内安置监测系统及灭火装置，一旦发生粉尘点燃，即刻予以扑灭以避免更大灾害。

5.3　气流磨制粉

5.3.1　气流磨制粉原理

NdFeB 永磁合金普遍采用气流磨制粉。气流磨有多种结构类型，图 5-8 是流化床对喷式气流磨磨室结构示意图。喂入磨内的物料利用三维设置的数个喷嘴喷汇的气流冲击能，及其气流膨胀呈流化床悬浮翻腾而产生的碰撞、摩擦进行粉碎，并在上升气流带动下通过顶部设置的涡轮分级装置，细粉排出机外分离和回收，粗粉受重力沉降返回粉碎区继续粉碎。

假定两个质量为 m 的球形颗粒，利用高速气流将其加速，并沿同一直线的相对方向运动，如两球相撞时的速度均为 $v = 1.5v_c$，此时两个球具有相同的能量，即

$$E = 1/2mv^2 + \pi d^2 \cdot \gamma$$

式中　m——NdFeB 原始粉末颗粒的质量，kg；

　　　d——NdFeB 原始粉末颗粒的直径，m；

　　　γ——表面能密度，J/m^2；

v_c——声速，在空气中 16℃时，$v_c = 340\text{m/s}$。

设进入气流磨的原始粉末为 246μm（60 目）。直径为 0.32mm 的颗粒对撞后，破碎成直径为 4μm 的 5×10^5 个颗粒，可按此估算颗粒碰撞前后的能量变化。一般金属的表面能密度在 1.1 ~ 2.8J/m^2 之间，它取决于金属内部原子间的键合性质，与金属熔点相关。若假定 NdFeB 粉末颗粒破碎前后的表面能密度为 2J/m^2，则破碎前后颗粒的总表面能由 10^{-7}J 增加到 10^{-5}J 数量级。一个直径为 0.32mm 颗粒，当速度为 $v = 1.5v_c$ 时，其动能约为 $1.8 \times 10^{-3}\text{J}$。说明两个粉末颗粒相撞时，其表面能很小，主要是在巨大动量的作用下，使颗粒破碎成更细小的粉末。两颗粒对撞时，其动能仅有很小的一部分转变为表面能，一部分消耗于颗粒的碎裂，大部分则转变为声能，热量和晶格畸变能量。

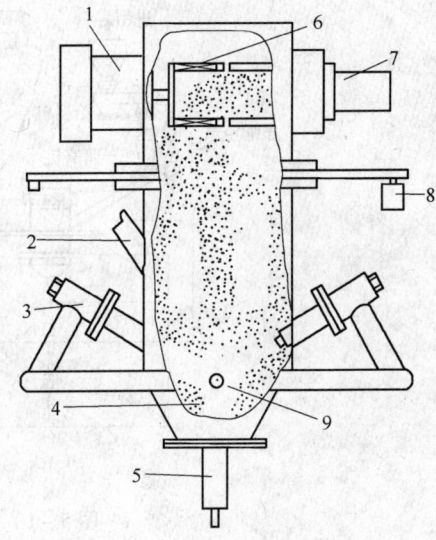

图 5 - 8 气流磨磨室结构示意图

1—主轴；2—加料口；3—侧喷嘴；4—研磨物料；
5—底喷嘴；6—涡轮分级器；7—出料口；
8—测重传感器；9—流化床碰撞中的颗粒

假定对撞颗粒的动能仅有 0.1% 转变为表面能，那么可得到对撞后的粉末颗粒数 n 与直径 d_c 关系的表达式为

$$n d_c^2 = \frac{0.05 m v^2}{\gamma \cdot \pi} - 0.1 d^2$$

上式说明对撞后粉末颗粒数 n 与对撞颗粒的动能成正比。当进一步提高对撞颗粒的速度时，其制粉效率将会更高。

气流磨由粉碎机和分级机组合成闭路粉碎系统。闭路粉碎时，由于粗粒返回，使粉碎机给料量加大，粗粒含量增高，提高了粉碎效率；由于分级机适时把小于某一粒径的细粉排出机外，防止了过粉碎，故可将产品的粒度控制在所要求的范围。在闭路粉碎系统中，分级机性能对粉碎效果有极大的影响。颗粒在涡轮旋转产生的离心力及气流黏滞阻力作用下进行分级。由于流经涡轮气流的径向速度不均匀，导致分级粒径在一个范围内变化，如在图 5 - 9 分级粒径重叠区 $d_0 \sim d_{100}$ 范围内变化。这一区域越小，分级精度越高。理论分析表明，为得到高精度分级，必须使涡轮的风量、转速值足够大，同时必须减小涡轮半径及长度，增加叶片数目，减小叶片厚度。

5.3.2 气流磨制粉过程

用气流磨制粉，除气流磨本身之外，还有一些辅助设备，包括气流发生设备，加料设备，产品收集设备、废气夹带物料的捕集回收设备等。图 5 - 10 所示为气流磨制粉过程原理图。

NdFeB 磁粉采用高纯氮气（N_2 含量大

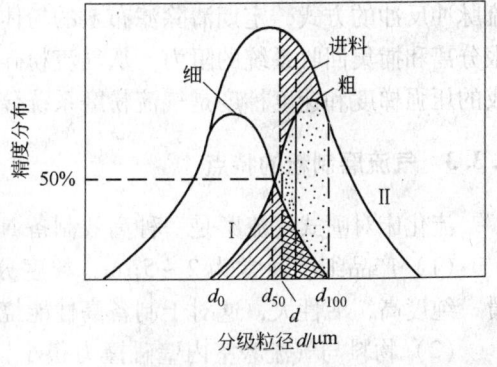

图 5 - 9 分级粒径

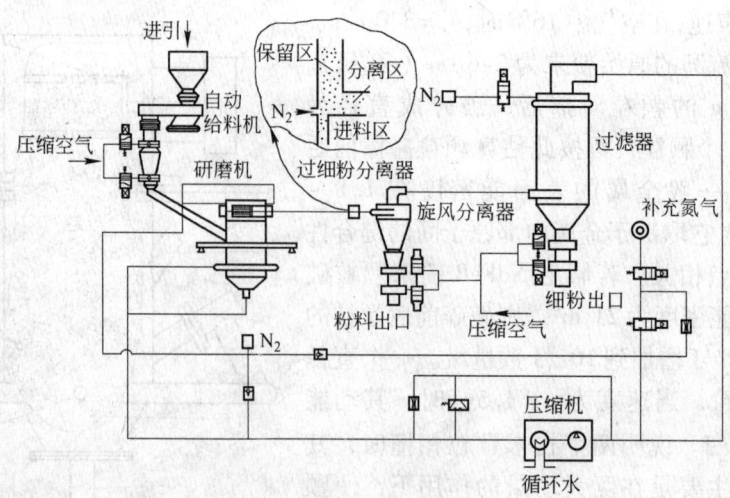

图 5 – 10　气流磨制粉过程原理图

于 99.99%）作粉碎气流，压缩机将气体加压至 0.6 ~ 0.7MPa，经压缩机冷却器冷却后，进入气流磨的一组喷嘴。压缩气流通过喷嘴加速成超音速气流，带动物料在喷嘴交汇处对撞，从而使粉末颗粒破碎。由于粉碎过程中压缩气体绝热膨胀产生焦耳 – 汤姆逊降温效应，吸收了粉碎物料时产生的大量热量，从而避免了气流和物料的升温。已被破碎的颗粒随上升气流通过分级器进行分级，使达到规定尺寸 d_c 的颗粒通过，大于 d_c 的粗颗粒返回到粉碎区继续进行粉碎。而小于规定尺寸 d_c 的粉末经输送管送到高效旋风分离器进行分离，尺寸小于 d_0 的过细粉末被分离掉，在 $d_0 \sim d_c$ 范围内的合格粉末从出料口排出。为净化氮气，尺寸小于 d_0 的粉末经过过滤器捕集，回用于熔炼 NdFeB 合金。净化了的氮气返回压缩机可反复使用。为了补充气流的正常损耗，补充氮气分两路进入系统，一路进入压缩机入口；一路进入气流磨分级器形成反冲气套，以保证物料通过分级叶片。

　　旋风分离器和过滤器的捕集性能对粉磨系统工况有重大的影响。旋风分离器（图 5 – 11）利用高速旋转气流中固体颗粒离心惯性力作用使其从气体中分离出来。分离 5μm 左右粉体颗粒的效率约 90%，压力损失一般为 100 ~ 200Pa。过滤器采用袋式捕集器（图 5 – 12），通过过滤方法将超细粉末阻留在纤维织物滤布上，可以捕集 0.1μm 的亚微末颗粒，捕集效率达 99.99%，压力损失一般为 0.8 ~ 1.2kPa。为保持稳定的处理能力，用压缩气流脉冲反冲的方式，定期清除滤布上的粉体层。气流磨一般由粉碎室内气流的剩余压强克服分离和捕集回收系统的阻力。从气流粉碎室至卸料口的压差一般可达 14 ~ 35kPa，所形成的压强梯度和速度梯度是气流粉磨系统分级精度的重要保证。

5.3.3　气流磨制粉的特点

　　流化床对喷式气流磨是一种高效制备 NdFeB 磁粉的设备，它具有如下特点：

　　（1）产品细度通常为 2 ~ 5μm，粒度分布窄且无过大颗粒，颗粒形状规整，表面光滑，纯度高，活性大，这对于制备高性能烧结 NdFeB 磁体是很重要的。

　　（2）物料与气流磨室内壁碰撞力很小，内壁无磨损，无异物进入物料，无污染，可制备高纯超细粉末。

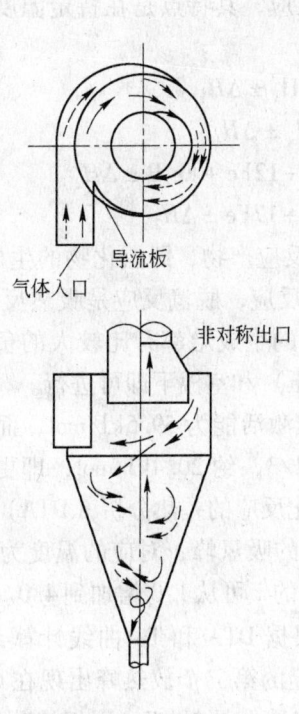

图 5-11 旋风分离器

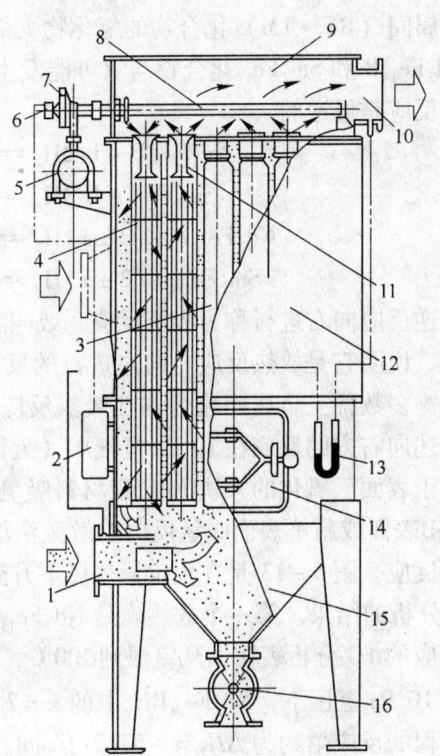

图 5-12 脉冲式布袋收尘器

1—进气口；2—控制器；3—滤袋；4—滤袋架；
5—储气罐；6—控制阀；7—脉冲阀；
8—喷吹管；9—净气管；10—出口；
11—文丘里管；12—中箱体；13—U 形
压力计；14—检修门；15—集尘斗；
16—排尘装置

（3）粉磨效率高，能耗低，比其他类型气流磨节能 50%。

（4）在粉碎室内，压缩气体膨胀吸收大量的热量，物料不致产生温升，特别适用于制备低熔点和热敏性粉末。

（5）调节气体流量或调整分级轮转速控制粉末的最大尺寸 d_c，由可调的旋风分离器控制粉末的最小尺寸 d_0，可将尺寸在 $d_0 \sim d_c$ 范围内粉末数控制在 99% ~ 95% 左右，将 $d_0 \sim d_c$ 尺寸最佳范围控制在 2 ~ 5μm 之内。

（6）可连续自动化制粉，操作简便，安全可靠，结构紧凑，易于清洗与维修。

目前，气流粉碎技术仍存在一些问题，主要是能耗大，产量小，效率低，价格昂贵。

5.4 HD 和 HDDR 法制粉技术

5.4.1 氢与 RE – TM 化合物的相互作用

在一定的温度和氢气压力条件下，氢与许多金属或金属间化合物反应生成金属氢化物。二元的金属氢化物有离子键型、共价键型和金属键型，过渡族金属（TM）和稀土过渡族金属间（RE－TM）化合物的氢化物大部分是金属键型的。

　　$Nd_2Fe_{14}B$ 和 Sm_2Fe_{17} 化合物与氢可能发生下列化学反应，其特点是在特定温度和氢气压力下反应是可逆的。

$$Nd_2Fe_{14}B + 1/2H_x \Longrightarrow Nd_2Fe_{14}BH_x \pm \Delta H_1$$

$$Sm_2Fe_{17} + 1/2H_x \Longrightarrow Sm_2Fe_{17}H_x \pm \Delta H_1$$

$$Nd_2Fe_{14}B + (2 \pm x)H_2 \Longrightarrow 2NdH_{2 \pm x} + 12Fe + Fe_2B \pm \Delta H_2$$

$$Sm_2Fe_{17} + (2 \pm x)H_2 \Longrightarrow 2SmH_{2 \pm x} + 17Fe \pm \Delta H_2$$

上述可逆反应向右进行称为吸氢反应，或叫氢化反应。反应产物，即氢化物的生成焓 ΔH 是负的，说明它是放热反应。向左进行的反应称为脱氢反应，脱氢反应是吸热反应，ΔH 是正的。多数稀土金属间化合物在吸氢反应时，氢化物的生成焓都有比较大的负值，因此，上述向右方的反应在 10^5Pa 氢气压（近似一个大气压）和室温下即可进行。

　　对于表面已氧化的大块 NdFeB 材料吸氢反应的扩散激活能为 59.5kJ/mol，而氢化了的NdFeB表面或新鲜表面吸氢反应扩散激活能为前者的 1/3，约 20.4kJ/mol，即更容易发生氢化反应。图 5－13 是在恒定氢气压下升温过程中氢化反应的差热分析（DTA）和热重（TG）分析的结果。第一个放热峰是 $Nd_2Fe_{14}B$ 和富钕相的吸氢峰，对应的温度为 50℃左右，相应的 TG 分析表明，从室温到100℃，$Nd_2Fe_{14}BH_x$ 的 x 可从 1.0 增加到 4.0。一般来说，在 10^5Pa 氢压下，$Nd_2Fe_{14}BH_x$ 中的 $x = 2.2 \sim 2.7$。根据 DTA 和 TG 曲线计算，NdFeB 吸氢过程的反应焓约为 $\Delta H_1 = -57.2kJ/mol$。DTA 曲线上的第二个放热峰出现在 650℃附近，相应于 $Nd_2Fe_{14}BH_x$ 的吸氢反应，称为歧化反应，实质上是 $Nd_2Fe_{14}B$ 相的分解过程，它也是放热反应，反应焓为 $\Delta H_2 = -53.3kJ/mol$。在 600℃ 以下，由于没有足够的动力学条件，歧化反应一般不能进行。歧化反应的逆反应称为再化合反应，它是固态相变进程，是一个形核长大的过程，因此需要热力学条件，还需要动力学条件。在较高的恒定氢气压下，上述氢化和歧化反应都是不可逆的。

　　图 5－14 是将经过 HD 处理的样品，即将已氢化和歧化了的样品放入真空炉内，观察其在加热过程中脱氢与再化合反应时炉内氢气压的变化。图中纵坐标是真空炉内氢压的相

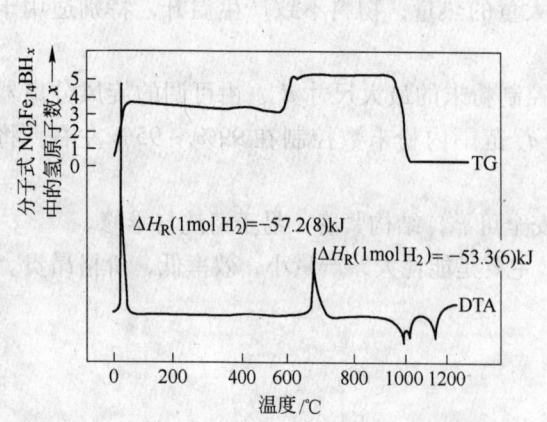

图 5－13　在恒定氢气压下 $Nd_2Fe_{14}B$
在升温过程中与氢的反应

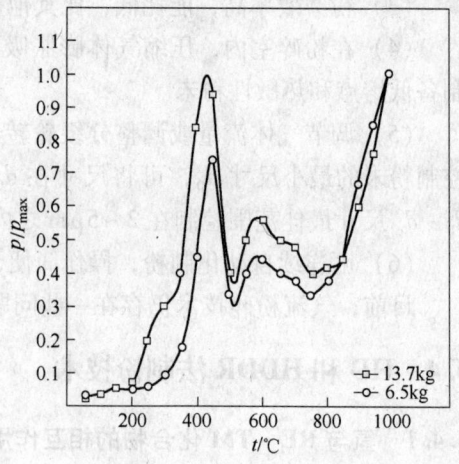

图 5－14　$Nd_2Fe_{14}BH_x$ 在真空炉内
脱氢时氢气压力与温度的关系

对变化 p_{H_2}/p_{H_2max}，其中 p_{H_2max} 是样品脱氢时真空炉内氢气压升高时的最大氢压。可见在室温时炉内处于真空状态，氢气相对压力约 0.03。随温度的升高，由于样品（NdH_2 + $12Fe$ + Fe_2B）中钕的氢化物 NdH_2 的脱氢反应而使真空炉内氢气压逐渐升高。在 400℃ 出现一个脱氢峰值，随后在 500℃ 和 750℃ 出现两个较小的脱氢峰，在 800~1000℃ 范围内，样品的氢几乎全部脱出。脱氢后的混合物 $2Nd$ + $12Fe$ + Fe_2B，在高温下是不稳定的，它要经过形核长大，再化合反应重新形成 $Nd_2Fe_{14}B$ 相。

实验发现，在 1000℃ 以下氢化的 $Nd_{16}Fe_{77}B_7$ 合金要形成两种氢化物，即 $Nd_2Fe_{14}BH_x$ 和 NdH_y。在室温附近，通过抽真空，这两种化合物的氢是不能脱的。但把这些氢化物放在真空炉内抽真空和加热时，发现脱氢分两个阶段进行，在 300℃ 附近，氢从 $Nd_2Fe_{14}BH_x$ 中脱出；在 350~650℃ 从富钕相中脱氢。经过在真空下 800~1000℃ 加热，样品中的氢可脱至 $(10~30) \times 10^{-6}Pa$ 以下。

5.4.2 HD 处理过程和 HD 磁粉

将具有新鲜表面的 NdFeB 系合金铸锭装入不锈钢容器，抽真空到 $10^{-2}Pa$ 以下，然后充入高纯氢气（一般为 99.999%），使氢气压达到 10^5Pa 左右，经 20~30min 后，就会听到合金锭的爆裂声，同时容器的温度升高。前者是 NdFeB 合金锭吸氢后形成氢化物而使合金锭爆裂，称为氢爆，记为 HD（Hydrogen decrepitation 缩写）。后者是由于 NdFeB 磁体发生氢化反应的放热效应导致不锈钢容器温度升高。NdFeB 系合金的 HD 现象与稀土化合物的氢化物体积膨胀有关。实验表明，$Nd_2Fe_{14}B$ 与氢反应生成氢化物 $Nd_2Fe_{14}BH_x$ 和 NdH_y 时，其体积膨胀 2.8%~4.8%，膨胀量与氢化物中的氢含量 x 和 y 有关。由于 $Nd_2Fe_{14}B$ 化合物是脆性材料，伸长率几乎为零，断裂强度很低，氢化时形成氢化物的局部区域产生体积膨胀和内应力，当内应力超过 $Nd_2Fe_{14}B$ 化合物的断裂强度时，就产生爆裂。成分为 $Nd_{16}Fe_{77}B_7$ 合金由主相 $Nd_2Fe_{14}B$ 和少量富钕相，富硼相组成，实验观察发现，富钕相首先氢化，然后是 $Nd_2Fe_{14}B$ 相的氢化。前者引起晶界断裂（沿晶断裂），后者引起晶间断裂（穿晶断裂）。由于富钕相首先氢化，因此 HD 粉大部分是单晶颗粒。

商品 NdFeB 永磁体当硼含量低于 6.0%（摩尔分数）时，一般由 $Nd_2Fe_{14}B$ 和富钕相两相组成，这两个相与 H_2 形成的化合物分别是 $Nd_2Fe_{14}BH_x$ 和 NdH_2，其中 $x = 1~3$，它与吸氢时的氢气压力、温度和时间有关。对于 $(Nd_{0.935}Dy_{0.065})_{14.5}Fe_{79.7}B_{6.1}$ 永磁合金，$Nd_2Fe_{14}B$ 主相与富钕相的比为 9:1。研究表明，当 $x = 3$ 时，在 $T = 293K$，0.6MPa 氢压力下，其饱和吸氢量和活化时间分别为 0.3g/g 或 48mL/g 和 5min；而在 0.1MPa 氢压力下，则分别为 10.8mL/g 和 10min。说明氢压对饱和吸氢量和活化时间有明显的影响。其中活化时间是指具有新鲜表面的 NdFeB 合金块从与氢气接触到开始吸气的时间。另外，吸氢量还与 NdFeB 合金中的富钕相含量有关。图 5-15 是 $(Nd_{0.935}Dy_{0.065})_xFe_{79.7}B_{6.1}$ 合金在常温和高氢压下的饱和吸氢量、活化时间与稀土含量 x 的关系。可见，随稀土含量（Nd，Dy）增加，合金的饱和吸氢量增大，活化时间逐渐降低。随稀土含量的增加，富稀土相吸氢量增加，为 $Nd_2Fe_{14}B$ 相提供更多的吸氢通道，因此活化时间缩短。

用 X 射线衍射法和氢含量分析法研究 $(Nd_{0.935}Dy_{0.065})_{14.5}Fe_{79.7}B_{6.1}$ 合金鳞片铸锭，于 0.6MPa 氢压下吸氢饱和后，在恒压下脱氢量与温度的关系如图 5-16 所示。结果表明，300℃ 时脱氢量为 31%，主要是 $Nd_2Fe_{14}BH_x$ 相脱氢；400℃ 时脱氢量为 43%，$Nd_2Fe_{14}BH_x$

相的氢已脱完；600℃时脱氢量为54%，剩余的氢主要存在于富稀土相中。温度提高到700℃时，则部分 $Nd_2Fe_{14}B$ 相将会发生歧化。另外，有实验表明，合金铸锭在室温下吸氢到饱和，然后在 600℃ 下抽真空脱氢，脱氢到 0.1MPa 后经气流磨制粉，制备的烧结永磁体磁性能较高。若在 600℃ 下抽真空到 800Pa 以下，脱氢过多，磁粉较易氧化，磁体的氧含量升高，因而磁性能下降；若不脱氢，则磁粉氢含量过多，导致烧结过程中脱氢，使磁体产生裂纹，甚至开裂。因此，在 HD 工艺中需要部分脱氢，但脱氢多少为最好，还值得进一步研究。

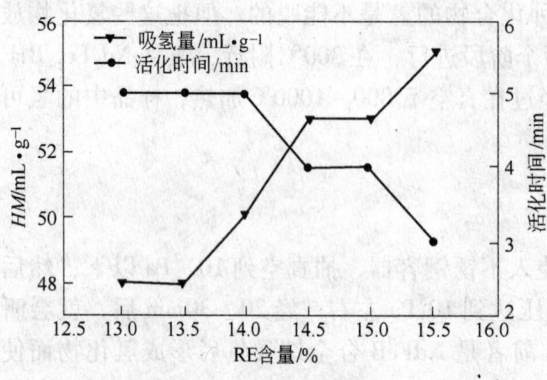

图 5-15　$(Nd_{0.935}Dy_{0.065})_xFe_{79.7}B_{6.1}$ 合金在常温和高氢压下的饱和吸氢量、活化时间与稀土含量的关系

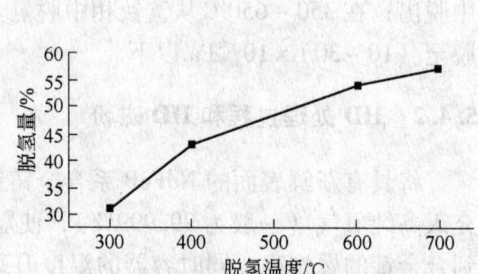

图 5-16　$(Nd_{0.935}Dy_{0.065})_{14.5}Fe_{79.7}B_{6.1}$ 合金于恒压下吸氢饱和后，在恒压下脱氢量与温度的关系

　　山西开源永磁有限公司研制的"钕铁硼多工位氢化制粉工艺及设备"发明专利的 QS-3 型设备平面布置图示于图 5-17，主机外形图示于图 5-18。其工作过程为：（1）将 NdFeB 合金鳞片或破碎到尺寸为 2~3cm 的合金铸锭小块装入真空反应罐内，然后抽真空；（2）将反应罐转移到预先加热至 200℃ 的活化炉内，使合金鳞片或小块表面活化，通入 0.2MPa 的氢气，待吸氢开始即为表面活化完成；（3）将反应罐转移至吸氢炉内，它有很强的散热能力，以保持反应罐内炉料温度不超过 200℃，直到吸氢达到饱和，关闭氢气开关；（4）将反应罐转移到预先加热至 500℃ 的脱氢炉内，抽真空直到脱氢达到所要求的程度；（5）关闭真空系统，通入氩气，将反应罐转移到冷却槽内，待冷却至室温氢化过程结束。

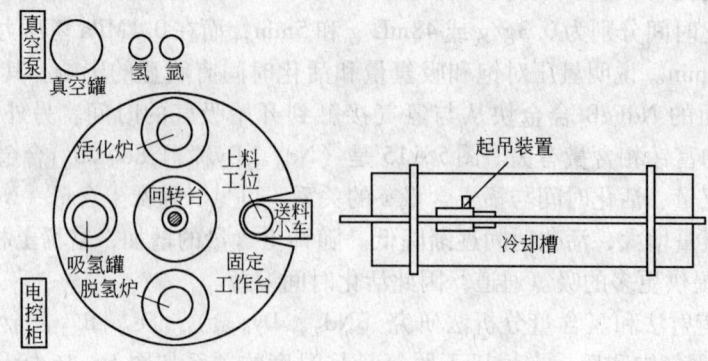

图 5-17　QS-3 型氢破碎设备平面布置图

HD 处理可将 NdFeB 合金锭破碎成 $45 \sim 355\mu m$ 范围的颗粒，大部分是 $125\mu m$ 左右的颗粒。若经过多次吸氢－抽氢处理，可使其粉末颗粒尺寸进一步降低到 $10\mu m$ 以下。将 NdFeB 的 HD 粉进一步用气流磨（Jet Milling，简称 JM）使其氢化物粉碎至 $3 \sim 4\mu m$，这样尺寸的氢化物（$Nd_2Fe_{14}BH_x$ 和 NdH_y）粉末可直接用来制备烧结磁体。这种制粉方法有下列优点：（1）HD 法可直接将合金锭破碎到 $0.325mm$（60 目）以下，以便直接进入气流磨，简化了工艺，降低了粗破碎的成本；（2）克服了机械破碎合金的某些困难，特别是在合金锭中有 $\alpha - Fe$ 存在的情况下；（3）HD 粉是十分脆的氢化物，可缩短 JM 的时间和提高效率；（4）HD + JM 氢化物磁粉仍然具有各向异性，可在磁场中取向成型；（5）HD + JM 粉末压结体在真空炉中烧结时，炉中具有氢气作为还原气氛，减少了炉料的氧化；同时可在较低的温度下烧结，如可在 1050℃ 下烧结，以避免晶粒长大；（6）在 1000℃ 以上可将产品中的氢全部脱出。

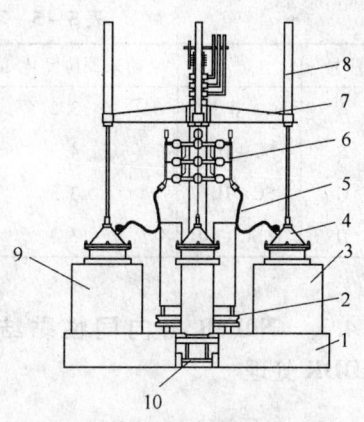

图 5 – 18　QS – 3 型氢破碎
设备主机外形图

1—固定工作台；2—回转工作台；
3—活化炉；4—反应罐；5—输气管；
6—配气环；7—回转臂；
8—起吊油缸；9—脱氢炉；
10—送料小车

　　HD + JM 已成为烧结 NdFeB 磁体的重要的制粉方法。表 5 – 4 是 HD + JM 法制备的磁体的性能和用 HD + AM（A 代表机械球磨）法制粉的烧结磁体性能的比较，前者的磁性能明显优于后者。表 5 – 5 是相同成分的 NdFeB 合金，采用不同的工艺方法获得的磁体性能的比较。可见，采用鳞片铸锭（SC），若不采用 HD 破碎，性能要差一些。原因是 SC 的组织结构较细，采用机械破碎后，部分富钕相仍存在于颗粒内部，不能充分发挥富钕相的液相烧结作用，导致 A 磁体的密度和磁能积都比 C 磁体的低。SC + HD + JM 工艺的 C 磁体有最高的磁性能，传统铸锭虽然采用 HD + JM 工艺，并且颗粒尺寸也较细，但其 D 磁体的磁性能仍然比 C 磁体的低。原因是 D 磁体的密度、取向度均不如 C 磁体的高。采用 SC + HD + JM 工艺可保证每一个粉末颗粒都是单晶体，并且每一个粉末颗粒表面都有富钕相薄层，保证烧结过程完全是液相烧结。此外，气流磨后，粉末颗粒尺寸窄的磁性能要比分布宽的更高。在 JM 制粉时，应力求粉末颗粒尺寸分布窄，而 HD + JM 工艺可满足这一要求。

表 5 – 4　HD + JM 和 HD + AM 粉烧结磁体性能比较

磁　性　能	$Nd_{16}Fe_{76}B_8$		$Nd_{14.5}Dy_{1.5}Fe_{76}B_7$
	HD + AM	HD + JM	HD + JM
B_r/T	1.175	1.175	1.120
$H_{cb}/kA \cdot m^{-1}$	690	750	870
$H_{cj}/kA \cdot m^{-1}$	740	850	1480
$(BH)_m/kJ \cdot m^{-3}$	250	270	245

表 5 - 5　不同工艺制备的 NdFeB 永磁体的磁性能

序号	工艺	粉末颗粒尺寸/μm	B_r/T	H_{cj}/kA·m^{-1}	$(BH)_m$/kJ·m^{-3}	d/g·cm^{-3}	取向度 A/%
A	SC + 非 HD	3.2	1.44	647.2	372	7.35	95.6
B	SC + HD	4.3	1.45	790.4	404	7.42	95.1
C	SC + HD	3.3	1.48	831.2	424.8	7.47	97.0
D	非 SC + HD	3.3	1.48	783.2	408.0	7.40	96.4

5.4.3　NdFeB 各向同性黏结磁粉的 HDDR 处理

将 NdFeB 合金铸锭装入不锈钢容器内，先抽真空至 10^{-2} Pa，再通入高纯氢气至 10^5 Pa 左右，然后缓慢升温加热，使合金锭发生 HD 反应。加热到 650 ~ 900℃保温一段时间，使合金锭进一步发生并完成歧化（Disproportionation）反应。然后再抽真空到 2 ~ 10Pa，在 650 ~

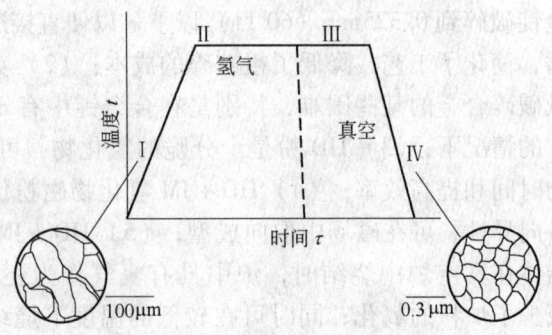

图 5 - 19　HDDR 处理工艺原理图

900℃保温一段时间，由于 $NdH_{2 \pm x}$ 中氢已被脱出（Desorption），歧化产物 2Nd + 12Fe + Fe_2B 是不稳定的，在高温（大于650℃）通过形核长大的方式，再化合（Recombination）形成新的具有纳米晶粒尺寸（0.3 ~ 0.03μm）的 $Nd_2Fe_{14}B$ 相，即 $2NdH_{2 \pm x}$ + 12Fe + Fe_2B → $Nd_2Fe_{14}B$ + $(2 \pm x) H_2 \uparrow$。上述整个处理过程称为氢化 - 歧化 - 脱氢 - 再化合处理，或称 HDDR（英文缩写）反应，图 5 - 19 是标准的 HDDR 工艺原理图。HDDR 工艺过程中 $Nd_{16}Fe_{76}B_8$ 合金组织结构的变化可用示意图 5 - 20 作原理性的说明。如果将 NdFeB 合金铸锭或烧结 NdFeB 磁体破碎成细小的粉末，其矫顽力很低，一般小于 160kA/m，然而 NdFeB 合金（如 $Nd_{15}Fe_{79}B_6$）的 HDDR 磁粉却具有很高的矫顽力，其矫顽力最高可达 1.194MA/m，甚至更高。现在 HDDR 工艺已成为生产具有高 H_{cj} 的 NdFeB 磁粉的重要方法，可用 NdFeB 合金的 HDDR 法粉末来制备黏结磁体或热压的致密磁体。1991 年杨俊和周寿增等人首先用 HDDR 工艺制备具有高矫顽力 $Sm_2Fe_{17}N_x$ 磁粉并获得成功。用标准的 HDDR 工艺制备的 NdFeB 磁粉是各向同性的，但适当地调整合金成分或工艺也可制备各向异性的 NdFeB 磁性粉末。

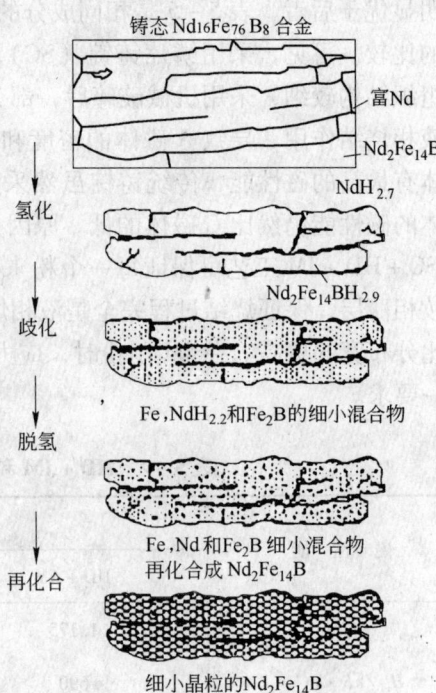

图 5 - 20　HDDR 工艺过程 NdFeB 合金组织结构变化的原理图

实验表明，HDDR 工艺中永磁合金的成分和 HDDR 工艺条件对磁粉的组织和磁性能均有显著影响。如果将歧化反应开始温度 T_s 至结束温度 T_f 表示为歧化温度范围 $\Delta T = T_s - T_f$，则 ΔT 与 NdFeB 合金中主相 $Nd_2Fe_{14}B$ 的体积分数有关，如图 5-21 所示，随主相体积分数的提高，其歧化温度范围扩大。这就意味着合金成分越靠近四方相的成分，在一定的加热速度下，完成歧化所需要的时间将会延长。图 5-22 为不同状态的 NdFeB 合金或磁体歧化温度 T_s 和 T_f 与其晶粒尺寸的关系。对于各种不同状态的 NdFeB 合金或磁体，当其晶粒尺寸小于 $10\mu m$ 时，随晶粒尺寸减小，其歧化温度降低。此外，在一定温度下歧化处理时，随歧化时间的延长，永磁性能将逐步提高，而在更高的温度下歧化时，可获得更好的磁性能。$Nd_{14}Fe_{79}B_7$ 合金在 870℃歧化 60min，然后在 740~780℃之间进行再化合处理，HDDR 粉具有较高的 H_{cj}，在 820℃进行再化合处理时矫顽力显著降低（图 5-23）。在 780℃再化合处理 40~60min 可获得较高的 H_{cj}，随化合处理时间的延长，矫顽力有所降低（图 5-24）。在 780℃再化合处理之前的加热速度对 H_{cj} 也有显著的影响，当加热速度为 40~50℃/h 时，可获得较高矫顽力，当加热速度为 200℃/h 时，HDDR 粉的 H_{cj} 显著降低（图 5-25）。

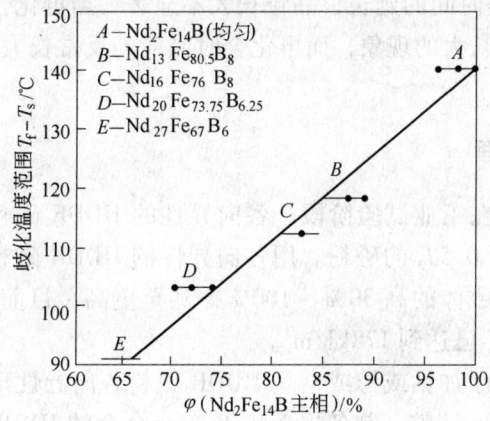

图 5-21 加热速度为 1℃/min 时，歧化温度 ΔT 与 NdFeB 合金中主相体积分数的关系

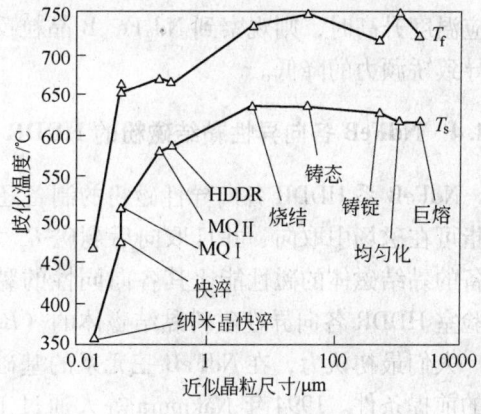

图 5-22 不同状态的 NdFeB 合金或磁体歧化温度 T_s 和 T_f 与其晶粒尺寸的关系

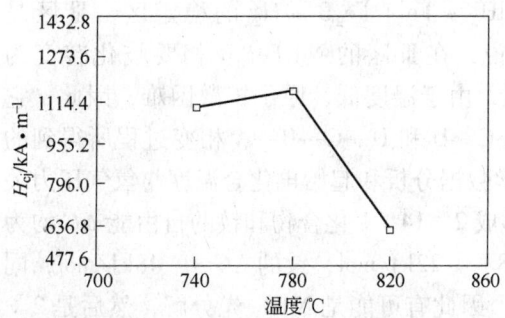

图 5-23 $Nd_{14}Fe_{79}B_7$ 合金在 870℃歧化 60min，HDDR 粉的 H_{cj} 与再化合温度的关系

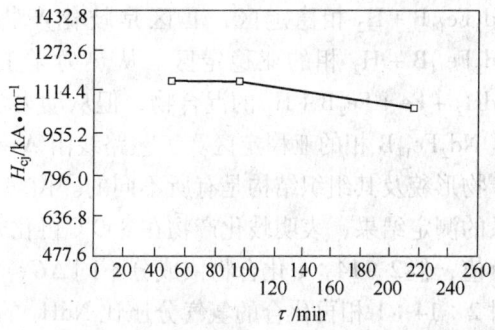

图 5-24 $Nd_{14}Fe_{79}B_7$ 合金在 870℃歧化 60min，HDDR 粉的 H_{cj} 与在 780℃再化合时间的关系

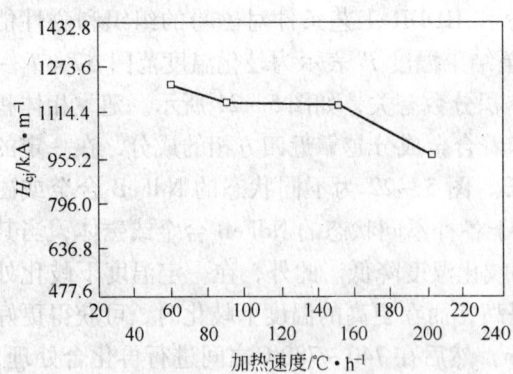

图 5 - 25　$Nd_{14}Fe_{79}B_7$ 合金在 870℃ 歧化 60min，
HDDR 粉 H_{ej} 与 780℃ 再化合前加热速度的关系

显微组织观察表明，$Nd_{12.6}Fe_{81.6}B_{6.0}$ 合金在 620℃ 氢处理 120min，它的歧化反应是不完全的，反应产物的直径约几百纳米，同时残存有 $Nd_2Fe_{14}B$ 相。在 630℃ 歧化处理 60min，歧化反应已完成。歧化组织是 NdH_2、Fe、Fe_2B 相的混合物，NdH_2 相呈长条状，镶嵌在 $\alpha - Fe$ 中，NdH_2 与 $\alpha - Fe$ 存在共格关系。对已完成再化合的 HDDR 粉末，再化合的 $Nd_2Fe_{14}B$ 相与歧化混合物中的 NdH_2 和 $\alpha - Fe$ 也存在共格关系，但这种晶体学位相关系仅在局域范围内存在，并且大体上是平行的，有 5° 左右的偏离，因此歧化产物的晶体学关系是不完整的。在 780℃ 再化合 90min，已观察不到 $\alpha - Fe$ 和 Fe_2B，说明再化合反应已完成，大部分是细小的 $Nd_2Fe_{14}B$ 晶粒，但存在少量反常长大了的大平面状的晶粒。在 780℃ 再化合处理时，随时间的延长，晶粒长大不显著。当再化合反应温度升高时，则观察到 $Nd_2Fe_{14}B$ 晶粒反常长大的现象，而再化合时晶粒的反常长大，要导致矫顽力的降低。

5.4.4　NdFeB 各向异性黏结磁粉的 HDDR 处理

NdFeB 系 HDDR 各向异性磁粉的制备还处在工业试验阶段。各向异性的 HDDR 磁粉是指可在磁场中取向，并且取向后剩磁 B_r 大于 $0.5J_s$ 的磁粉。用各向异性的 HDDR 磁粉制备的黏结磁体的磁性能比其各向同性的黏结磁体的高 30% ～ 100%，甚至更高。目前，实验室 HDDR 各向异性磁粉黏结磁体的 $(BH)_m$ 已达到 178kJ/m³。

人们最初认为，在 NdFeB 三元系的基础上添加钴或镓或锆是 HDDR 磁粉各向异性形成的前提条件。1994 年 Nakmura 等人通过工艺的调整，制备出 NdFeB 三元合金的 HDDR 各向异性磁粉，这样就加速了对 HDDR 过程歧化、再化合反应工艺参数与热力学的研究。

$Nd_2Fe_{14}B$ 化合物与氢的相互作用实际上是由温度与氢气压力两个条件共同决定的。图 5 - 26 是 $Nd_2Fe_{14}B$ 化合物的歧化与再化合的压力与温度的关系图。图中 Ⅰ 区是 $Nd_2Fe_{14}B + H_2$ 相稳定区，Ⅱ 区是歧化产物 $NdH_2 + Fe + Fe_2B + H_2$ 的稳定区，Ⅲ 区是 $Nd_2Fe_{14}B + H_2$ 相的亚稳定区。从热力学上来说，在 Ⅲ 区的 $Nd_2Fe_{14}B$ 相要歧化转变为 $NdH_2 + Fe + Fe_2B + H_2$ 的混合物，但从动力学说，由于温度低，原子扩散困难，因此，它是 $Nd_2Fe_{14}B$ 相的亚稳定区。工艺路线由 A→B→C→D 和 D→C→B→A 相变过程所得到的产物形貌及其组织结构是有所不同的。由热力学数据分析和起始再化合温度与氢气压力关系的测定结果，表明歧化产物在 850℃ 再化合形成 2：14：1 化合物和钕的自由能 ΔG 均为负值，但 2：14：1 化合物依成分不同 $\Delta G \approx -18 ～ -22kJ/mol$，钕的 $\Delta G \approx -48kJ/mol$，同时 2：14：1 相再化合的氢气分压比 NdH_2 的高，因此有可能是 NdH_2 先分解，然后是 2：14：1 相再化合反应。2：14：1 相随着镓和钴等元素的添加，ΔG 的绝对值减小，氢气分压增大，说明这些添加元素减缓了 2：14：1 相再化合反应。再化合反应是吸热反应，该反应将引起自身冷却，因此过程进行的速度也将影响 2：14：1 相的再化合反应。此外，

2：14：1 相的再化合反应还与形成新相的应变能和界面能有关，ΔG 主要由化学成分决定，是体积自由能的变化，而应变能和界面能在恒温下则由工艺因素决定。例如，$Nd_2Fe_{14}B$ 相歧化反应的各向同性体积膨胀率为 6.5%，但控制歧化过程的路线，可降低歧化反应的应变能。例如，如果歧化产物为带有方向性的棒状、片状形态，就可以减少歧化时的应变能。根据上述分析，可以认为 HDDR 磁粉的各向异性与歧化和再化合反应的局域应变能和界面能有关，据此改进了 HDDR 工艺，从而制成了具有高各向异性的 HDDR 磁粉。

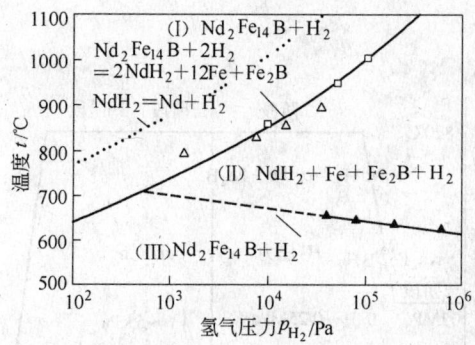
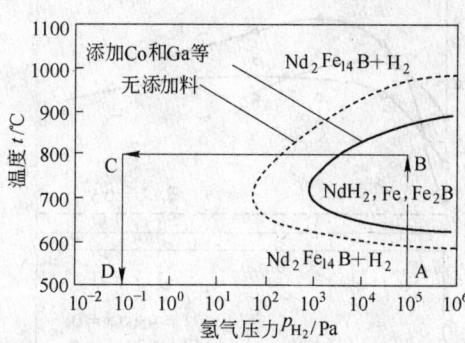

图 5-26 $Nd_2Fe_{14}B$ 的歧化和再化合反应的压力与温度的关系图

用高纯金属作原料，在真空感应炉熔炼 $Nd_{12.2}Fe_{81.8-x}Co_xB_{6.0}$（$x=0$，17.5）合金，铸锭经 1150℃均匀化退火 50h，然后按照图 5-27 所示改进了的 HDDR 工艺处理。这一工艺由 V-HD 处理和 S-DR 处理两部分组成，其中 Q 为氢气流量（单位：cm^3/min），与传统的 HDDR 工艺（图 5-19）相比，其特点是 V-HD 处理时略去了 600℃以下的氢爆效应；S-DR 处理时，其脱氢过程是缓慢进行的。此工艺相当于图 5-26 由 I 到 II 再到 III 的状态。得到的 HDDR 磁粉

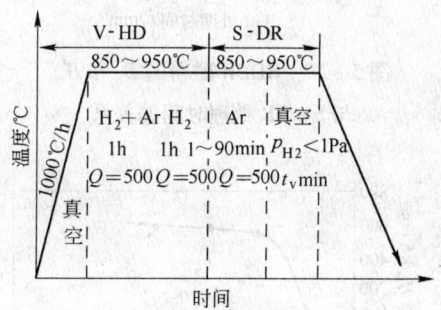

图 5-27 制备各向异性磁粉改进的 HDDR 工艺

的 B_r 和 H_{cj} 与 S-DR 处理时间的关系，如图 5-28 所示。可见该合金经 V-HD 处理（950℃）后，随 S-DR 处理时间的延长，B_r 提高了。例如，对于 $x=0$ 的合金，当 S-DR 处理温度为 950℃，时间为 20min 时，B_r 达到 1.4T，$B_r/J_s=0.92$；当 Co 含量 $x=17.4$（摩尔分数）的合金经 S-DR 处理的温度为 850℃，时间为 10min 时，B_r 达到 1.25T，均具有很高的各向异性。改进的 HDDR 工艺不足之处是磁粉的 H_{cj} 低一些。目前已广泛地应用图 5-27 所示工艺来制备各向异性的 HDDR 磁粉。

日本爱知制钢公司发展了大批量生产高性能 HDDR 各向异性 NdFeB 磁粉和各向异性黏结磁体的工艺，称为 AiChi-Ariso-Magnet 工艺（简称 AAM 工艺），或称 d-HDDR 工艺，如图 5-29 所示。d-HDDR 工艺过程由 4 个阶段组成。第一阶段氢气压力为 0.1MPa，温度约 10～200℃，是 NdFeB 母合金主相吸收氢气的阶段，形成 $Nd_2Fe_{14}BH_x$ 氢化物。第二阶段的氢气压力控制在 0.01～0.25MPa，温度约 820℃，此时 $Nd_2Fe_{14}BH_x$ 歧化

为 3 个相，即 $NdH_2 + \alpha - Fe + Fe_2B$，该阶段的氢气压力对 $Nd_2Fe_{14}B$ 磁粉各向异性的形成起关键性的作用。第三阶段温度维持在 820℃，通过抽真空将氢气压力降低到 1.0 ~ 5.0kPa 范围，是脱氢阶段，这一阶段的压力对随后的 $Nd_2Fe_{14}B$ 磁粉的各向异性形成也很重要。第四阶段仍维持温度 820℃，但抽真空，使 2Nd、$12\alpha - Fe$ 和 Fe_2B 3 个相再化合形成 $Nd_2Fe_{14}B$ 相。此时的 $Nd_2Fe_{14}B$ 粉末已成为各向异性的磁粉。

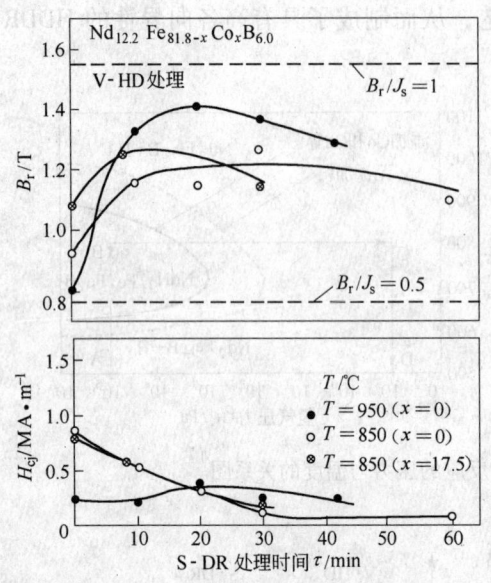

图 5 - 28　HDDR 磁粉的 B_r 和 H_{cj}
与 S - DR 处理时间的关系

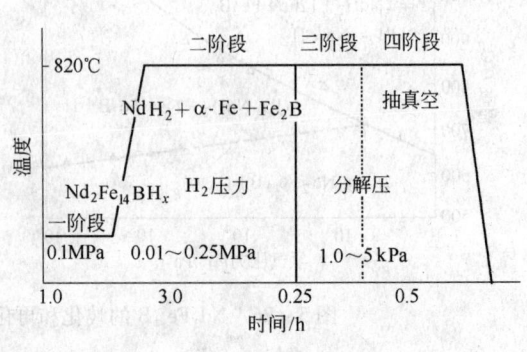

图 5 - 29　d - HDDR 工艺原理图

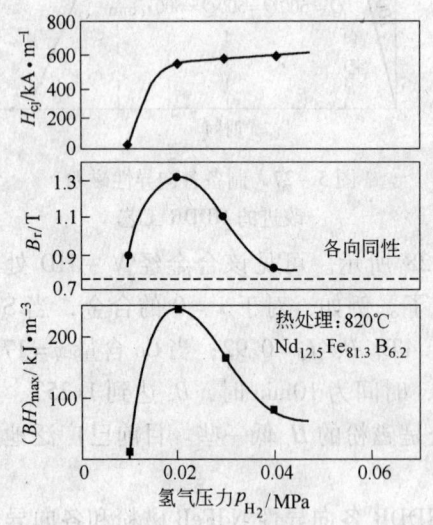

图 5 - 30　第二阶段氢气压力对 $Nd_{12.5}Fe_{81.3}B_{6.2}$
各向异性磁粉磁性能的影响

图 5 - 30 是第二阶段氢气压力对三元 $Nd_{12.5}Fe_{81.3}B_{6.2}$ 各向异性磁粉磁性能的影响。可见随氢气压力的升高，磁粉的 H_{cj} 逐步提高，当氢气压力达到 0.3MPa 以上，H_{cj} 达到饱和值（636kA/m）而不再增加。然而随氢气压力的提高，B_r 和 $(BH)_m$ 首先是升高，然后均在 0.02MPa 的氢压下达到最大值 $B_{rmax} = 1.32T$ 和 $(BH)_m = 246kJ/m^3$，表明已形成了 $Nd_{12.5}Fe_{81.3}B_{6.2}$ 各向异性磁粉。当进一步提高氢气压力时，B_r 和 $(BH)_m$ 都降低，说明歧化阶段的氢气压力对 NdFeB 磁粉各向异性的形成起关键作用，而且获得最佳磁性能的氢气压力范围较窄。

金相观察发现，用传统的 HDDR 工艺（图 5 - 19）和改进的 HDDR 工艺（图 5 - 27）制备的 $Nd_{12.2}Fe_{81.8}B_{6.0}$ 的磁粉的显微组织是不同的。按图 5 - 19 工艺在 950℃进行传统的 HD 处理后，歧化产物中 NdH_2 是球状的，它镶嵌在铁的基体中。而按图 5 - 27 的工艺，在 950℃进行 V - HD 处理后，歧化产物是细小片层状组织，即 NdH_2 以长片状形镶嵌在铁基体中。前者的歧化反应是在缓慢加热过程中进行的，歧化反应也是缓慢进行的，这样由于体积变化而产生的应变能就可以充分地释放出来。但为了减少界面能，NdH_2 将以球状的形式存在。在 V – HD 处理的情况下，歧化反应是在高温（850～950℃）短时间内完成的。由于迅速的体积膨胀引起的应变能很大，为了减少应变能，NdH_2 将以长条状形式存在，尽管界面能有所增加。可见 V – HD 处理的歧化组织具有形状各向异性的特征，它为后面的 S – DR 处理形成各向异性磁粉准备了组织基础。对显微组织的观察表明，歧化产物显微组织中没有残余的 $Nd_2Fe_{14}B$ 晶核，它是在片条状钕与铁的界面上生成的，并沿界面的长度方向生长，从而形成各向异性。

　　实验表明，各向异性 NdFeB 的 HDDR 磁粉的磁性能除了与 HDDR 工艺有密切关系外，还与合金成分、氧含量有关。适当地添加少量其他元素，如添加钴、锆、镓、铌和用少量镝取代钕，可显著提高磁粉的磁性能。例如，成分为 $(Nd_{1-x}Dy_x)_{12.7}Fe_{64.7}Co_{16}Ga_{0.5}Zr_{0.1}B_6$（摩尔分数）合金锭经 1140℃均匀化退火 16h，采用图 5 – 27 所示的工艺进行 HDDR 处理，用所得的 HDDR 磁粉制备各向异性黏结磁体的退磁曲线见图 5 –31。实验表明，在 d –HDDR 工艺中，添加镓可有效地提高矫顽力。添加 0.2%（摩尔分数）镓时，其矫顽力可达到 1130kA/m，因为镓可抑制晶粒长大和改善化合后 $Nd_2Fe_{14}B$ 相晶粒表面的各向异性。添加铌可提高其 B_r，当添加 0.1%（摩尔分数）铌时，其 B_r 可由 1.3T 提高到 1.38T，估计与铌的添加改变了合金在 d –HDDR 过程中的反应速度有关。在添加钴的合金中，获得最佳磁性能的氢气压力随钴含量的提高而提高，钴的添加改变了相变激活能和相变速度，导致最佳氢气压力的变化。

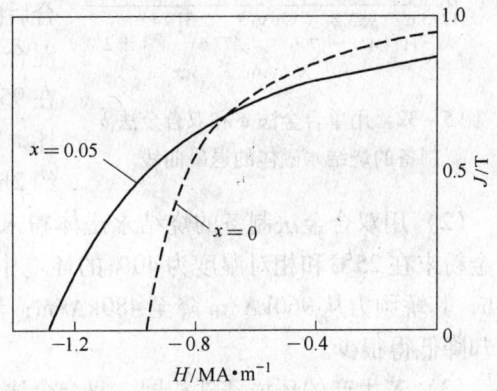

图 5 –31　$(Nd_{1-x}Dy_x)_{12.7}Fe_{64.7}Co_{16}Ga_{0.5}Zr_{0.1}B_{6.0}$（摩尔分数）各向异性 HDDR 黏结磁体的退磁曲线

同时添加 0.3%（摩尔分数）镓和 0.2%（摩尔分数）铌，在 0.03MPa 氢气压力下，合金磁能积 $(BH)_m$ 可从 238kJ/m³ 提高到 334kJ/m³。同时表明获得最佳 B_r 和 $(BH)_m$ 的氢气压力由三元时的 0.02MPa 提高到 0.03MPa，而且获得最佳值的氢气压力范围变宽。氧含量对成分为 $Nd_{14.0}Fe_{69.4}Co_{11.0}B_{6.0}Zr_{0.1}$（摩尔分数）各向异性黏结磁体磁性有重要影响，例如其氧含量分别为 2880×10^{-6}、1990×10^{-6} 和 1400×10^{-6} 时，其磁能积分别为 80kJ/m³、100kJ/m³ 和 120kJ/m³。

5.5　双合金法和机械合金化法制备 NdFeB 永磁材料

5.5.1　双合金法制备烧结 NdFeB 永磁材料

　　双合金法制粉工艺与单合金法相比，主要区别在于：熔炼两种母合金并分别铸锭。其中主合金成分与 $Nd_2Fe_{14}B$ 相的成分十分接近；辅合金是富稀土（Nd、Pr、Dy、Tb、…）的，并含有钴、铝、铜、镓、钒、钛等的一种或两种以上的元素，辅合金实际上是晶界相。两种合金锭分别粗破碎到约 $200\mu m$，然后按一定的比例混合，后面的磨粉、磁场取向与压制成形、烧结等工序与单合金法相同。

双合金法的主要优点是:

(1) 相同成分的材料,用双合金法比单合金法的磁性能高。如图 5 - 32 所示退磁曲

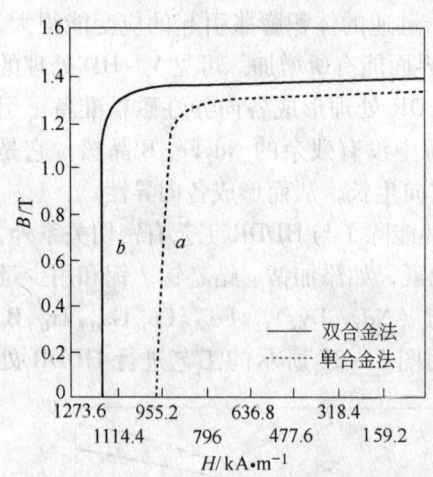

线,单合金法制备的磁体磁性能为 $B_r = 1.32T$, $H_{cj} = 970kA/m$, $(BH)_m = 330.2kJ/m^3$;而用双合金法制备的磁体磁性能为 $B_r = 1.37T$, $H_{cj} = 1150kA/m$, $(BH)_m = 355.7kJ/m^3$,可见 3 个性能指标都比单合金法的好。图中用双合金法制备的磁体工艺参数为,主合金成分 $Nd_{12.3}Fe_{81.8}B_{5.9}$,铸锭经 1100℃退火 20h,以便消除 $\alpha - Fe$。辅合金成分 $Pr_{20}Dy_{10}Co_{40}Fe_{20.1}Ga_4B_{5.9}$。分别将两种合金铸锭粗破碎到 200μm,然后主辅合金按 9:1 比例均匀混合,混合后的名义成分为 $Nd_{11.3}Pr_{1.6}Dy_{0.8}Fe_{77}Co_{3.1}Ga_{0.3}B_{5.9}$。混合粉末在惰性气体中气流磨到约 3.0μm,在 955.2kA/m 磁场中取向,用 $1t/cm^2$ 压力制成压坯,1100℃下在氩气中烧结 1h,500～600℃回火约 2h。

图 5 - 32　用单合金法 a 和双合金法 b 制备的烧结永磁体的退磁曲线

(2) 用双合金法制备的烧结永磁体粉末具有较好的抗腐蚀性能。将以上成分的两种合金粉末在 25℃和相对湿度为 40% 的环境中停放一段时间,用单合金法生产的粉末停放 24h,其矫顽力从 960kA/m 降至 480kA/m;然而用双合金法制备的粉末停放 3 天,其矫顽力却降低得很少。

(3) 若生产的环境条件相同,双合金法生产的烧结磁体最终氧含量比单合金法的低,因此可用双合金法在大气环境条件下生产低氧高性能烧结 NdFeB 磁体。

(4) 双合金法只需熔炼出少数几个主合金和少数几个辅合金,通过调配主、辅合金的质量比便可生产出多种牌号的烧结永磁体。

用双合金法制备成分相同的烧结 NdFeB 磁体的磁性能高的原因可归结为以下几个方面:

(1) 主相 $Nd_2Fe_{14}B$ 的体积分数大,并且含其他元素少,因为主相成分是按 $Nd_2Fe_{14}B$ 成分配合的,这就为获得高 B_r 和高 $(BH)_m$ 打下了基础。

(2) 辅合金的成分是富稀土的,并添加有改善晶界相特性(如浸润性、表面张力、抗氧化性、磁各向异性等)的合金元素。辅合金粉末经气流磨后与主合金粉末均匀混合,辅合金在烧结温度下已全部或部分熔化为液相,并通过毛细力作用富钕相将沿 $Nd_2Fe_{14}B$ 颗粒表面分布,即将 $Nd_2Fe_{14}B$ 颗粒包围起来。这种改性了的富钕相在助烧结、磁体致密化、去磁交换耦合作用等方面起着重要作用,从而促进了矫顽力的提高。此外,富钕液相与 $Nd_2Fe_{14}B$ 固态颗粒要发生固液相反应,这时富钕液相中的镝或铽将扩散到 $Nd_2Fe_{14}B$ 晶粒外延层中去,进一步促进矫顽力的提高。

(3) 富稀土相中含有钴、铬等元素,提高了富稀土相的抗腐蚀能力,从而使整个 NdFeB 系永磁体的抗腐蚀性能得到改善。

近几年来,双合金法生产技术已有了很大的发展。德国真空冶炼公司(VAC)用双

合金法生产出了目前世界上磁能积最高（$(BH)_m = 451\text{kJ/m}^3$）的烧结 NdFeB 永磁体。日本信越化学公司也用双合金法生产出 $(BH)_m = 418\text{kJ/m}^3$ 的烧结 NdFeB 永磁体，所采用的成分与工艺为：主合金成分 $Nd_{12.5}Fe_{79.4}Co_{1.0}B_{6.0}Al_{1.0}TM_{0.1}$，TM = Nb、Zr 和 Hf，辅合金成分 $Nd_{20}Dy_{10}Co_{35}Fe_{24}B_{6.0}Al_{1.0}Cu_4$。主合金采用真空感应炉熔炼，SC 技术速凝铸片，HD 技术制粉；辅合金采用真空感应炉熔炼，常规铸锭，机械破碎至粗颗粒。按主合金∶辅合金 = 96.5∶3.5 配比，混合后经气流磨制粉，粒径为 $5\mu m$。粉末在 1000kA/m 磁场中取向，垂直模压，压坯在 1040 ~ 1130℃下烧结 2h（具体烧结温度由混合后粉末成分来确定），最后在 500℃附近回火 1h，快冷。该样品的退磁曲线如图 5 - 33 所示，在 1060℃ 和 1080℃烧结均可获得很高的磁性能。在 1080℃下烧结后，其磁性能达到 $B_r = 1.40T$，$H_{cj} = 955\text{kA/m}$，$(BH)_m = 416\text{kJ/m}^3$，退磁曲

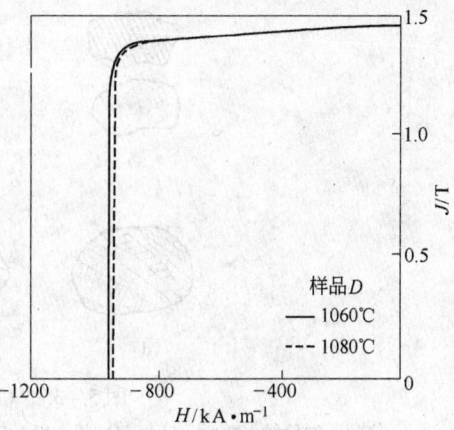

图 5 - 33　双合金法 Nd - Fe - Co - B - Al - TM 永磁体在 1080℃烧结的退磁曲线

线的方形度达到 98%，μ_{rec} 达到 1.02，说明该磁体的取向度很高，平均晶粒尺寸约 5 ~ $6\mu m$，晶粒尺寸十分均匀，这是获得高磁能积烧结 NdFeB 永磁材料十分重要的条件。该磁体在 1080℃下烧结晶粒不出现反常长大的现象，其原因主要是由于添加铌、锆、铪等元素，它们形成尺寸约 $5\mu m$ 的化合物，从而抑制了晶粒的反常长大。

5.5.2　机械合金化法制备黏结永磁体磁粉

机械合金化法（Mechanical Alloying，简称 MA）用来制备 NdFeB 合金已获得成功。采用 MA 制备的各向同性 $Nd_{15}Fe_{77}B_8$ 粉末的 H_{cj} 可达 1034kA/m。还可用来制备 $Sm_2Fe_{17}N_x$ 各向同性磁粉及双相纳米晶复合磁粉等。

机械合金化法是利用固相反应来实现合金化的。按合金的设计成分所需的金属原料，破碎成粉，混合后放入高能球磨机进行球磨合金化。机械合金化装置如图 5 - 34 所示。球磨时的机械合金化过程如图 5 - 35 所示。图 5 - 35a 是初始原料粉末。在高能球磨的初期，由于钢球对粉末的撞击，钢球高速运动的动能转化为粉末颗粒的形变能、表面能和热能。塑性好的粉末颗粒将扁平化，脆性粉末颗粒将破碎。使初始原料粉末形成新鲜的洁净表面，如图 5 - 35b 所示，这一阶段称为粉末颗粒的活化阶段。当球磨继续

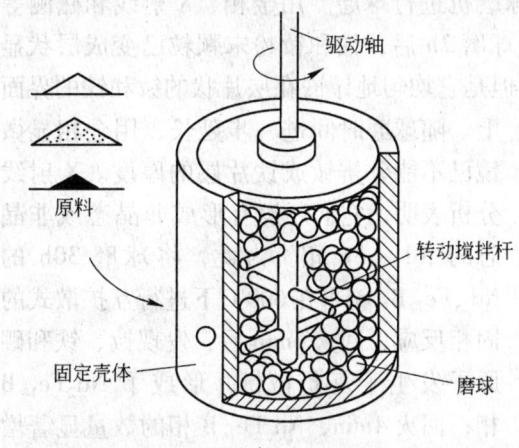

图 5 - 34　机械合金化装置示意图

进行时，扁平化粉末加工硬化，并与脆性粉末颗粒的新鲜表面接触，经过复合、折叠、扁平化，从而形成层状结构，如图 5 - 35c 所示，这一阶段称为冷焊合阶段。接着是层状结构

粉末颗粒相互穿插和焊合,形成等轴层状结构的粉末颗粒,称为层状结构颗粒等轴化过程,如图 5-35d 和图 5-35e 所示。随后是等轴化层状结构粉末颗粒内部的结构层进一步薄化,达到纳米级尺寸的水平,从而形成具有超精细层状结构的粉末颗粒,如图 5-35f 所示。

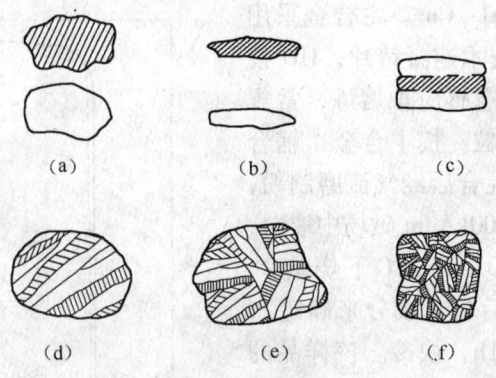

图 5-35　机械合金化过程示意图

(a) 初始粉末颗粒;(b) 塑性粉末颗粒压延与扁平化;(c) 粉末冷焊并开始形成层状结构;
(d) 层状颗粒等轴化;(e) 层状细小颗粒取向;(f) 超精细层状结构颗粒的形成

假定在高能球磨机内高速运动的钢球对粉末撞击一次,造成粉末颗粒压下率为 $1/a$, n 次撞击后,其厚度由原来的 d_0 变为 $d_n = d_0(1/a)^n$,如 $d_0 = 10^{-4}$ m,每次撞击压下率为 $1/3$,则 10 次撞击后,片层厚度将变为 $d_{10} = 10^{-4} \times (1/3)^{10} \approx 10$ nm。因此,原子经过短距离的扩散便可形成合金。另外,层状结构粉末颗粒内存在大量的晶体缺陷,如空位、位错、各种界面和晶格畸变等。这不仅为原子扩散提供了热力学条件和原子扩散的通道,促进了合金化的形成;同时由于其能量已远高于非晶态的能量,有利于非晶态核心的形成和生长,从而转化为非晶态。

实验用粉末状纯金属原料,铁为 $5 \sim 40 \mu m$,钕为 $5 \mu m$,非晶硼小于 $1 \mu m$;成分按 $Nd_{15}Fe_{77}B_8$ 配比,装入不锈钢圆筒状球磨罐内;充入钢球和高纯氩气(氩气中的 O_2 和 H_2O 含量小于 1.0×10^{-6}),然后装入行星式球磨机进行球磨。用金相、X 射线和磁测等方法观察球磨过程中粉末性状的变化。发现经球磨 2h 后,铁和钕粉末颗粒已变成层状显微结构;亚微米尺寸的非晶硼粉末没有变形,但是它均匀地镶嵌在层片状的钕和铁的界面上。随球磨时间进一步延长,用金相显微镜已不能分辨钕或铁片层的厚度。X 射线分析表明,它们还没有形成非晶态或非晶态的 Nd-Fe 相。为此,将球磨 30h 的 $Nd_{15}Fe_{77}B_8$ 粉末在 600℃ 下进行互扩散式的固相反应,回火 1min 后,发现钕、铁和硼原子发生了互扩散,并形成了 $Nd_2Fe_{14}B$ 相;回火 4min,$Nd_2Fe_{14}B$ 相的数量显著增多;回火 30min,$Nd_2Fe_{14}B$ 相的形成接近完成。

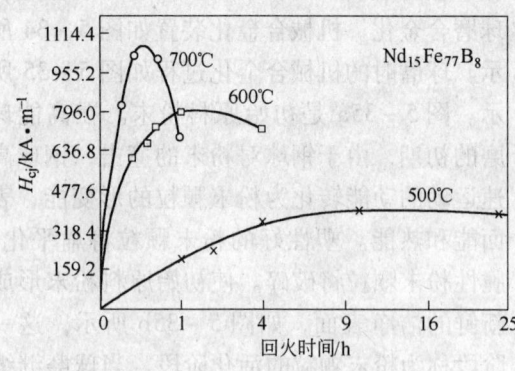

图 5-36　机械合金化 $Nd_{15}Fe_{77}B_8$ 粉末的 H_{cj} 与固相反应(回火)温度及时间的关系

图 5-36 是球磨 30h 的 NdFeB 粉末经

500℃、600℃和700℃回火后，其 H_{cj} 随回火时间的变化。未经回火的样品，其矫顽力几乎测不出来；在600℃和700℃回火时，随回火时间的延长，矫顽力开始迅速提高，700℃回火约30min矫顽力达到峰值（1034kA/m），600℃回火约1h矫顽力达到峰值（796kA/m）。矫顽力达到峰值后，随回火时间的延长，矫顽力降低。用机械合金化与固相反应的 $Nd_{15}Fe_{77}B_8$ 磁粉制得的黏结磁体磁性能为：$B_r = 0.8T$，$H_{cj} = 1014kA/m$，$(BH)_m = 101.8kJ/m^3$（在测量时已扣除了黏结剂的体积影响）。机械合金化的 NdFeB 或 PrFeB 磁粉，在600~700℃固相反应时，同时施加压力，即热压固相反应，也可制得各向异性 Nd-FeB 永磁材料。

本 章 小 结

（1）粉体加工是当代兴起的科学技术，稀土永磁材料制备是其重要的应用分支。粉体的各种性能、粒度分布、测量技术以及对稀土永磁合金粉末的要求，都影响着后续工序的操作和制成品的性能。

（2）机械球磨制粉是传统的制粉方法，其粉碎机理已趋于成熟。制粉过程按照粒级都有多种设备可供选择；每种设备的使用，都应根据其粉碎原理确定适宜的工作参数，并考察其粉碎效果。稀土永磁合金制粉过程的另一个重要问题是防氧化保护，磨粉过程用有机溶剂液体保护，其后需分离液体并干燥粉末。尤其是 NdFeB 粉末，还应采取预防爆炸措施。

（3）气流磨制粉是制备 NdFeB 粉末普遍采用的方法，气流磨采用高纯氮气作粉碎气流，与分级机组成闭路粉碎系统，可将产品粒度控制在要求范围内；可连续自动化制粉，安全可靠，操作简便。

（4）HD 和 HDDR 处理过程都是使 NdFeB 合金锭吸氢后产生爆裂，后者则继续升温加热，合金锭发生歧化、脱氢、再化合等反应生成纳米尺寸的磁性相。将 NdFeB 的 HD 粉经气流磨制粉，优于经机械球磨制粉所得的磁体性能。进一步的研究表明，鳞片铸锭经过 HD 处理和气流磨制粉，较其他组合方法得到的磁体有更高的磁性能。HDDR 的工艺条件对磁粉的组织和磁性能都有显著影响。HDDR 处理的 NdFeB 各向同性黏结磁粉已大量应用，处理 NdFeB 各向异性黏结磁粉将获得更高的磁性能。

（5）双合金法制备烧结 NdFeB 磁粉，机械合金化法制备黏结永磁体磁粉，较主流工艺各有不同的优势和特点。

复习思考题

5－1 何谓粉末体，粉末的性能对压型和烧结过程有何影响？

5－2 什么叫当量球直径，今假定有一边长为1μm的立方体颗粒，试计算它的当量球体积直径和当量球表面直径各是多少？

5－3 用沉降分析法测得铁粉（密度为7.8g/cm³）的粒度组成如下：

粒度范围/μm	质量/g
0~1	0

1 ~ 2	0.4
2 ~ 4	5.5
4 ~ 8	23.4
8 ~ 12	19.0
12 ~ 20	17.6
20 ~ 30	26.8
30 ~ 32	5.9
32 ~ 44	1.1
44 ~ 88	0.3
> 88	0

  （1）绘制粒度分布图和累积分布图，以质量基准表示的平均粒度是多少？

  （2）估计以个数基准表示的平均粒度是多少？

  （3）说明哪几种粒度测定方法适合于这种粉末？

5 – 4　对稀土永磁粉末有哪些要求，为什么？

5 – 5　体积粉碎和表面粉碎与粒度分布有何关系，微粒粉碎应考虑哪些因素？

5 – 6　机械球磨制粉有哪些工序，滚动球磨效率与哪些因素有关？

5 – 7　简述机械球磨制粉过程的磁粉氧化机理，说明应采取哪些防氧化措施？

5 – 8　简述气流磨制粉原理，说明气流磨制粉有何特点？

5 – 9　何谓氢化反应，何谓歧化反应，这两种产物分别可在什么条件下脱氢？

5 – 10　简述 HD 处理过程及工艺条件。

5 – 11　试比较 HD + JM，HD + AM，SC + JM，SC + HD + JM 等不同工艺下磁体的磁性能，并分析其原因。

5 – 12　试比较 NdFeB 各向同性和各向异性黏结磁粉的 HDDR 处理过程有何异同，并分析原因。

5 – 13　双合金法和机械合金化法制备 NdFeB 磁粉各有何特点？

 # 6 稀土永磁粉末磁场取向与成型

教学目标

根据磁场取向原理、粉末压制原理和压制方法与设备，会设计和调整磁场取向与压制成型的工艺参数，能够操作相关设备完成永磁粉末的磁场取向和压制成型任务，知晓黏结磁体制备方法。

粉末冶金工艺中压制成型的目的是将粉末压制成具有一定形状和尺寸、一定强度和密度的压坯。稀土永磁粉末经过磁场取向后成型，可得到磁各向异性的压坯。粉末的磁场取向规律和压缩规律均在压制过程中发生作用，影响压坯乃至烧结体的质量。

6.1 稀土永磁粉末磁场取向原理

6.1.1 稀土永磁粉末磁场取向与磁体磁性能的关系

永磁粉末在取向场（外磁场）作用下被磁化，各个单晶颗粒自动转向，使其易磁化轴与取向场的方向保持一致，这一过程称为粉末的磁场取向。经过磁场取向和成型操作后，磁体中以易磁化轴与取向场平行的粉末颗粒所占的百分数，称为取向因子或取向度。磁场取向是获得高性能磁体的关键技术之一，磁体的取向度越高，则越有可能制成好的磁体。

烧结和黏结稀土永磁体的磁性能主要来源于具有六方结构的 1:5 或 2:17 型 Sm-Co 化合物单轴晶体，以及四方结构的 $Nd_2Fe_{14}B$ 化合物单轴晶体。单轴晶体的 c 轴为易磁化轴，a 轴为难磁化轴。对于单晶体来说，当沿其易磁化轴磁化时，有最大的剩磁 $B_r = \mu_0 M_s$。如果磁化方向与其易磁化轴 c 轴成一个 θ 角时，则剩磁仅有 $B_r = \mu_0 M_s \cos\theta$，可见 θ 角越小，剩磁就越大。如果永磁体的各个粉末颗粒的 c 轴是混乱取向的，则得到的是各向同性磁体。单一易磁化轴各向同性多晶磁体的 $B_r = 1/2\mu_0 M_s$，这是最低的。如果使每一个粉末颗粒的易磁化方向（c 轴）沿相同方向取向，制成各向异性磁体，则沿粉末颗粒 c 轴取向的方向有最大的剩磁。

各向异性粉末烧结体的剩磁和磁能积可分别用式 2-16 和式 2-19 来描述。若将式中正向畴体积分数视为 $A=1$，则可用取向因子 $\overline{\cos\theta}$ 代表磁体的取向度。实际磁体的 $\overline{\cos\theta}$ 值介于 $0.5 \sim 1$ 两个极端值之间，不取向时 $\overline{\cos\theta}=0$，磁体为各向同性；完全取向时 $\overline{\cos\theta}=1$，磁体为各向异性，磁性能达到理论值。例如，已知 $Nd_2Fe_{14}B$ 的理论磁能积高达 $512kJ/m^3$，目前实验室获得的磁体磁能积已达到 $444kJ/m^3$ 和 $454kJ/m^3$，其取向度均已达 98% 以上。而商品磁体的磁能积在 $200 \sim 380kJ/m^3$ 范围内，实际所获得的烧结 NdFeB 永磁体的取向度在 $0.65 \sim 0.90$ 之间，波动很大。说明粉末颗粒的 c 轴取向程度对磁体的 B_r 和 $(BH)_m$ 均有重要的影响，提高取向度是提高磁性能的主要途径。

粉末磁场取向程度的测量和评价有多种方法。较为简便、易行的方法是测量平行和垂

直取向方向的剩磁，用剩磁比来度量取向度。沿各向异性烧结永磁体的平行取向和垂直取向方向的剩磁是不同的，但当磁场达到各向异性场 H_A 的 1.3~1.5 倍时，其饱和磁极化强度是相同的。当粉末颗粒的 c 轴沿磁场方向完全取向和部分取向时，其平行与垂直方向的磁化曲线和剩磁分别如图 6-1a 和图 6-1b 所示。可见理想取向磁体的剩磁，平行取向方向的 $J_{r//} = J_s$，而垂直取向方向的 $J_{r\perp} = 0$。对部分取向的磁体来说，$J_{r//} < J_s$，$J_{r\perp} \neq 0$。图 6-1b 中垂直 c 轴的磁化曲线不完全是直线，而在坐标原点附近是弯曲的，这是由部分粉末颗粒错取向引起的。$J_{r\perp}$ 的大小在一定程度上反映了取向不够的程度，因此可以用测量平行和垂直取向方向的剩磁，然后按下式来计算取向度：

$$F = \frac{J_{r//} - J_{r\perp}}{J_{r//}} \times 100\%$$

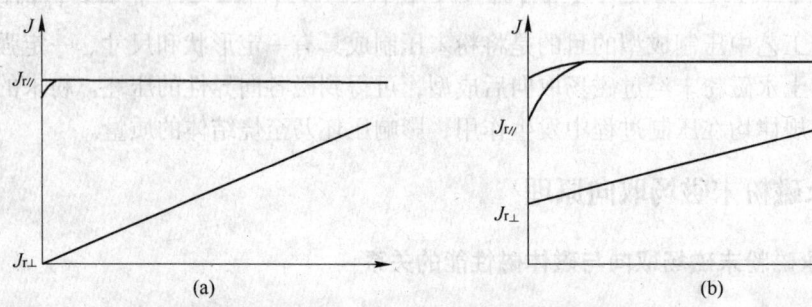

图 6-1　取向烧结 NdFeB 系永磁体的磁化曲线和剩磁
（a）完全取向；（b）部分取向

6.1.2　粉末颗粒在磁场中的取向过程

制备烧结稀土永磁体过程中，在制粉阶段一般将其粉末颗粒研磨至 3~5μm。一般来说它们是单晶体，但不是单畴体。在不施加取向场的情况下，尺寸为 3~5μm 的粉末颗粒是多畴体，并且各个粉末颗粒的 c 轴是混乱取向的，如图 6-2 所示。图中是 3 个晶粒的二维图像，假定每个颗粒有两个磁畴，箭头表示磁矩方向。在取向场为零时，由于颗粒间静磁场的相互作用会出现团聚现象，从而形成二次粉末颗粒，使磁粉的流动性变差。如沿箭头方向施加一个取向磁场，如图 6-2b 所示，各个磁畴的静磁能为 $E_H = -HM\cos\theta$，θ 是磁畴磁矩方向与外磁场方向的夹角。θ 角越小，静磁能越低。为降低系统静磁能，各个颗粒的 a 畴将扩大，b 畴将缩小，并随着取向磁场的提高，a 磁畴将吞并 b 磁畴，各个粉末颗粒变成单畴体，这是磁场取向的第一阶段。第二阶段是粉末颗粒转动过程，粉末颗粒转动时受到静磁转矩力和转动阻力的作用。静磁转矩力是颗粒转动的驱动力，表达式为 $\mathrm{d}E_H/\mathrm{d}\theta = HM_s\sin\theta$，$\theta$ 为晶粒磁矩方向与取向磁场方向的夹角，θ 角越大，颗粒受到的静磁转动力矩越大。在没有阻力的情况下，各个颗粒倾向于转动到 $\theta = 0$ 的方向上，此时粉末颗粒的 c 轴将沿取向磁场方向排列，这是一种理想的状态。实际上，粉末颗粒在转动过程中将遇到阻力，阻力主要来自粉末颗粒之间的静磁相互作用力即团聚力，其次来自粉末颗粒相互接触时产生的内摩擦力以及粉末形状不规则造成的机械阻力。前一种阻力即团聚力总是存在的，它的大小与粉末颗粒的表面场有关，而单畴颗粒表面场可达 1.5T 以上。为打破粉末颗粒的团聚，使其沿磁场方向取向，在无其他阻力作用的情况下，取向场应大于

1.5T 以上。后两项阻力的大小与粉末松装密度和颗粒形状有关。当颗粒为球状时，则机械阻力可能很小，而仅是球状粉末颗粒相互接触而产生的摩擦力。

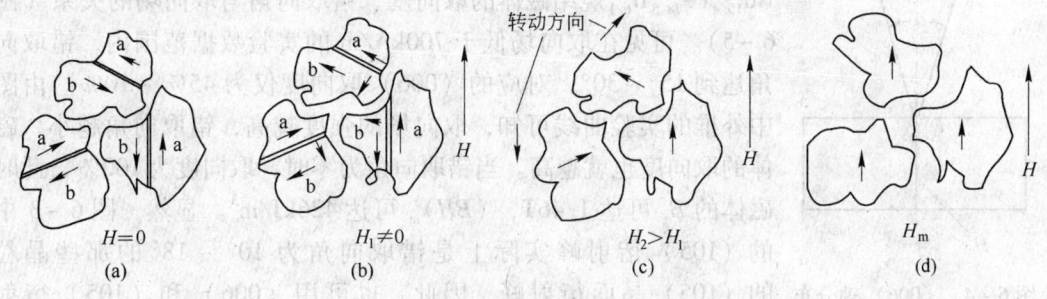

图6-2 磁性粉末磁场取向过程

（a）非取向；（b）畴壁位移；（c）颗粒转动；（d）颗粒取向

6.1.3 粉末颗粒的错取向

图6-3是烧结 $Nd_{16}Fe_{74}B_8$ 永磁体垂直取向方向的截面上的 X 射线衍射谱随取向场强度的变化。由图可见取向场为零，即非取向样品的 410，411，330，313，314，311，222，212 等晶面有较强的衍射峰，说明各个粉末颗粒 c 轴取向是混乱的。但随取向场强度的提高，这些晶面衍射峰强度逐渐降低，说明随取向场强度的提高，粉末颗粒 c 轴逐渐转动到取向场的方向上。当取向场（脉冲场）达到 3.2MA/m 时，上述晶面的衍射峰强度已降低到接近于零，而保留（004），（105），（006）晶面的衍射峰，其中（006）面的衍射峰强度最强。当粉末颗粒 c 轴百分之百的沿磁场方向取向，同样的实验表明，在衍射谱中则不存在（105）面衍射峰。

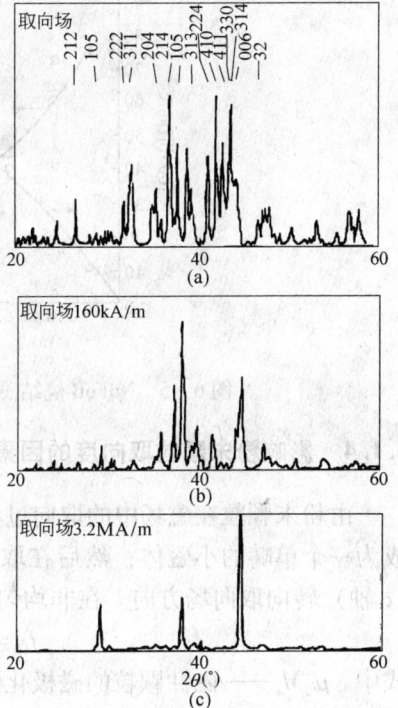

图6-3 烧结 $Nd_{16}Fe_{74}B_8$ 永磁体垂直取向场截面的 X 射线衍射谱

对于 $Nd_2Fe_{14}B$ 四方晶体来说，（105）面与（006）面成 15.44°的角度。（105）衍射峰的存在，说明部分晶体的（006）方向（即 c 轴方向）与磁场取向轴不完全平行，发生了错取向。即（105）衍射峰是由于某些粉末颗粒 c 轴不是沿磁场方向取向，而是沿与磁场取向轴成 15.44°角方向取向造成的。因此，（105）衍射峰的强弱反映了错取向晶粒数的多少，若（105）衍射峰强，则说明粉末颗粒 c 轴沿与磁场取向轴成 15.44°角度的晶粒数目多。错取向分布在以取向场为对称轴的锥体内，如图6-4所示，因而造成它们的〈105〉晶向沿着取向轴的方向。也就是说，在 3.2MA/m 取向场下，尽管绝大部分粉末颗粒 c 轴已沿取向轴的方向，但也有部分粉末颗粒的〈105〉方向沿取向轴的方向。这种取向程度是不理想的，因为在剩磁状态，〈105〉轴向取向的晶粒的磁矩将转动到与取向轴

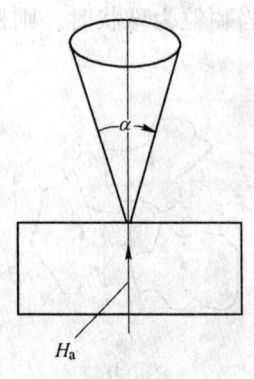

图 6-4　〈006〉轴分布
在以取向场为对
称轴的锥体内

成 15.44° 的角度上，从而使剩磁降低。

周寿增等人采用 X 射线的织构测定法，得到各向异性 $Nd_{15.4}Fe_{78.5}B_{6.1}$ 烧结磁体的取向度、错取向角与取向场的关系（图 6-5）。可见在取向场低于 700kA/m 的实验数据范围内，错取向角达到 15°~30°，对应的（006）取向度仅为 45%~10%。由图中外推的实验曲线可知，取向场的强度越高，错取向角越小，磁体的取向度也就越高。当错取向角为零时，取向度为 100%，此时磁体的 B_r 可达 1.46T，$(BH)_m$ 可达 426kJ/m^3。显然，图 6-3 中的（105）衍射峰实际上是错取向角为 10°~18° 的那些晶粒的（105）晶面衍射峰。因此，也可用（006）和（105）衍射峰强度的比值来定性地描述各向异性烧结 NdFeB 系磁体的取向度。

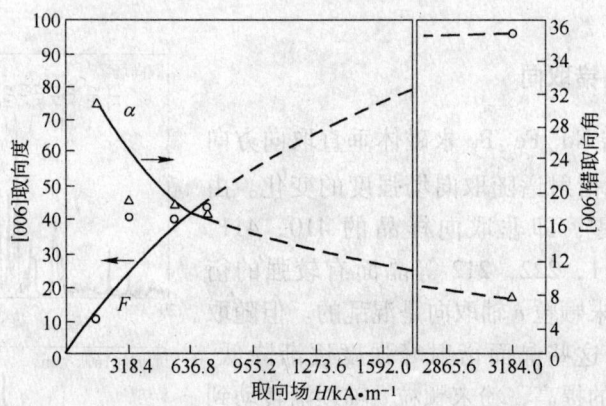

图 6-5　NdFeB 烧结磁体取向度 F、错取向角 α 与取向场强度的关系

6.1.4　影响粉末颗粒取向度的因素

由粉末颗粒在磁场中的取向过程可知，磁性颗粒在取向场中首先被磁化，每个颗粒都成为一个单畴的小磁体；然后在取向场与颗粒磁体静磁转矩的作用下，颗粒的易磁化轴（c 轴）转向取向场方向。在非均匀磁场中，磁性颗粒受到的磁力可表示为：

$$f_C = \mu_0 M_s \cdot \Delta V \cdot H \cdot dH/dL$$

式中　$\mu_0 M_s$——磁性颗粒的磁极化强度；

　　　ΔV——颗粒的体积；

　$H \cdot dH/dL$——磁场力，dH/dL 表示磁场梯度。

由此式可知，作用在颗粒上的磁力取决于颗粒磁性 $\mu_0 M_s$、颗粒的体积 ΔV 和反映磁场特性的磁场力。

粉末中颗粒的转向程度即或取向度，由作用在颗粒上的磁力 f_C 和与磁力反向的所有机械合力 Σf_i 的比值决定。为了提高取向度，必须满足 $f_C > \Sigma f_i$ 的条件，亦即提高磁力 f_C 和减小机械阻力 Σf_i。因而粉末的取向度受多方面因素的影响，如与取向磁场强度、粉末颗粒形状与尺寸、取向粉末的初始密度、成型方式以及取向场与成型压力的相对方向等均有关系。

对性质一定的磁性粉末，$\mu_0 M_s$ 值一定，作用在颗粒上的磁力 f_c 取决于磁场力 $H \cdot dH/dL$ 的大小。若要提高取向度，不仅要进一步提高取向场强度 H，而且要设法提高磁场梯度 dH/dL，如要尽力减小磁极漏磁引起的 dH/dL 下降等。图 6-6 是用橡胶模压制样品时，取向磁场强度对烧结 $Nd_{15}Fe_{78.2}B_{6.8}$ 永磁体磁性能的影响。随取向场强度的增加，磁性能 B_r、$(BH)_m$ 和 H_{cb} 提高，而 H_{cj} 随取向场强度的提高而降低。从 B_r 和 $(BH)_m$ 与取向场的关系来看，似乎取向场大于 1.2MA/m 以后，B_r 和 $(BH)_m$ 就趋近饱和。但近来的实验发现，采用橡胶模压，取向场

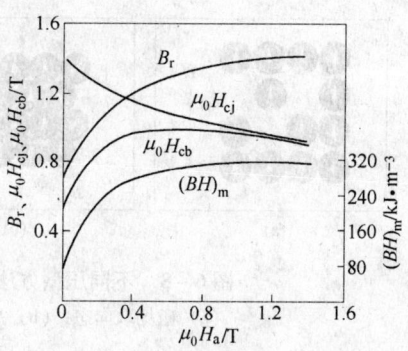

图 6-6 取向场强度对 NdFeB
烧结磁体磁性能的影响

从 1.6MA/m 提高到 4.8MA/m，磁体的 B_r 仍然进一步提高，如图 6-7 所示。说明对于 NdFeB 粉末，取向场达到 1.2MA/m 时，仅能克服颗粒间的静磁力而打破颗粒团聚体。进一步提高取向场强度，才能克服其他机械阻力而提高取向度。因此，采用足够强的取向场是必要的。

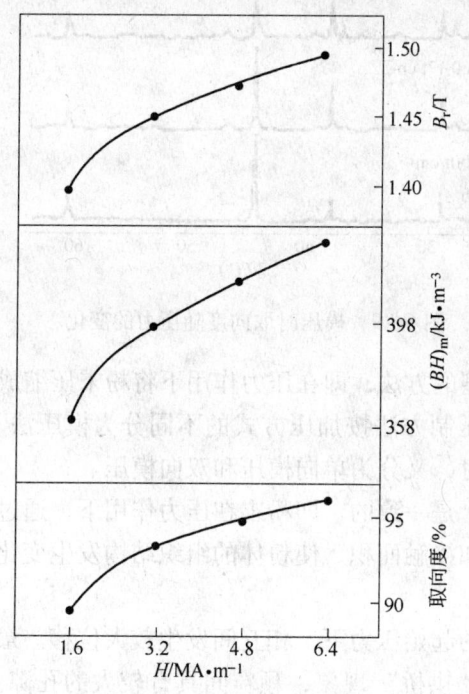

图 6-7 NdFeB 烧结磁体的
磁性能与取向磁场的关系

粉末的颗粒圆整、表面光滑显然有利于降低粉末的内摩擦力和颗粒间的机械阻力，从而有利于提高取向度。而且大尺寸的颗粒（ΔV 大）受到的磁力也大，说明粉末中粗颗粒较细颗粒更易取向，因而粉末的粒度分布也直接影响到取向度，粒度分布窄的粉末有利于取向。粉末装入模具，进行磁场取向之前的初始密度越小，可使粉末在阻力最小的情况下取向，因而对磁场取向也有重要影响。为获得良好的取向，粉末的初始密度应为其松装密度，粒度为 $3 \sim 4 \mu m$ 的 NdFeB 粉末的松装密度约 $1.5 g/cm^3$ 为宜。实践中对松装粉末先进行二至三次磁场冲击后再压制，这种操作对于调整颗粒的接触状态、改善密度分布的均匀性，从而提高粉末的取向度是有利的。

压坯中粉末颗粒的取向度还受到磁场取向方向与压制方式的显著影响，如图 6-8 所示，不同的压制成型方法对粉末颗粒 c 轴取向有不同程度的破坏。粉末在模腔中经过磁场冲击后，颗粒的 c 轴已沿取向场方向有序排列，在随后的取向压制过程中，颗粒将保持着取向方向进行位移和重新排列。当压力方向与取向方向平行，即平行模压时，粉末颗粒发生较大距离的位移，此过程导致粉末颗粒转动程度较大。同时，由于颗粒之间存在磁力作用，颗粒排列越紧密，相互之间的斥力就越大，平行模压会加剧这种相斥状态，使压坯中的颗粒 c 轴偏离取向方向而呈喇叭形相斥状态，降低了取向度。与此相反，当压力方向与取向方向垂直，即垂直模压时，压力克服了颗粒的磁力相斥

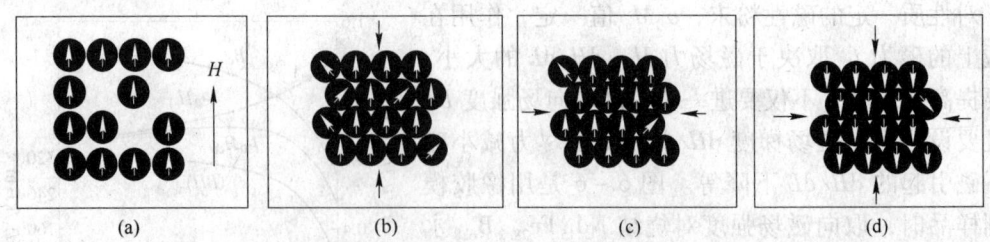

图 6-8　不同压型方法对粉末颗粒取向的破坏程度的影响示意图
（a）磁场取向态；（b）平行模压；（c）垂直模压；（d）橡胶模等静压

作用，颗粒的相斥状态在一定程度上得到了矫正，对提高取向度是有利的。在橡胶模等静压时，粉末颗粒几乎不转动，从而可维持高的取向度。在普通模压过程中，粉末与模壁之间产生相对运动，受到模壁的外摩擦作用，引起粉末颗粒转动，因而取向度将受到一定的破坏。如图 6-9 所示，随模压压力的提高，（105）衍射峰强度提高，（006）与（105）的强度比逐渐降低，即取向度随压力提高而降低。

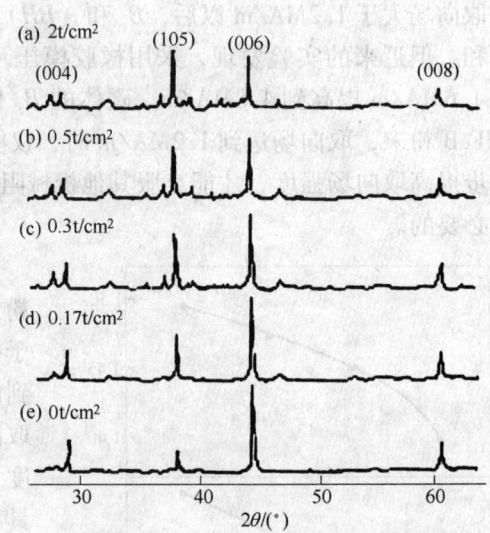

图 6-9　模压时取向度随压力的变化

6.2　粉末压制成型原理

6.2.1　粉末压制过程

　　通常把粉末容积减小，使颗粒填充状态变密的过程称为压缩。粉末冶金工艺采用压制成型的方法，即在压力作用下将粉末压缩成具有一定形状和尺寸、一定密度和强度的坯体。压制方法按加压方式的不同分为模压法、等静压法和橡胶模压法。用冲头和冲模进行模压时，又分为单向模压和双向模压。

　　各种压制方法在粉体成型过程中的规律基本上是一致的。即粉末在压力作用下，通过颗粒间的位移和颗粒本身的变形而增加接触点数和接触面积，使粉体的组织结构发生变化并压结成模腔形状。

　　压制初期，充填在模腔中的粉末颗粒在很低的起始压力下，相互间发生较大位移。最初充填于模具中的粉末是松散堆积的，容易形成"拱桥"现象，颗粒间具有较大的孔隙。故在压制的起始阶段最先发生的是颗粒间的某些移动，如颗粒的移近、分离、滑动、转动，以及由于颗粒的粉碎而发生的位移，使粉末颗粒重新排列，导致粉体的体积迅速减少，密度迅速增加。在此期间，颗粒一般仍处于点接触状态，如图 6-10a 所示。

　　随着成型压力的增加，颗粒间接触点处发生弹性变形。当接触区域的应力超过材料的屈服极限或强度极限，还要发生塑性变形或脆性破碎，颗粒间出现永久接触面，同时出现冷焊接和强有力的机械啮合。当成型压力增加到一定程度时，颗粒变成多面体，相互间基本上为面接触。此时，粉末的颗粒特性逐渐消失，颗粒间仅残存为数很少的小孔隙，粉体

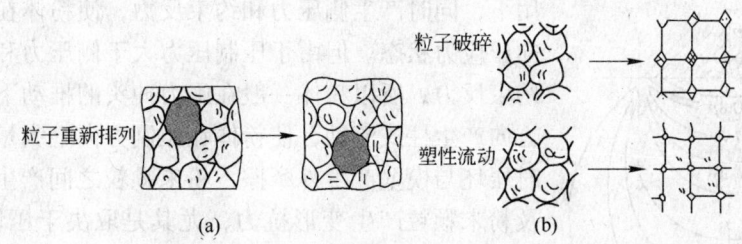

图 6 - 10　关于粉体压缩过程的图解

的密度逐渐接近于材料的理论密度，如图 6 - 10b 所示。

　　如果再提高成型压力，粉体就会呈现以体积弹性压缩为主的变形特征，压坯的密度基本上不再提高。由于压坯中被隔离的孔隙的体积不断被压缩，陷入孔内的气体就会具有一定的压力。压坯最终仍存在这种被压缩的孔隙，因此其密度只能接近而不能达到材料的理论密度。

　　在整个粉体压缩过程中，由于这些阶段常常是同时进行的，各个阶段在某种程度上相互重叠，重叠的程度与粉末材质、颗粒形状、粒度分布、加工硬化等因素有关。实际上对粉体的压缩，只能说在成型的初期以颗粒位移为主，而在成型的后期则主要依靠颗粒的变形。稀土永磁粉末硬而脆，施加的压制压力也有限，故还不至于发生大量的颗粒变形和碎裂。

　　在粉末压制过程中，压坯密度与压制压力的关系曲线称为压制曲线或压制平衡图。如图 6 - 11 所示，随着压力的增加，压制初期的压缩以颗粒位移为主，填充孔隙，密度增加很快；当压坯密度达到一定值，粉末体出现了一定的压缩阻力，虽然加大压力，但孔隙度不能减少，因此密度也就变化不大；当压力继续增大，超过粉末颗粒的临界应力后，颗粒开始变形，随着压力的增加，由于位移和变形都起作用，压坯密度又随之增加。

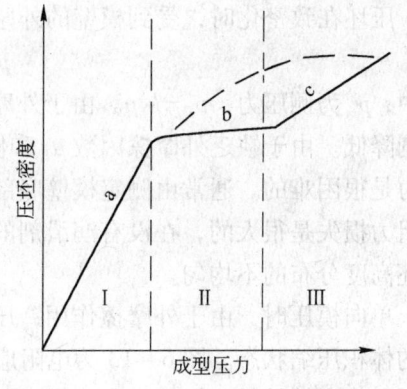

图 6 - 11　压坯的密度与压制压力的关系

　　压制曲线可通过一系列的粉末压缩性试验绘制出来。一般来说，测定出粉末的压制曲线后，就可以确定压制一定密度的压坯所需的压力。关于压坯密度与压力的解析关系式已有过许多研究，曾出现过数百个压制方程。但从实用而言，仍需测定所研究粉末的压制曲线。

6.2.2　压制时的压力分布

　　压制曲线反映了压坯平均密度与压力的关系，与此相关的是压坯密度的均匀性问题。压制粉体时，压力消耗于使粉体变形与致密化，故压力在粉体中的传递与在固体和液体中完全不同。在粉体层上置一圆柱体，施加压力时粉体中压力分布近似于一簇不同心球面等压面，如图 6 - 12 所示。

　　对于用冲头和冲模加压时，则还要考虑壁面的影响。模压过程中，粉体在压制压力作

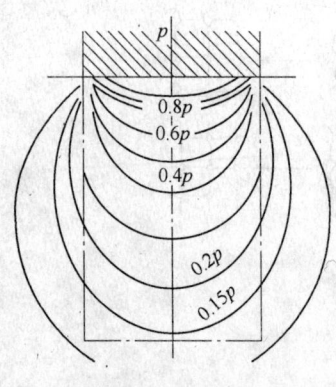

图 6 - 12　粉体中球面压力分布

用下，同时产生侧压力和约束反力，使粉体在模腔中呈三向压应力状态。但由于压制压力大于侧压力和反向冲头的约束反力，所以粉体一般在施力冲头的推动下沿冲头移动方向产生柱式流动，使粉体在压制方向上大量压缩。压缩时压坯与模壁产生外摩擦，粉末颗粒之间产生内摩擦，以及粉末颗粒产生变形抗力，尤其是取决于压坯几何尺寸、粉末特性和模具表面状态的外摩擦力，强烈地使压制压力沿压制方向降低。

若用直径 D 的冲头，压制高度为 H 的压坯时，上冲头的压力为 p，模底板的压力为 p_d，则有如下关系式：

$$p_d = p\exp[\ -4\mu_f k_a H/D]$$

式中，k_a 为粉体侧压力系数；μ_f 为外摩擦因数。实际上，所呈现的形式更为复杂。该式表明，粉体中压力随压坯的高径比 H/D 呈指数关系降低，且 $\mu_f k_a$ 值越大，压力降低越多。所以降低压坯的高径比是减少压力差的措施之一。由粉体力学知，粉体的内摩擦因数 $\mu_i = \tan\varphi_i$，侧压力系数 $k_a = \tan^2(\pi/4 - \varphi_i/2)$。$\varphi_i$ 为粉体的内摩擦角，可用三轴压缩法或剪切盒等方法测定。实验表明，内摩擦因数 μ_i 与粉末的压缩状态有关，它随压坯孔隙率的减小而增大。显然，侧压力系数 k_a 则随压坯孔隙率的减小而降低。而外摩擦因数 μ_f 与压坯的孔隙率无关。

压坯在致密化时，受到模壁的外摩擦作用，其阻力损失为

$$p_f = \mu_f p_r = \mu_f k_a p$$

式中，p_r 为侧压力，$p_r = k_a p$。由于外摩擦会使轴向压力 p 减小，侧压力 p_r 沿压坯高度会急剧降低。由于缺乏外摩擦因数 μ_f 和侧压系数 k_a 的可靠资料，因此要计算摩擦阻力和侧压力是很困难的。通常由测定模壁底部应力的方法来确定摩擦阻力损失。实验表明，外摩擦阻力损失是很大的，在没有润滑剂的情况下，p_f 可达 $(0.6\sim0.9)p$。这就引起了密度沿压坯高度分布的不均匀。

单向模压时，由于外摩擦作用，压力沿轴向降低，在径向也有变化，使粉末处于不平衡的体积压缩状态。图 6 - 13 为电阻应变片埋入粉体层所测得的等压线和等密度线的实验例子。由实验结果可知，在垂直模压下，粉体层的中部和下部压力最大，因此也就可以确定最密填充形成的部位。

中心轴

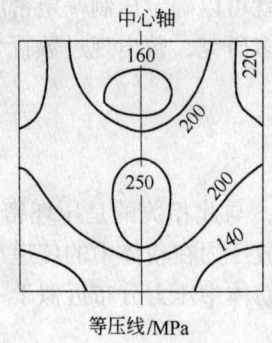

等压线/MPa

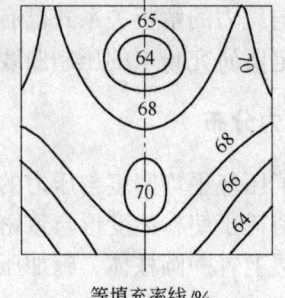

等填充率线/%

图 6 - 13　粉体中压力和填充率分布

压制时，除压坯与模壁的摩擦外，粉末颗粒间的内摩擦也起一定作用。内摩擦只对压制压力有影响，而且不会导致压力沿压坯高度降低。同理，粉末颗粒的变形抗力也对压制压力有一定影响。因而在模压时，致密化并不是由于压制压力的直接作用引起的，而是在某一平均压力作用下进行的，此值比压制压力要小得多。模压的工作压力一般为300~500MPa，工作压力过低，不易达到压制要求；工作压力过高时，模具和压机难以承受，会影响其使用寿命。

单向模压时，采用模壁光洁度很高的压模和模壁涂润滑剂可以显著减少外摩擦力，从而使压坯密度的均匀性得到改善。采用双向模压时，压坯与上下模冲接触的两端密度较高，而中间部分的密度较低，其密度均匀性显然要优于单向模压。单向模压与双向模压压坯的密度沿高度方向的分布见图6-14。由于双向模压可在很大程度上改善压坯的密度分布，故双向模压得到了广泛的应用。实际操作中，为了使压坯密度分布得更加均匀，除了采用润滑剂和双向模压外，更有效的方法是采用橡胶模等静压或冷等静压，因为等静压的压坯密度基本上是均匀一致的。

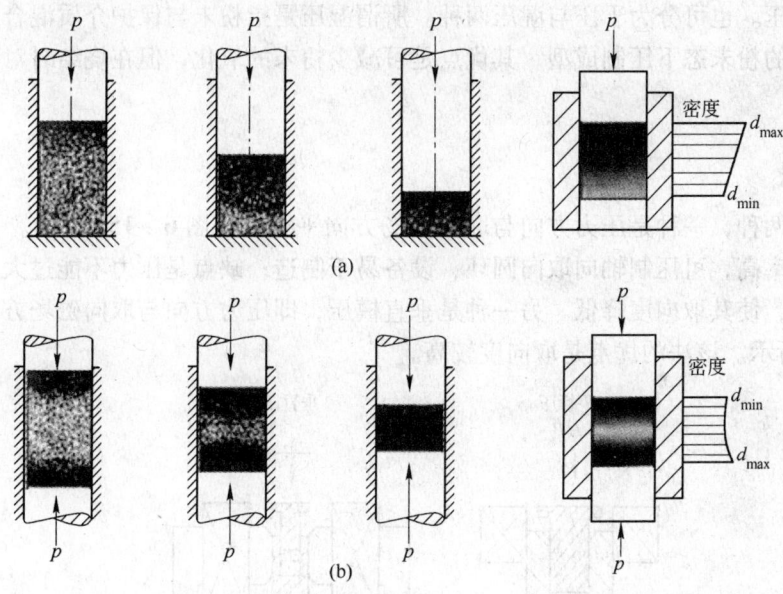

图6-14　单向压制（a）和双向压制（b）压坯密度沿高度的分布

6.2.3　压坯的弹性后效

在压制过程中，随着压力的增加，压坯逐渐致密，压坯的强度也逐渐增加。压坯强度取决于粉末颗粒间的结合力，这种结合力来源于颗粒间的机械啮合力和原子间的吸引力。对压坯强度的需求，最主要是保证压坯不产生裂纹，这是压制操作中最为关注的一个问题。影响压坯开裂的因素很多，其中"弹性后效"是引起压坯开裂的主要原因。

压坯在卸压或脱模时，贮存在压坯中的弹性应变能就要释放出来，使粉末颗粒的弹性变形得以恢复，这对已变形的颗粒本身或整个压坯来说，就是一个弹性膨胀和尺寸胀大的过程。由于这一过程持续的时间较长，故称其为弹性后效。压坯的膨胀与压制时的压力状态有关，模压时轴向压力远大于侧压力，使压坯的弹性后效有明显的方向性，一般在轴向的膨胀远大于侧向。而在等静压下，压坯在各向受到均等的压力，在各向的膨胀也就不会有明显的差别。压坯的弹性膨胀实际上就是降低颗粒接触区域的应力，减少颗粒接触面积的过程。但这一过程并不总是在所有的颗粒间均匀进行，而是容易集中在压坯密度较低，颗粒间机械啮合力较弱的接触区域，使压坯出现裂纹和分层。对于常规模压，由于密度的不均匀性，要完全避免压坯开裂确实是困难的。等静压压制的压坯，弹性后效均匀，压坯密度大，强度也大，压坯就不易开裂。

　　弹性后效所引起的压坯尺寸胀大，往往有利于压坯的脱模。压坯无弹性膨胀时，脱模压力应等于压坯与模壁之间的摩擦阻力损失。由于存在弹性后效，压制压力去除后，压坯沿轴向发生弹性膨胀而伸长，使侧压力减小，摩擦阻力降低，从而降低了脱模压力。对于小型压坯，脱模压力通常不超过 $0.3p$，使用润滑剂时可降低至 $(0.03 \sim 0.05)p$。

6.3　粉末压制成型方法与设备

　　目前，稀土永磁粉末采用的压制成型方法有三种，即模压法；模压加等静压；橡胶模压或加等静压。也可分为干压与湿压两种。所谓湿压是指粉末与保护介质混合，处于胶泥状态或半湿的粉末态下压制成型，其优点是可减少粉末的氧化，但在烧结时对真空系统有影响。

6.3.1　模压

　　模压有两种，一种是压力方向与取向磁场方向平行，如图 6 - 15a 所示。平行模压操作简便，效率高，可压制轴向取向圆环，设备易于制造；缺点是压力不能过大，否则要破坏晶体取向，使其取向度降低。另一种是垂直模压，即压力方向与取向磁场方向垂直，如图 6 - 15b 所示。该法的优点是取向度较高。

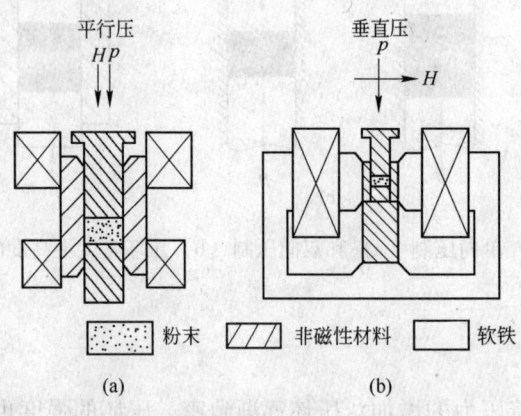

图 6 - 15　平行模压（a）与垂直模压（b）

　　取向压模由压机、模具和取向线圈配置而成。平行模压可以把线圈安放于压机工作台上，无磁模具置于线圈孔中，压机冲头及机体本身作为轭铁形成导磁回路。也可以用两个线圈分别套在压机的上、下两个冲头上并加以固定，适用于平行取向双向压制。垂直模压时，轭铁的两个极头轴线垂直于压制方向布置，轭铁回路平行于压机工作台面，线圈套在轭铁上。这种配置方法需改变模具设计，模具的压坯部位用导磁材料制成，并与轭铁极头紧密接触。

单向模压因为单方向施压而使压坯密度不够均匀,一般用来压制高度不大、形状简单的压坯。当压坯的高度与直径之比大于1时,就要采用双向压,即从上下两个方向施压,使得压坯密度较为均匀。图 6-16 是一种浮动压模示意图,模腔支撑在弹簧上,而下冲头不动。当上冲头下压到一定压力时,模腔随之下移,其作用相当于下冲头移动加压。浮动压模的优点是仅靠上冲头加压也可获得双向压制的效果,降低了对压机的要求,而且脱模顺利。

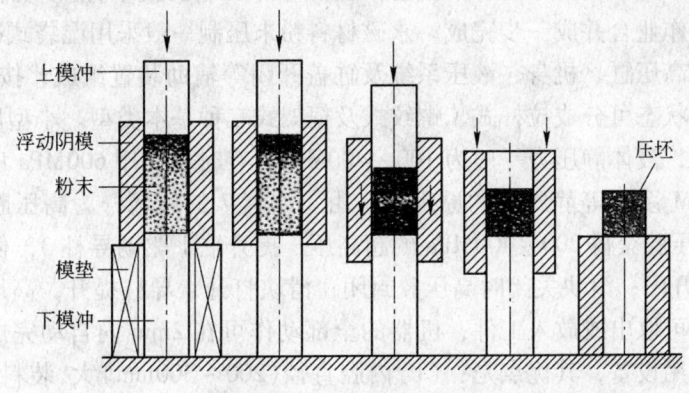

图 6-16 浮动压模示意图

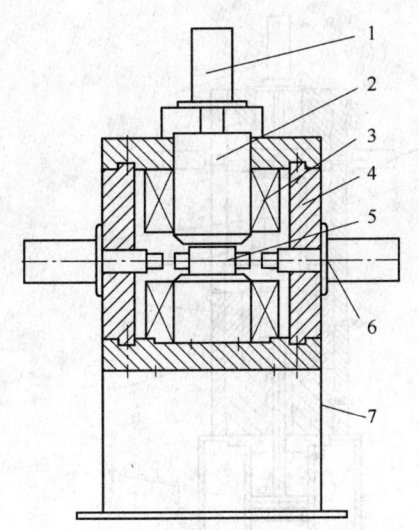

图 6-17 平行与垂直两用压力机原理图
1—油缸;2—极柱;3—线圈;4—框架;
5—模具;6—侧缸;7—机座

粉末冶金生产用的压机种类很多,从驱动方式上可分为液压压机和机械压机两大类。目前国内永磁粉末压制多采用油压的粉末单向成型压机,公称压力为 250~1000kN。由于磁场取向以及粉末流动性差等原因,这类压机多数还处于手工操作状态。而近代粉末压机的特点是:具有 2~5 个能够独立传动并单独调整行程的装置,以适应形状复杂的压坯的压制;提高了脱模力,达到公称压力的 0.6 倍;充填粉末和压坯脱模可自动操作。国外已有专门用于稀土永磁粉末成型的全自动压机,采用双向压制,并具有防止粉末氧化的密闭腔。图 6-17 是国内制造的专用于生产稀土磁体压坯的 ZCY 系列压力机的原理图。其特点是既可平行压又可垂直压;机架与压模一体化,既简化了结构又形成了闭合磁路,大大减

少了漏磁,提高了磁场强度,其取向场可达 1.6~2.4T/50mm。该压机的极柱直径 200~500mm,压力为 150~1000kN,适用于大尺寸或小尺寸多件磁体同时成型。

6.3.2 模压加等静压

模压加等静压的压型方法又称两次压型方法。先用小压力(30~40MPa)进行垂直模压,得到一定密度(约 $3.0~4.0g/cm^3$)的压坯。然后将成型后的压坯用乳胶套封装并抽真空后,置于高压缸内压制,如图 6-18 所示。在高压缸内,已包套的压坯完全浸没在油

液中,冲头施压时液体压力形成并各向均等地作用于包套表面,使包套内压坯均匀地压缩和致密化。

　　等静压技术分为冷等静压和热等静压,按成型方法又分为湿袋式和干袋式两种。图6-18 即为湿袋式冷等静压技术,具有灵活方便,适应性强的特点。干袋式等静压是将成型模具固定在高压缸内,将粉末直接投入模具中的包套内进行压制,适用于简单形状压坯的大批量生产。热等静压是在高温和高压下使粉末经受等静压制的技术,使传统粉末冶金工艺的成型与烧结两步作业合并成一步完成。永磁材料粉末压制一般采用湿袋式冷等静压技术。

　　等静压机由高压缸、机身、液压系统及缸盖开闭等辅助装置组成,按照工作室尺寸、压力及轴向受力状态可分成拉杆式、螺纹式及框架式三种基本类型。小型压机具有普通液压机的许多特点,液体静压力一般为 100 ~ 400MPa,有时也使用 600MPa 以上的压力。图6-19 是 KJY-M 系列等静压机的原理图,由主油缸 7 的活塞杆为高压腔加压,可增压6 ~ 12 倍,在高压腔获得 200 ~ 400MPa 的超高压;提升缸 1 驱动导柱 3,侧缸 9 驱动滑块2 实现高压腔的开闭;滑块关闭时高压腔封闭;滑块打开,导柱提升,高压腔打开,从导向套 8 的窗口即可取出或放入工件;机器的全部动作可在 2min 内自动完成。该机是制备稀土永磁体的专用设备,其优点是:(1)内腔直径(200 ~ 300mm)大,装料多,可压大块压坯;(2)增压速度快,减少工件渗油几率;(3)功率消耗低;(4)价格低;(5)操作方便、可靠。

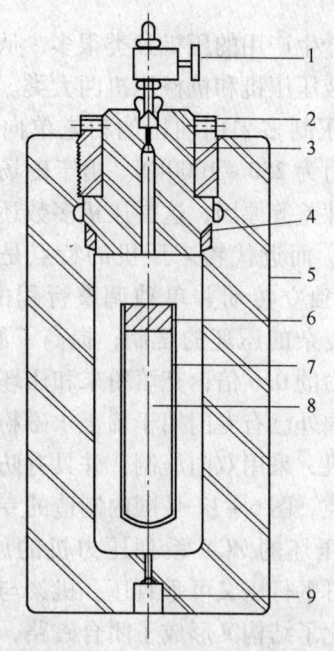
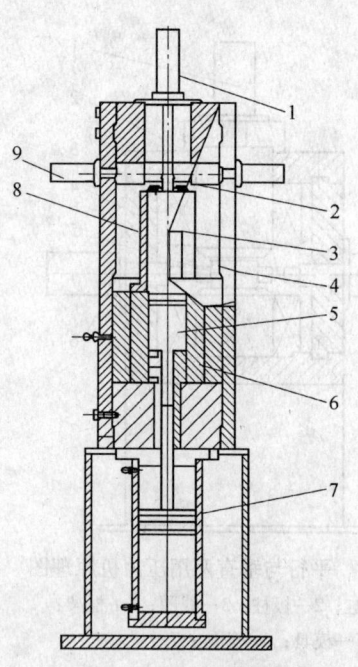

图 6-18　等静压制原理图　　　　　　　图 6-19　KJY-M 系列等静压机原理图

1—排气阀;2—压紧螺母;3—顶盖;　　　　1—提升缸;2—滑块;3—导柱;4—机架;

4—密封圈;5—高压容器;6—橡胶塞;　　　5—高压腔;6—缸体;7—主油缸;

7—模套;8—压坯;9—压力介质入口　　　　8—导向套;9—侧缸

　　模压加等静压的两次成型技术可进一步提高压坯密度。常规模压由于模壁的摩擦作用,随压力的提高会破坏压坯的取向度,使压制压力的提高受到限制,通常压坯的相对密度约60%。模压加等静压是先用模压制取相对密度为 40% ~ 50% 的压坯,然后用等静压将压坯的相对密度提高到85%～90%左右。压坯密度的提高，无疑会提高烧结磁体的性能。但更为重要的是等静压制提高了压坯的取向度，会较大幅度地提高烧结磁体的磁性能。因为在等静压过程中，压坯在各个方向受到的液体压力相等，且无外摩擦作用，压制时不破坏压坯的取向度，故可获得较高的取向度。由于等静压的液体压力仅用于克服内摩擦力和变形抗力，在同等压力条件下，等静压会获得比模压高得多的压坯密度。经 X 射线分析表明，模压样品晶体 c 轴与取向轴成15°角的锥体内的粉末颗粒仅占样品总颗粒数的50%，而等静压样品 c 轴与取向轴平行的颗粒占到70%，说明等静压大大改进了模压压坯的取向程度。

6.3.3　橡胶模等静压

橡胶模压（RIP）的示意图如图6-20所示，它由橡胶模、上冲头、下冲头、无磁性钢模、脉冲磁场线圈和压力机组成，磁粉装在橡胶模腔内，当上冲头向下压时，由于受到无磁性钢模的限制，橡胶模向内腔膨胀，将其等静压力施加到粉末样品上，使粉末成型并致密化。

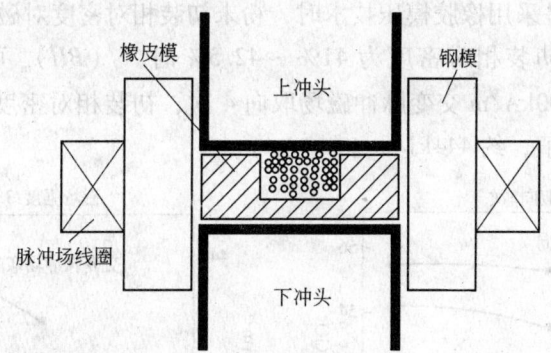

图6-20　橡胶模等静压原理图

橡胶模压是一种类似于等静压的厚壁膜均衡压制。制造模具的材料有尿烷，硅酮橡胶或原胶等，制成的模具弹性好，具有适宜的泊松比（$\nu = 0.5$），侧压系数 $k_a = 1$，这是橡胶模均匀施压的先决条件。而在常规模压中，侧压系数远远小于1。在压制过程中，压坯与橡胶模壁之间无相对运动，压坯在各向均衡的压力作用下压缩，可获得较高的取向度。

橡胶模压通常为一次压制成型，如需要时也可将一次成型的压坯再进行等静压压制。对于一次成型的橡胶模压，在粉末初始填充密度、取向磁场强度以及压制压力等工艺条件上都与常规模压有所不同。对于平均尺寸为 4～5μm 的稀土永磁粉末，松装密度约2g/cm^3，相对密度约26%为宜。但为了使压坯的外形规则和不开裂，其初始填充的相对密度达37%左右的效果较好。初始填充密度低，压坯容易变形和开裂。初始填充密度提高后，需要更强的取向场才能获得高的取向度。例如相同成分的烧结 NdFeB 粉末，采用脉冲场取向和橡胶模压，当取向场由 640kA/m 提高到 3600kA/m，磁体 B_r 可由 1.03T 提高到 1.28T，增加了约1/4，效果十分显著。橡胶模压时的压力一般不需要太大，约40MPa，使压坯密度达到3.8～4.0g/cm^3 便可。对相同成分和相同工艺的磁体，橡胶模压磁体的性能较高，见表6-1。由表中数据可见，垂直模压比平行模压的取向度高，而橡胶模压有更高的取向度，因而 B_r 和 $(BH)_m$ 分别都有较大提高。

表 6 - 1　NdFeB 磁体的磁性能与压型方法的关系

压型方法	B_r/T	H_{ej}/MA·m^{-1}	$(BH)_m$/kJ·m^{-3}
平行模压	1.13	1.66	239.2
垂直模压	1.21	1.65	280.8
橡胶模压	1.27	1.63	309.0

　　采用橡胶模压技术，取向磁场的方式和磁场强度对磁体的磁能积有显著的影响。图 6 - 21 是取向磁场方式和磁场强度对磁能积的影响，在恒磁场取向情况下，取向场由 1600kA/m 提高到 4700kA/m 时，磁体的磁能积由 380kJ/m³ 提高到 426kJ/m³；而采用磁场强度相同的脉冲磁场时，其磁能积由 415kJ/m³ 提高到 444kJ/m³。图 6 - 22 是 NdFeB 合金粉末在磁场中取向时，取向次数对磁体磁能积的影响。当取向场为 3200kA/m 时，随取向次数增加，磁能积增加。恒磁场由 2 次增加到 4 次，$(BH)_m$ 由 410kJ/m³ 提高到 426kJ/m³；而在相同条件下，脉冲磁场由 2 次增加到 4 次，其 $(BH)_m$ 由 430kJ/m³ 提高到 444kJ/m³。图 6 - 23 是采用橡胶模压技术时，粉末初装相对密度对磁体磁能积的影响。当采用恒磁场取向时，初装相对密度为 41% ~ 42.5% 时，$(BH)_m$ 可达到最大值，约为 424kJ/m³；而采用 3200kA/m 交变脉冲磁场取向 4 次，初装相对密度需要 45% ~ 46% 时，$(BH)_m$ 才能达到最大值，约 444kJ/m³。

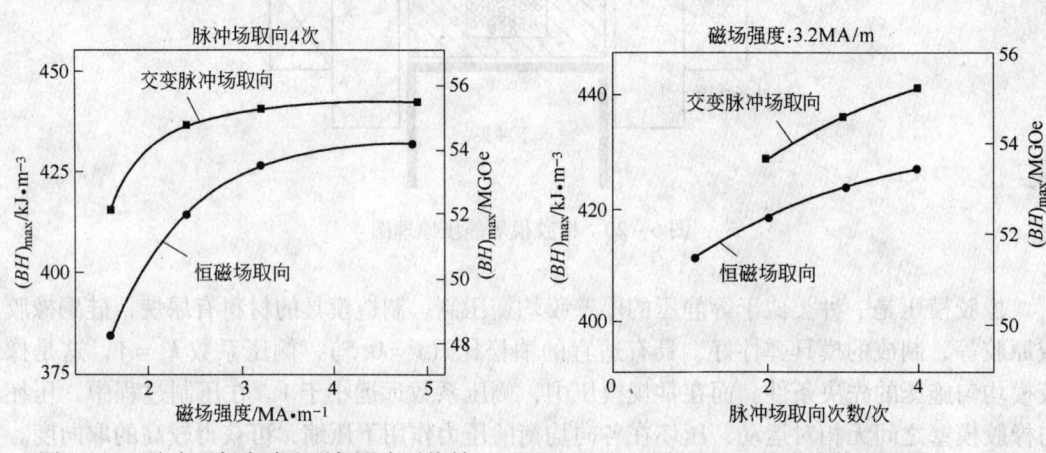

图 6 - 21　取向磁场方式和磁场强度对烧结　　　　图 6 - 22　取向次数对 NdFeB
　　　　NdFeB 永磁体 $(BH)_m$ 的影响　　　　　　　　　永磁体 $(BH)_m$ 的影响

　　橡胶模压技术近几年得到了完善，如图 6 - 24 所示为一套先进的 RIP 装置。橡胶模安装在由分度头控制的可转动的底盘上。橡胶模套在一个硬塑料模内，避免了金属硬模在磁场取向时发热的问题，充分发挥了取向场的作用。当橡胶模处于位置 1 和 2 时，对其进行清理。当转动到装粉位置时，采用一个振动装料的装置，见图 6 - 25，将 NdFeB 合金粉末装入橡胶模内。图中 V_1 是高速开关，V_2 是压力释放阀，以一定压力的氮气周期地将料仓内 NdFeB 合金粉末通过网格均匀地填充到橡胶模内，在氮气压力作用下使其达到所要求的填充密度。氮气压力约 0.15MPa，充气周期 10 ~ 100Hz。橡胶模转动到磁场取向位置时，一个脉冲场线圈自动落下，施加强度可达 4 ~ 7T 的脉冲磁场，使粉末充分地取向，取向度可达 97% ~ 98%，保证高性能的获得。当橡胶模转动到压型位置，上下冲头同时对橡胶模施加压力,实现橡胶模等静压。橡胶模转动到出脱模位置时,可方便地取出压坯。整个操作系统简便、快速,其生产效率可以达到模压的水平。

图6-26为太原开源永磁设备有限公司开发的强脉冲磁场加恒磁场橡胶模压机的原理图。图中料斗本身是一个磁粉料罐,吊装在全密封、氮气保护的装料箱上。通过定容振动加料器将磁粉装入橡胶模内,然后在脉冲磁场不小于4.5T的线圈内对磁粉进行多次可改方向的脉冲磁场取向,接着在2T的恒磁场下进行橡胶模等静压。从装料箱的过渡仓取出压坯即可进行烧结。其主要特点是:压制全过程在全密封和氮气保护下进行,低氧操作;加料均匀,初装密度可调节;压坯形状好,尺寸精确,粉料损耗少;模具制造简便,成本低;操作可自动化,适合于工业大批量生产圆柱形、VCM片或方块状等高性能的NdFeB永磁材料。

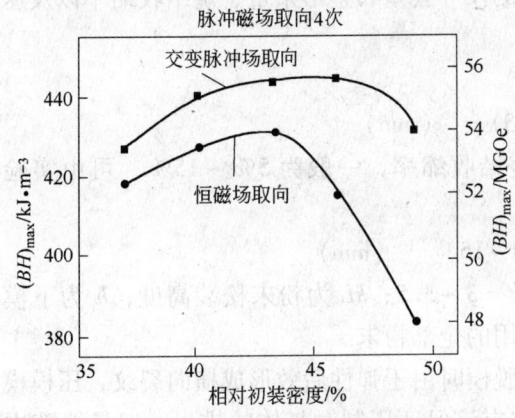

图6-23 粉末初装相对密度对
$Nd_{12.46}Pr_{0.14}Fe_{80.6}B_{5.77}O_{0.6}C_{0.43}$
烧结磁体 $(BH)_m$ 的影响

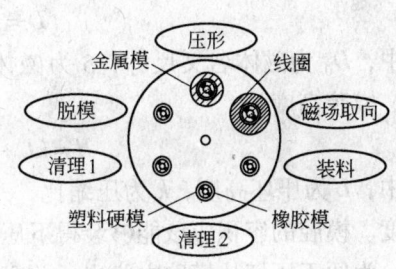

图6-24 RIP设备技术示意图

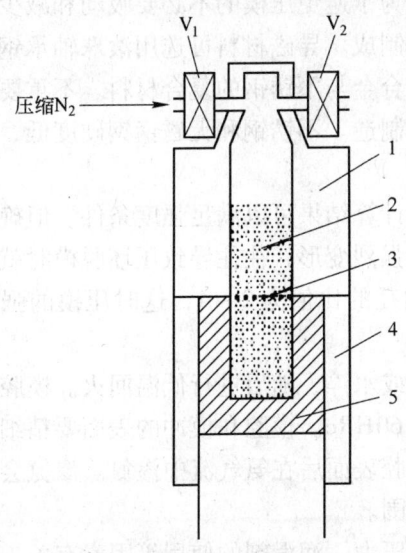

图6-25 振动装料装置原理图
1—装料仓;2—粉末;3—网格;
4—模具;5—橡胶模

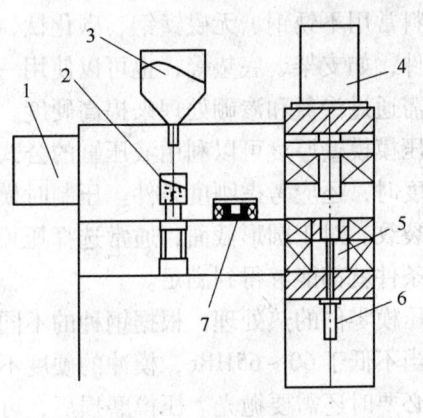

图6-26 全密封强脉冲磁场加恒磁场
橡胶模压机原理图
1—过渡仓;2—加料器;3—料斗;
4—主动轴;5—直流磁场;
6—托模缸;7—脉冲磁场

6.4 磁场取向与压制工艺

6.4.1 模压压模的计算和设计

压模是压制生产的主要工具，对压模的材质、设计、制造及使用都应不断地研究和完善。

压模的种类很多，通常根据压坯的形状、尺寸、取向方向、压制方式，以及整体模或拼装模等不同情况作出相应的设计。考虑到模具的定位与导向，往往将其制成一个模具系统。设计时要从实际出发，要求模具结构简单，易于制造，操作方便。

在计算压模的基本尺寸时，应考虑压件的尺寸公差和整形余量、烧结收缩率以及压坯的弹性后效。

模腔内径：

$$D = D_0(1 + \delta) \qquad (\text{mm})$$

式中，D_0 为磁体名义尺寸；δ 为磁体径向烧结收缩率，一般为 5% ~ 15%，可由实验确定。模腔高度：

$$H = kL + h + (10 \sim 15) \qquad (\text{mm})$$

式中，L 为压坯高度；k 为压缩比，一般取 $k = 3 \sim 3.5$；kL 为粉末松装高度；h 为下模冲高度。模腔的容积应该能够装得下压坯所需用的全部粉末。

为便于压坯从模腔中脱出，并避免压坯脱模时由于弹性后效形成横向裂纹，压模模腔要有 0.5° ~ 1° 的锥度。压模零件之间的缝隙应该保证压制时气体的排出，但是缝隙中不应掉入粉末。通常冲头和模腔采用二级或三级精度的动配合。

选用压模材料时，既要考虑其强度条件和耐磨性，又要适应磁场取向的特殊工艺要求。磁场取向时，压模本身也处于磁场作用之中，为了避免压模的不必要吸动和减少模壁的漏磁损失，模具需选用无磁和导磁两类硬质材料制成。导磁材料可选用滚珠轴承钢。无磁材料常用不锈钢、无磁锰钢、碳化钛，或钨硬质合金与不锈钢的复合材料。不重要的压模零件，如支架、底垫等，也可以使用一般的钢材制造。不锈钢和无磁锰钢硬度低，易磨损，需通过渗氮和渗硼处理来提高硬度。

压模模壁厚度可以利用液压缸的公式来计算，计算结果可以满足强度条件。但确定模壁厚度时，还应考虑刚度条件。压制时模腔内径的强烈变形，往往导致压坯脱模时就形成横向裂纹。对于圆形截面，通常选择压模外径和内径的比值为 2 ~ 4，这时压模的强度和刚度条件就都能够得到满足。

压模零件的热处理，根据钢种的不同可以油淬或水淬，随后进行低温回火。模腔的硬度应当不低于 60 ~ 65HRc，模冲的硬度不低于 55 ~ 60HRc。模腔和模冲的表面要精细地磨光，必要时还需要抛光。压模磨损后，可以磨光模腔表面后在氨气流中渗氮。渗氮会使模腔的直径减小，使压模尺寸恢复到适合于工作的范围。

压模的工作寿命与压模材料、粉末特性、压制压力、润滑剂的使用等因素有关。在压模使用期限内，压制压坯的数量在 1000 ~ 2000 至 25000 ~ 50000 个的范围内。当使用硬质合金压模时，压制压坯可达到 500000 个。

压模的磁场取向装置，或称充、退磁装置，包括直流电源、线圈和轭铁。直流电源采用桥式整流电路提供，目前有高压（220～380V）、小电流（10～30A）和低压（低于60V）、大电流（高于500A）两种形式。线圈的绕制应根据电流密度选择线径和冷却方式，安匝数应在10万以上。线圈的电流大小可以调节，以便调节充、退磁场的大小。轭铁用工业纯铁、低碳钢或铁钴钒合金等软磁材料制成。

6.4.2　模压工艺操作

磁场取向模压压制过程一般经过称料、装模、磁场取向、压制、退磁、脱模、清理等操作步骤。

6.4.2.1　称料装模

压制时粉末的填充量由下式确定：

$$G = V \cdot D \cdot \delta \cdot k$$

式中，V为压坯体积；D为压坯相对密度，模压压坯相对密度为60%～70%；δ为合金密度，依合金种类及成分不同而变化，Sm–Co合金约为8.5g/cm³，NdFeB合金约为7.4g/cm³；k为粉末损失系数，一般取1.05。

粉末的称量可以用重量法或容量法。重量法即用天平对粉末称重，称量准确但费时，多用于手工操作。容量法是借助专门的计量容器或调整好容积的模腔量取粉末体积，可方便地实现自动操作，多用于自动压制。

若粉末凝聚成团，称料前常用60目筛网过筛分散。将称量好的粉末装入模腔（称为装模），要求粉末在模腔中呈自由填充状态，且分布均匀，表面平整。

6.4.2.2　取向压制

模腔装入粉末后，移动上模冲封盖住模腔，线圈通电两次进行磁场冲击取向。然后保持磁场并对粉末加压。

压制的总压力等于压制压力p与受压面积S的乘积，即$F = p \cdot S$。一般一次压制成型的模压，控制压力为300～500MPa，此时压制毛坯的密度可达到5g/cm³左右。压坯的受压面积由模腔尺寸确定，对于一定的压模，其受压面积是不变的。

压坯的高度则受到一系列因素的影响，在每一次压制时都可能发生变化。为获得高度一定的压坯，可以用两种方法来保证：一种是控制模冲行程，即压到挡板时为止，这种方法能够得到规定尺寸的压坯，但不易控制压坯密度；另一种方法是采用规定的压制压力，这种方法易于控制压坯密度，但不易保证其高度。要改变上述两种方法的缺陷，关键是称料要准确，布料要均匀，粉末的工艺性能要稳定。

在压制过程中，要求加压速度要缓慢。加压速度过快，压坯孔隙中的气体不能及时溢出，就达不到要求的密度，而且在烧结时容易开裂。当压力达到预定大小后，需保持该压力一段时间，以利于气体排出和压坯充分变形，提高压坯质量。在保压期间可对压坯退磁，即对压坯施加反向磁场而去除磁性。反向磁场强度通过调节线圈的电流强度来控制，具体数值通过试验确定。

6.4.2.3　脱模清理

脱模是将压坯从模腔中取出的过程。手工压制常采用可拆性模具，脱模时先将套模松脱，即可取出压坯。自动压制可采用压出式脱模，用模冲将压坯从整体模中推出。

压坯脱模后应及时检查其有无裂纹和掉边掉角。压坯裂纹分层的原因可能是：压制压力太大；压模结构不正确和压模有缺陷，如模壁刚度不足或表面加工不符合要求；压制规程和脱模制度不正确；模腔中装料不均匀；脱模速度小等。这些原因都会导致压坯由于弹性后效的作用而产生裂纹。压坯掉边掉角通常是由于压制压力小，粉末压制性不好以及压坯高度较大时，没有压制好而引起的。压制废品率一般不超过 2% ～3%，判废的压坯可及时研碎，掺入粉末中回用。

手工压制一般用软刷清理压坯和模具上的浮粉。自动压制则有自动装置进行清理。清理出的浮粉可回收再用。

6.4.3　等静压压制工艺操作

等静压压制工艺的主要操作分为包封压坯、压坯装入高压缸、加压压制、开启高压缸取出压坯、脱模等步骤。

6.4.3.1　包封压坯

由于等静压机不便于进行磁场取向操作，目前稀土永磁体一般先经过模压取向压制，得到相对密度 40% ～50% 和具有高取向度的模压毛坯，再对毛坯进行等静压加压，以进一步提高压坯的密度。

等静压在油介质中进行，必须对压坯进行包封，防止压坯与油液接触而受到污染。对包封材料的要求是：与压力介质具有稳定的化学相容性，耐磨性好，抗撕裂强度高，弹性好和容易制备。可用于等静压包封的材料有许多种，但常用的主要有天然橡胶（乳胶）、合成橡胶（氯丁橡胶、硅橡胶）、聚氯乙烯（PVC）和聚氨酯。目前，普遍使用天然橡胶（乳胶）包封，这种材料弹性好，可以承受大的或局部的极度变形。但其硬度较低，成型期间容易被挤入压坯表面颗粒间隙中，使难以脱模。另外，天然橡胶的耐油性能比较差，在油介质中使用时，很容易发生膨胀变形，往往用过一两次后就不得不报废，而且还会使油受到污染。用浸渍法制成的天然橡胶膜的厚度为 0.5 ～10mm，可根据压坯的形状和尺寸选择适宜厚度的材料。

包封压坯可以用一个简单的袋式塑性包套，如一个玩具气球，将压坯装入袋中；也可以用塑性膜包裹压坯。在大批量生产的情况下，包封压坯通常在真空橱柜内操作。橱柜内真空度保持在约 0.01MPa 以下，在此低压状态下用塑性膜包裹压坯，并应保证模接口处密封和各端口处捆紧。这种方法操作简便，可有效地除去压坯中的气体。

6.4.3.2　装缸和关缸

包封后的压坯在装入高压缸之前，所有的外表面都要进行很好的清洗，以免带入粉末或其他尘埃。一旦粉末或尘埃颗粒被带入高压缸内的油液中，在高压下泄压时，这些固体颗粒将具有很高的能量，容易对液压系统的密封表面造成冲刷损伤，或者滞留在密封件表面上，使高压密封受到损伤。必要时，可在高压缸内安设一个沉降槽，如图 6 - 27 所示，对进入油液的粉末与尘埃能够起到有效的沉降作用。另外，为防止在装卸压坯时碰伤或磨损高压缸缸口的密封表面，操作时应在缸口加设保护环，保护环材质的硬度应低于缸体材质的硬度。

当包封的压坯装入高压缸并撤除缸口保护环后，关闭高压缸。关缸时，应注意将留在缸内的空气完全赶出。如果空气被截留在高压缸内，加压期间，不但无益地增加了液压系统的泵压时间，而且被压缩的空气要比油液贮存的能量大得多，万一高压缸破坏，会造成更大的危害。为此，高压缸的上端盖设有溢流通道。上端盖关闭后，向高压缸内泵入油液，直到油液从该通道溢出时，才表明高压缸内的空气被完全排出。随后，方可关闭溢流通道，开始加压。

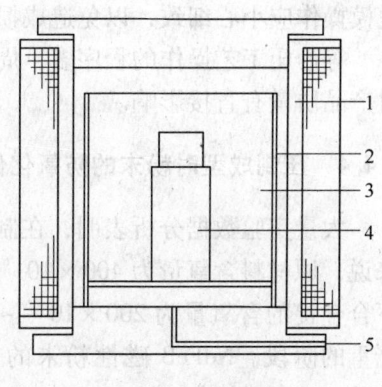

图 6-27　高压缸内的
沉降槽示意图
1—高压缸；2—沉降槽；3—压力介质；
4—包封压坯；5—液体压力介质

6.4.3.3　加压压制

等静压的加压压制分为升压、保压和泄压 3 个阶段，其升压和卸压制度与模压时不同。等静压不存在压坯的气体溢出问题，故要求升压应尽量快速和平稳。在压制期间，粉末颗粒之间的位移和颗粒本身的变形均需要一定时间，如果升压太快，并且达到最高压制压力后立即卸压，截面尺寸较大的压坯就不可能得到充分的压实，往往芯部较外层松软，因此应在最高工作压力下保压一段时间。保压可增加颗粒的塑性变形，一般可提高压坯密度 2% ~ 3%。保压时间根据压坯的截面尺寸来确定，通常为几十秒，适宜的保压时间应通过压制实践检验确定。压坯的最高压制压力取决于压机的工作压力，一般为 300 ~ 500MPa。NdFeB 粉末硬而脆，颗粒不易变形，应根据压机的能力尽可能采用高的压制压力。

等静压的泄压速度是十分重要的工艺参数，应当加以正确的控制。控制泄压速度的原因在于压坯孔隙中的气体压力变化，当未除气的压坯从相对密度 40% ~ 50% 被压缩到 80% ~ 90% 时，按照理想气体的状态方程式计算，被压缩在压坯孔隙中的气体压力约为 0.5 ~ 1MPa。实验表明，这一气体反压力不会阻碍压坯的密实，对压坯的密度和强度也无明显影响。但从工艺方面考虑，如果压制后泄压速度太快，液压力低于压坯中气体压力后，尤其是当气体压力和包套的弹性恢复力大于套与压坯的附着力时，由于气体的膨胀冲击作用往往导致压坯开裂。

为避免压坯在泄压时发生开裂，操作中常用两步泄压的方法。第一步为快速泄压，在此期间，压坯由于弹性后效发生体积膨胀。当液体压力下降到包套与压坯分离的压力，转入第二步慢速泄压。第二步泄压的时间通常比第一步长得多，使压缩在压坯孔隙中的气体缓慢而平稳地逸出压坯表面，并使塑性包套缓慢地弹离压坯表面，从而避免了压坯的开裂。泄压速度的大小可通过实验确定，一般体积小的压坯和薄壁包套泄压时间可短一些。如果包套压坯经过预先除气，例如预先抽真空至 0.01MPa，则第二步泄压可以取消。泄压速度的控制，可通过调节液压系统的节流阀而方便地实现。

6.4.3.4　脱模

从高压缸内取出包封压坯后，应使其外表面保持清洁干燥状态，以免在脱模过程沾污压坯表面。一般通过手工操作，即可使包套与压坯分离。由于压坯的强度一般都比较低，脱模操作应小心细致，以免造成损伤。

等静压工艺操作的程序多，周期长，自动化程度低，故操作者的经验和仔细程度往往对产品质量有直接影响。

6.4.4　压制成型时粉末的防氧化保护

大量实验数据分析表明，在制备烧结 NdFeB 磁体的各个环节都可能有氧进入。一般来说，原材料含氧量为 $400 \times 10^{-6} \sim 500 \times 10^{-6}$ 左右；采用真空感应熔炼，正常操作条件下合金锭的含氧量为 $200 \times 10^{-6} \sim 300 \times 10^{-6}$ 左右。在制粉和取向压制成型阶段是氧化最严重的阶段。NdFeB 磁性粉末的氧化与环境的温度、湿度、停放时间、粉末颗粒尺寸有关。

对于由主相 $Nd_2Fe_{14}B$ 和少量富钕相、富硼相组成的磁体，大块的磁体比其粉末要稳定得多。X 射线分析表明，粒径 1mm 左右的粉末在空气中加热到 240℃ 左右时，仍然是 $Nd_2Fe_{14}B$ 相，但出现了 Nd_2O_3 的衍射线条，说明钕已开始氧化；当加热到 400℃ 时，$Nd_2Fe_{14}B$ 相已被破坏，变成 Fe_2O_3、Nd_2O_3 和少量的其他相。粒径几十微米的 NdFeB 粉末在空气中短时间停留，颗粒表面的钕已被氧化，生成 Nd_2O_3，但还不至于自燃。而粒径 $1 \sim 2\mu m$ 的 NdFeB 粉末，当与空气接触时，便会自燃。原因是粉末颗粒表面的钕与空气中的氧强烈地化合生成 Nd_2O_3，并释放出大量的热量，产生自燃蔓延燃烧。如前所述，单位质量 NdFeB 系粉末的氧化速率取决于粉末细化的程度、吸附气体中氧的浓度以及材料的含钕量。

$Nd_{33.3}Fe_{65.4}B_{1.3}$ 质量分数磁粉，原始粉末氧含量为 400×10^{-6}，在干燥空气中停留 2h 后，粉末含氧量与粉末颗粒尺寸的关系如表 6 - 2 所示。可见在相同的条件下，粉末颗粒尺寸越小，粉末体的含氧量越高，粒度 $3.2 \sim 4.2\mu m$ 粉末含氧量是原始粉末含氧量的 10 ~ 15 倍。

表 6 - 2　磁粉含氧量与粉末尺寸的关系（在干燥空气中停留 2h）

粉末平均粒度/μm	<1mm	<63	35	20	11	7	4.8	3.2
粉末含氧量 $\times 10^{-6}$	400	800	1100	1500	1800	2800	4200	6100

实验结果表明，NdFeB 磁粉的氧化主要与钕原子的氧化有关。表 6 - 3 列出几种金属氧化物的生成自由能，表中 " - " 号表示释放能量。该能量越大，表示该金属越容易氧化。金属钕与镨原子序数只相差 1，它们的化学性质是相同的。可见室温（298K）下金属镨的氧化物标准生成自由能与钙和镁相当，说明金属钕与氧化合的能力和钙、镁相当，即钕是十分容易氧化的。而硼、铁的氧化物标准生成自由能较小，与氧化合的能力远低于钕。在制备 NdFeB 磁体的过程中，只要与空气接触，钕原子就要与空气中的氧化合，生成 Nd_2O_3 或其他复合氧化物而存在于磁体中。

表 6 - 3　几种金属氧化物生成自由能 $\Delta G^{\ominus}$ 的比较（$\Delta G^{\ominus} = A + BT$）

氧化物生成反应式	温度/K	A/kJ	B/J·K^{-1}
$4/3Al + O_2 = 2/3Al_2O_3$	298 ~ 932	- 1115.4	209.2
$2Ca + O_2 = 2CaO$	298 ~ 1123	- 1267.7	201.3

氧化物生成反应式	温度/K	A/kJ	B/J·K^{-1}
$2Mg + O_2 = 2MgO$	298 ~ 923	-1196.6	188.3
$2Fe + O_2 = 2FeO$	298 ~ 1642	-518.8	125.1
$4/3Ce + O_2 = 2/3Ce_2O_3$	298 ~ 1077	-1195.3	189.1
$4/3La + O_2 = 2/3La_2O_3$	298 ~ 1193	-1191.6	277.4
$4/3Pr + O_2 = 2/3Pr_2O_3$	298 ~ 1208	-1210.8	184.5
$4/3Dy + O_2 = 2/3Dy_2O_3$	298 ~ 1680	-1239.7	188.7

　　稀土永磁粉末在取向压制成型时，其粉末粒度，乃至在制粉时吸附的氧量已成定值，因此在取向及压制成型操作中必须采取措施，防止粉末进一步氧化。实际生产中有多种防氧化保护措施，如尽量缩短或杜绝从制粉工序到压制成型工序粉末运送、贮存时在空气中的停留时间，磁场取向和压制成型在真空或保护气氛条件下操作等。

　　对于机械球磨法制备的粉末，在成型前需经过干燥处理将粉末中的有机介质分离出去，粉末干燥后应及时使用。这种方法对 Sm - Co 系粉末是适用的，对于 NdFeB 粉末却存在氧化途径。近年已有不需分离有机介质的湿压橡胶模压设备用于生产 NdFeB 压坯，避免了粉末干燥后与空气的接触。

　　对于气流磨制备的 NdFeB 系粉末，鉴于制粉过程以氮气为介质，有的工厂使用氮气进行压力输送或者使用充氮容器运送和贮存粉末。充氮容器是用不锈钢板制成的密闭容器，容器内充入高纯度氮气，并可方便地装入和卸出粉末。这类容器在充氮气时应注意把容器内的空气置换干净，置换方法有抽真空置换和氮气驱赶置换两种。

　　抽真空置换是把容器接上真空泵抽气。例如把 10^5Pa 压力的容器抽至 1kPa 绝对压力时，容器中残留空气约为 1/100，然后充入氮气至 10^5Pa 压力，再抽到 1kPa，此时残留空气量为 $1/100^2$。如此置换抽气几次，残留空气为 $1/100^n$。此法方便，置换时间不长又比较安全。

　　氮气驱赶置换可在常压下进行，实际上是将氮气连续通入容器。设容器容积为 V，消耗置换气体为 X，则残余空气的压力分数为 $p_i = \exp(-X/V)$。此法置换时间较长，消耗的置换气体也较多。

　　压坯压制成型通常在手套箱内进行。在抽真空的手套箱内，进行称料、装料、磁场取向、模压成型、脱模、压坯包封等全部操作。由于手套箱内空间较大，密封困难，进出料时又需经常开启箱盖，箱内只能保持 0.1 ~ 1kPa 的粗真空状态，即箱内仍有 1/1000 ~ 1/100 的残余空气，故在箱内操作也应尽可能缩短时间。若在箱内充入高纯惰性气体，箱盖增设启闭闸阀，则可有效降低空气分压，也可节约真空机组抽除气体的动力消耗。

6.5　黏结稀土永磁体的制备技术

6.5.1　黏结永磁材料及其应用与发展

　　黏结永磁材料是把具有永磁性能的永磁材料粉末与黏结剂和其他添加剂按一定比例混合均匀，然后用压制、注射或挤出成型等方法制成的复合永磁材料，称为黏结永磁材料。与烧结永磁材料或铸造永磁材料相比，黏结永磁材料的突出优点是：（1）尺寸精度高，不变形,无需二次加工;(2)形态自由度大,可根据使用要求制成各种形状的产品,如长条状、片状、管状、圆环状或其他复杂形状的产品;(3)能嵌入金属、塑料等一起成型,如与块状永磁材料做成复合永磁体产品;(4)力学强度高,与烧结磁体相比,不易破损及掉边、掉角;(5)便于大批量自动化生产;(6)密度小,一般相当于致密材料密度的50% ~80%。黏结永磁材料的缺点是磁性能低,使用温度不高。

　　黏结永磁材料若按所用磁粉的类别分类,可分为铁氧体黏结永磁材料,铝镍钴黏结永磁材料和稀土黏结永磁材料。稀土黏结永磁材料又包括1:5型SmCo黏结永磁材料,2:17型SmCo黏结永磁材料,稀土–铁系黏结永磁材料等。其中稀土–铁系黏结永磁材料又包括NdFeB黏结永磁材料,稀土–铁间隙化合物黏结永磁材料和稀土–铁纳米晶复合黏结永磁材料等。由于稀土–铁系黏结永磁材料具有原材料资源丰富,成本低,磁性能高的优点,近几年得到了迅速地发展。表6–4是各种黏结永磁材料性能的比较,可见各向同性的NdFeB黏结永磁体的 $(BH)_m$ 已接近SmCo$_5$各向异性黏结磁体的性能;各向异性的NdFeB黏结永磁体的性能已与2:17型SmCo各向异性黏结永磁体的性能相当,而实验室水平已远超过2:17型SmCo各向异性黏结永磁体的性能。说明NdFeB黏结永磁材料是目前磁性能最好的黏结永磁材料。此外,NdFeB各向异性黏结永磁体制造技术还在发展之中,其磁性能仍可能进一步地提高。

表6–4　黏结永磁材料磁性能的比较

材　料	I 或 A	B_r/T	H_{cb}/kA·m^{-1}	H_{cj}/kA·m^{-1}	$(BH)_m$/kJ·m^{-3}	α/%·℃$^{-1}$	β/%·℃$^{-1}$	密度/g·cm^{-3}
NdFeB	I	0.69~0.74	360~480	640~1080	64~80	-0.1	-0.4	6.0
	I	0.664	437	716	77	-0.09	-0.4	
	A	0.854	577	927	133	-0.09		
	A	1.015	617	848	178	-0.09		
SmCo$_5$	A	0.67	796	796	79.6	-0.04		5.7
Sm$_2$Co$_{17}$	A	0.867	557	875	135.0	-0.04		7.1
铁氧体	A	0.26~0.30		222.8	12.7~15.9	-0.20		

　　注:I代表各向同性,A代表各向异性;α为剩磁可逆温度系数;β为H_{cj}温度系数;$(BH)_m$ =178kJ/m^3,为实验室水平。

　　黏结NdFeB永磁材料的应用领域正在迅速地扩展,年产量以20% ~30%的速度增长。2000年世界黏结NdFeB永磁体的产量约3000t,2005年将达到10000t。其应用领域以1998年为例,约60%应用于计算机外围设备,如HDD、CD–R、FDD、DVD等的主轴电机、步进电机、制动器;其次应用于VCR、摄像机、传真机、打印机、照相机等的线性电机和步进电机;目前正在开发在大型家用电器、高技术厨房用具、无线电动工具和汽车中的应用。

6.5.2　黏结稀土永磁体的制备方法

　　黏结稀土永磁体可采用压制成型、注射成型、挤压成型和压延成型等方法来制备,其工艺原理如图6–28所示。目前使用最多的方法是前两种。压制成型法工序少,生产效率高，材料利用率高；注射成型可直接生产异形、带嵌件、圆环、圆柱、长条形产品，磁体形状和尺寸精确，生产率高；挤压成型可直接生产出圆环、圆柱、长条等产品，生产效率高，成材率高；压延成型法可直接生产片状磁体，磁体的形状和尺寸可任意裁剪、切割构成永磁电机的磁环等，生产效率高，但成材率不高。

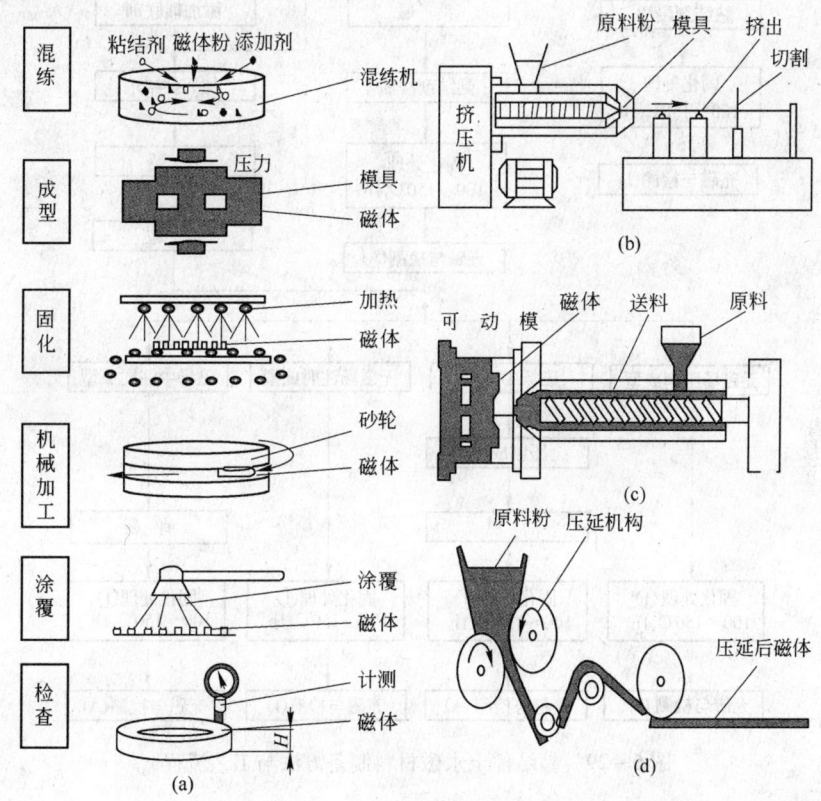

图6-28　制备黏结永磁材料原理图
（a）压制成型；（b）注射成型；（c）挤压成型；（d）压延成型

　　压制成型法和注射成型法制备黏结永磁材料的工艺流程如图6-29所示。图中Ⅰ表示各向同性黏结磁体，A表示各向异性黏结磁体；若用热固性树脂作为黏结剂，则需要固化处理；若用热塑性树脂作为黏结剂，则不需要固化处理。制备黏结永磁材料的关键技术是：磁粉的制备，耦联剂与黏结剂的选择，黏结剂的添加量，成型的压力和取向磁场强度等。

　　黏结磁体磁性能的好坏首先决定于磁粉的性能。2:17型Sm-Co黏结磁体采用合金熔炼铸锭和球磨法制粉，合金的铸态组织对磁性能影响较大，柱晶与等轴晶相比，黏结磁体的矫顽力较高，如图6-30所示。制粉时进行粒度调整可得到较高的填充密度，有关研究指出，3种尺寸的球形粒子当直径比为77:7:1或体积比为66:25:9时有最大填充率。实际球磨粉末粒度存在一个分布，其平均粒度与磁性能关系如图6-31所示。实践表明，将烧结NdFeB永磁材料或NdFeB合金锭直接制粉，其矫顽力小于160kA/m，不能用来制备黏结永磁材料。黏结NdFeB永磁材料用的磁粉制备方法通常有快淬法、HDDR法、机械合金化法和雾化法等，目前用得最多的是前两种方法。此外，稀土-铁间隙化合物永磁材料和REFeB系双相纳米晶复合永磁材料通常亦制成黏结永磁体使用。

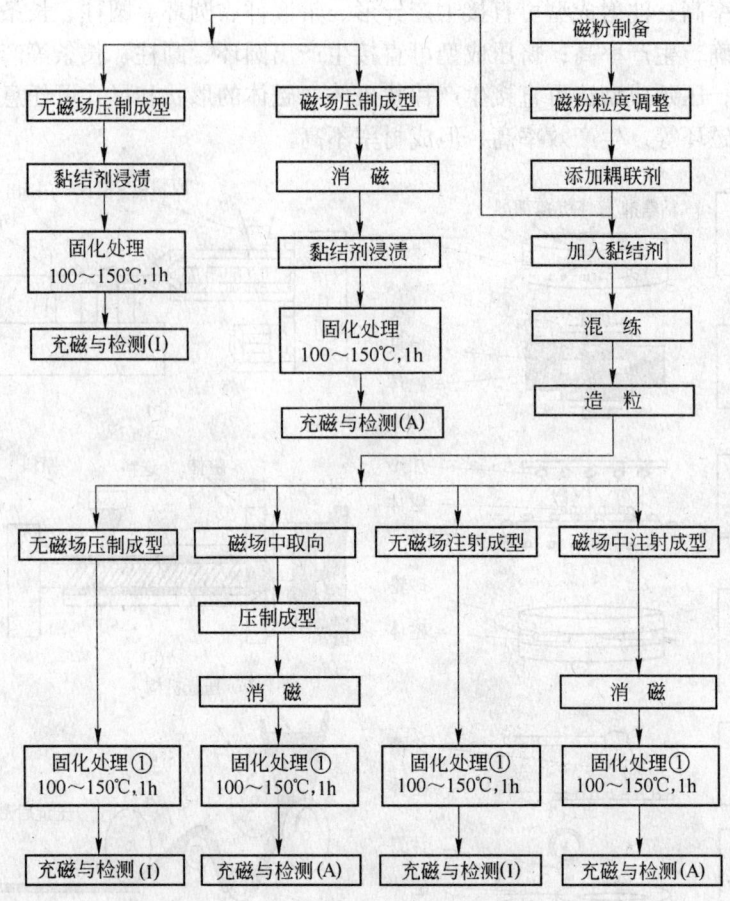

图 6 - 29　黏结稀土永磁材料制备方法与工艺流程

　　黏结剂的作用是增加磁性粉末颗粒的流动性和它们之间的结合强度。黏结剂的种类很多，选择黏结剂的原则是：结合力大，黏结强度高，吸水性低，尺寸稳定性好，固化时尺寸收缩小，使得黏结磁体的产品尺寸精度高，热稳定性好。热固性黏结剂有环氧树脂、酚醛类树脂；热塑性黏结剂有尼龙（6，66，610，12 等）和聚乙烯、聚丙烯、软性聚氯乙烯，此外还有 PPS（聚苯撑硫）、PBT（聚苯二甲酸酯）等。这些塑料在加工时流动性好，热稳定性好，力学性能优良。压制成型一般选用环氧树脂，注射成型可选用尼龙 12 或聚酰胺或聚苯撑硫等，压延成型一般选用橡胶作黏结剂，黏结剂的选择决定于黏结磁体的使用温度。黏结剂的添加量一般占磁粉的 2.5% ~ 10% 为宜。

　　金属磁性粉末一般与水的浸润性好，属于亲水性的；而作为黏结剂的高分子材料如树脂类材料与油有较好的浸润性，属于亲油性的。在制备黏结磁体时加入耦联剂，可使金属磁性粉末颗粒的表面变成亲油性，从而使磁粉与黏结剂的亲和性增加。图 6 - 32 是耦联剂的作用机理示意图，耦联剂水解后，与磁性颗粒表面羟基作用生成氢键，然后脱水转化为共价键而形成牢固的化学吸附。耦联剂中的亲油性基团则与有机物质中的长分子链相互作用，因而提高了磁粉颗粒与黏结剂之间的亲和性。说明耦联剂的基本作用是：提高磁粉颗粒与黏结剂的接触面；提高粉末颗粒的流动性和转动性，促进粉末颗粒在磁场中的取向度

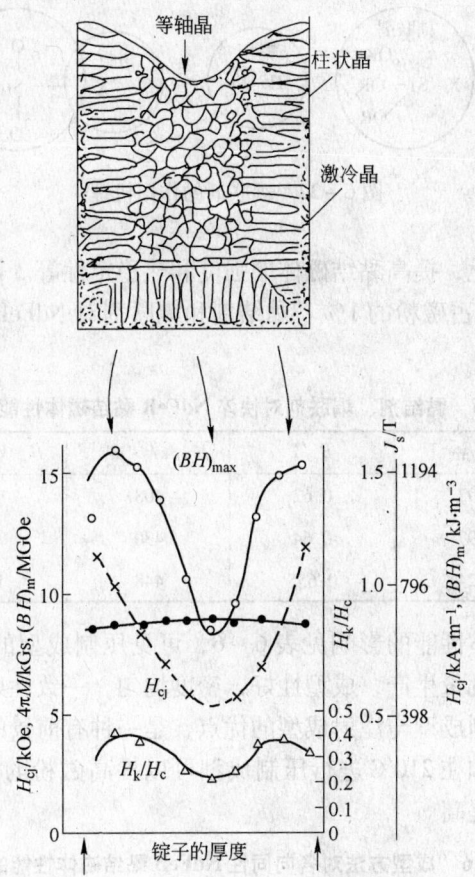

图 6-30 铸态组织与磁性能的关系

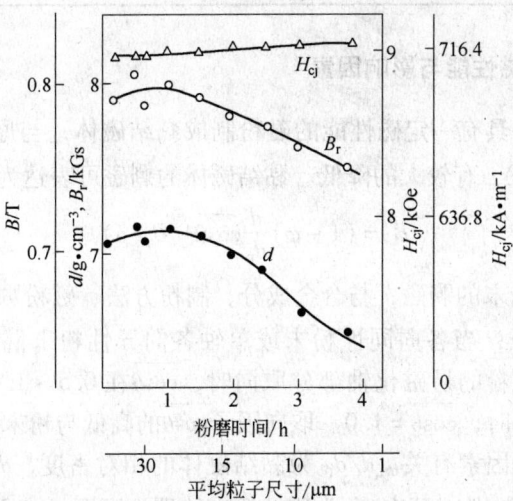

图 6-31 磁性粉末尺寸与磁性能的关系

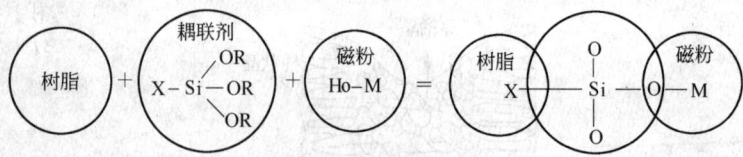

图 6 - 32　耦联剂的作用机理

的提高；减少粉末的氧化，提高黏结磁体的强度和热稳定性等。耦联剂有硅烷系、钛酸盐（酯）系等，其添加量约占磁粉的 1%。黏结剂和耦联剂对 NdFeB 黏结磁体性能的影响见表 6 - 5。

表 6 - 5　黏结剂、耦联剂对快淬 NdFeB 黏结磁体性能的影响

树脂种类	$\rho/\mathrm{g} \cdot \mathrm{cm}^{-3}$	$B_{\mathrm{r}}/\mathrm{T}$	$H_{\mathrm{cb}}/\mathrm{kA} \cdot \mathrm{m}^{-1}$	$H_{\mathrm{cj}}/\mathrm{kA} \cdot \mathrm{m}^{-1}$	$(BH)_{\mathrm{m}}/\mathrm{kJ} \cdot \mathrm{m}^{-3}$
酚醛树脂	5. 97	0. 62	408	966	64. 56
环氧树脂	5. 97	0. 64	430	984	70. 96
环氧加耦联剂	6. 24	0. 655	448	1000	73. 04

成型方法对黏结磁体性能的影响见表 6 - 6，可见压制成型的孔隙率较高，力学强度较低。注射成型适合大批量生产，成型性好，密度均匀，一致性好，力学强度高，耐热性能好。挤出成型兼有压制成型与注射成型的优点，是一种有前景的方法。最近发展了一种加温压制成型方法，例如在 210℃ 进行压制成型可以提高磁粉的体积分数，降低孔隙率，磁性能和力学性能均可提高。

表 6 - 6　成型方法对各向同性 NdFeB 黏结磁体性能的影响

成型方法	磁能积/$\mathrm{kJ} \cdot \mathrm{m}^{-3}$	磁粉体积分数/%	孔洞体积分数/%	密度/$\mathrm{g} \cdot \mathrm{m}^{-3}$	剪切强度/MPa
压制成型	79. 6	80. 5	11. 2	6. 14	4. 88
挤出成型	78. 8	71. 1	1. 1	6. 06	7. 83
注射成型	47. 76	66. 0	约 1. 0	5. 3	7. 26

6.5.3　黏结永磁体的磁性能与影响因素

实践经验表明，将具有一定磁性能的磁粉制成黏结磁体，与原磁粉相比，其 H_{cj} 基本不降低，但 B_{r} 和 $(BH)_{\mathrm{m}}$ 有较大的降低。黏结磁体的剩磁可表达为

$$B_{\mathrm{r}} = (1 - \varphi) \frac{d}{d_0} \overline{\cos\theta} \cdot B_{\mathrm{r}}(p)$$

式中，$B_{\mathrm{r}}(p)$ 为磁性粉末的剩磁，与合金成分、制粉方法、磁粉颗粒显微结构有关。$\overline{\cos\theta}$ 为磁粉颗粒的取向因子，当各向同性粉末或单轴各向异性粉末混乱取向时，$\overline{\cos\theta} = 0.5$；当单轴各向异性粉末颗粒的易磁化轴部分取向时，$\overline{\cos\theta}$ 在 0. 5 ~ 1. 0 范围内变化；易磁化轴沿磁场方向完全取向时，$\overline{\cos\theta} = 1.0$。取向因子 $\cos\theta$ 的高低与粉末颗粒尺寸、形状、取向场的强度、成型方法等因素有关。d/d_0 为黏结磁体的相对密度，d_0 为黏结磁体的理论密度，即 $d_0 = d'_0 (1 - \varphi) + \varphi d''_0$，其中 d'_0 为磁性粉末的理论密度（如 $\mathrm{Nd}_2\mathrm{Fe}_{14}\mathrm{B}$ 为 7. 65g/m³），d''_0 为黏结剂和添加剂的理论密度，这与黏结剂类型有关。φ 为黏结剂和添加剂的体积分数。d 为黏结磁体的实际密度，它与成型时的压力大小有关，通常总是 $d < d_0$，因此相对

密度 d/d_0 总是小于 1.0。对于压制成型，若使用环氧树脂作黏结剂，体积分数 φ 一般为 14%~15%（质量分数为 2.5%~3%）；对于注射成型，若使用环氧树脂作黏结剂，体积分数 φ 一般为 30%~40%（质量分数约 8%~10%）。因此，φ 是使黏结磁体的磁性能比磁粉低的主要参量。

黏结磁体的磁能积可表达为

$$(BH)_m = B_r \cdot H_{cb}\gamma$$

式中，B_r 为黏结磁体的剩磁；γ 为 B-H 退磁曲线第二象限的隆起度，表达式为

$$\gamma = \frac{B_r H_{cb}}{\left(1 + \dfrac{H_{cb}}{B_r}\right)^2}$$

将 γ 和 B_r 的表达式代入磁能积的表达式，可得

$$(BH)_m = \left[(1-\varphi)\frac{d}{d_0}\overline{\cos\theta}B_r(p)\right]^2 H_{cb} \Big/ \left(1 + \frac{H_{cb}}{B_r}\right)^2$$

可见黏结磁体的 $(BH)_m$ 与 $(1-\varphi)$，d/d_0，$\overline{\cos\theta}$，$B_r(p)$ 等因素都是平方的关系，说明这些因素对 $(BH)_m$ 的影响更为重要。其中除磁性粉末的 $B_r(p)$ 仅与合金成分、制粉方法及粉末显微结构有关外，其他因素均与成型方法及其工艺参数有关。

图 6-33 为压制成型时，压力对成分为 $Nd_{11}Fe_{71.5}B_7Co_8Zr_{2.5}$ 快淬黏结磁体磁性能的影响。随压力的增加，磁体密度提高，B_r、$(BH)_m$ 均提高。采用合适的压力是提高 NdFeB 黏结磁体磁性能的有效途径。

磁粉颗粒尺寸和不同粒度的磁粉搭配对黏结磁体的性能也有影响，见表 6-7。说明粉末颗粒过粗，如 0.105mm（140 目）以上，黏结磁体

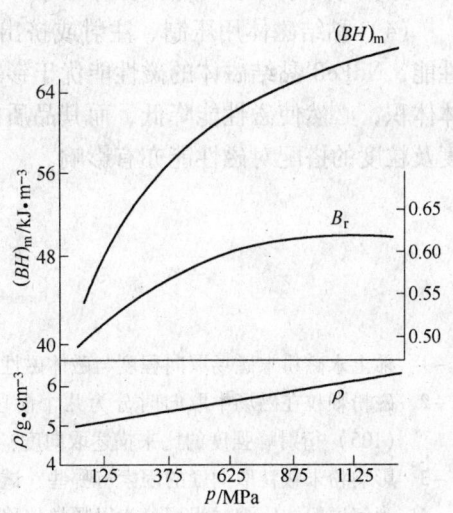

图 6-33　压力对黏结磁体磁性能的影响

的密度和磁性能都比较低。而采用 0.074mm + 0.174mm（200 目 + 100 目）两种不同尺寸的粉末按 1:1 比例混合，可获得较高性能的黏结磁体。另外，实验结果表明，当粉末颗粒尺寸小于 10μm，黏结磁体的密度上不去，黏结磁体磁性能不高。

表 6-7　磁粉粒度对黏结磁体磁性能的影响

磁粉粒度/mm	$\rho/g \cdot cm^{-3}$	B_r/T	$H_{cb}/kA \cdot m^{-1}$	$H_{cj}/kA \cdot m^{-1}$	$(BH)_m/kJ \cdot m^{-3}$
0.200	5.9	0.625	428	983	68.32
0.150	5.98	0.64	430	984	70.96
0.105	5.98	0.63	430	993	68.83
0.076	6.06	0.635	430	992	69.68
0.076 + 0.150 (1:1)	6.14	0.64	452	1002	72.00
0.076 + 0.150 (2:1)	6.09	0.64	448	992	71.68

本 章 小 结

（1）提高磁粉的取向度是提高磁体磁性能的主要途径。NdFeB 粉末在磁场取向过程中存在错取向，取向场强度越高，错取向角就越小，磁体的取向度就越高；磁粉颗粒圆整、表面光滑、粒度分布窄、初始密度小，有利于取向；压力分向与取向分向垂直也有利于取向。

（2）粉末压制成型分为模压法、等静压法和橡胶模压法，其成型规律基本一致。模压法由于粉末与压头、模壁之间摩擦力的影响，压力分布是不均匀的，导致压坯的密度不均匀，弹性后效易导致压坯开裂。故而压制成型方法与设备有模压法、模压加等静压法、橡胶模压或加等静压法几种组合，分别适应于不同形状和尺寸压坯的压制。不用等静压一次成型，是由于等静压机不便于设置磁场取向装置。

（3）磁场取向与压制工艺涉及到压模（包括磁场取向装置）的设计、模压操作、等静压操作等环节中各工序的操作要求和规程。必须重视压制成型时粉末的防氧化保护。

（4）黏结磁体用压制、注射或挤出等方法成型。黏结磁体的磁性能首先取决于磁粉性能，NdFeB 黏结磁体的磁性能优于钐钴系列黏结磁体；黏结剂和偶联剂的使用占据了磁体体积，必然使磁性能降低，而其品质的高低对磁性能也有较大影响；成型方法、粉末粒度及粒度的搭配对磁性能亦有影响。

复习思考题

6-1　稀土永磁粉末磁场取向程度与磁体磁性能有何关系，怎样用剩磁比来度量取向度？
6-2　磁粉颗粒在磁场中取向时分为几个阶段进行描述，错取向是如何分布的，为何可用（006）和（105）衍射峰强度的比来描述取向度？
6-3　影响粉末颗粒取向度的因素有哪些？试分析其原因。
6-4　为何说粉体压缩过程可分为以颗粒位移为主和以颗粒变形为主的两个阶段？如何用压制曲线来说明这一现象？
6-5　压制时压力在粉体中如何分布，模底板压力和模壁压力与哪些因素有关，对压坯密度有何影响，为何说等静压和橡胶模压压坯的密度均匀？
6-6　何谓压坯的弹性后效，对压坯质量有何影响？
6-7　总结模压、等静压和橡胶模压三种压机的工作原理和压制特点。
6-8　试设计一边长为 8cm 的正方体磁体的压模模具系统。
6-9　设想一种模压自动压制机。

 **稀土永磁材料的真空烧结、**

热处理及磁体加工

教学目标

认知粉末体固相烧结过程及其基本规律；根据稀土永磁体的液相烧结原理，能够制定烧结与热处理工艺制度，操作相关设备完成磁体烧结与热处理任务；知晓烧结磁体机械加工、表面处理、产品检验、磁化与包装的要求与操作方法。

烧结与热处理都属于高温处理过程，即把压坯加热到粉末基体相熔点以下某一温度时处理的过程。通过烧结使压坯收缩并致密化，使磁体具有高永磁性能的显微组织特征。烧结后的热处理则是通过改变烧结体的结晶组织或晶界状态，有目的地改善磁体的某些磁性能。烧结与热处理在操作上通常分为前后衔接的两段工艺施行。烧结磁体产品的加工则主要包括机械加工和表面处理，以及产品的检验、磁化与包装等。

7.1 烧结现象和基本规律

Sm – Co 系永磁材料的烧结分为固相烧结和液相烧结。NdFeB 永磁材料的烧结属于多元系液相烧结。由于烧结时所发生的现象的多样性和所进行过程的复杂性，需要分别讨论各种烧结现象的烧结过程才有实际指导意义。但作为烧结的本质现象，通常以单一成分（单元系）的金属或合金粉末的固相烧结机理作为烧结技术的最主要基础，因为固相烧结的许多问题是各种烧结现象所具有的共同特征。

7.1.1 粉末体固相烧结过程

粉末经过压制成型而得到具有一定外形的压坯，其相对密度一般为 50% ~ 70%，孔隙率为 50% ~ 30%。在烧结过程中，压坯要经历一系列的物理化学变化，导致压坯中孔隙收缩和消失，最终烧结体的密度和物理力学性能向接近于无孔隙致密材料的性能方面变化。烧结过程进行的条件直接影响着烧结体显微结构中晶体、晶界和气孔等相组分的尺寸及其分布，从而也直接影响着烧结材料的有关物理或化学性能。这些条件有烧结温度和烧结时间、压坯的特性、烧结气氛等。

从热力学的观点看，烧结是粉末的固有特性。与同一的致密块体比较，粉末有很大的比表面，相应地具有很大的表面能。同时，在粉末制备和在压制成型过程中，粉末颗粒的表面和内部产生大量晶格缺陷和加工应力；当压制成型的压力较大时，已相互接触的粉末颗粒有的已变形（弹性或塑性变形）。从能量的状态来看，粉末是不稳定的，具有自发地烧结与黏结成致密体的倾向和驱动力。例如，具有高变形能量的粉末在室温下放置会固结，即为常温烧结现象。一般认为微米级金属粉末的表面能值在 100J/mol 以下，这与所谓接近 MJ/mol 的化学反应中的能量变化相比是极小的，但这样的过剩能量已足以成为烧结的原动力。烧结时，在一定的温度条件下，热能为原子的活化创造了条件，从而引发了一系列的物理化学变化。由于收缩、表面的减少、晶格歪扭的消除，使系统的自由能降低，转变成为热力学更为稳定的状态。

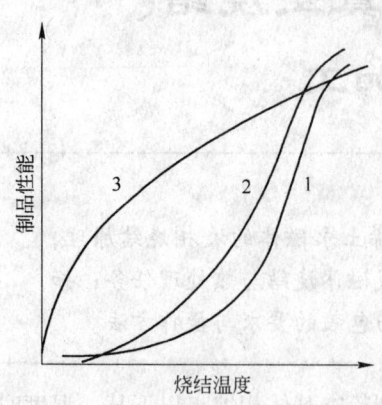

图 7-1　单元系固相烧结时
烧结体性能的变化
1—密度；2—抗拉强度；3—电导率

单元系粉末烧结时，存在最低的起始烧结温度，即烧结体的某种物理或力学性质出现明显变化的温度。通常用最低塔曼温度指数 α（烧结绝对温度与材料熔点绝对温度之比）代表烧结起始温度。各种金属的 α 值在 $0.3 \sim 0.45$ 范围内，金属熔点愈高，α 指数愈低。在实际烧结过程中，压坯的收缩反映了颗粒间接触的增加和内部孔隙的减少，将带来烧结体各种性能的变化，如化学上纯度的变化；物理上密度、磁性、电阻、表面能的变化；力学性能上抗拉强度、伸长率、硬度的变化等。图 7-1 是烧结体密度、强度和电导率变化与 α 指数的关系，反映了单元系固相烧结时烧结体性能随烧结温度变化的一般规律。这些性能的变化常被用来判断烧结的程度。其实，这一类性能的变化仅仅是烧结时所进行的过程的一部分结果。在生产条件下，选择评价烧结程度的方法决定于所生产的制品的特点和对制品性能所提出的要求。对于磁性材料来说，最重要的性能是磁性，通常是测定其磁性来估计烧结程度。

实际的烧结过程都是连续烧结，温度逐渐升高，达到烧结温度保温，因此各种烧结反应和现象也是逐渐出现和完成的。大致可以把单元系固相烧结分成 3 个温度阶段。

（1）低温预烧阶段（$\alpha \leqslant 0.2 \sim 0.4$），主要发生吸附气体和水分的排除，有机物的蒸发与挥发，颗粒应力的消除和回复等。在这一阶段，密度基本不变，但因粉末颗粒间金属接触增加，导电性有所改善。

（2）中温升温烧结阶段（$\alpha \leqslant 0.4 \sim 0.55$），变形颗粒的晶粒得以恢复，开始出现再结晶；颗粒表面的氧化物被还原，颗粒间由机械接触转变成金属键连接；颗粒间接触面扩大，出现烧结颈和烧结颈长大。故导电性进一步提高，强度迅速提高，密度增加相对缓慢。

（3）高温保温完成烧结阶段（$\alpha \leqslant 0.5 \sim 0.85$），颗粒间的烧结颈迅速长大，由点接触扩大成面接触，孔隙球状化，孔隙尺寸和孔隙数量均减少。因而烧结体显著收缩，密度明显增加。保温足够长时间后，所有性能均达到稳定值而不再变化，此时完成烧结。

通常所说的烧结温度，是指最高烧结温度，即保温时的温度，一般其下限略高于颗粒的再结晶温度，上限主要从技术及经济上考虑，并且与烧结时间同时考虑。

烧结时间是指在高烧结温度下保温的时间，温度一定时，烧结时间愈长，烧结体性能也愈高。但时间对各种性能的影响不如温度大，仅在烧结保温的初期，密度随时间变化较快，如图 7-2 所示。实验也表明，烧结温度每升高 55℃ 所提高的密度，需要延长烧结时间几十或几百倍才能获得。因此，仅靠延长烧结时间是难以达到完全致密的，而且延长烧结时间会降低生产率，故多采用提高温度并尽可能缩短时间的工艺来保证产品的性能。

烧结的不完善性是实际采用的烧结规程的特点。在经过烧结的材料中，仍然还有剩余孔隙、剩余的氧化物等。因此，在进一步提高烧结温度或延长烧结时间时，可能会使烧结过程继续进行，但会产生颗粒间的聚集再结晶，使聚晶得以长大，这对于各种烧结几乎都是不希望的。根据实用的观点，烧结通常在达到制品主要性能的最低要求后就停止了，这些主要性能决定了制品的使用特性。

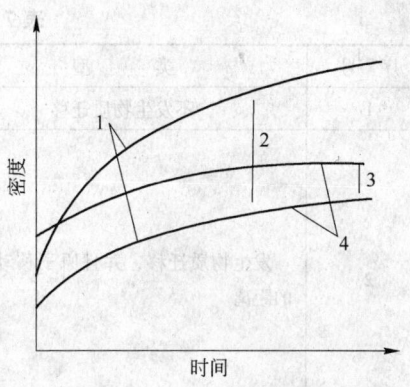

图 7 - 2 烧结时间与密度关系示意图
1—相同压坯密度；2—升高烧结温度；
3—提高压坯密度；4—相同烧结温度

7.1.2 粉末体固相烧结的致密化机理

固体粉末组成的压坯开始烧结后，将出现颗粒间接触面的逐渐扩展、颗粒中心距不断减小以及烧结体的明显收缩。导致坯体致密化的原因是烧结过程中产生了物质迁移。为了把机理定量化，需要简单的模型。库津斯基（G. C. kuczynski）首先提出的双球几何模型如图 7 - 3 所示，表面迁移仅在二颗粒黏结点上发生颗粒表面的原子迁移，颗粒中心距没有减小；而体积迁移产生很多的物质迁移，颗粒中心距减小，产生了收缩。由图示几何关系不难证明，在烧结的任一时刻，颈曲率半径 ρ 与颈半径 x 的关系是：$\rho = x^2/2a$，见图 7 - 3a；$\rho = x^2/4a$，见图 7 - 3b。

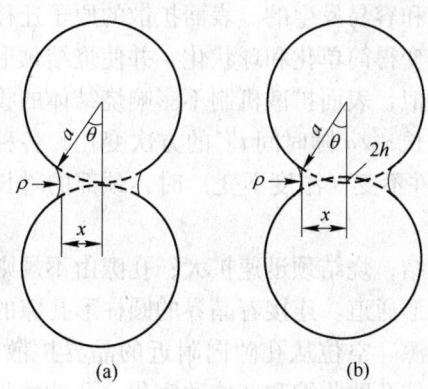

图 7 - 3 物质迁移的两种模型

双球几何模型表明，颗粒表面具有正的曲率半径，而两颗粒相接触的颈部则具有负的曲率半径。考虑颗粒表面张力 γ 的作用，显然颗粒表面受到压缩应力。如果颗粒半径 a 很小时，则颈部的曲率半径 ρ 更小，烧结颈受到的表面应力可大致表示为 $\sigma = -\gamma/\rho$，负号表示作用在烧结颈上的应力是张应力，它垂直作用于烧结颈曲面上，引起烧结颈扩大。这种表面应力分布的差异，还使颈部区域的原子空位浓度很高，与颗粒内部产生空位浓度梯度。此外，表面应力的差异还引起颗粒表面与颈部区域蒸气压的不同。因此，烧结的原动力可由 3 个方面构成，即表面张力造成的机械力，烧结体内的空位浓度差，以及各处的蒸气压之差。烧结的原动力引发了物质迁移，烧结时物质迁移的各种可能的传质途径如表 7 - 1 所示。这些物质迁移机构可能同时或交替地出现在某一烧结过程中，其中传质速率最大的一种将视为烧结的主导传质机理。

在烧结的初期阶段，烧结体的收缩率在 0 ~ 5% 范围内时，固态颗粒表面与它们间的颈部区域之间所存在的化学位梯度将导致物质向颈部发生迁移。例如，若材料体系有较高的蒸气压，由于蒸气压依存于颗粒表面的曲率半径，凸状表面的曲率半径越小则蒸气压变得越大，因而与颈部凹状曲面有较大的蒸气压差。由颗粒表面蒸发，经由气相而在颈部凝聚的传质过程则很容易发生。

然而，大多数固体材料的蒸气压较低，则物质迁移易通过固相表面、晶格、晶界等方式的扩散得以进行。扩散是物质由高浓度处向低浓度处迁移的过程，本质上是晶体内空位

表 7 - 1　烧结时的传质途径

序　号	类　　　型	传　质　途　径	
1	不发生物质迁移	黏　　结	
2	发生物质迁移，并且原子移动较长的距离	表面扩散 晶格扩散（空位机制） 晶格扩散（间隙机制） 晶界扩散 蒸发 - 凝聚	组成晶体的空位或原子的移动
		塑性流动 晶界滑移	小块晶体的移动
3	发生物质迁移，但原子移动较短的距离	回复或再结晶	

的扩散过程。晶体内的空位浓度与所处的温度相平衡，由于颗粒表面应力的作用，晶体表面的空位浓度远大于晶体内部，颈区的空位浓度又远大于晶体表面。因此，在空位浓度梯度的作用下，颈区的空位流向颗粒表面、晶体内部和晶界，即原子由颗粒表面、晶体内部和晶界扩散流入颈部并使之长大，这就是表面扩散、晶格扩散和晶界扩散的机制。

一般认为，在烧结的初期表面扩散往往是重要的和容易发生的。表面扩散的原子迁移只限于表面上，它能使表面平直化，复杂形状的孔隙变得简单化和球状化，并使烧结颈形成和长大，但不能使孔隙体积减小。与蒸发 - 凝聚类似，表面扩散机制不影响烧结体的收缩率。烧结初期的动力学方程表明，烧结颈的颈部生长 x^2/a 随时间 $t^{1/n}$ 的方次变化，各种烧结机制的 n 值不同（可参阅有关专著）。当烧结条件不变（温度不变）时，颈部的增长很快就趋于停止。

在烧结的中、后期阶段，烧结过程使颗粒开始黏结，烧结颈迅速扩大；孔隙由不规则的形状逐渐变成由 3 个颗粒包围的、相互连通的圆柱形通道。连接着晶界的圆柱形孔隙的情况如图 7 - 4 所示，此时它成为进一步烧结的空位源。空位从孔隙向附近的晶界扩散，并经由晶格向较远处的晶界扩散，而原子作反向扩散使孔隙收缩和坯体致密化。孔隙的收缩速度由空位在晶格中扩散速度来决定，因此将孔隙的收缩归结为体积扩散机制，但它与晶界扩散联系在一起。

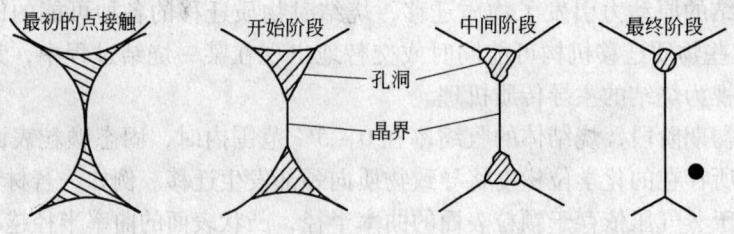

图 7 - 4　烧结阶段的孔隙收缩和体积扩散示意图

烧结时孔隙数量的减少是依靠开孔（也就是与坯体表面相连通的孔隙）来进行的，这些孔隙的一部分被填满而消失，另一部分则转变成孤立的或者封闭的孔隙。由于孔隙内表面的空位浓度与其直径成反比，因此大孔隙内表面的空位浓度比小孔隙内表面的空位浓度小，这样，空位便从小孔隙经晶格向大孔隙扩散，进而向晶界和坯体外表面扩散。这一过程导致大孔隙变大，小孔隙缩小和消失。动力学分析表明，固相烧结中后期开孔和闭孔的收缩速率关系并无质的差别，当温度和晶粒尺寸不变时，烧结体孔隙率随时间而线性地减小。

塑性流动也是固相烧结过程中物质迁移的方式之一。随着温度的升高，晶粒的塑性及液体性质大大增加，屈服强度显著下降，当应力超过屈服强度，就可能沿晶界发生剪切变形或晶粒的蠕动，使烧结体得以致密化。在加压烧结时，例如在热等静压或烧结热锻等技术中，可以在很短的时间内使烧结体的密度接近理论密度。

7.1.3 烧结过程中的再结晶及晶粒长大

粉末颗粒经过压制成型，压坯中颗粒间的接触区域存在大量晶格扭曲、晶粒碎裂和内应力的不均匀分布，其内能增高，处于不稳定状态。这种状态与经过冷加工塑性变形金属的晶界状态相似，因此在加热和烧结压坯时，回复和再结晶过程同样会得到发展。加热温度较低时，因晶粒内点缺陷和位错的迁移引起某些晶内的变化，如形成一些新的晶粒等，这种不改变晶粒大小，消除弹性应力的过程称为回复。在烧结的中、后期，伴随着传质过程发生新晶粒的生核和长大过程，晶粒的大小和数目发生了变化，但新晶粒与旧晶粒的晶格形式相同，故称之为再结晶。再结晶一般有两种，即颗粒内的加工再结晶和颗粒间的聚集再结晶。

烧结时，再结晶的核心多数产生于粉末颗粒的接触点或接触面上。依照低能区生核的理论，在颗粒间接触的高应力区域破碎的晶块中，总是存在着大于临界晶核的无畸变晶块，这些晶块是在回复过程中高畸变的亚晶粒向低畸变的亚晶粒转动彼此合并而成的，或者是在压制时就已形成。这些晶块的能量较低，因而就有可能成为新的晶核向四周破碎的晶粒中长大。

多晶颗粒内的晶粒生长不是小晶粒的简单黏结，而是晶界移动的结果。弯曲晶界两侧的原子具有不同的自由能，自由能高的原子可以不断越过晶界而进入自由能低的原子所在的晶粒。此时，两晶粒间的晶界将表现为向自由能高的原子所在晶粒的曲率中心推移，直至晶界变得平直、晶界两侧的原子自由能相等为止。显然，这种表现为晶界移动的结果是自由能低的原子所在的晶粒长大，同时自由能高的原子所在的晶粒缩小，晶粒长大的速率决定于晶界移动的速率。颗粒内的再结晶基本上是在烧结时出现明显密度变化以前结束的。

颗粒间的聚集再结晶与颗粒内的加工再结晶同时发生，但持续的温度要高得多。一般认为颗粒间接触区域形成和长大的晶粒成为颗粒间金属连接的烧结颈，这是聚集再结晶的第一阶段。由于孔隙、粉末颗粒表面的吸附气体和氧化薄膜以及低熔点杂质的存在，都会阻碍晶粒越出单个颗粒范围长大，也会阻碍烧结颈的长大。在烧结的中后期，颗粒间的原始接触面形成晶界，并且在颗粒间大量的孔隙消除掉后，才可能发生晶界在颗粒间的移动。如图7-5所示，在烧结体基相中存在少数多边界的大晶粒，这些晶粒不仅有较多的边界，同时晶界曲率也较大，以至于晶界可以越过气孔或者夹杂物快速向邻近小晶粒区域中心推进。如此不断吞并周围的小晶粒，直至长大到与邻近大晶粒接触为止。

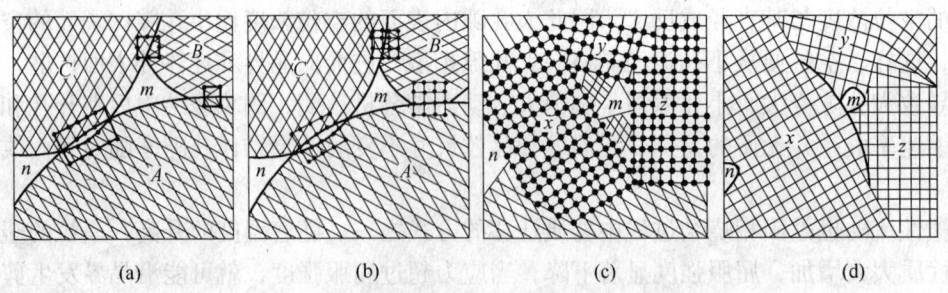

图 7 - 5　在烧结过程中颗粒间晶粒生长示意图
(a) 再结晶形核；(b)，(c)，(d) 再结晶晶粒长大过程
A，B，C—受过变形的颗粒；x，y，z—晶核或再结晶的晶粒；m，n—孔隙

这种以大晶粒为核心的异常快速长大也称为二次再结晶。因为晶界的快速移动使大量气孔包裹在晶粒内部而不利于烧结体的致密化，引入的大量结构缺陷对烧结体的理化性能往往也是有害的，因而工艺上需采取适当措施防止二次再结晶的发生。制备尽可能均匀的粉料、均匀成型压力、严格控制烧结温度与时间是避免出现二次再结晶的基本措施。此外，有选择地加入适当的添加剂，也可抑制晶界的快速移动，如 NdFeB 中加入少量的 Dy_2O_3 可防止二次再结晶的出现。

7.2　稀土永磁体的液相烧结

7.2.1　稀土永磁体的液相烧结现象

粉末压坯仅通过固相烧结一般难以获得很高密度。如果在烧结温度下低熔点组元熔化而产生了液相，那么由液相引起的物质迁移比在固相中的扩散快，烧结致密化速率将大大提高，而且最终液相将填满烧结体内的孔隙，因此可获得密度高、性能好的烧结产品。这种在某一温度下同时存在固相和液相的烧结过程称为液相烧结，$SmCo_5$ 和 NdFeB 永磁体的烧结均为液相烧结。

图 7 - 6 是 $Nd_{15}Fe_{78}B_7$ 铸态合金示差热分析曲线，可见随温度的升高，先后出现四个吸热峰。586K 的吸热峰与 $Nd_2Fe_{14}B$ 相的居里点相对应，在该温度（T_c）$Nd_2Fe_{14}B$ 相的原子磁矩由磁有序转变为磁无序，因此吸收热量。938K 吸热峰是 $T_1 + T_2$ + 富钕相三相共晶物熔化而吸收热量。1368K 的吸热峰对应的是 $T_1 + T_2$ 两相共晶物熔化的温度。1428K 的吸热峰对应的是 T_1 相的熔点，即在该温度 T_1 相由固相转变为液相，烧结温度应低于该温度（55~75K）。图 7 - 6 的结果对了解 NdFeB 永磁粉末压坯的烧结过程十分有用。

图 7 - 7 是 $Nd_{15}Fe_{78}B_7$ 粉末压坯在不同温度烧结时，线性收缩率与烧结温度的关系。可见从 950K 开始收缩，随烧结温度的提高，收缩率逐渐提高。在 950K 开始发生收缩是由于三元共晶 $T_1 + T_2$ + 富钕相产物开始转变为液相引起的。在该温度下液相数量有限，由液相流动造成的致密化也是有限的。随着温度升高，$T_1 + T_2$ 共晶物开始熔化，液相数量逐渐增加，烧结体收缩率提高。至 1350K 左右时，$T_1 + T_2 \rightarrow L$ 反应开始进行，烧结体由主相 T_1 和液相组成，此时烧结体的收缩率达到最大值。

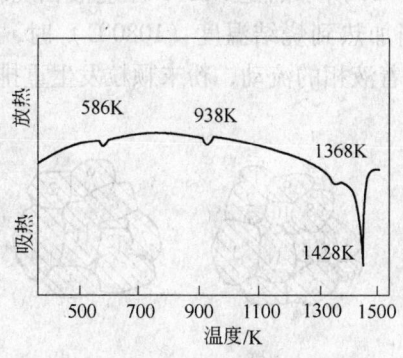

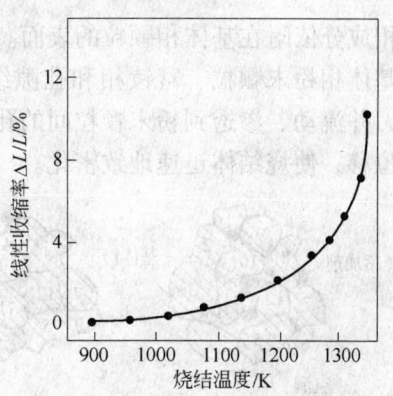

图 7-6　$Nd_{15}Fe_{78}B_7$ 铸态合金
示差热分析曲线

图 7-7　$Nd_{15}Fe_{78}B_7$ 粉末压坯收缩率
与烧结温度的关系

当 NdFeB 永磁体的 B 含量的摩尔分数小于 6.8% 时，富 B 相的数量很少，此时可以认为该磁体由 T_1 主相和富钕相两相组成。在富钕相熔点（655℃）以下的温度区间，即液相出现以前，进行异种金属间的固相烧结，但其烧结速度与液相出现后相比较是可以忽略的。NdFeB 磁体的烧结温度一般为 1080℃，塔曼温度指数达到 $\alpha = 0.95$ 左右，在该温度下体系由 T_1 固相和富钕液相组成。经过烧结，希望获得富钕相沿 $Nd_2Fe_{14}B$ 晶粒边界均匀分布的显微结构，从而获得预期的磁体磁性能。烧结的结果是在短时间内得到了高密度的烧结体。

7.2.2　液相烧结的基本过程

液相烧结过程大致可划分为 3 个界限不十分明显的阶段。图 7-8 为 $SmCo_5$ 压坯在 1123℃ 烧结过程中收缩率与时间的关系。图 7-9 表示的为致密化系数和烧结时间的一般关系曲线，分为液相流动、溶解-析出和固相烧结 3 个致密化阶段。而在实际中，这 3 个阶段都是相互重叠或者是同时发生的。

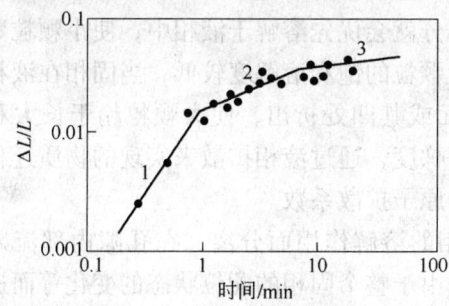

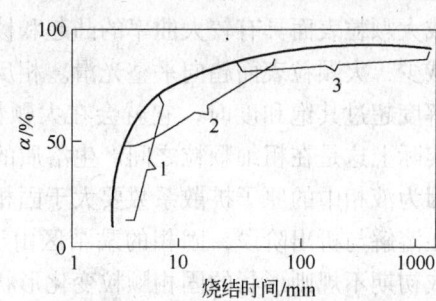

图 7-8　$SmCo_5$ 压坯在 1123℃烧结
过程中收缩率与时间的关系
1—固溶阶段；2—溶解脱溶阶段；3—重排阶段

图 7-9　液相烧结致密化过程
1—液相流动；2—溶解-析出；3—固相烧结

7.2.2.1　液相流动与颗粒重排

$SmCo_5$ 系压坯中的液相为摩尔分数 60% Sm + 40% Co。NdFeB 压坯中的液相为富钕相。液相成分可能依附在基体相颗粒的表面或内部或独立存在，这与铸态组织有关。理想的状态是液相成分依附在基体相颗粒的表面。如图 7 - 10 所示的是 NdFeB 压坯液相烧结过程，压坯由基体相粉末颗粒、富钕相和孔隙组成。当加热到烧结温度（1080℃）时，富钕相已熔化，并流动、渗透到粉末颗粒间的孔隙。随着液相的流动，粉末颗粒发生重排和调整位置或位移，使烧结体迅速地致密化。

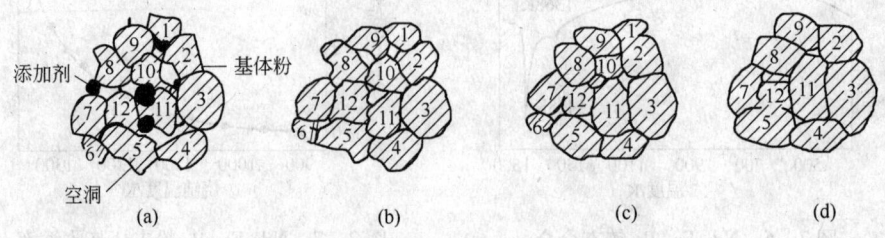

添加剂　　基体粉　　空洞

（a）　　　　　（b）　　　　　（c）　　　　　（d）

图 7 - 10　复相粉末液相烧结过程示意图

（a）混合粉末；（b）流动与重排；（c）溶解 - 析出；（d）固相烧结

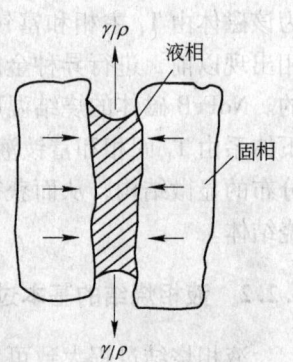

图 7 - 11　两个颗粒间的毛细管吸力

液相流动与颗粒重排阶段致密化的推动力来自毛细管吸力。当两个颗粒间存在液相，并且液相与固相颗粒有较好的润湿性时，两个颗粒间的液相表面向液相一侧弯曲，从而产生一个毛细管吸力，如图 7 - 11 所示。如同固相烧结时表面应力的作用一样，液相烧结时两个颗粒在该吸力的作用下相互靠拢。由于颗粒在液相内近似悬浮状态，因此，该吸力可使颗粒调整位置、重新分布以达到最紧密的排列。

7.2.2.2　固相溶解和再析出

如果固相可溶解在液相中，则固相颗粒表面的原子会逐渐溶解于液相，其溶解度随温度和颗粒的形状、大小而变，并与液固界面的曲率半径成反比。因此，液相对于小颗粒有较大的饱和溶解度，即细小的粉末颗粒或大颗粒表面具有较大曲率的凸起和棱角部分就会优先溶解于液相中，使小颗粒数量趋向减少，大颗粒表面趋向平整光滑。相反，大颗粒的饱和溶解度较低，当固相在液相中的溶解度超过其饱和度时，它就会在大颗粒表面或其凹处析出，使大颗粒趋于长大和球化。实际上这是在粗细颗粒之间产生溶质的浓度梯度，通过液相扩散来实现的物质迁移过程，因为液相中的原子扩散系数要大于固相中的原子扩散系数。

在溶解与析出阶段，固相的黏结区由于液相的溶解作用而分离，在孔隙内部流入液相，或初期不规则形状的固相颗粒变化形状，或由于整个固相的配位状态的变化等而进行致密化。但与第一阶段相比，致密化速度有所减慢。

7.2.2.3　固相烧结

经过前面两个阶段，固相颗粒之间靠拢彼此黏合，形成坚固的固相骨架。这时，剩余液相充填于骨架的间隙，在颗粒接触表面则产生固相烧结。或者当液相数量不足时，部分固相颗粒之间直接接触，在液相烧结的同时存在着固相烧结。固相烧结阶段的致密化已显著减慢，由于形成骨架后，固相的位置变化已成为不可能，事实上致密化也就停止。

在烧结过程中，固相晶粒要逐步地长大。其长大机制为：一方面是通过溶解－析出使颗粒长大；另一方面是通过固相晶粒边界迁移使晶粒长大。晶粒尺寸大，则矫顽力低，如何在烧结过程中控制晶粒长大，尤其是控制固相烧结阶段二次再结晶引起的晶粒异常长大，也是获得高性能磁体要解决的重要技术问题。

7.2.3　影响液相烧结的因素

液相烧结过程比纯固相烧结要复杂得多，还有很多重要因素影响烧结过程和结果。液相烧结能否顺利完成，取决于与液相性质有关的润湿性、液相数量、烧结温度等基本条件，并且与压坯的特性、成形压力、烧结气氛等因素相关联。

7.2.3.1　润湿性

液相对固相的润湿是液相烧结的必要条件。液、固相间的润湿角 θ，就是润湿性的标志。根据图 7－12 中液滴平衡条件有：

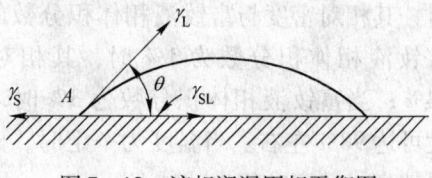

图 7－12　液相润湿固相平衡图

$$\gamma_S = \gamma_{SL} + \gamma_L \cos\theta$$

式中，γ_S、γ_{SL} 和 γ_L 分别为固－气、固－液和液－气界面的界面能。当 γ_S 相当大，γ_{SL} 相当小时，则润湿角 θ 小，助长润湿性。当 $\theta < 90°$ 时，液相润湿固相，液相将扩展到固相表面，液相烧结才能得以进行。当 $\theta > 90°$ 时，由于液相凝聚成液滴或被挤出系统外，则烧结将按固相烧结机理来进行。

液相只有具备完全润湿（$\theta = 0°$）或部分润湿（$\theta < 90°$）的条件，才能渗入颗粒的微孔、裂隙，甚至晶粒间界。此时固相的界面张力 γ_{SS} 取决于液相对固相的润湿，如图 7－13 所示，平衡时

$$\gamma_{SS} = 2\gamma_{SL}\cos(\varphi/2)$$

式中，φ 为二面角。二面角 φ 愈小，液相渗进固相界面愈深。当 $\varphi = 0$ 时，表示液相完全深入两固相颗粒间将固相完全隔离，如图 7－14a 所示，固相颗粒被液相分隔成孤立的小岛；一般情况下，由于 $\gamma_{SS} < 2\gamma_{SL}$，即 $\varphi > 0$，液相不能完全润湿固相晶界，固相颗粒粘结成骨架，如图 7－14b 所示，成为不被液相完全分隔的状态。

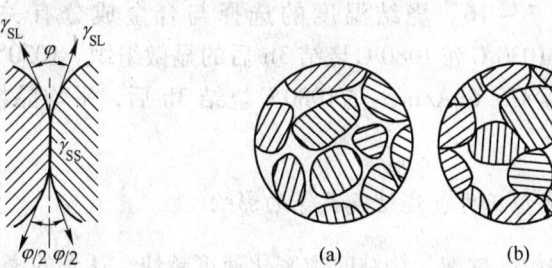

图 7－13　与液相接触的
　　　　二面角形成

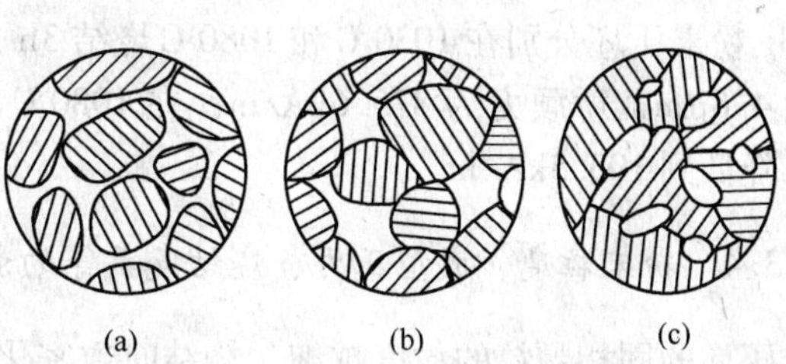

图 7－14　合金组织与二面角的关系
(a) $\varphi = 0$；(b) $0 < \varphi < 120°$；(c) $\varphi > 120°$

θ、φ 在液相烧结中虽成为极重要的量，然而它们是由 γ_S、γ_{SL}、γ_L、γ_{SS} 等当中的值来决定的。特别是 γ_{SL} 越小，θ、φ 也越小，因此这成为很重要的条件。要想 γ_{SL} 小，有很多

方法，如提高烧结温度和延长烧结时间，向液相金属中添加某些表面活性物质等。

7.2.3.2　液相数量

液相烧结时，增加液相的数量可以促进收缩，但液相数量应以填满颗粒的间隙为限度。因为粉末颗粒重排引起的收缩量与液相数量有关，当液相数量与粉末压坯的孔隙率相当时，则将引起烧结体的完全致密化。如果液相数量过多，则有可能使烧结体解体，不能保证烧结件的形状和尺寸；液相数量过少，则烧结体内会残留一部分不被液相填充的孔隙，而且固相颗粒也会因直接接触而过分地烧结长大。

图 7 – 15 是 NdFeB 烧结磁体在某一温度烧结时，其相对密度与富钕液相体积分数的关系。当富钕液相体积分数为 1% 时，其相对密度仅为 94%；当富钕液相体积分数为 3% 时，其相对密度可达 98% 左右。当温度为一定时，磁体的钕含量越高，其富钕相也就越多。

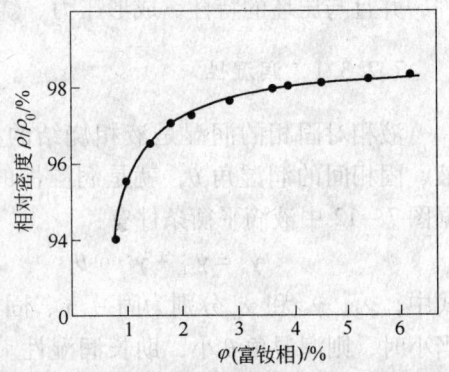

图 7 – 15　NdFeB 烧结磁体的相对密度
与钕含量的关系

7.2.3.3　烧结温度

在液相烧结时，烧结温度对液相的性质有重要影响，从而影响烧结过程。因此，烧结温度便成为致密化的重要条件。当烧结体的成分一定时，随烧结温度的提高，固相在液相中的溶解度增加，其结果是：

（1）液相的体积分数增加，促进烧结体收缩。

（2）液相中原子的扩散能力提高，加快了溶解 – 析出反应的速率，有利于小颗粒的减少和大颗粒表面的平直化。

（3）液相对固相的润湿性提高，有利于液相完全浸润固相。

（4）当液相数量足够时，有利于在好的润湿系统中得到分离组织。

但烧结温度过高，会使烧结体晶粒粗化，磁体的矫顽力降低。烧结温度对 $SmCo_5$ 和 NdFeB 磁性能的影响见图 7 – 16。烧结温度的选择与合金成分有关，图 7 – 17 是 $Nd_{15}Fe_{79}B_6$ 粉末压坯分别在 1030℃ 和 1080℃ 烧结 3h 后的显微组织。1030℃ 烧结的平均晶粒尺寸为 4.6μm，矫顽力为 875.6kA/m；在 1080℃ 烧结 3h 后，平均晶粒尺寸为 23μm，矫顽力已降低到 103.5kA/m。

7.2.3.4　粉末粒度、成型压力、烧结气氛等的影响

组成压坯的固相颗粒的粒度越细，烧结时致密化速度越快，达到的密度也越大。液相量越多的高温烧结，大体越有同样的倾向。另一方面，烧结中有晶粒成长的现象，原料粉末越细，成长的速度越快。越进行高温、长时间的烧结，形成的晶粒越大。因此，根据合金成分选择烧结温度后，还应根据粉末粒度选择适当的烧结时间，以防止晶粒过分长大。

压坯的成型压力的影响是，当成型压力大时，先在固相间产生黏结区，妨碍着液相的流动，这就是在孤立的孔隙区可以进行固相烧结的原因。在液相流动阶段没有出现瞬间致

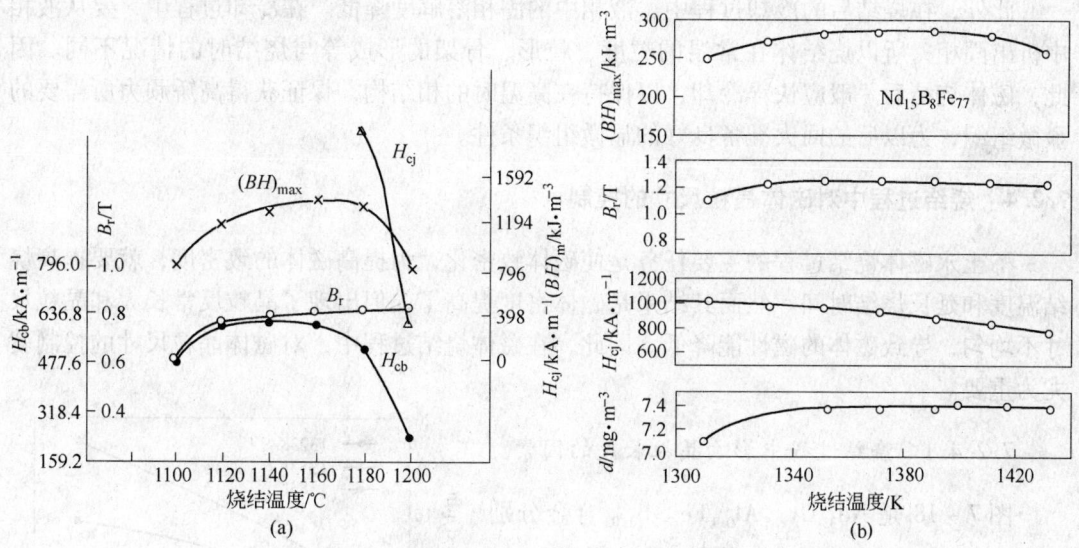

图 7-16 烧结温度对 $SmCo_5$（a）和 NdFeB（b）磁性能的影响

（烧结时间为 3h）

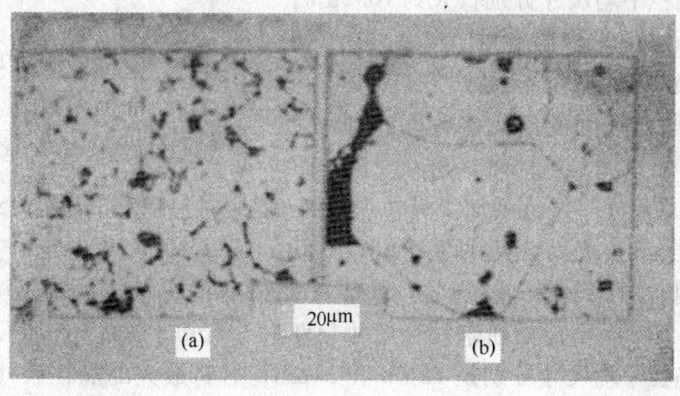

图 7-17 $Nd_{15}Fe_{79}B_6$ 粉末压坯在 1030℃（a）和 1080℃（b）烧结 3h 后的显微组织

密化，也是这个原因的影响。相反，成型压力越低，只是最终的收缩越大，而得到的各种性能并没有受到影响。因此，在致密化中提出成型压力不要过高作为液相烧结的主要条件。

烧结气氛对于保证烧结过程的顺利进行和制品质量十分重要。由于稀土永磁材料在高温下的易氧化性，烧结和热处理均在真空和氩气保护下进行。真空烧结的主要优点是：

（1）防止空气进入炉内，减少有害成分（水、氧、氮等）对制品的玷污。

（2）有利于排除吸附的气体和低熔点杂质或其氧化物，对促进烧结后期的收缩作用明显。

（3）可改善液相烧结的润湿性，在孔隙中不残留气体，有利于烧结过程中的收缩和改善合金的组织结构。

（4）在烧结温度下充入氩气，可减少液相的挥发。

此外，在烧结后的冷却过程中，液相中的固相溶解度降低。在冷却过程中，要从液相中析出固相，所以烧结体在常温的粒度、粒形、骨架的形成等与烧结时的情况不同。因此，磁体烧结后一般应快淬冷却，以保持在高温时的相结构，保证获得高矫顽力所需要的显微组织，为以后的回火准备良好的显微组织条件。

7.2.4　烧结过程中对磁体晶粒尺寸的控制

稀土永磁体烧结过程的主要任务是使磁体致密化，为提高磁体的致密度，就要提高烧结温度和延长烧结时间。然而其结果是磁体密度提高了，但出现了晶粒反常长大和晶粒尺寸不均匀，导致磁体的磁性能降低。因此，在磁体烧结过程中，对磁体晶粒尺寸的控制就尤为重要。

7.2.4.1　烧结过程中影响晶粒长大的因素

图 7-18 是 $Nd_{33}Dy_{1.5}Al_{0.4}Fe_{余}B_{1.02}$ 合金分别在 1050℃、1080℃、1110℃ 烧结 0.5h 到 24h 时，平均晶粒尺寸与烧结温度以及烧结时间的关系。原始粉末颗粒平均尺寸 $d \approx 4\mu m$，在上述 3 种温度下烧结 2h，晶粒平均尺寸分别长大到 $10.2\mu m$、$12.2\mu m$ 和 $13\mu m$。在 3 种温度下，烧结的前 4h 晶粒长大速度最快。当烧结温度在 1050℃ 和 1080℃ 以下，随烧结时间的延长，晶粒平均尺寸增长缓慢。然而在 1110℃ 烧结时，随着烧结时间

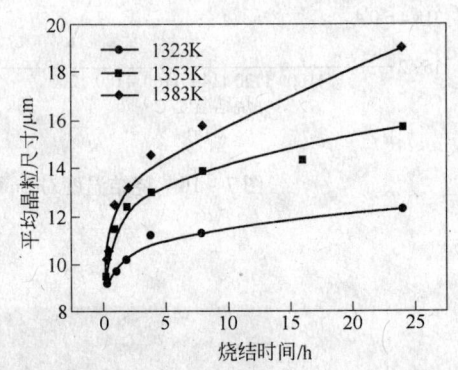

图 7-18　$Nd_{33}Dy_{1.5}Al_{0.4}Fe_{余}B_{1.02}$ 磁体晶粒平均尺寸随烧结温度和烧结时间的变化

的延长，晶粒平均尺寸呈线性增加。另外观察到该磁体在 1125℃ 烧结 1.5h 时，出现晶粒反常长大的现象，其最大晶粒尺寸可达 $100 \sim 300\mu m$。

实验还证明，原始粉末颗粒尺寸分布对烧结后的晶粒尺寸有重要影响。例如，$Nd_{33}Dy_{1.5}Al_{0.4}Fe_{余}B_{1.02}$ 合金原始粉末颗粒尺寸分别为 $3.4\mu m$ 和 $11.7\mu m$ 时，经 1125℃ 烧结 2h 后，磁体的晶粒平均尺寸分别是 $12\mu m$ 和 $34\mu m$，后者最大的晶粒尺寸超过 $80\mu m$。如果细小颗粒粉末中有一些大尺寸颗粒，即粉末颗粒尺寸分布不均匀时，磁体虽然在较低温度（1080℃）烧结，随烧结时间的延长，其晶粒尺寸呈线性地增加。压坯的密度和粉末颗粒 c 轴的取向程度对晶粒长大也有影响。在相同的温度下烧结，压坯密度越高，磁场取向度越高，则烧结使晶粒越容易长大。

7.2.4.2　烧结时晶粒长大动力学

在金属中晶粒长大与温度、磁体取向、颗粒尺寸分布和粉末颗粒尺寸的溶解度，如果是薄片状样品，还与样品的线度等因素有关。除了薄片状样品以外，假定可将合金粉末压结体烧结过程晶粒长大的规律应用到 NdFeB 合金，则 NdFeB 合金晶粒长大规律可表述为

$$R = kt^{1/n}$$

式中，R 为烧结时间为 t 时刻的平均晶粒半径；n 为晶粒长大的指数；k 为常数。

Rodewald 等人研究了 $Nd_{12.7}Dy_{0.03}Fe_{80.7}TM_{0.8}B_{5.8}$ 和 $Nd_{13.7}Dy_{0.03}Fe_{79.87}TM_{0.8}B_{5.7}$（TM = Al，Ga，Co，Cu）合金，在制粉时分别添加 2.9% ~ 6.7% 质量分数的富稀土相，在 1060 ~

1120℃之间烧结 1~2h 磁体晶粒长大的动力学参数。图 7-19 是上述合金在不同温度烧结时，磁体的晶粒平均尺寸与烧结时间的关系。可见在 1060℃烧结时，常数 k 在 5.5~5.7 之间，并且当富稀土相添加量大于 4% 时磁体才有足够的密度，可求得富稀土相添加量分别为 3.9%、5.7% 和 6.7%，晶粒长大指数 n 分别为 35、33 和 15；当在 1100℃烧结 1h 以上，富稀土相添加量在 2.9%~6.7% 范围内，磁体的密度均可达到 7.5g/cm³ 以上。当富稀土相添加量为 2.9% 时，晶粒长大指数为 $n=47$，说明晶粒长大速度十分缓慢。当富稀土相添加量为 6.7% 时，晶粒长大指数为 $n=8.5$，说明此时晶粒平均尺寸迅速地增大。实验还观察到，在 1100℃烧结时存在一些晶粒的反常长大。反常长大晶粒的常数 k 在 15~31 之间，比正常长大晶粒的 k（4.8~6.7）大 2 倍以上。另外，其晶粒长大指数 $n=3~8$，而纯金属晶粒长大指数 $n=2~4$，说明在 NdFeB 合金中确实存在与纯金属相当的反常晶粒长大现象。

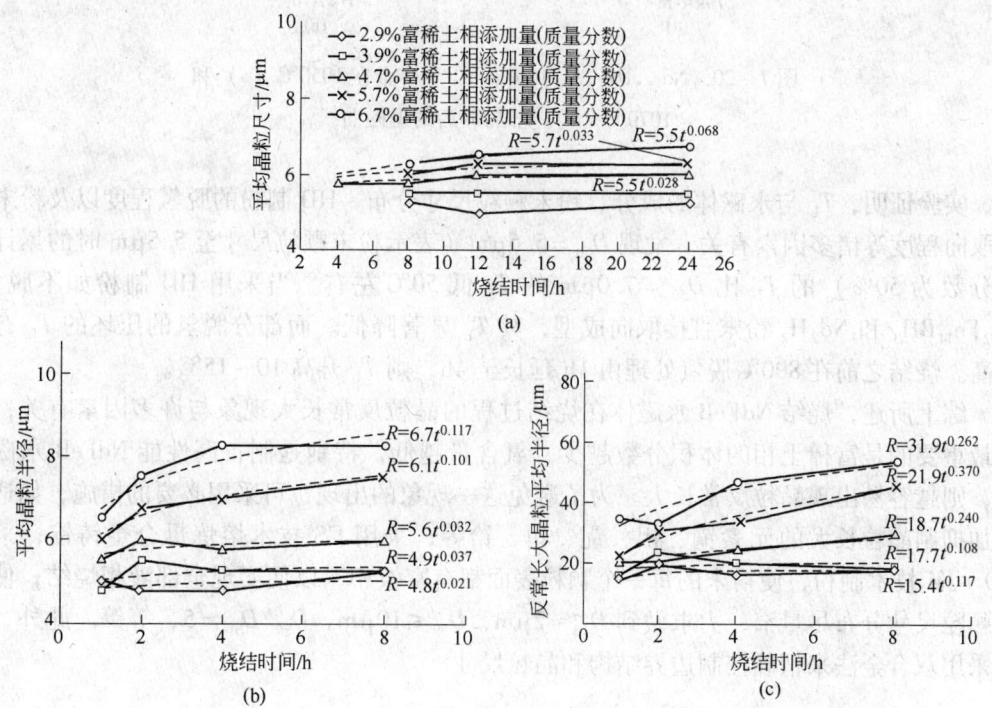

图 7-19 Nd-Dy-Fe-TM-B 烧结磁体晶粒平均尺寸与烧结时间的关系
(a) 1060℃烧结；(b) 1100℃烧结；(c) 1100℃烧结时晶粒反常长大

7.2.4.3 烧结 NdFeB 永磁体的晶粒反常长大与临界烧结温度

按晶粒长大经验式，当晶粒长大指数 $n<10$，常数 $k>10$ 时，晶粒将迅速地反常长大。图 7-19c 表明，Nd-Dy-Fe-TM-B 合金中不论富稀土相添加量多少，在 1100℃烧结时均出现晶粒反常长大的现象，而在 1060℃烧结时，则很少观察到晶粒反常长大现象。这里把 NdFeB 永磁体出现晶粒反常长大（$n<10, k>10$）的烧结温度称为临界烧结温度 T_L。在 T_L 以下温度烧结，可获得细小均匀的显微结构，而在 T_L 以上温度烧结，则出现晶粒尺寸不均匀的显微结构，从而导致磁性能的降低。图 7-20 是 $Nd_{13.5}Dy_{0.5}Al_{0.7}Co_{0.05}Fe_{余}B$（摩尔分数）合金分别在 1050℃ 和 1070℃烧结 4h 后的退磁曲线。该合金在 1050℃ 和

1070℃烧结的磁体密度大体上相同；但在1050℃烧结的退磁曲线方形度好，H_K高；而在1070℃烧结后，退磁曲线方形度变差，H_K和B显著降低。显微组织观察表明，在1070℃烧结该磁体的退磁曲线方形度和剩磁的降低是由于出现晶粒反常长大引起的。说明该合金的临界烧结温度T_L为1060℃，在T_L以下，如在1050℃烧结4h，磁体保持很好的磁性能。

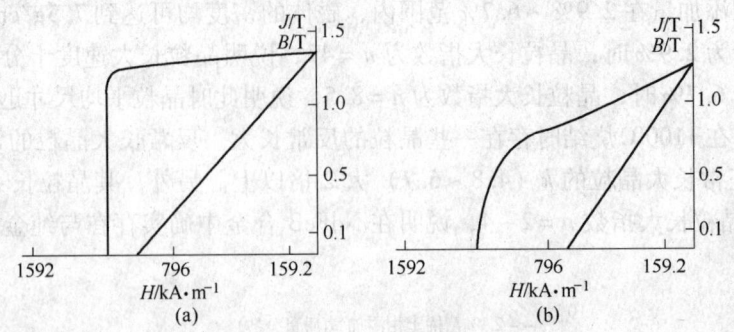

图7-20　$Nd_{13.5}Dy_{0.5}Al_{0.7}Co_{0.05}Fe_余 B$合金在1050℃（a）和
1070℃（b）烧结4h后的退磁曲线

实验证明，T_L与永磁体的成分、粉末颗粒尺寸分布、HD制粉的脱氢程度以及粉末磁场取向程度等诸多因素有关。发现$D_{50}=5.5\mu m$（表示粉末颗粒尺寸至$5.5\mu m$时的累计体积分数为50%）的T_L比$D_{50}=7.0\mu m$的T_L低50℃左右。当采用HD制粉如不脱氢，$Nd_2Fe_{14}BH_3$和Nd_2H_2粉末直接取向成型，其T_L显著降低。而部分脱氢的压坯的T_L有所提高。烧结之前在800℃脱氢处理由1h延长至4h，则T_L升高10~15℃。

综上所述，烧结NdFeB永磁体在烧结过程的晶粒反常长大现象与许多因素有关，其中最重要的是富稀土相的体积分数越少，氧含量越低，特别是制备高性能NdFeB永磁体时，则越容易出现晶粒反常长大。为了避免这一现象的出现，可采用必要的措施，如适当添加抑制晶粒长大的元素镝、铝、铌、铒、铪等；采用CS技术熔炼母合金铸锭；采用HD+JM技术制粉，使粉末的每一个颗粒表面都有富钕相，以便实现全部液相烧结；使粉末颗粒尺寸分布尽量窄，力求做到$D_{10}\approx2\mu m$，$D_{99}\leqslant10\mu m$，$D_{99}/D_{10}=5$，等等。此外，也可采用双合金法来精确控制边界结构和晶粒尺寸。

7.3　稀土永磁材料的烧结与热处理工艺

7.3.1　烧结与热处理工艺制度

通常，热处理是指合金在固态范围内加热、保温和冷却，以改变其组织，获得所要求性能的一种工艺方法。$SmCo_5$和NdFeB烧结磁体的基体相是单相的，在热处理过程中没有相变发生，只是改变了晶界状态，一般称为二次烧结或后烧结处理，其特征与致密合金的回火处理相对应，故又称为回火。如果基体相不是单相的，如Sm_2Co_{17}合金，在热处理过程中有相变发生，则称为时效处理。烧结稀土永磁合金的磁性能对工艺因素十分敏感，相同成分的合金由于烧结与热处理工艺不同，其磁性能可以几倍，几十倍，甚至几百倍地变化。对于热处理前工艺条件完全相同的烧结体，采用不同的热处理制度，得到的组织状态可以完全不同，以至矫顽力可能相差甚远。稀土永磁体烧结后进行热处理主要是为了提高磁性，尤其是为了提高矫顽力。

7.3.1.1 SmCo₅ 永磁合金的烧结与热处理工艺制度

SmCo₅ 磁体的烧结与后烧结即回火处理工艺示意
图如图 7 - 21 所示。烧结和热处理工艺制度通常用
"温度 - 时间"坐标图表示，图中 $T_烧$、$\tau_烧$ 代表烧结温
度和时间，$T_后$、$\tau_后$ 代表回火处理的温度和时间，v_1 是
烧结后的冷却速度，v_2 是回火处理后的冷却速度。实
践表明，以上工艺参数对合金的磁性能均有重要影响。
成分为 36.6% Sm + 63.4% Co 的合金，在 1140 ~ 1160℃
烧结 30min，H_{cj} 出现峰值（图 7 - 16）。但应注意，合
金成分不同，获得最高矫顽力的烧结温度稍有不同。
由 $T_烧$ 至 $T_后$ 的冷却速度 v_1 应慢一些，即应小于 3℃/

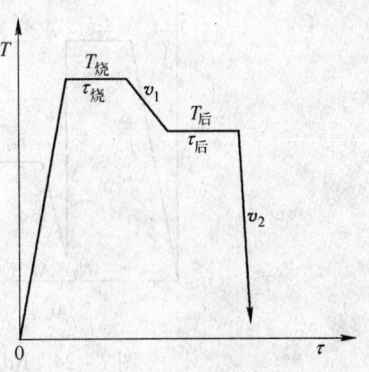

图 7 - 21　SmCo₅ 永磁体烧结与
热处理工艺示意图

min。从 $T_后$ 至 $T_室$ 的冷却速度 v_2 则应快一些，即应大于 50℃/min。

7.3.1.2　2:17 型 SmCo 永磁合金的烧结和热处理工艺制度

Sm(Co，Cu，Fe，Zr)₇.₄ 磁体是一种析出硬化型的永磁合金，它的矫顽力产生于时效
过程中析出的 Sm (Co，Cu)₅ 相对畴壁的钉扎。Sm (Co，Cu，Fe，Zr)₇.₄ 合金可通过改变
热处理条件获得不同类型矫顽力的合金，其退磁曲线如图 7 - 22 中曲线 I、II 所示。它们
各自对应的热处理制度见图 7 - 23。

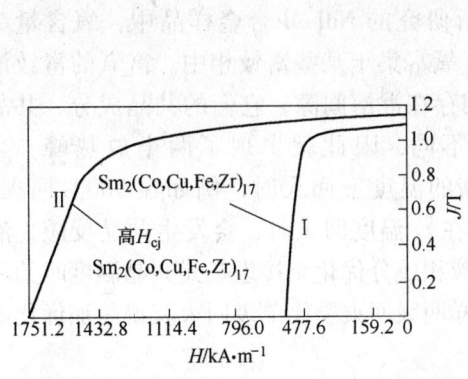

图 7 - 22　两种不同热处理制度下的
退磁曲线

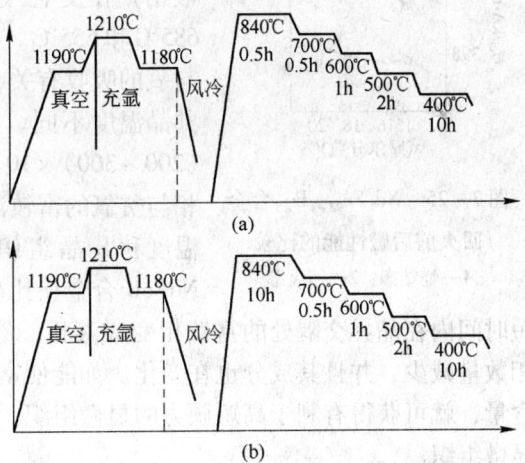

图 7 - 23　退磁曲线 I 对应的时效工艺（a）
退磁曲线 II 对应的时效工艺（b）

7.3.1.3　NdFeB 合金的烧结与热处理工艺制度

图 7 - 24 是 NdFeB 合金的烧结与热处理工艺示意图，图中 a 是烧结后采用一级回火，
图 b 是烧结后采用二级回火。

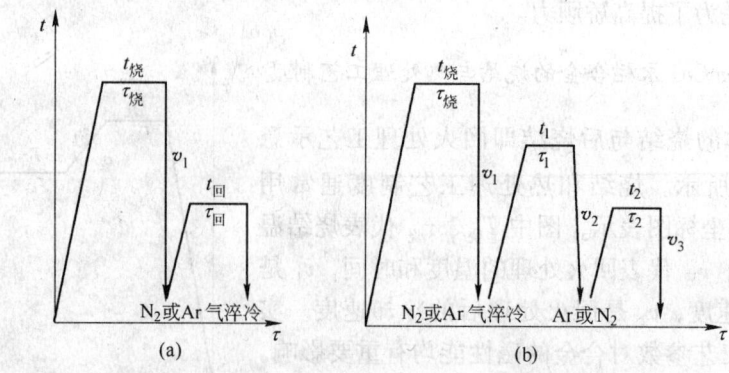

图 7 - 24　NdFeB 系永磁合金的烧结与热处理工艺示意图
（a）烧结后采用一级回火；（b）烧结后采用二级回火

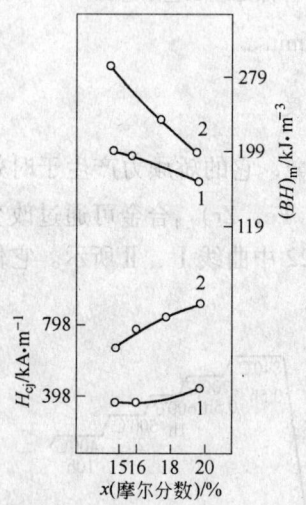

图 7 - 25　$Nd_xFe_{92-x}B_{7.5}$ 合金
回火前后磁性能的比较
1—烧结态；2—回火态

NdFeB 永磁合金烧结并快冷后（烧结态）内禀矫顽力较低。图 7 - 25 是 $Nd_xFe_{92-x}B_{7.5}$ 合金回火前后 H_{cj} 和 $(BH)_m$ 的比较，可见回火后其矫顽力可提高 1 倍以上；由于 H_{cj} 的提高，$(BH)_m$ 也有大幅度提高。

NdFeB 合金在 650℃ 回火时，在晶界交隅处和晶界上的富钕相已变成富钕的液相。这些富钕的 Nd - Fe 二元共晶物含有较多的氧。示差热分析发现 $Nd_{15}Fe_{77}B_8$ 合金液在冷却过程中，发生了 L→$Nd_2Fe_{14}B$ + 富 B 相 +$L_{残}$，其中 $L_{残}$（残余液相）在发生三元共晶转变之前已出现两个放热峰，分别在 685℃ 和 655℃。在 Nd - Fe 二元系中也观察到此种现象。这与氧的吸收有关，含有氧的富钕液相与不含氧的富钕液相的共晶温度不同。在所研究的 NdFeB 合金样品中，氧含量为 $(200 \sim 300) \times 10^{-6}$，氧富集于某些富钕相中。富氧的富钕液相与贫氧的富钕液相存在混溶间隙，它们的共晶成分、共晶温度和共晶组织均不同，因此就出现了两个放热峰。当 NdFeB 合金在比较高的温度下回火时，例如在 900℃ 回火，短时间内在晶界交隅处的富钕相变成液相，然后在 t_2 温度回火时，会发生共晶反应，液相数量减少，并且其成分也在变化。如能使富钕液相成分优化至接近三元共晶温度时的钕含量，就可获得有利于高矫顽力的显微组织。这样两级回火要比单级回火获得更加优化的显微组织。

NdFeB 合金采用两级回火处理可获得较好的磁性能。图 7 - 26 是两级回火温度 t_1 和 t_2 对 $Nd(Fe_{0.9}B_{0.1})_{5.5}$ 合金磁性能的影响。图中烧结态的曲线是不经过 t_1 回火处理得到的，可见烧结态样品直接在 t_2 进行回火获得的性能较低。当 $t_1 = 900 \sim 1000$℃ 时，在 $t_2 = 660$℃ 回火处理 1h，可获得较高的矫顽力。为了获得较好的磁性能，第一级回火处理后应以速度 $v_1 = 1.3$℃/min 冷却。

不同成分的 NdFeB 合金对应不同的最佳回火温度，图 7 - 27 是 $Nd(Fe_{0.92}B_{0.08})_z$ 合金的 H_{cj} 与 t_2 的关系，可见 z 值不同，获得最佳 H_{cj} 值的 t_2 也不同。获得最佳磁性能的 t_2 随 z

值的提高而提高。对于 $Nd(Fe_{0.92}B_{0.02})_{5.4}$ 合金，1080℃烧结 1h 快冷，在 900℃回火 2h，以 0.5℃/min 冷却至 $t_2 = 575 \sim 675$℃回火时，合金的矫顽力几乎不随 t_1 而变化，并获得最高的 H_{cj}。

第二级回火温度 t_2 对某些 NdFeB 合金退磁曲线的方形度有重要影响。图 7 – 28 是 $Nd_{0.8}Dy_{0.2}(Fe_{0.85}Co_{0.06}B_{0.08}Nb_{0.009})_{5.5}$ 合金烧结淬火和在 $t_1 = 900$℃回火 2h 后，在 t_2 回火时，t_2 与退磁曲线方形度 H_K 的关系。该合金在 $t_2 = 580$℃回火有最高的 H_K，而在 560℃回火，合金的 H_K 明显降低。图中 H 为磁化场，说明随磁化场 H 的提高，H_K 也相应地提高。

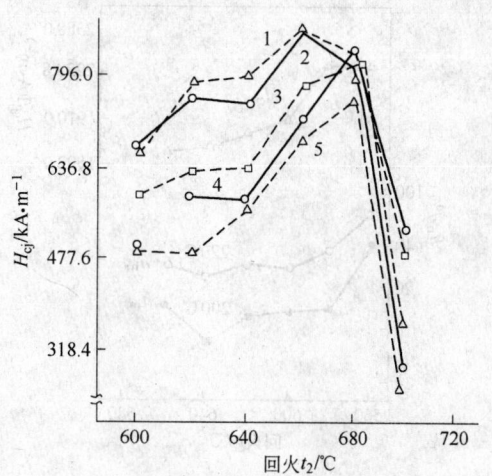

图 7 – 26 $Nd(Fe_{0.9}B_{0.1})_{5.5}$ 合金的 H_{cj} 随回火温度 t_1 和 t_2 的变化

1—$t_1 = 900$℃；2—$t_1 = 1000$℃；3—$t_1 = 800$℃；

4—$t_1 = 700$℃；5—1000℃，40min 烧结态

第二级回火温度 t_2 对合金磁性稳定性也有重要的影响，含钴的合金更是如此。图 7 – 29 是 $Nd_{0.8}Dy_{0.2}(Fe_{0.85}Co_{0.06}B_{0.08}Al_{0.01})_{5.5}$ 合金矫顽力和磁通不可逆损失 h_{irr} 与 t_2 的关系。在 $t_2 = 560$℃，回火 1h，合金的 $H_{cj} = 2244.7$kA/m，但此时磁通的不可逆损失较高。在 $t_2 = 640$℃，回火 1h，$H_{cj} = 1695.5$kA/m，磁通不可逆损失却大大地降低。

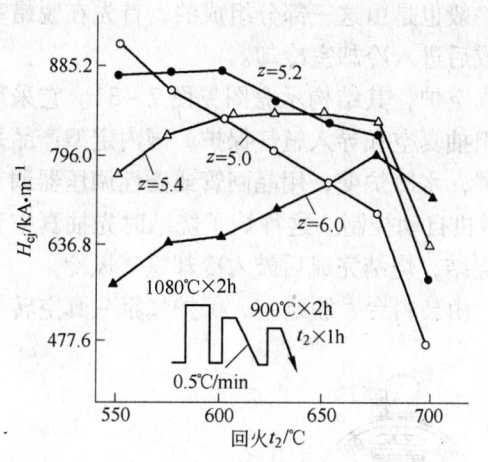

图 7 – 27 $Nd(Fe_{0.92}B_{0.02})_z$ 合金的 H_{cj} 与 z 及 t_2 的关系

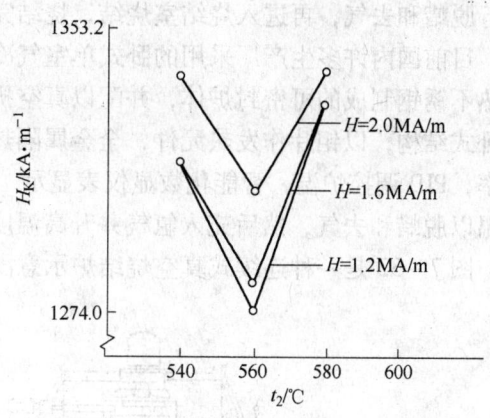

图 7 – 28 $Nd_{0.8}Dy_{0.2}(Fe_{0.85}Co_{0.06}B_{0.08}Nb_{0.009})_{5.5}$ 合金 H_K 与回火温度 t_2 的关系

图 7 – 30 是 $Nd_{0.8}Dy_{0.2}(Fe_{0.86}Co_{0.06}B_{0.08})_{5.5}$ 合金在 $t_1 = 900$℃回火 2h 后，开路磁通及 M_{10}（在 796kA/m 下测得的 M）与 t_2 的关系。在 $t_2 = 600$℃回火处理后，合金的 $H_{cj} = 1751.2$kA/m，磁体开路磁通降低最小。然而在 $t_2 = 660$℃和 640℃回火后，其矫顽力分别仅有 1671.6kA/m 和 1353.2kA/m，并且它们的开路磁通分别显著降低。这一结果说明高矫顽力磁体的开路磁通降低不显著。这与第二级回火温度密切相关。

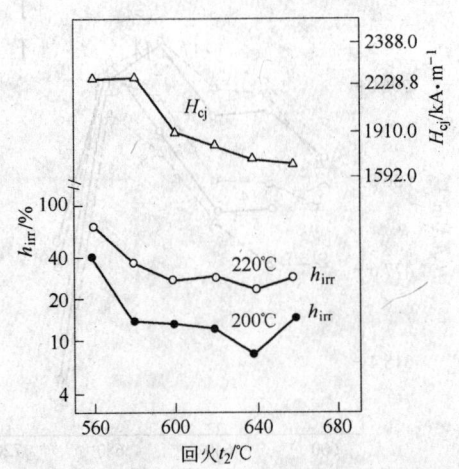 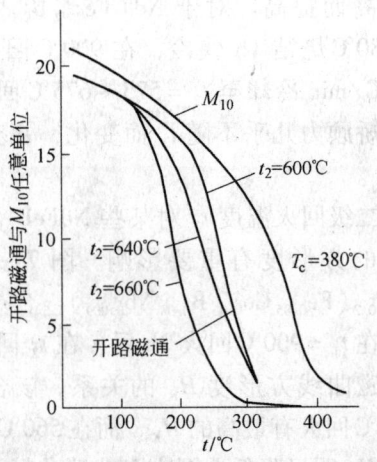

图 7 - 29　$Nd_{0.8}Dy_{0.2}(Fe_{0.85}Co_{0.06}B_{0.08}Al_{0.01})_{5.5}$
合金 H_{cj} 和磁通不可逆损失与回火温度的关系
（图中的 220℃、200℃是放置温度）

图 7 - 30　$Nd_{0.8}Dy_{0.2}(Fe_{0.86}Co_{0.06}B_{0.08})_{5.5}$
合金开路磁通不可逆损失与 t_2 的关系

7.3.2　真空烧结与热处理设备

　　真空烧结与热处理炉按其结构分类，可以归纳为外热式和内热式两大类，按炉体布置形式可分为立式和卧式，按炉体组成可分为单室、双室、三室等。三室以上的烧结炉通常叫做连续式烧结炉。在保护气氛中进行烧结时，可将整个烧结过程划分为 3 个阶段，即预热与脱蜡、烧结及冷却。连续式烧结炉的烧结一般也是由这三部分组成的，首先在脱蜡室进行脱蜡和去气，再进入烧结室烧结，烧结完成后进入冷却室冷却。

　　目前国内许多生产厂采用的卧式单室气冷真空炉，其结构示意图见图 7 - 31。它采用耐热不锈钢制成的可密封炉体，并配以真空机组抽真空和导入氩气保护。国内定型产品采用卧式结构，以钼片作发热元件，全金属隔热屏，水冷炉壁，用晶闸管或磁性调压器调节功率，PID 调控炉温，智能化数显仪表显示，微机自动控制。这种炉子烧结时先抽真空和升温以脱蜡和去气，然后充入氩气并升高温度烧结，烧结完成后鼓入冷却氩气风冷。

　　图 7 - 32 是一种连续式真空烧结炉示意图，由装料台、脱蜡室、保护气氛 - 真空转换

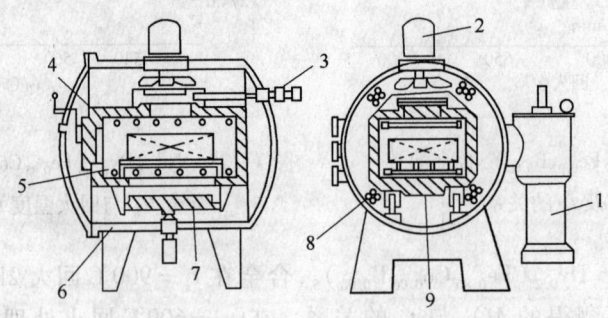

图 7 - 31　卧式单室气冷真空炉
1—油扩散泵；2—风扇；3—冷却门；4—隔热层；5—电热元件；
6—炉体；7—下冷却门；8—冷却管；9—炉床

室、烧结室、真空缓冷室、用风扇冷却的真空－保护气氛转换室及卸料台组成。炉子装有石墨加热器及碳毡隔热材料，外有冷却水套。各室之间有真空闸板阀，物料通过可不破坏真空状态，因此可连续进料、出料；工作时各室保持各自的温度和真空度，节省了升降温和抽气时间，因此效率很高；炉子配有气氛监察装置，可随时控制炉内气氛，并配有氩气精制装置，使氩气可循环使用。这种炉子均温区范围大，温度控制精确，可随时调整工艺参数，烧结体产品的性能一致性好。全部操作由计算机程序控制。

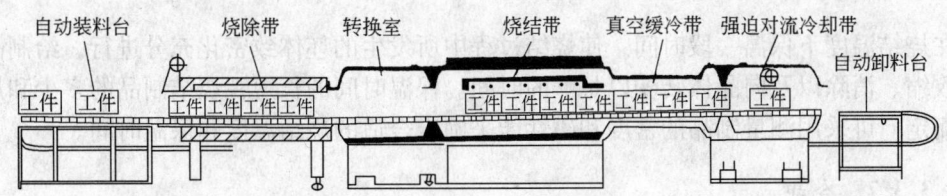

图 7 - 32　连续式真空烧结炉纵剖面示意图

7.3.3　烧结工艺操作

　　间歇式烧结炉的烧结与热处理工艺操作包括装料、抽真空、脱气、加热、充氩气、保温、冷却、出炉等步骤。

7.3.3.1　装炉

　　装炉是先将压坯装在烧结用的托盘或料盒中。托盘或料盒用钼片、耐热钢或石墨等耐高温材料制成，以免在烧结时变形。装料时要求压坯之间不直接接触，以防止坯块在烧结时相互粘连，也可用钼片将坯块互相隔开。然后将装好料的托盘或料盒推入炉内，盖好炉盖并密封。

7.3.3.2　抽真空

　　开动真空机组抽真空，抽除烧结室内的空气和附着在压坯上的气体。用机械泵抽真空至高真空泵入口要求的真空度后，再打开高真空泵。一般要求二级抽真空到 1.3×10^{-2} Pa。

7.3.3.3　脱气

　　炉子通电加热，在 400 ~ 500℃ 温度下继续抽气。这一过程可消除压坯的残余应力，也使压坯内外吸附的气体及压制成型时添加的润滑剂、造粒剂等有机介质逐渐分解和挥发。

7.3.3.4　加热

　　脱气后使炉子升温到烧结温度。对于不同的材料，烧结温度也不同，应精确测定和控制烧结温度。温度过高会使制品软化和变形，晶粒粗大甚至报废。烧结温度过低，压坯致密化速度变慢，延长了烧结时间，使设备利用率降低，同时会使产品性能达不到要求。

7.3.3.5　充氩气

随着温度的升高，在抽真空作用下，压坯内气体排除趋于完全。对于在保护气氛下的烧结，此时要向烧结室充入氩气，使烧结在保护气氛中完成。充氩气后停止真空机组工作，以减少功率消耗。

7.3.3.6　保温

在烧结温度下保温一段时间，使烧结过程中所发生的坯体致密化充分进行，给制品的气孔收缩、消除以及向晶体转变以足够的时间。保温时间的长短视烧结制品的多少和尺寸大小而定。可采用测量制品的密度和磁性能来确定合适的烧结温度和保温时间。

7.3.3.7　冷却

烧结后的制品温度很高，如果直接出炉会引起燃烧和粉化，因此出炉前必须冷却。冷却速度对磁性能有一定影响，缓慢冷却时，磁体内的相结构会发生变化，产生一些对磁性能不利的相，因此应快速冷却，以保持烧结态的相结构。在生产中，烧结体的冷却与热处理衔接进行。

按照前述烧结与热处理工艺制度，各种材料的具体工艺条件如下：

SmCo$_5$ 磁体一般在小于 150℃ 温度下抽真空至 1.5×10^{-2}Pa，时间 30min；继续升温，时间 20min，以排除有机物；升温到 400℃ 左右，时间 30min，排除吸附的气体；然后加热至烧结温度 1150℃，充氩气，时间 30min；接着保温 20 ~ 30min；随后炉冷至 850 ~ 900℃，时间 40min；保温回火，时间 40min；最后以大于 50℃/min 的速度快冷至室温出炉，时间 30min。

Sm(Co，Cu，Fe，Zr)$_{7.4}$ 磁体根据磁性能的要求，按照图 7 - 23 所示的工艺条件进行操作。

NdFeB 磁体一般采用逐级加热至 1060 ~ 1130℃，在氩气保护下烧结 1h，然后以 80℃/min 速度快冷至室温。烧结过的磁体在 570 ~ 600℃ 回火处理 1h 或在 600 ~ 900℃ 之间阶段回火，然后快冷至室温出炉。

7.4　烧结稀土永磁体的加工与检验

7.4.1　机械加工

7.4.1.1　机械加工的任务

稀土永磁体机械加工的任务是把烧结和热处理后的磁体毛坯加工成要求尺寸及精度的元件。稀土永磁体烧结时变形大，尺寸、几何形状精度和表面粗糙度都不符合要求，需经过适当的机械加工才能满足使用要求。

由于稀土永磁材料的高性能，以及高新技术应用元件的小型化，稀土永磁元件大部分都是小尺寸的和高精度的，形状多为圆环形、薄片形、短圆柱形、立方体形等。对于薄且形状复杂的磁体，直接压型烧结难度大，易开裂，通常先制成大块磁体后再切割加工。切割加工时须注意产品的易磁化轴方向应符合元件要求。

烧结稀土永磁材料硬而脆,其机械加工通常用磨削或电火花或机械切片加工。这几种加工方法的加工效率较低,稀土永磁材料的价格又较昂贵,因此要求毛坯尺寸应精确,以期有最少的加工量和最少的材料损耗。稀土永磁材料产品的尺寸偏差见表 7-2,形位偏差见表 7-3,可供设计选材时参考。

表 7-2 稀土永磁材料产品的尺寸偏差

尺寸/mm	烧结面偏差值/mm		加工面偏差值/mm			
	垂直于压制方向	压制方向	平 磨	内外圆磨	线切割	切 片
≤10	±0.25	±0.30	±0.05	±0.05	±0.03	±0.05
>10~20	±0.40	±0.45	±0.05	±0.08	±0.05	±0.08
>20~50	±0.70	±0.85	±0.10	±0.13	±0.08	±0.15
>50~80	±1.10	±1.30	±0.15	±0.20	±0.13	±0.20

表 7-3 稀土永磁材料产品的形位偏差

偏差种类	检查部位	基本尺寸/mm		偏 差 值
平行度	加工面间	任 意		两平面间公差值的二分之一
垂直度	烧结面间	任 意		90°±1°
	加工面与烧结面间			90°±1°
	两加工面间			90°±0.5°
同轴度	烧结面间	外径	≤14	±0.35mm
			>14~24	±0.60mm
			>24~40	±0.80mm
			>40~60	±1.10mm
			>60~80	±1.50mm
			>80~100	±2.00mm
	加工面间	任 意		±0.08mm

7.4.1.2 磨削加工

磨削是零件精加工的主要方法之一。磨削实质上是用砂轮上的磨料自工件表面层切除细微切削的过程(图 7-33)。磨料在砂轮上的分布极不规则,其几何形状无法选择和测量,因而磨削过程十分复杂。

砂轮是由磨料和结合剂构成的多孔物体。随材料和制造工艺的不同,砂轮的特性差异很大。

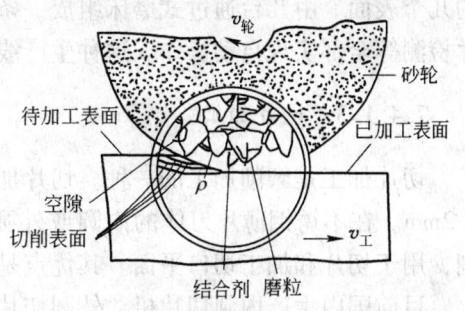

图 7-33 砂轮磨削加工示意图

磨料材料有棕刚玉、白刚玉、黑色碳化硅、绿色碳化硅、人造金刚石等,依此顺序磨料的硬度增大,则依次可磨削钢、铁、高碳钢、铸铁、有色及非金属材料、宝石、陶瓷、硬质合金或硬度更高的材料。磨料的粒度从 1.6~1.25mm 的粗粒至 40~3.5μm 左右的微粉分成不同的粒度级别,粗粒的磨削余量大,适于粗磨;细粒适于精磨、刃磨、珩磨和精细珩磨等。砂轮的强度、抗冲击性、耐热性及抗腐蚀性等性能取决于结合剂的性能，结合剂有陶瓷、树脂、橡胶和金属（如青铜结合金刚石），依此顺序砂轮的性能相应提高，适合于更高速和更高精度的磨削。

砂轮的硬度是指砂轮表面上磨料在外力作用下脱落的难易程度。磨粒易脱落的砂轮称为软砂轮，反之称为硬砂轮，由软至硬分为 12 个硬度等级。同一种磨料可制成不同硬度的砂轮，这取决于结合剂的性能、数量及制造工艺。通常，磨削硬件或导热性差的材质用软砂轮；精磨用稍软的砂轮；磨削软材质用硬砂轮。

制作适当的夹具可将磁体毛坯装夹固定在磨床上，也可以利用磁体充磁后自身的吸力加以固定。根据工件的加工工艺制度，可选择平面磨床、外圆磨床、内圆磨床、无芯磨床、双面磨床等磨加工机床进行磨削加工，如图 7 - 34 所示。有些磁性器械也可在整体粘装后进行磨削加工，如电机转子的加工。

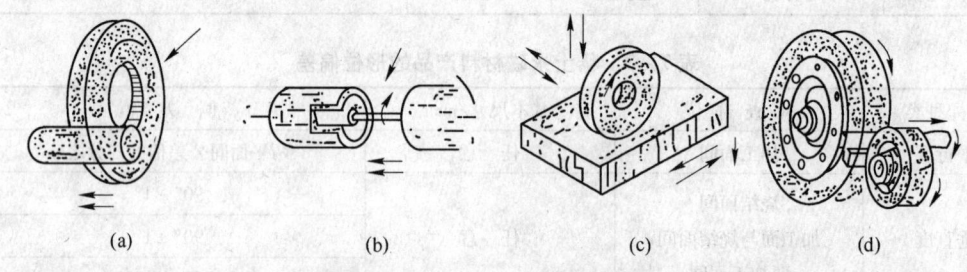

$$\qquad\text{(a)}\qquad\qquad\qquad\text{(b)}\qquad\qquad\qquad\text{(c)}\qquad\qquad\qquad\text{(d)}$$

图 7 - 34　不同磨床加工示意图

（a）外圆磨削；（b）内圆磨削；（c）平面磨削；（d）无芯磨削

稀土磁体磨削加工应选用较软和粒度较大的砂轮。磨削的瞬时温度高达 800 ~ 1000℃，极易烧伤工件表面，过大的磨削应力和应变又易使磁体产生裂纹甚至碎裂。因此，磨削时应注意防止冲击和过大的进刀量，并应有充分的冷却。磨削时使用苏打水或乳化液等切削液冷却，可降低磨削温度，及时冲走细屑和脱落的磨粒而减少摩擦。

国外有高效成型磨床用于磁体加工，采用金刚石成型砂轮高效率地同时加工磁体毛坯的几个表面。由几台通过式磨床组成一条自动生产线，包括工位变动、工件输送、产品尺寸检测等全部实现自动操作。这种生产线适用于大批量产品的高效率生产。

7.4.1.3　切片加工

切片加工是磨削加工的一种。切片加工采用金刚石薄片砂轮或称刀片，其厚度可小于 0.2mm。在不锈钢薄片刀体的内圆或外圆平面上黏结一层金刚石，可对磁体进行快速磨削，用于切片和加工切口平面。其优点是切削速度快，材料消耗少。

目前国内生产内圆切片机、外圆切片机、外圆多刀切片机、双面磨片机等切片加工专用机床。如上海无线电专用机械厂生产的 J5020 - Ⅰ型外圆多刀切片机，最大加工尺寸为 $\phi60 \times 80$mm，切割速度 10 ~ 30mm/min，切片平行度不大于 0.008mm。切片加工后的磁体表面有时会有较明显的刀痕，这种刀痕可用双面磨削机床研磨去除。J5850 型双面磨片机可加工工件的尺寸为 $\phi50$，厚 0.25 ~ 2.5mm。加工后工件的平行度不大于 0.005mm，平面度不大于 0.005mm，厚度差不大于 ±0.005mm，表面粗糙度 $R_a \leq 0.8\mu m$（▽8）。

7.4.1.4 电火花线切割加工

电火花线切割机床可用于切割形状复杂的各种曲线形的磁体。电火花加工基于脉冲放电的腐蚀原理，也称放电加工或电蚀加工。由机床的脉冲电源提供瞬时脉冲放电（放电时间 $10^{-7} \sim 10^{-8}$ s，放电间隙几微米至几百微米），电极在绝缘性液体（如煤油、皂化液、去离子水）中互相靠近时，极间脉冲电压将其电离击穿。放电通道中产生大量热能，使工件局部熔化甚至气化。在放电爆炸力作用下，把熔融物抛出去，达到蚀除的目的。这种加工方法无切削力，材料的可加工性取决于其导电性及热力学特性，与力学性能无关，故适用于难切削材料的加工，如用来加工稀土磁性材料和金刚石、氮化硼等超硬材料。

电火花线切割机床如图 7 – 35 所示，由机床本体、脉冲电源、控制系统、工作液循环系统、机床附件等组成。利用钼丝与工件接触产生局部放电，使工件局部产生高温并氧化，从而达到切割磁体的目的。采用单板计算机或程序控制器控制，可使钼丝按照设定的程序运动，从而加工出各种形状的工件。钼丝的直径一般为 0.15mm 左右，因而加工时对材料的损耗较少；但存在的电极损耗会影响工件的成型精度，现已降至 0.1%；工件的最小角半径等于加工间隙，为 0.02 ~ 0.3mm。这种加工方法的效率较低，会较大幅度地增加磁体产品的成本。目前正在发展将电火花加工与磨削加工结合起来的加工方法，即电解加工，可大大提高加工效率。

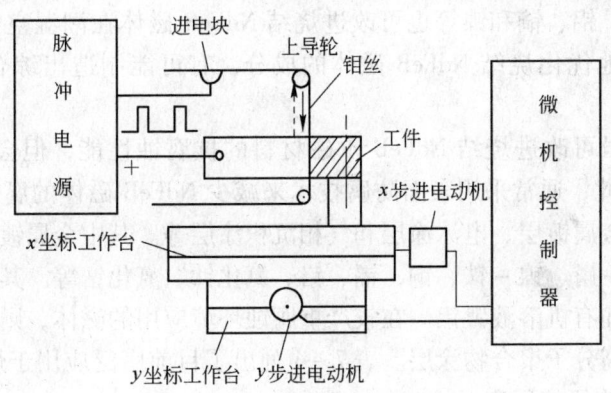

图 7 – 35 电火花线切割机床示意图

7.4.2 表面处理

7.4.2.1 磁体的氧化与腐蚀

稀土永磁元件很少在真空和室温条件下工作，为保证磁体在长期工作过程中保持外形尺寸的完整性和精确性，必须防止稀土永磁元件在一定温度环境下和介质条件下发生腐蚀和氧化，因此要在磁体表面进行防腐处理。

稀土永磁材料，特别是 NdFeB 材料，由于耐腐蚀性能较差，影响到磁体的应用和元器件的制造工艺。磁体的耐腐蚀实验表明，NdFeB 磁体在室温干气（相对湿度 15%）条件下无氧化；在室温湿气（相对湿度 95%）和在 150℃ 干气或湿气条件下，磁体氧化动力学曲线呈抛物线形。在室温潮湿空气中，磁体的氧化主要是铁的氧化，氧化速度比在

150℃的还高约 1 倍。在 150℃干气或湿气中，主要是钕的氧化。含有氯离子的磁体氧化速度比不含氯离子磁体的氧化速度快一个数量级，氯离子是促进磁体氧化的重要因素。此外，磁体表面的粗糙度、清洁度、磁化状态，加工后热处理等因素对磁体的氧化也有影响。磁体表面越光滑、越干净，其氧化速度越低。如果磁体表面有指纹，则大大促进氧化。

NdFeB 磁体的腐蚀机理为电化学腐蚀。磁体中 $Nd_2Fe_{14}B$、富钕相的电化学电位不同，引起电化学反应而形成原电池。磁体表面的污染物形成导电回路时，低电位的钕（ $-2.4V$ ）成为阳极而被氧化。由于钕阳极和 $Nd_2Fe_{14}B$ 阴极的相对量差别很大，形成小阳极和大阴极。富钕相承担很大的腐蚀电流密度，因此沿晶界加速腐蚀，形成晶间腐蚀。试验表明，烧结 NdFeB 磁体的腐蚀速度随氧含量的提高而降低。原因是 NdFeB 磁体吸收氧后，使富钕相变成较为稳定的氧化态。此外，当氧含量一定时，磁体的腐蚀速度随稀土含量的降低而降低。当磁体中的氧含量较高时，其腐蚀速度差别变小。

7.4.2.2　NdFeB 磁体的防腐蚀方法

在烧结 NdFeB 磁体中添加微量元素可提高磁体的抗腐蚀性能，如添加少量钴或铜便可显著地降低磁体的腐蚀速度；如果钴和铜复合添加，则其效果更好。添加 1% 摩尔分数的铬，也可提高其抗腐蚀性能，这是因为铬进入了 $Nd_2(Fe,Cr)_{14}B$ 相，提高了基体相的抗氧化能力。添加钒、铝、镝和镍等也可改进烧结 NdFeB 磁体在潮湿空气环境中的抗腐蚀性能。总之，合理地优化烧结 NdFeB 磁体的成分，有可能制造出综合性能优异的烧结NdFeB 永磁材料。

通过添加元素虽可改进烧结 NdFeB 永磁材料的抗腐蚀性能，但会使磁体的 B_r 值和 $(BH)_m$ 值降低。因此，通常采用表面防腐技术来减少 NdFeB 磁体的腐蚀。在磁体表面涂敷防腐涂层，可用金属镀层、电泳涂层和气相沉积涂层等。其中金属镀层包括电镀或化学镀镍、锌、铝、镍–磷、镍–铁、铜、镉、铬、氮化钛、氮化锆等。其中较有效的方法是电镀镍、离子镀铝和有机溶液镀铝。在较严重腐蚀环境应用的磁体，则可喷涂或电沉积环氧树脂或其他有机高分子聚合物涂层。表 7–4 列出了目前广泛应用于烧结 NdFeB 磁体的防腐涂层。表中 H 为铅笔硬度。

表 7–4　烧结 NdFeB 磁体的涂层技术与种类

涂层类别	涂层技术	涂层硬度	涂层厚度/μm	涂层颜色	工作温度上限/℃
树脂 A	电泳涂层	≥4H	25 ± 5	黑色	140
树脂 B	电泳涂层	≥2 ~ 4H	20 ± 5	黑色	160
有机高分子	物理气相沉积	≥2H	5 ± 1	无色	130
			10 ± 2	无色	130
			15 ± 2	无色	130
Sn	电镀	HV20	25 ± 5	金属光泽	160
Ni	电镀	HV350 ~ 400	25 ± 5	金属光泽	300
Al	离子气相沉积	HV35 ~ 50	10 ± 3	黄色	200

7.4.2.3 电镀镍

电镀镍有多种工艺方法。电镀镍工艺过程主要有除油、出光、浸镀、电镀等环节。

电镀前，首先要去除磁体表面吸附的油污和锈蚀。为使镀层与基体具有良好的结合力，除油要干净彻底。实践表明，先化学除油，再电解除油的效果较好，而用金属清洗剂除油的效果最差。化学除油使用的溶液为 Na_3PO_4 20g/L、Na_2CO_3 15g/L，在 65℃ 清洗 5min。除油时应充分翻动工件，使其各个表面上的油污都得以清除。电解除油使用的溶液为 Na_3PO_4 15g/L、Na_2CO_3 15g/L、TX – 10 0.2 g/L，在 65℃、2A/dm^2 电流密度下电解清洗 0.5min。当工件为阳极时，富钕相易氧化和溶解而造成腐蚀，故一律采用阴极电解除油。

工件除油后，经热水洗涤和冷水洗涤洗去除油溶液，再经过酸洗出光，除去氧化物。在室温下，用 100mL/L HNO_3 或 110mL/L H_2SO_4 溶液洗 15s，使基体表面呈细致均匀的银白色。用 HF、H_3PO_4、NaF 等酸洗时效果差，用 HCl 酸洗的效果最差。溶液的酸性高，可提高出光效果，但易引起基体过量腐蚀，严重时甚至会产生表面粉化。

工件出光后，经水洗再浸镀。富钕相极易氧化，新鲜表面在水中也会瞬时氧化，影响镀层与基体的结合强度。因此在电镀前需浸镀，可浸锌、镍、锌－铁、锡等，以提高镀层与基体的结合力。其中浸镍的效果最好，其平衡电位向正值偏移，使磁体表面氧化能力下降，可减缓在工序间和施镀中的氧化程度。而且浸镍层完整均匀，与镀镍层有相近的点阵结构，使结合力增强。浸镍溶液为 HF 170mL/L、H_3BO_3 65g/L、NiAc$_2$ 70g/L，在室温下浸镀 30s。

工件浸镀后水洗，然后电镀镍。溶液组成为 $NiSO_4 \cdot 7H_2O$ 270 ~ 300g/L、$NiCl_2 \cdot 6H_2O$ 45 ~ 50g/L、H_3BO_3 40 ~ 45g/L、NH – 91A 12 ~ 15mL/L、NH91B 1.2 ~ 1.5mL/L，其中后二者系高整平全光亮镀镍添加剂。在 pH = 4 ~ 4.5，温度 50 ~ 60℃，电流密度 0.5 ~ 6A/dm^2 范围内施镀，时间视镀层厚度确定。由于稀土永磁体往往体积很小，因此普遍采用滚镀。电镀时，电流会随溶液温度升高而有所上升，因而需要经常调整电流。电镀后，水洗和干燥工件，得到成品。镀镍层结晶细致光亮，与基体结合强度高，能够满足产品质量要求。

镀层的质量一般通过外观检查和盐雾试验等方法来确定。外观观察镀层应均匀、细致，不允许有黑斑、麻坑、边角严重擦伤和镀层脱落等现象，严重水迹也是不允许的。盐雾试验结果如表 7－5 所示，可见多层防护有更好的抗腐蚀能力。多层结构中，镍、铜的晶格常数相差 3%，相互匹配生长，结合得更为牢固。

表 7－5 镀层中性盐雾试验结果 (GB 5983—86)

类 型	镀层厚度/μm				中性盐雾试验	
	暗 镍	铜	亮 镍	合 计		
单层暗镍	25			25	<24h	有锈斑
双层镍	15		10	25	72h	有锈蚀小块
暗镍－铜－亮镍	6.25	8.75	10	25	120h	镀层完好

7.4.3　产品的检测

稀土永磁产品出厂前需要根据生产厂的产品标准和订货合同书的要求进行检测。检测的内容包括磁性测量、尺寸精度和外观质量，有时还包括比重、硬度等物理参数和化学成分的测定。

7.4.3.1　样品的磁性测量

在稀土永磁体的生产过程中，由于产品的形状复杂多样、批量较大，很难直接测量每一件产品的磁性能。从目前国内的磁测仪器来看，也无法直接测量大块样品。因此，通常的办法是抽样测量样品的磁性能。磁性测量的样品一般是标准样品，它随批量产品同时生产或从产品中抽样切割成标准样品进行磁性测量。主要测量 B_r、H_{cb}、H_{cj}、$(BH)_m$ 值。如有特殊规定，还应测量磁感的可逆温度系数 α，不可逆损失 h_{irr} 等。

目前国内普遍采用直流永磁参量测量仪，振动样品磁强计和脉冲强磁场磁性测量仪等方法来测量稀土永磁体的磁参量。

直流永磁参量测量仪的测量线路方框图如图 7－36 所示，可看作由电源、电磁铁、积分放大器和记录仪四部分组成。它的基本原理是电磁感应原理。样品尺寸以 $\phi10 \times 10mm$ 为宜，样品尺寸过大或过小，可能带来较大的测量误差。将样品放在电磁铁中磁化，B 线圈可以测量样品的内禀磁感应强度 $B_i(\mu_0 M)$ 或磁感应强度 $B(\mu_0(M+H))$。探头或 H 线圈测量样品的表面磁场。由于样品夹在电磁铁的两磁极间，它处于准闭路状态，可近似地把样品的表面场视为内磁场。当磁场变化时，样品的磁状态也发生变化，因而 B 和 H 线圈同时感应出 B 电势和 H 电势。它们分别经过 B 积分器和 H 积分器处理和放大后输入 $x-y$ 函数记录仪或计算机，记录样品的磁状态 B_i 或 B 随磁场的变化，从而得到磁化曲线、磁滞回线或退磁曲线。利用计算机还可以自动打印出样品的退磁曲线、各项磁参数并进行贮存。

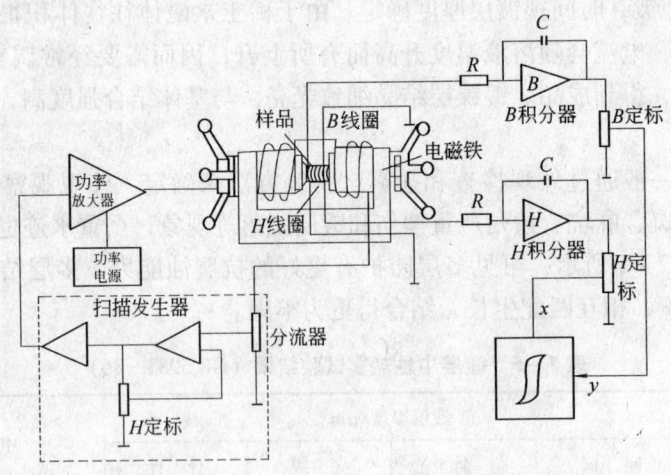

图 7－36　直流永磁参量测量仪线路方框图

振动样品磁强计是利用直径约 1.5mm 的球形样品或 $\phi2 \times 2mm$ 的圆柱样品在均匀恒定磁场中作受迫振动，使与之相连的探测线圈产生感应电动势的原理来进行磁性测量。图

7 - 37 是电磁驱动式振动样品磁强计的原理图。振动杆与样品、基准样品、振动器连接在一起组成一个振动系统。音频信号发生器输入频率约 80~90Hz 的信号进入扬声器，扬声器的音圈通过振动杆带动样品垂直于磁场作上下振动。此时探测线圈感生的电动势与样品的振动频率、振幅和样品的磁矩有关。把探测线圈的感应电动势与基准线圈的感应电动势同时输入锁向放大系统进行处理，使其输出的电信号仅与样品的磁矩成正比。这样就可用来测量铁磁样品的磁化曲线、饱和磁化强度、磁滞回线、退磁曲线，如果有加热装置也可测量样品磁矩随温度的变化，从而确定其温度系数和居里温度等。

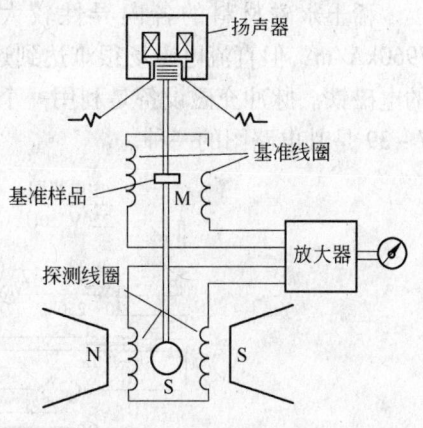

图 7 - 37　振动样品磁强计原理图

7.4.3.2　产品的磁性检测

产品的磁性检测可用快速测量仪或用比较法检测产品的开路磁通、吸引力、表面磁场和间隙磁通等。

用磁通计检测棒状样品开路磁通的方法见图 7 - 38。将检测线圈套在产品的外面，当从线圈中取出产品或挪走线圈时，在检测线圈中产生感应电动势，使磁通计产生一个偏转角。此偏转角与棒状磁体的开路磁通或开路磁感应强度成正比，将它与标准样品的偏转角相比较来判断产品是否合格。

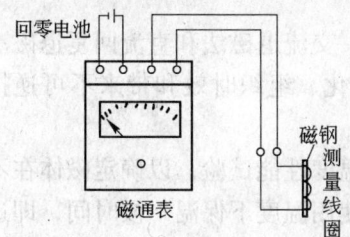

图 7 - 38　用磁通计检测棒状样品的开路磁通示意图

可用霍尔效应高斯计来检测产品表面的散磁场。磁体表面的磁场与磁体开路剩磁成正比，用 CT5 型指针式或数字显示高斯计来检测产品的表面场与标准样品表面场的比较来判断产品是否合格。

7.4.3.3　产品的尺寸与外观质量的检验

用量具测量磁体的实际尺寸是否符合图纸规定的公称尺寸公差范围时，对一般长度、高度、宽度及外径、内径等的尺寸通常用游标卡尺、千分尺、内径千分尺来测量。对产品的沟槽或内孔的深度可用游标深度尺来测量。对高度较大的产品也可用高度游标卡尺来测量。对角度可用直角尺或塞尺等工具来测量。对大批量产品可制作专用量规，凡在两个极限量规之间的产品均可视为合格品。

对产品表面缺陷大多用肉眼或借助一些测量工具观察。一般用肉眼观察产品是否有裂纹、缺边掉角等表面缺陷。对于形状复杂的磁体和要求细致检测的产品，应该采用光学投影仪来检测。

7.4.4　产品的充磁与退磁

不论是标准样品的磁性测量，还是产品的磁性检验，都需要充磁。如果用户要求是退磁状态的产品，包装前还需要退磁。

　　稀土永磁材料的各向异性较大，较难磁化到饱和。一般磁化场需要达到 3980 ~ 7960kA/m，但直流电磁场很难达到这一要求，而只能用脉冲磁场或超导磁场或特殊制造的电磁铁。脉冲充磁设备是利用一个瞬时大电流脉冲产生的瞬间强磁场来实现充磁的，图 7-39 是其电路图的一种。

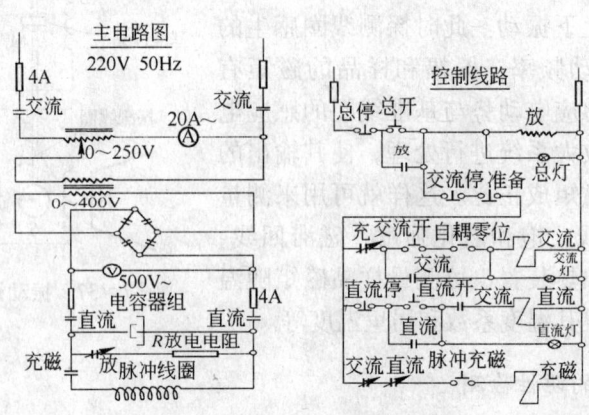

图 7-39　脉冲充磁设备的电路图

　　稀土永磁体的退磁也比较困难。退磁方法有热退磁法、交流退磁法和直流回复退磁法等。热退磁法可得到中性的磁状态，但可能引起产品的氧化、组织时效和带来不可逆损失。故建议采用直流回复退磁法。

　　对于要求在较高温度工作的稀土永磁体，还应进行耐温度性能试验，以确定磁体在不同温度下的磁性能的稳定性。产品出厂前，要将其在一定使用温度下保温一段时间，即进行老化处理，使磁体在使用器件上保持相对稳定。

本 章 小 结

　　（1）粉末体固相烧结机理是烧结的本质现象；稀土永磁体的液相烧结分为液相流动、溶解-析出和固相烧结三个阶段，烧结过程比纯固相烧结复杂，影响烧结过程和结果的因素增多；烧结 NdFeB 磁体时，为了避免晶粒反常长大，对于添加元素、熔炼铸锭、制粉等方法都提出了专门要求。

　　（2）烧结稀土永磁体的磁性能对工艺因素十分敏感，制定恰当的烧结与热处理工艺制度至关重要。国内常用的间歇式烧结炉工艺操作步骤和工艺条件可供参考。

　　（3）烧结稀土永磁体经过机械加工、表面防腐处理、产品检测、充磁样品退磁，甚至经过老化处理后，才能出厂。

复习思考题

7-1　单元系固相烧结过程分为哪几个温度阶段？何谓烧结温度？何谓烧结时间？

7-2　简述粉末体固相烧结的致密化机理。烧结过程中再结晶与晶粒长大是如何发生的？

7-3　由 $Nd_{15}Fe_{78}B_7$ 铸态合金示差热分析曲线分析 NdFeB 合金烧结时的液相组成。

7-4 液相烧结过程 3 个致密化阶段的机理分别是什么？影响液相烧结的因素有哪些？

7-5 烧结过程中影响晶粒长大的因素有哪些？何谓临界烧结温度？

7-6 几种稀土永磁材料的烧结与热处理工艺制度各有何特点？NdFeB 永磁合金的第二级回火有何意义？

7-7 按照图 7-23 所示的工艺制度，制定 Sm(Co，Cu，Fe，Zr)$_{7.4}$ 磁体在单室炉内的烧结和热处理工艺操作步骤。根据磁性能的要求，如何设定连续式炉的操作工艺条件？

7-8 烧结稀土永磁体机械加工的任务是什么？主要加工方法有哪些，各有何特点？

7-9 烧结稀土永磁体为何要进行表面处理，主要的防腐蚀方法有哪些？电镀镍的工艺过程和条件是什么？

7-10 烧结稀土永磁体产品检测的内容有哪些，样品的磁性测量和产品的磁性检测各用何种方法和仪器？

7-11 烧结稀土永磁体产品如何充磁和退磁？

稀土永磁材料产品的性能及发展

 8 **烧结 NdFeB 永磁材料**

教学目标

　　根据高性能烧结 NdFeB 永磁材料成分和组织的设计原则，参考案例，制定高性能烧结 NdFeB 永磁材料的制备技术方案。

　　以 $Nd_2Fe_{14}B$ 化合物为基体的烧结 NdFeB 永磁材料是当今和今后相当长一段时间内最重要的永磁材料。由于其具有磁性能高、成本较低和原材料资源丰富等显著特点，在现代科学技术中得到了广泛应用。《中国高新技术产品目录 2006》定义：高性能钕铁硼永磁材料以速凝甩带法制成，内禀矫顽力 H_{cj}（KOe）及最大磁能积 $(BH)_{max}$（MGOe）之和大于 60。目前，我国高性能 NdFeB 永磁材料产品还远不能满足市场需求。制备高性能烧结 NdFeB 永磁材料，需优化设计成分，应用合理的制备工艺和经过验证、优选的工艺条件，得到理想的显微组织结构，才有可能获得预期的磁性能。

8.1　烧结 NdFeB 永磁合金的成分设计

8.1.1　烧结 NdFeB 永磁材料的牌号与性能

烧结 NdFeB 永磁材料的牌号表示方法有两种（根据 GB/T 13560—2000）：

（1）数字牌号。

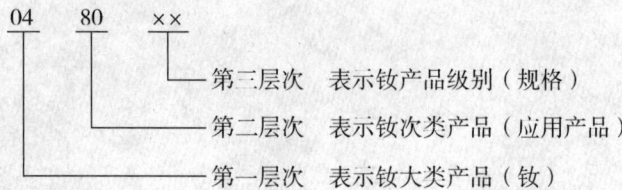

例如：048021 表示 $(BH)_m$ 为 366～398kJ/m^3，H_{cj} 为 800kA/m 的烧结钕铁硼永磁材料。

（2）字符牌号。

烧结钕铁硼永磁材料的牌号由主称和两种磁特性三部分组成。第一部分为主称，由钕元素的化学符号 Nd、铁元素的化学符号 Fe 和硼元素的化学符号 B 组成，即 NdFeB；第二部分为斜线前的数字，是材料最大磁能积 $(BH)_m$ 的标称值（单位为 kJ/m^3）；第三部分为斜线后的数字，是磁极化强度矫顽力 H_{cj} 值（单位为 kA/m）的十分之一，数值采用四舍五入取整。例如：NdFeB380/80 表示 $(BH)_m$ 为 366～398kJ/m^3，H_{cj} 为 800kA/m 的烧结钕铁硼永磁材料。

烧结 NdFeB 永磁材料按磁极化强度矫顽力大小分为低矫顽力 N、中等矫顽力 M、高矫顽力 H、特高矫顽力 SH、超高矫顽力 UH、极高矫顽力 EH 6 类产品。每类产品又按最大磁能积大小划分为若干个牌号。表 8-1 是我国颁布的烧结 NdFeB 永磁材料的牌号与磁性能。

表 8-1　烧结 NdFeB 永磁材料的牌号与磁性能

材　料			主　要　磁　性　能			
种　类	数字牌号	字符牌号	B_r/T	$H_{cj}/kA \cdot m^{-1}$	$H_{cb}/kA \cdot m^{-1}$	$(BH)_m/kJ \cdot m^{-3}$
			最小值	最小值	最小值	范围值
N	048021	NdFeB380/80	1.38	800	677	366～398
	048022	NdFeB350/96	1.33	960	756	335～366
	048023	NdFeB320/96	1.27	960	876	302～335
	048024	NdFeB300/96	1.23	960	860	287～320
	048025	NdFeB280/96	1.18	960	860	263～295
	048026	NdFeB260/96	1.14	960	836	247～279
	048027	NdFeB240/96	1.08	960	796	223～256
M	048031	NdFeB320/110	1.27	1100	910	302～335
	048032	NdFeB300/110	1.23	1100	876	287～320
	048033	NdFeB280/110	1.18	1100	860	263～295
H	048041	NdFeB300/135	1.23	1350	890	287～318
	048042	NdFeB280/135	1.18	1350	876	263～295
	048043	NdFeB260/135	1.14	1350	844	247～279
	048044	NdFeB240/135	1.08	1350	812	223～255
SH	048051	NdFeB280/160	1.18	1600	876	263～295
	048052	NdFeB260/160	1.14	1600	836	247～279
	048053	NdFeB240/160	1.08	1600	796	223～255
	048054	NdFeB220/160	1.05	1600	756	207～239
UH	048061	NdFeB240/200	1.08	2000	756	223～255
	048062	NdFeB220/200	1.05	2000	756	207～239
	048063	NdFeB210/200	1.02	2000	732	191～223
EH	048071	NdFeB240/240	1.08	2400	756	223～255
	048072	NdFeB220/240	1.05	2400	756	207～239

注：1. 厂商可提供其他补充牌号的材料，如低温度系数等牌号的材料。

2. $\alpha(B_r)$、$\alpha(H_{cj})$ 的温度范围是 298～413K，但并不排除这些材料可以在这个温度范围以外使用。

3. 产品磁性能检验结果的数值按 GB/T8170 的规定进行。

辅助磁性能的典型值：$\alpha(B_r) = -0.12\%/K$　　测量温度范围为 298～413K

$\qquad\qquad\qquad\qquad\alpha(H_{cj}) = -0.6\%/K$　　测量温度范围为 298～413K

$\qquad\qquad\qquad\qquad\mu_{rec} = 1.05$　　　　　$T_c = 585K$

烧结 NdFeB 永磁材料的主要物理力学性能的典型值见表 8-2，供设计和选材时参考。

表 8-2　烧结 NdFeB 永磁材料的主要物理力学性能

性　能	指　标
密度/g·cm^{-3}	7.45
硬度 HV	570
电阻率/μΩ·cm	150
抗压强度/N·mm^{-2}	780
线膨胀系数（垂直于取向方向）/K^{-1}	-4.8×10^{-6}
线膨胀系数（平行于取向方向）/K^{-1}	-3.4×10^{-6}

图 8-1 是日本住友特殊金属公司（缩写为 SSMC）公布的烧结 NdFeB 永磁材料的品牌与性能。该公司烧结 NdFeB 永磁体的牌号定为 NEOMAX－××××，例如，NEOMAX－46BH，可简写为 N46BH。其中 N 代表 NdFeB 磁体，46 代表磁能积平均数值，BH 代表 $H_{cj} \geq 1200kA/m$，H 代表 $H_{cj} \geq 1360kA/m$，SH 代表 $H_{cj} \geq 1680kA/m$，UH 代表 $H_{cj} \geq 2000kA/m$，EH 代表 $H_{cj} \geq 2400kA/m$。图 8-1 表明，该公司 1998 年仅能生产 N48 及以下的产品，到 2002 年已可生产 N52 等系列高牌号的产品。表明烧结 NdFeB 永磁材料在产量迅速增加的同时，其质量和品牌也得到了迅速发展，其磁性能正在向高磁能积（$(BH)_m \geq 400kJ/m^3$），特高矫顽力（$H_{cj} \geq 2400kA/m$）以及同时具有高磁能积和高矫顽力（如 N48H 的 $(BH)_m \approx 384kJ/m^3$，$H_{cj} \approx 1360kA/m$）的三个方向发展。

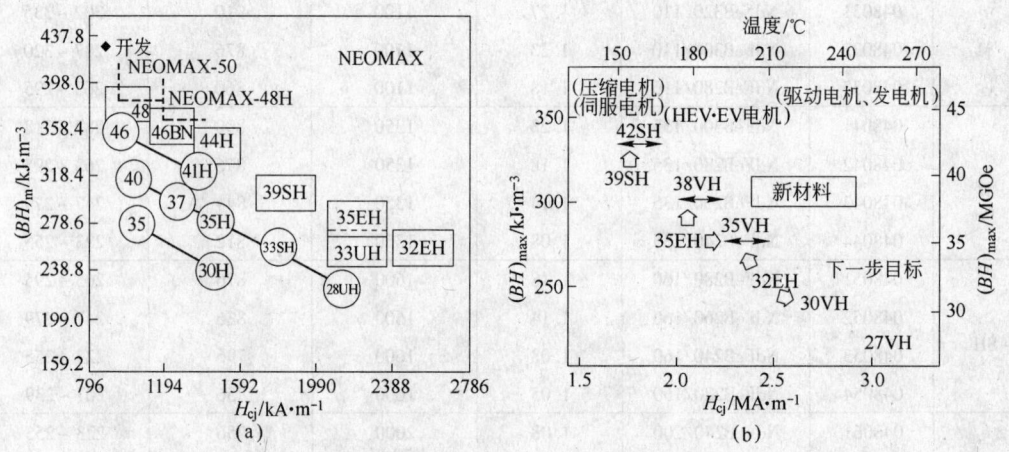

图 8-1　日本住友特殊金属公司公布的烧结 NdFeB 永磁材料的品牌与性能
（a）1997 年的产品；（b）2002 年的新发展产品

8.1.2　三元烧结 NdFeB 永磁材料的成分与性能

烧结 NdFeB 永磁材料的磁性能主要由 $Nd_2Fe_{14}B$ 基体相来决定。因为其磁极化强度 J_s 和各向异性场 H_A 主要取决于 $Nd_2Fe_{14}B$ 相的化学成分，虽然剩磁 B_r、矫顽力 H_{cj} 和磁能积 $(BH)_m$ 是组织敏感参量，但 B_r 的极限值是 J_s，H_{cj} 的极限值是 H_A，$(BH)_m$ 的极限值是 $J_s^2/4$，所以合金成分的设计是至关重要的。

三元 NdFeB 永磁材料的成分应与 $Nd_2Fe_{14}B$ 化合物的分子式相近，如表 8-3 所示。实验结果表明,若按 $Nd_2Fe_{14}B$ 成分配比,虽然可得单相的 $Nd_2Fe_{14}B$ 化合物,但其永磁性能很低。只有实际永磁合金的钕和硼的含量比 $Nd_2Fe_{14}B$ 化合物的钕和硼的含量多时,才能获得较好的永磁性能,这是确定 NdFeB 永磁材料成分的原则。

表 8-3 $Nd_2Fe_{14}B$ 和 $Nd_{15}Fe_{77}B_8$ 永磁材料的成分对比

化合物或合金	摩尔分数/%			质量分数/%		
	Nd	Fe	B	Nd	Fe	B
$Nd_2Fe_{14}B$	11.76	82.35	5.88	26.68	72.32	0.999
$Nd_{15}Fe_{77}B_8$	15	77	8	33.03	64.64	1.32
成分差别	+3.25	-5.35	+2.12	6.35	-7.68	+0.321

假定按摩尔分数 $Nd_{11.76+x}Fe_{82.35-x-y}B_{5.88+y}$ 配制合金成分,当 $x=0$,$y=0$ 时,合金由单相的 $Nd_2Fe_{14}B$ 化合物组成;当 $y=0$,x 从零开始增加,或 $x=0$,y 从零开始增加时,所增加的钕含量 x 或所增加的硼含量 y,要分别形成富钕相和富硼相。由于富钕相和富硼相都是非铁磁性的,随富钕相或富硼相数量增加,合金的 M_s 和 B_s 要降低。说明合金中的钕和硼的含量过高或过低都会降低磁性能,它们的最佳含量需要通过实验来确定。

图 8-2 是钕含量对三元 $Nd_xFe_{92-x}B_8$ 合金烧结永磁材料的影响。当钕含量在 13% ~ 15% 时可获得最高的 B_r。当钕含量过高时,由于形成过多的富钕相或形成非磁性的 Nd_2O_3 相起到磁稀释作用,导致 B_r 降低。若钕含量过低,例如钕摩尔分数小于 12% 左右时,B_r 也急剧地降低。这与富钕相过少或没有富钕相,使烧结时合金的收缩量少,合金的密度过低以及有块状的 $\alpha-Fe$ 软磁性相析出有关。而合金的矫顽力 H_{cj} 则随钕含量的提高而提高,因为钕含量高时就有足够的富钕相沿晶粒边界分布,促进了矫顽力的提高。但另有实验指出,当钕质量分数高于 36.5% 时,随钕含量的提

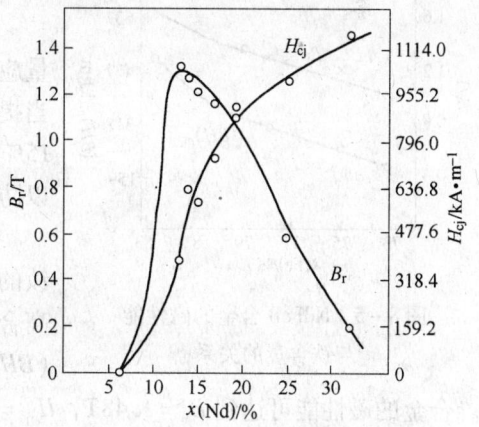

图 8-2 $Nd_xFe_{92-x}B_8$ 合金磁性能与钕含量的关系

高,合金的 H_{cj}、H_K 降低。这与钕含量过高时,富钕相数量增加,共晶温度降低,促进了晶粒长大有关。

图 8-3 是 $Nd_{15}Fe_{85-x}B_x$ 合金的 H_{cj}、B_r 与硼含量 x 的关系。硼是促进 $Nd_2Fe_{14}B$ 四方相形成的关键元素。当硼摩尔分数小于 5% 时,合金将处于 $Nd_2Fe_{14}B + Nd_2Fe_{17} + Nd$ 相区。其中 Nd_2Fe_{17} 是易基面的,它的 H_{cj} 和 B_r 都很低。当硼摩尔分数在 6% ~8% 时,合金将进入 $T_1 + T_2 + Nd$ 相区,此时合金的 B_r 和 H_{cj} 都达到最佳值。过量的硼含量形成过多的富硼相,导致合金的 B_r 降低。

图 8-4 是 NdFeB 合金的磁能积 $(BH)_m$ 与成分的关系。可见获得磁能积 $(BH)_m \geqslant$ 278.6kJ/m³ 的合金成分范围十分窄;而获得 $(BH)_m > 238.8kJ/m³$ 合金的成分范围要宽得多。磁能积 $(BH)_m > 278.6kJ/m³$ 的合金的钕和硼含量分别比 $Nd_2Fe_{14}B$ 的钕和硼摩尔分数分别高 1.5% ~3.2% 和 0.5% ~1.5%。

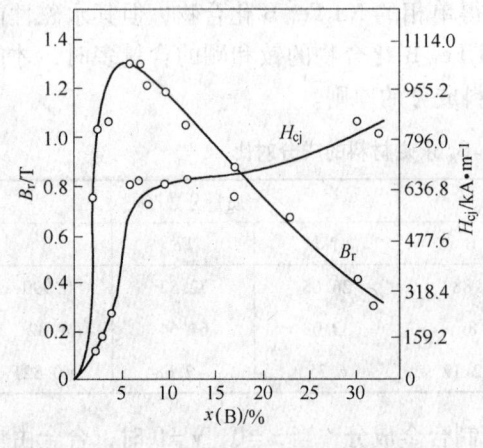

图 8 - 3　Nd₁₅Fe₈₅₋ₓBₓ 合金磁
性能与硼含量的关系

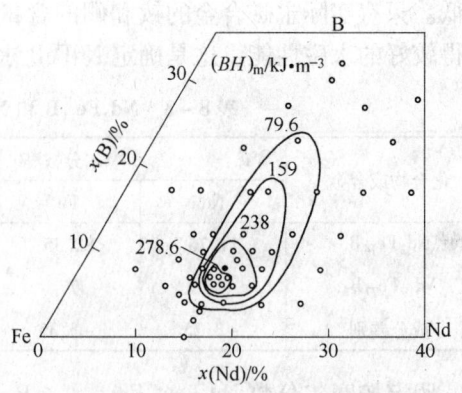

图 8 - 4　NdFeB 合金的磁能积
与成分的关系

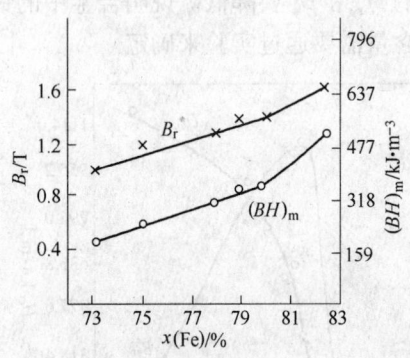

图 8 - 5　NdFeB 合金的磁性能
与铁含量的关系

总之，三元 NdFeB 烧结永磁材料的成分设计应考虑如下原则：

（1）为获得高矫顽力的 NdFeB 永磁体，除硼含量应适当（硼摩尔分数约 6.0% ~ 6.5%）外，可适当提高钕含量。例如钕摩尔分数可提高到 14% ~ 15%，但此时烧结工艺和热处理工艺应适当调整，以防止烧结时晶粒长大。

（2）为获得高磁能积的合金，应尽可能使硼和钕的含量向 Nd₂Fe₁₄B 四方相的成分靠近，尽可能提高合金的铁含量。图 8 - 5 是 Nd₂Fe₁₄B 合金的 B_r，$(BH)_m$ 与铁含量的关系。例如成分为 Nd₁₂.₄Fe₈₁.₆

B₆.₀合金的磁性能可达到 $B_r = 1.48T$，$H_{cj} = 684.6 kA/m$，$(BH)_m = 407.56 kJ/m^3$，它的钕和硼摩尔分数分别比四方相的高 0.64% 的钕和 0.02% 的硼。

8.1.3　氧在烧结 NdFeB 永磁体中的作用

稀土氧化物的标准生成自由能有较大的负值，说明稀土是十分容易氧化的，其与氧化合的能力与钙、镁相当。在制备烧结 NdFeB 永磁体过程中，只要与空气接触，钕原子就要与氧化合生成 Nd₂O₃，或其他复合氧化物，如 Nd - Fe - O 化合物而存在于磁体中。

图 8 - 6 是钕质量分数为 33.5% 烧结磁体的 B_r 及钕质量分数为 33% 烧结磁体的 H_{cj} 与氧含量的关系，可见随氧含量的提高，B_r 降低；当氧质量分数小于 0.4% 时，其 H_{cj} 随氧含量的提高而提高，平均氧质量分数每提高 0.1%，H_{cj} 提高 290.4kA/m。但当氧质量分数高于 0.4% 时，则随氧含量的提高，H_{cj} 反而降低。显微组织观察表明，烧结 NdFeB 永磁体中，氧与钕结合生成 Nd₂O₃。由于磁体中非磁性第四相 Nd₂O₃ 的体积分数增加，故使 B_r 降低。在中等氧含量的烧结 NdFeB 中，Nd₂O₃ 起到阻碍晶粒长大的作用；同时，氧进入富钕相后，使其 hcp 结构转变为 fcc 结构，fcc 结构的富钕液相与 Nd₂Fe₁₄B 固相晶粒的润

湿性增加，使富钕液相更加均匀地沿晶界分布，导致 H_{cj} 随氧含量的提高而提高。当磁体的钕含量一定时，如果氧含量过高，就可能使磁体的净稀土含量降低到某一临界值，而使富钕相消失，使磁体烧结时不能致密化，甚至会破坏 $Nd_2Fe_{14}B$ 相而出现 $\alpha-Fe$ 相，因此过高的氧含量反而使磁体的 H_{cj} 降低。

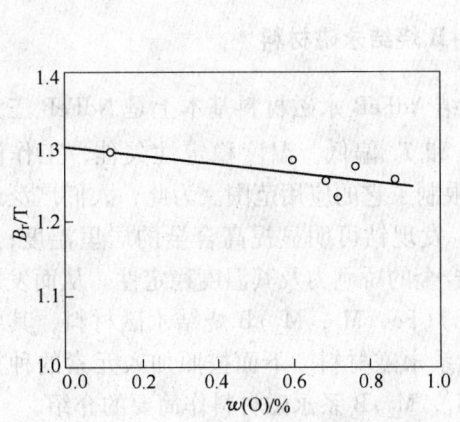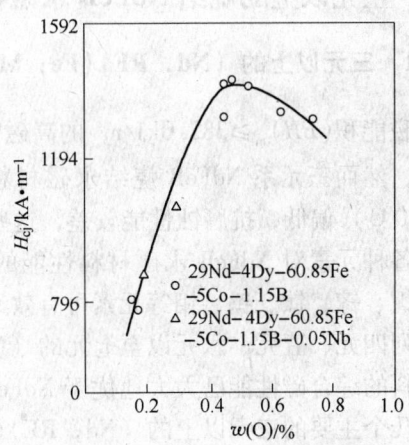

图 8-6 烧结 NdFeB 磁体的 B_r、H_{cj} 与氧含量的关系

临界的净稀土含量应是形成 $Nd_2Fe_{14}B$ 相所需的钕含量，加上保持 $Nd_2Fe_{14}B$ 晶粒被富钕相包围所需要的最低钕含量。前者需要质量分数 26.68% 的钕，后者根据经验需要体积分数为 2% 的钕，折合质量分数约为 1.32% 的钕，因此临界的净钕含量质量分数应为 28.0%。临界的净钕含量也可通过实验来确定。假如在烧结 NdFeB 磁体中的氧都以 Nd_2O_3 形式存在，按其分子式可知每 0.1% 氧（质量分数）与 0.6% 钕（质量分数）结合成为 Nd_2O_3，烧结磁体中净稀土钕含量就降低。净稀土含量 $TRE_净$ 与配入的稀土含量 $TRE_配$ 及烧结磁体最终氧含量有如下关系：

$$TRE_净（质量分数）\% = TRE_配（质量分数）\% - 6 \times 0.1（氧质量分数）\%$$

图 8-7 为含 Nd 33.5%（质量分数）烧结 NdFeB 磁体的 B_r、H_{cj} 与氧含量的关系。根据分析确定的磁体的氧含量计算，获得 $B_r=1.28T$ 和 $H_{cj}=1200kA/m$ 相对应的钕含量为临

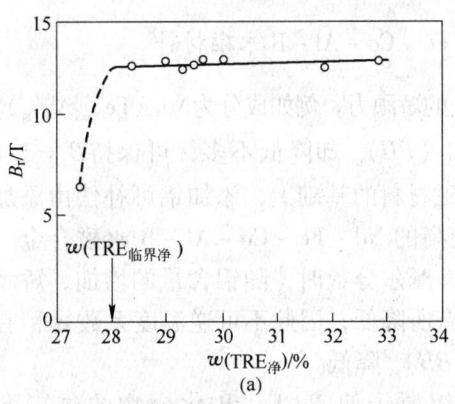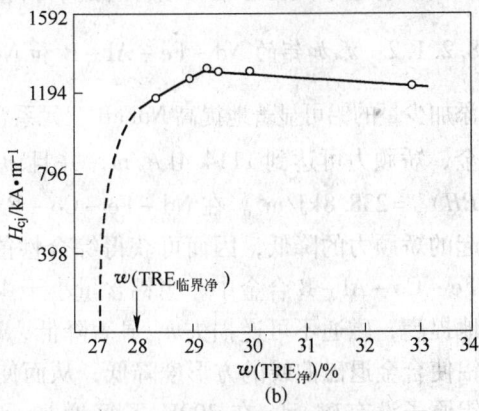

图 8-7 烧结 NdFeB 永磁体的净稀土含量与 B_r、H_{cj} 的关系

界净钕含量，即质量分数为 28.0%。当磁体的净钕含量小于这一临界值时，永磁性能 B_r 和 H_{cj} 都急剧地降低。这一临界净钕含量表达式已成为烧结 NdFeB 永磁材料的成分设计与工艺控制的准则。

8.2　三元以上的烧结 NdFeB 永磁材料

8.2.1　三元以上的（Nd，RE)(Fe，M_1，M_2)B 烧结永磁材料

磁能积 $(BH)_m \geqslant 382.0 kJ/m^3$ 的高磁能积烧结 NdFeB 永磁材料基本上是 NdFeB 三元系合金，然而三元系 NdFeB 烧结永磁材料的 H_{cj} 和 T_c 偏低，温度稳定性欠佳，工作温度（约80℃）偏低，抗腐蚀性能较差，这些缺点限制了它的应用范围。为此，人们广泛地研究了各种元素对 NdFeB 永磁材料性能的影响，发现钴可明显提高合金的居里温度；镝、铝、铌、镓、钛、钨、钼等元素可有效地提高合金的矫顽力及其温度稳定性。从而发展了一系列四元、五元、六元以至七元的（Nd，RE)(Fe，M_1，M_2)B 烧结永磁材料，其中有些材料的综合磁性能已大大地优于 NdFeB 三元系永磁材料。下面按照加入元素的种类对其中几个主要的三元以上的（Nd，RE)(Fe，M_1，M_2)B 系永磁材料作简要的介绍。

8.2.1.1　添加钴的 Nd – Fe – Co – B 永磁材料

添加钴的 $Nd_{15.5}Fe_{77-x}Co_xB_{7.5}$ 合金，随钴含量的增加，合金的居里温度线性地提高，磁感可逆温度系数 α 明显地降低。实验表明，添加的钴含量小于 10% 摩尔分数是十分有益的，既提高了合金的 T_c，又维持了较高的磁性能，同时磁感温度系数也得到改善。因为钴原子磁矩比铁原子磁矩低，过多的钴原子取代铁原子，会导致合金的 M_s 降低。钴原子占据 $Nd_2Fe_{14}B$ 化合物的 $8j_1$ 晶位，减少了 $8j_1 - 8j_2$ 原子对负的交换作用，因而合金的 T_c 提高。另外，钴原子的取代使 Nd – Fe – Co – B 四元系化合物的自旋再取向温度降低。显微组织观察表明，钴含量小于 10% 摩尔分数时，Nd – Fe – Co – B 合金的显微组织与三元 NdFeB 合金的基本相同。随钴含量的增加，富硼相和富钕相有所增加，基体相晶粒有所粗化。当钴含量达到 18% 摩尔分数以上时，开始出现具有 $MgCu_2$ 型结构的 Laves 相沿晶界析出，其成分接近 $Nd(Fe，Co)_2$，是磁性较软的相。当钴含量大于 10% 摩尔分数，随钴含量的提高，合金永磁性恶化，估计与这一新相的出现有关。

8.2.1.2　添加铝的 Nd – Fe – Al – B 和 Nd – Fe – Co – Al – B 永磁材料

添加少量的铝可显著地提高 NdFeB 三元系合金的矫顽力。例如成分为 $Nd_{16}(Fe_{0.96}Al_{0.04})_{76}B_8$ 的合金，矫顽力可达到 1114.4 kA/m，并且 B_r 和 $(BH)_m$ 却降低不多，可保持 $B_r = 1.10$ T 和 $(BH)_m = 238.8 kJ/m^3$。在 Nd – Fe – Co – B 永磁材料的基础上，添加铝可补偿由添加钴而引起的矫顽力的降低，因而可获得综合性能较高的 Nd – Fe – Co – Al – B 永磁合金。在 Nd – Fe – Co – Al – B 合金中，当铝含量小于 4.5% 摩尔分数时，随铝含量的增加，矫顽力线性地提高，磁通不可逆损失 h_{irr} 显著降低，T_c 有所降低，因此不可逆温度系数 α 稍有提高。铝使合金退磁曲线的方形度降低，从而使 $(BH)_m$ 降低。

铝原子没有磁矩，在 300K 下每增加一个铝原子使 $Nd_2Fe_{14}B$ 化合物的磁矩下降 $5.6\mu_B$，铝优先占据 $Nd_2Fe_{14}B$ 化合物中的 $8j_2$ 晶位。$8j_2$ 晶位位于铁原子六方棱柱的中心，

邻近具有较多的铁原子，它在 $Nd_2Fe_{14}B$ 中形成 $\sigma - Fe$ 层。铝原子占据 $8j_2$ 晶位后，使铝近邻的铁原子磁矩降低。铝的添加使合金的矫顽力提高，其原因是与晶粒边界的显微结构的改善有关。显微组织观察表明，铝的添加使合金晶粒细化，同时使富钕相与富硼相的块度变小。因为部分铝进入富钕相，改善了富钕液相与 $Nd_2Fe_{14}B$ 固相的浸润角，使富钕相更加均匀地沿边界分布。扫描电子探针分析表明，在 $Nd_{15.5}Fe_{67-x}Co_{10}Al_xB_{7.5}$ 合金中，当铝含量达到 5.75% 摩尔分数以上时，除了基体四方相、富钕相和富硼相以外，还出现富钴相区、富钕相区和富铁钴贫钕相区。

8.2.1.3　添加镝或 Dy_2O_3（或 Tb_4O_7）的 Nd - Dy - Fe - B 和 Nd - Dy - Fe - Co - B 永磁材料

镝形成 $Dy_2Fe_{14}B$ 四方相，它具有很高的各向异性，在 300K 时，$H_A = 11940.0kA/m$。$(Nd_{0.5}Dy_{0.5})_{15}Fe_{77}B_8$ 烧结永磁材料的 H_{cj} 高达 3980kA/m，这是到目前为止获得的最高矫顽力。可见在 NdFeB 永磁材料中用镝部分取代钕，可有效地提高合金的矫顽力。

在熔化合金时加入金属镝时，随镝含量的增加，NdFeB 合金的 H_{cj} 和 H_A 都有所提高，但是 H_{cj} 的提高要比 H_A 的快得多。这就意味着添加镝引起的 H_{cj} 提高，一方面是由于 H_A 提高引起的；另一方面是由于镝的添加引起显微组织的变化而带来的。成分为 $Nd_{0.86}Dy_{0.14}(Fe_{0.92}B_{0.08})$ 合金的磁性能为 $B_r = 1.186T$，$H_{cb} = 899.5kA/m$，$H_{cj} = 1663.6kA/m$，$H_K = 1576.1kA/m$，$(BH)_m = 267.5kJ/m^3$。金属镝的添加，也使 Nd - Dy - Fe - Co - B 五元系合金的磁性能得到改善，随镝含量的增加，B_r 线性地降低，H_{cj} 显著地提高。当镝含量大于 0.2% 摩尔分数以上时，$(BH)_m$ 也显著地降低。在配制该合金时，应注意钴和镝的比例，对于钴含量为 30% 摩尔分数的合金，当镝含量为 0.4% 时，可获得零温度系数 $(\alpha_{20\sim100℃} = 0.00\%/℃)$ 的合金；当钴含量为 18% 摩尔分数时，尽管最大限度地提高镝含量，也很难获得 $\alpha \approx 0.00$ 的合金。

在制粉时添加 Dy_2O_3 或 Tb_4O_7 粉末也可使 NdFeB 合金的矫顽力得到提高。添加 4% 质量分数的 Dy_2O_3 可使 NdFeB 合金的 H_{cb} 和 H_{cj} 分别由 716.4kA/m 和 923.4kA/m 提高到 859.7kA/m 和 1273.6kA/m。扫描电镜分析发现，烧结后镝已进入 $Nd_2Fe_{14}B$ 晶粒的表面层，说明 Dy_2O_3 与钕发生了反应：$Nd_{15}Fe_{77}B_8 + xDy_2O_3 \leftrightarrow Nd_{15-2x}Dy_{2x}Fe_{77}B_8 + xNd_2O_3$，然后镝原子扩散进入基体相。进一步的实验发现，添加 Dy_2O_3 的合金有较高的氧含量，添加 4% 质量分数的 Dy_2O_3 粉末，约带入 0.5% 质量分数的氧。探针分析表明，镝的分布是不均匀的，在晶界富钕相区有较高的镝含量，从而提高了晶粒表面层和晶界区的反磁化畴的形核场，即实现了 $Nd_2Fe_{14}B$ 晶粒外延层的磁硬化。

8.2.1.4　添加铜的（Nd, Dy）- Fe - B 和（Nd, Dy）-（Fe, Co）- B 永磁材料

在（Nd, Dy）- Fe - B 和（Nd, Dy）-（Fe, Co）- B 中添加少量铜，可使其 H_{cj} 显著地提高，而 B_r 又几乎不降低，从而可制备出高 H_{cj} 和高 $(BH)_m$ 的永磁材料。对成分为 $Nd_{30.5}Dy_{2.5}Fe_{65.9}B_{1.1}$ 的材料，当铜含量低于 0.005% 时，H_{cj} 随铜含量的增加迅速地提高；铜含量在 0.02% 时，H_{cj} 达到最大值；当铜含量进一步增加时，H_{cj} 稍有下降。但在含 1.2% 质量分数钴的同种材料中，当铜含量增加到 0.1% 时，H_{cj} 急剧地升高；当铜含量增加到 0.2% 时，其 H_{cj} 缓慢地达到最大值，B_r 维持不变；当铜含量高于 0.2% 后，B_r 和 H_{cj}

均下降；当铜含量为 1.0% 时，H_{cj} 急剧地下降。此外，添加少量铜的烧结磁体磁通不可逆损失得到显著改善。能谱分析表明，铜几乎不进入 $Nd_2Fe_{14}B$ 基体相内，主要在晶界富钕相内，并发现晶界上有 $(Nd, Dy)_3(Co, Cu)$ 相存在。

8.2.1.5　添加铌（或钒）的 Nd - Fe - Nb - B 和 Nd - Dy - Fe - Co - Nb - B 永磁材料

在 NdFeB 三元合金基础上添加少量铌或锆取代部分铁，可有效地提高合金的 H_{cj} 和 H_K，降低磁通不可逆损失，而 B_r 降低得却很少。进一步的实验表明，铌能更有效地提高含镝和钴合金的磁性能，这类高 H_{cj} 低 h_{irr} 的 NdFeB 永磁材料已达到实际应用的水平。显微组织观察表明，成分为 $Nd_{14.5}Dy_{1.5}Fe_{76}B_7Nb_1$ 的烧结合金，除了存在与 NdFeB 三元永磁材料相同的相以外，还观察到两个附加的相。一个是 Fe_2Nb 相，具有 $MgMn_2$ 型结构，属于 Laves 相，以颗粒状存在于基体内，直径约 $2\mu m$，铌含量介于 22% ~44% 摩尔分数间。当其铌含量大于 33% 摩尔分数时，它是非磁性相。另一个是极其弥散地分布在基体相内的颗粒尺寸约 $20\sim50nm$ 的相，其分布密度高达 $10^{21}/m^3$，与基体相是共格的，比基体相更富铌。实验结果表明，NdFeB 合金中铌的最高含量是 3% 摩尔分数，添加过量铌会使合金矫顽力迅速地降低，并使 $Nd_2Fe_{14}B$ 相变得不稳定。

8.2.1.6　添加镓的 Nd - Fe - Ga - B 或 Nd - Dy - Fe - Ga - B 烧结永磁材料

镓的添加可显著地提高合金的 H_{cj} 和降低 h_{irr}。在 Nd - Fe - Co - B 合金中，随钴含量的增加，H_{cj} 是降低的。但在添加镓的情况下，出现了矫顽力升高的现象。在所有的添加元素中，镓的添加对提高 H_{cj} 是最有效的。预计在添加镓的合金中，有可能研制出高居里点、高 H_{cj} 的 NdFeB 永磁材料。例如 $Nd(Fe_{0.67}Co_{0.2}B_{0.08}Ga_{0.05})_{5.6}$ 合金的 H_{cj} 可高达 1464.6kA/m。该合金存在两个铁磁性相，一个是基体相，居里点约 495℃；另一个是 Laves 相，居里点为 472℃。此合金具有很好的温度稳定性。镓和铌的复合添加，可更显著地改善合金的温度稳定性，如使合金的磁通不可逆损失 h_{irr} 从大于 40% 降低到小于 5%。在 $Nd_{16}Fe_{61-x}Co_{16}Ga_xB_7$ 合金中，镓可进入四方相。当 $x=2$ 时，镓择优占据 $8j_2$ 晶位；当 $x>2$ 时，镓除占据 $8j_2$ 晶位外，还部分地占据 $16k_1$ 和 $16k_2$ 晶位。在 $Nd_2(Fe_{1-x}Ga_x)_{14}B$ 化合物中，随镓含量的增加，点阵常数 c 增大，自旋再取向温度降低，分子磁矩亦有所降低。

8.2.2　低成本的 RE - Fe - B(RE = La, Ce, MM, Pr)烧结永磁材料

烧结 NdFeB 三元系永磁材料的室温磁性能具有创纪录的水平，并得到广泛的应用。然而它的成本仍然偏高，其中金属钕占原材料成本的 90% 以上。为了综合利用 La, Ce, Pr 和富铈混合稀土金属（MM）等储量较丰富的稀土资源，降低烧结 RE - Fe - B 永磁材料的成本，发展低成本的 RE - Fe - B 永磁材料具有重要意义。

8.2.2.1　(Pr,Nd) - Fe - B 烧结永磁材料

在 RE = Pr, Ce, MM, La 烧结永磁材料中，PrFeB 的磁性能与 NdFeB 的相当。$Pr_{16}Fe_{76}B_6$ 烧结永磁体的磁性能已达到：$B_r=1.24T$，$H_{cj}=931.1kA/m$，$(BH)_m=294.5kJ/m^3$。磁体由基体 $Pr_2Fe_{14}B$ 相，以及少量富镨相、富硼相组成。适当添加钴、铝、钕、镝、铽等元素可显著地改善其磁性能。研究表明，烧结 PrFeB 合金的矫顽力是由反磁化畴的形

核场来控制的。反磁化过程是不均匀的,粗晶粒首先实现反磁化,细晶粒最后实现反磁化。细化晶粒,改善晶粒尺寸的分布,能有效地提高其矫顽力。

8.2.2.2 (Ce,Nd) – Fe – B 烧结永磁材料

在 $(Nd_{1-x}Ce_x)_{16}Fe_{77}B_7$ 烧结永磁材料中,随铈含量的增加,各项磁性能均降低。B_r 的降低与 $(Nd_{1-x}Ce_x)_2Fe_{14}B$ 化合物的磁极化强度降低有关。矫顽力的降低与铈含量增加引起磁体的 H_A 和 $(K_1 + K_2)$ 的降低有关。显微组织观察表明,$(Nd_{1-x}Ce_x)_{16}Fe_{77}B_7$ 烧结磁体随铈含量的增加,富铈相数量提高,同时氧含量迅速提高。说明随铈含量的增加,磁体与氧化合的能力增强。当铈含量 $x > 0.6$ 时,烧结磁体失去了回火效应,即在一定温度下回火时,磁性能反而降低。另外,随铈含量的增加,烧结磁体的 T_c 也逐渐地降低,说明铈的添加会导致磁体温度稳定性的降低。

8.2.2.3 (La,Nd) – Fe – B 烧结永磁材料

在 $(Nd_{1-x}La_x)_{15.5}Fe_{77}B_{7.5}$ 烧结磁体中,随镧含量的增加,J_s 降低得不多,而 B_r 和 $(BH)_m$ 却显著地降低。当镧含量 $x \geqslant 0.2$ 时,其矫顽力已失去回火效应。矫顽力的降低与镧导致磁体的各向异性场 H_A 的降低和显微组织的变化有关。显微组织观察表明,添加镧后,富稀土相有团聚现象,并且 $RE_2Fe_{14}B$ 晶粒长大,晶粒边界变得不清晰。当镧含量达到 $x = 0.4$ 时,出现了一种含镧的新的富硼相。另外,含镧的磁体比含铈的磁体更容易氧化。在同样条件下,$Nd_{15.5}Fe_{77}B_{7.5}$ 烧结磁体的氧含量为 0.63%,而 $(Nd_{0.2}La_{0.8})_{15.5}Fe_{77}B_{7.5}$ 烧结磁体的氧含量已达到 1.17%,增加了近一倍。

8.2.2.4 MM – Fe – B 烧结永磁材料

混合稀土金属 MM 的成本较低,另外 MM 也有富镧和富铈的区别,还有不含镧的。例如成分为 $La_{28.9}Ce_{48.2}Pr_{5.5}Nd_{16.9}RE_{其他}$ 富镧富铈的 MM 的成本仅为纯金属钕的五分之一,若能用来制备烧结永磁体,磁体的成本将会大大降低。

在 $(Nd_{1-x}MM_x)_{16}Fe_{76.5}B_{7.5}$ 烧结磁体中,当 MM 的含量 $x < 0.4$ 时,B_r 降低缓慢;当 $x > 0.4$ 时,B_r 急剧地降低。原因是在 MM 中镧和铈的含量占 78.1%,镧和铈是非磁性原子,随 MM 取代钕原子数的增加,材料的 J_s 必然降低;当 $x > 0.4$ 以后,B_r 的降低偏离线性,这是由于显微结构变化引起的。随 MM 含量的增加,烧结磁体的 H_{cj} 降低,这与磁体的 H_A 降低有关,但 H_{cj} 的降低比 H_A 的降低更快,说明还与磁体的显微结构变化有关。$(BH)_m$ 的降低则取决于 B_r 和 H_{cj} 的变化。显微组织观察表明,当 MM 中含有镧时,$MM_{16}Fe_{76.5}B_{7.5}$ 铸锭组织中的片状柱晶生长受到抑制,并出现了大量的 α – Fe。在 $(Nd_{1-x}MM_x)_{16}Fe_{76.5}B_{7.5}$ 烧结磁体中,当 $x \geqslant 0.6$ 时,烧结磁体的密度得到提高,这是因为富稀土相熔点低,在烧结温度下富稀土液相的流动性好,能够起到更好的助烧结作用,促进了磁体致密化。随 MM 含量的提高,富稀土相不再沿 $MM_2Fe_{14}B$ 晶粒边界分布,出现富稀土相聚集现象,导致 H_{cj} 显著地降低。另外,随 MM 含量的增加,烧结磁体中氧含量增加,氧大部分进入富稀土相并出现 RE_2O_3 相。

在 $(Nd_{0.6}MM_{0.4})_{16}Fe_{76.5}B_{7.5}$ 烧结磁体中,添加少量铝可使磁体的磁性能得到改善,达到可实用化的程度。添加少量铌也可改进磁体的磁性能,图 8 – 8 是 $(Nd_{0.65}MM_{0.35})_{15.5}$ –

$(Fe_{0.925-x}Co_{0.06}Al_{0.015}Nb_x)_{78}B_{6.5}$ 烧结磁体的磁性能与铌含量 x 的关系。例如当铌含量 $x=0.02$ 时，其矫顽力可提高到 $H_{cj} \geqslant 1200kA/m$，并且它的 $T_c \approx 371℃$，B_r 的可逆温度系数约为 $0.088\%/℃$，$h_{irr} \approx 1.72\%$（$L/D=1.0$）。该磁体可以成为廉价的有实用意义的烧结 $MM-Fe-B$ 系永磁材料。

8.2.3 具有低温度系数的烧结 RE-Fe-B 永磁材料

三元 NdFeB 烧结永磁材料（N35）的退磁曲线和磁参量随温度

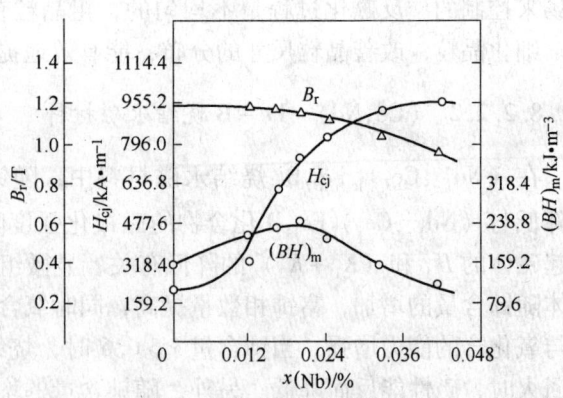

图 8-8　$(Nd_{0.65}MM_{0.35})_{15.5}(Fe_{0.925-x}Co_{0.06}Al_{0.015}Nb_x)_{78}B_{6.5}$ 烧结磁体的磁性能与铌含量的关系

的变化分别见图 8-9 和图 8-10。可见随温度的升高磁体的磁性能降低，H_{cj} 的降低比 B_r 的降低更快一些。温度升高到 250℃ 时，H_{cj} 已降低到零，也就是在远低于居里点的温度下，矫顽力已消失。在 100℃ 时，磁体的开路磁通不可逆损失 h_{irr} 已高达 $-(4\% \sim 5\%)$。说明三元 NdFeB 烧结永磁体的温度稳定性欠佳，仅能在低于 100℃ 温度下工作，并且不能应用于精密仪器仪表，更不能应用于微波通信器件，极大地限制了它的使用范围。

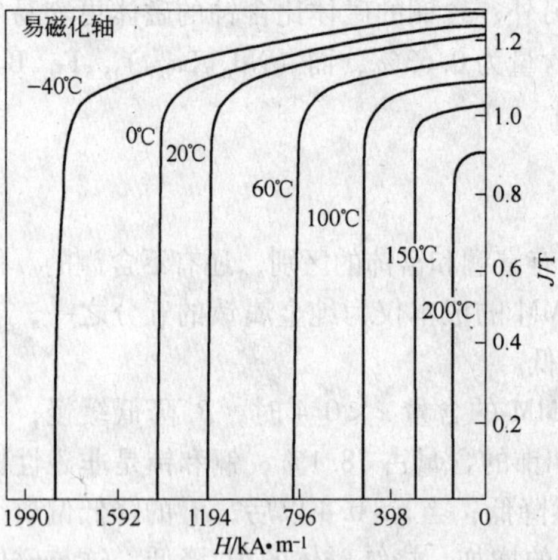

为了改进 NdFeB 永磁材料的温度稳定性，人们在添加镝、钴的基础上，添加镓和钨，从而研制出具有低温度系数的 REFeB 烧结永磁材料。图 8-11 是 $Nd_{1-x}RE_x(Fe_{0.68}Co_{0.22}B_{0.08}Ga_{0.01}W_{0.01})_{5.8}$ 烧结永磁体在 25℃ 和 150℃ 的退磁曲线。当 RE=Tb，$x=0.4$ 时，B_r 的温度系数已降低到 $\alpha=-0.028\%/℃$，25℃ 的 $H_{cj} \geqslant 2400kA/m$，$(BH)_m$ 为 $149.6kJ/m^3$；150℃ 的 H_{cj} 接近于 $1470kA/m$，$(BH)_m$ 达到 $136.1kJ/m^3$。当 RE=Dy，$x=0.5$ 时，B_r 的温度系数已降低到零，$\alpha=0.00\%/℃$，实现了完全地补偿；在 25℃ 时的 H_{cj} 仍然达到 $2400kA/m$，

图 8-9　沿取向轴闭路测量 NdFeB 永磁材料（N35）的退磁曲线与温度的关系

$(BH)_m$ 为 $119.4kJ/m^3$。当 RE=Tb，$x=0.5$ 时，得到 $\alpha=-0.008\%/℃$，室温磁性能优于含镝的相同成分的烧结永磁材料。

图 8-12 是铽和镝含量对 $Nd_{1-x}RE_x(Fe_{0.68}Co_{0.22}B_{0.08}Ga_{0.01}W_{0.01})_{5.8}$ 烧结磁体在 25℃ 和 150℃ 磁性能的影响。可见随重稀土元素含量的增加，烧结磁体的 H_{cj} 增加，而 B_r 和 $(BH)_m$ 则降低。在 25~150℃ 温度范围内，随铽、镝、钬、钆等重稀土元素含量的增加，B_r 和 H_{cj} 的温度系数逐渐减小。其中铽和镝降低 B_r 的温度系数更加显著，当铽或镝的 $x=0.5$ 时，B_r 的温度系数降低到接近于零。但是对降低 H_{cj} 的温度系数来说，只有添加铽或镝时才有较好的效果，而钬和钆并不能改进烧结磁体的矫顽力温度系数。

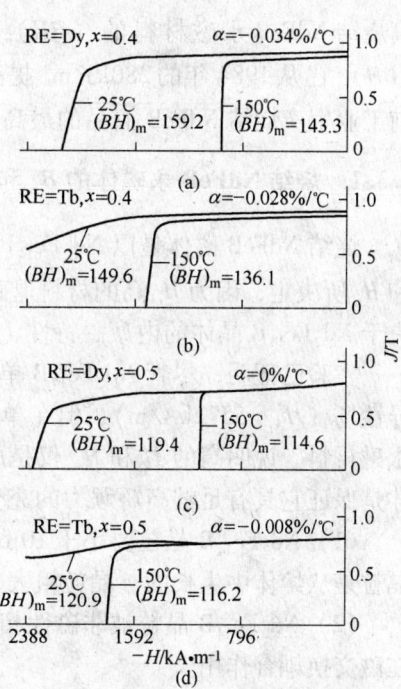

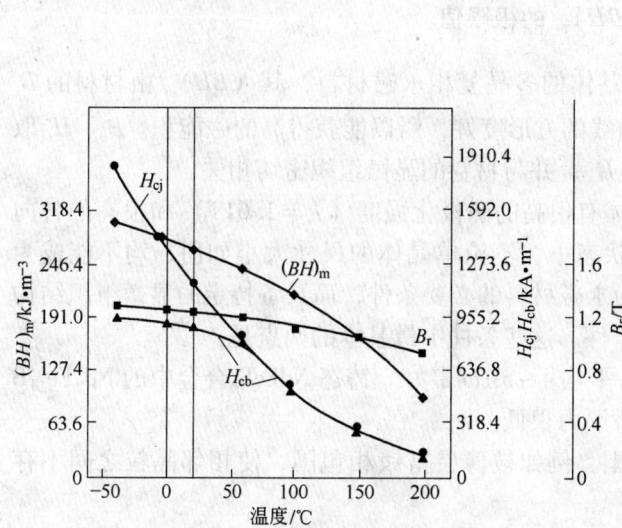

图 8 – 10 烧结 NdFeB 永磁材料（N35）磁性能随温度的变化

图 8 – 11 成分为 $Nd_{1-x}RE_x(Fe_{0.68}Co_{0.22}$ $B_{0.08}Ga_{0.01}W_{0.01})_{5.8}$ 的烧结永磁体在 25℃ 和 150℃ 的退磁曲线

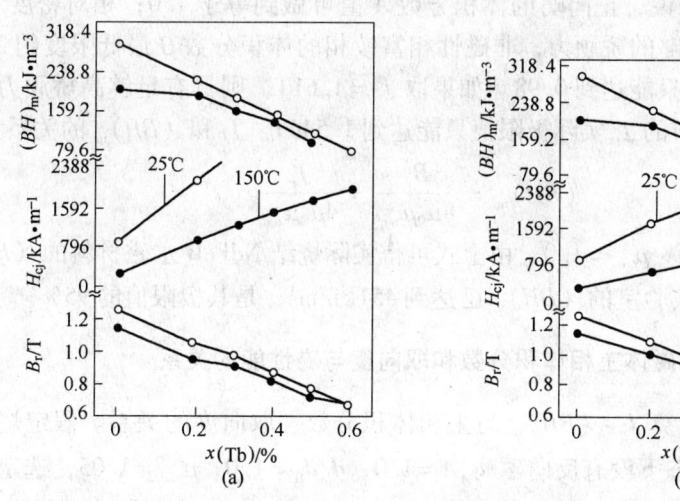

图 8 – 12 铽和镝对 $Nd_{1-x}RE_x(Fe_{0.68}Co_{0.22}B_{0.08}Ga_{0.01}W_{0.01})_{5.8}$ 烧结磁体在 25℃ 和 150℃ 时磁性能的影响

8.3 烧结 NdFeB 永磁材料的磁能积

信息时代所要求的电磁元件正向大功率、小体积、微型化、轻量化、高稳定性方向发展，提高永磁材料的 $(BH)_m$ 是实现永磁功能元器件小型化和超小型化的必然要求。为提高烧结 NdFeB 永磁材料的 $(BH)_m$，人们在成分和工艺改进上做了大量的研究工作，$(BH)_m$ 已从 1984 年的 $280kJ/m^3$ 提高到 1994 年的 $431kJ/m^3$，2002 年已达到 $451kJ/m^3$。目前工业生产烧结 NdFeB 商品的最高 $(BH)_m$ 为 $420kJ/m^3$。

8.3.1 烧结 NdFeB 永磁体的 B_r 和 $(BH)_m$ 的极限值

烧结 NdFeB 磁体是以 $Nd_2Fe_{14}B$ 为基体的多晶复相永磁材料，其 $(BH)_m$ 由材料的 B_r 和 H_{cj} 所决定，因为 H_{cj} 高的材料退磁曲线的方形度好，所以能获得高的磁能积。B_r、H_{cj} 取决于 $Nd_2Fe_{14}B$ 晶体的内禀磁特性 J_s 和 H_A，并与材料的显微组织密切相关。

实验已证明，尽管 $Nd_2Fe_{14}B$ 单晶体有很高的磁极化强度（$J_s = 1.61T$）和很高的各向异性场（$H_A = 5572kA/m$），但在单晶状态下，不论单晶体的尺寸大小如何，均不能成为永磁材料。说明高的 J_s 和 H_A 仅是成为永磁材料的必要条件，而具备特定的显微组织结构才是保证它具有足够高矫顽力的充分条件。这些条件中最基本的两点是：

（1）$Nd_2Fe_{14}B$ 晶粒要小于 $10\mu m$，平均 $4\sim5\mu m$ 最好。铸态 NdFeB 合金中的 $Nd_2Fe_{14}B$ 晶粒是从熔体中生长的，晶粒粗大，矫顽力很低。

（2）$Nd_2Fe_{14}B$ 晶粒被非磁性相包围，例如被薄层富钕相包围，使相邻晶粒之间不存在磁交换耦合作用。

烧结 NdFeB 永磁材料由主相 $Nd_2Fe_{14}B$ 和少量非磁性相，如富钕相、富硼相以及稀土氧化物 Nd_2O_3 组成。多晶取向复相磁体的剩磁计算式为

$$B_r = J_r = \mu_0 M_r = A(1-\beta)\frac{d}{d_0}\overline{\cos\theta}\cdot J_s$$

对于实际永磁体来说，正向畴的体积分数 A 值可做到等于 1.0；相对密度 d/d_0 可做到等于 1.0。为获得足够的矫顽力，非磁性相富钕相的体积分数 β 最低限度约 2.0%。多晶体的取向度 $\overline{\cos\theta}$ 目前只能达到 0.98。如果取 $J_s = 1.61T$，则具有足够高矫顽力的多晶取向复相 NdFeB 永磁材料的 J_r 实际极限值只能达到 1.546T。J_r 和 $(BH)_m$ 的关系为

$$(BH)_m = \frac{B_r^2}{4\mu_0\mu_{rec}} = \frac{J_r^2}{4\mu_0\mu_{rec}}$$

如果取 $J_r = 1.546T$，$\mu_{rec} = 1.0$，由上式可得实际烧结 NdFeB 永磁材料的 $(BH)_m$ 极限值为 $475kJ/m^3$。目前实验室的 $(BH)_m$ 已达到 $451kJ/m^3$，是其极限值的 95%。

8.3.2 烧结 NdFeB 永磁体主相体积分数和取向度与磁性能的关系

根据以上两式可计算 J_r、$(BH)_m$ 与主相体积分数、取向度的关系。假定烧结磁体不存在 $\alpha-Fe$，在剩磁状态下没有反向磁畴，$A = 1.0$，$d/d_0 = 1.0$，$\mu_{rec} = 1.05$，选定 $Nd_2Fe_{14}B$ 相的 $J_s = 1.589T$ 时，计算的 $(BH)_m$ 列于表 8-4。可见为获得 $(BH)_m \approx 400kJ/m^3$ 的烧结 NdFeB 永磁材料，其主相体积分数为 95% 时，晶体取向度应达到 96% 以上。而要制备 $(BH)_m \geq 360 kJ/m^3$ 的烧结 NdFeB 永磁材料，如果主相体积分数为 95% 时，晶体取向度应达到 92% 以上。对于制备 $(BH)_m \geq 320kJ/m^3$ 的磁体是比较容易的，主相体积分数为 91% 时，晶体取向度达到 91% 以上就可以了。

如果能计算烧结 NdFeB 永磁体中各种相的体积分数，就可对该永磁材料的磁性能进行预测，或者对具有一定磁性能的永磁材料的成分进行设计。由于实际永磁材料的热力

表 8 - 4　烧结 NdFeB 永磁体的主相体积分数、取向度与 $(BH)_m$ 的关系

主相体积＼取向度	0.90	0.91	0.92	0.93	0.94	0.95	0.96	0.97
0.90	313.8	319.9	327.7	335.1	342.2	349.4	356.6	364.5
0.91	319.9	327.7	335.1	342.2	349.4	356.6	364.5	372.5
0.92	327.7	335.1	342.2	349.4	356.6	364.5	372.5	380.4
0.93	335.1	342.2	349.4	356.6	364.5	372.2	380.4	389.1
0.94	342.2	349.4	356.6	364.5	372.2	380.4	389.1	397.3
0.95	349.4	356.6	364.5	372.2	380.4	389.1	397.3	406.2
0.96	356.6	364.5	372.5	380.4	389.1	397.3	406.2	414.5
0.97	364.5	372.5	380.4	389.1	397.3	406.2	414.5	422.9

学状态不是平衡状态，其组织状态也是非平衡组织，添加的第四个组元在各相中的分布一般也不清楚，因此其成分计算是相当困难的。若假定三元烧结 NdFeB 永磁体在高性能时是一种近似的平衡状态，存在 T_1($Nd_2Fe_{14}B$)、T_2($Nd_{1.1}Fe_4B_4$)、T_3($Nd_{90}Fe_{10}$) 以及吸氧形成的 T_4(Nd_2O_3) 4 个相。当合金吸收了 $w(O)\%$ 的氧后，合金的有效钕含量（质量分数）为：$w(Nd_{有效})\% = w(Nd)\% - 6w(O)\%$。由实验分析可测得合金中各个组元的质量分数 w，利用合金中某一组元的含量等于各相中该组元含量之和的关系，不难列出这一关系的线性方程组。如果采用表 8 - 5 的数据构成，可列出如下方程组：

$$w(Nd)\% = 26.68w(T_1) + 37.31w(T_2) + 95.88w(T_3) + 85.74w(T_4)$$

$$w(Fe)\% = 72.32w(T_1) + 52.57w(T_2) + 4.12w(T_3)$$

$$w(B)\% = w(T_1) + 10.17w(T_2)$$

$$1 = w(T_1) + w(T_2) + w(T_3) + w(T_4)$$

　　用迭代法求解该方程组，可求得各个相的质量分数 $w(T)$。$w(T)$ 与该相密度之比即为该相的体积分数 $\varphi(T)$。例如，成分为 $29.11Nd - 69.8Fe - 1.09B$（质量分数）的 $Nd_{13.0}Fe_{80.5}B_{6.5}$ 烧结永磁合金，假定其氧（质量分数）为 0.1%，则 $w(Nd) = (29.11 - 0.1 \times 6)\% = 28.51\%$，由以上方法计算 T_1、T_2、T_3 和 T_4 四个相的体积分数分别为：93.94%，2.76%，2.57% 和 0.73%。

表 8 - 5　烧结 NdFeB 永磁体各个相的有关数据

各相分子式	组元质量分数/%				密度/g·cm^{-3}
	Nd	Fe	B	O	
$Nd_2Fe_{14}B$	26.68	72.32	1.0		7.65
$Nd_{1.1}Fe_4B_4$	37.31	52.52	10.17		3.56
$Nd_{90}Fe_{10}$	95.88	4.12			7.00
Nd_2O_3	85.74			14.26	7.24
$Nd_{13.0}Fe_{80.5}B_{6.5}$	29.11	69.80	1.09		

8.3.3　高磁能积烧结 NdFeB 永磁材料的成分考虑

由前述可知，烧结 NdFeB 永磁材料的 B_r 和 $(BH)_m$ 主要地由钕含量、氧含量和晶体取向度 3 个因素来决定。第一个因素即钕含量可根据所要求的磁性能由计算来确定；后两个因素主要决定于制备设备与工艺。为便于进行烧结 NdFeB 永磁材料的成分设计，下面讨论钕含量、氧含量与主相体积分数和磁性能之间的关系。

设合金成分为 $Nd_xFe_{98.97-x}B_{1.03}$，当 x 分别为 27.68%、28.68%、29.68%、30.68% 和 31.68%（质量分数），并且每一个钕含量 x 的氧含量均为 0.1%（质量分数），假定正向畴体积分数 $A = 1.0$，相对密度 $d/d_0 = 0.995$，取向度为 94% 和 96% 时，烧结 $Nd_xFe_{98.97-x}B_{1.03}$ 永磁材料的主相体积分数，B_r、$(BH)_m$ 与钕含量、氧含量的关系，可根据前述方法进行计算，其结果示于图 8-13。图中横坐标给出了两个钕含量，第一行是名义钕含量，第二行是扣除与 0.1%（质量分数）氧化合的 0.6% 钕（质量分数）后磁体中净钕含量。图中曲线 1 代表主相体积分数。当名义的钕含量由 27.68%（质量分数）提高到 31.68%（质量分数）时，主相体积分数由 96.87% 降低到 89.66%。由于氧含量是固定的（0.1% 质量分数），Nd_2O_3 的体积分数保持在 0.73% 左右，而富硼相的体积分数由 0.29% 增加到 1.4%，富钕相由 2.1%（体积分数）增加到 8.95%（体积分数）。由于随钕含量的增加，其他少量相，主要是富钕相体积分数的增加，主相的体积分数线性地降低，烧结永磁体的 B_r 和 $(BH)_m$ 也线性地降低。图中曲线 2 和曲线 3 分别代表晶体取向度为 94% 和 96% 时 B_r 随钕含量的变化，Ⅰ区代表取向度为 94% 时的磁能积范围，Ⅱ区是取向度为 96% 时的磁能积范围。磁能积的上限是按 $\mu_{rec} = 1.0$，而下限是按 $\mu_{rec} = 1.05$ 计算。说明磁能积除了与 B_r 有关外，还与第二象限退磁曲线的回复磁导率 μ_{rec} 有关。$\mu_{rec} = 1.0$ 时，其 $(BH)_m$ 比 $\mu_{rec} = 1.05$ 时的 $(BH)_m$ 高约 15~20kJ/m^3。

图 8-13 中给出几个 $(BH)_m$ 值的水平线，其与磁能积线交点对应的钕含量，即为获

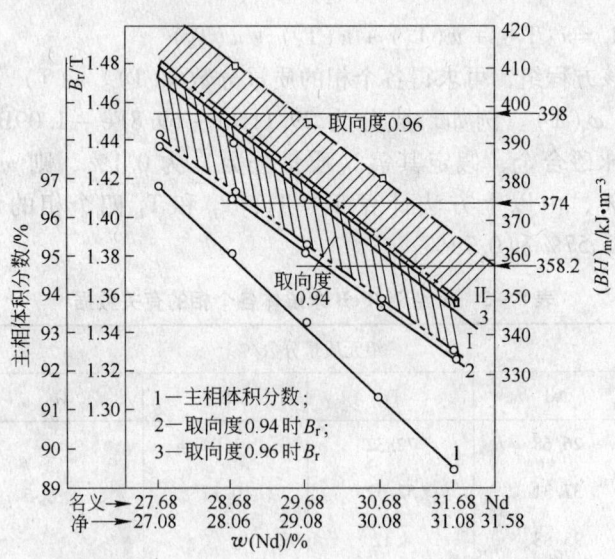

图 8-13　烧结 $Nd_xFe_{98.97-x}B_{1.03}$ 永磁材料的主相体积分数，晶体取向度与钕含量和磁性能的关系

得该磁能积时相应的钕含量。为制备 $H_{cj} \geqslant 995.2 \mathrm{kA/m}$ 和 $(BH)_m \geqslant 398 \mathrm{kJ/m^3}$ 的磁体,可见只有在临界净钕含量 28.0% (质量分数) 到 28.86% (质量分数) 的范围内,取向度为 96% 时,才有可能达到要求的磁性能。在制备 $(BH)_m = 374 \mathrm{kJ/m^3}$ 和 $358.2 \mathrm{kJ/m^3}$ 的磁体时,由于其成分范围较宽,因而成分设计有较大的选择范围,例如可添加其他组元,如镝、铽、铌、钒、铝等取代钕或铁,并且也可以有较高氧含量。

大量的实验结果证明,为制备高磁能积 ($(BH)_m \geqslant 374 \mathrm{kJ/m^3}$) 烧结 NdFeB 永磁材料,应注意如下几个关键技术:

(1) 成分设计应尽量接近主相 ($\mathrm{Nd_2Fe_{14}B}$) 的化学计量成分。为使磁体具有一定 H_{cj} 值,如大于 995.2kA/m,应使其净钕含量大于或等于 28% (质量分数)。

(2) 晶粒取向度应大于 96%。

(3) 相对密度应达到 0.995。

(4) 由于高磁能积烧结永磁体的成分已接近 $\mathrm{Nd_2Fe_{14}B}$ 成分,随主相体积分数增加,烧结磁体矫顽力将会降低 (图 8–14)。为使在主相体积分数高的情况下,矫顽力不降低,务必使有限的富钕相充分地分散,使每一个 $\mathrm{Nd_2Fe_{14}B}$ 晶粒被一层厚度约 2nm 的富钕相层包围。要做到这一点,首先应从细化铸锭组织开始,其次与磨粉技术及热处理工艺都有极大的关系。

8.3.4 高磁能积烧结 NdFeB 永磁材料的理想显微结构

获得高性能烧结 NdFeB 永磁材料,除了磁体有合理的成分、密度、取向度等因素以外,改善其显微结构是至关重要的。大量的实验研究表明,高性能烧结 NdFeB 永磁材料的理想显微结构如图 8–15 所示,它应具有如下的特征:

(1) 2:14:1 相的晶粒尺寸均匀一致,平均晶粒尺寸约 5~6μm 左右,不存在大于 10μm 和小于 1μm 的晶粒。

(2) 每一个 2:14:1 晶粒被薄层富钕相包围,薄层富钕相 (晶界相) 的厚度约 2nm 左右。

(3) 薄层富钕相要连续、均匀,富钕相与 2:14:1 相的界面要光滑。

(4) 除了 2:14:1 相和 2% 体积分数的富钕相以外,其他杂相如 $\mathrm{Nd_2O_3}$、富硼相、孔洞等应尽可能少,使 2:14:1 相的体积分数尽可能达到 98%。

(5) 磁体相对密度接近 100%。

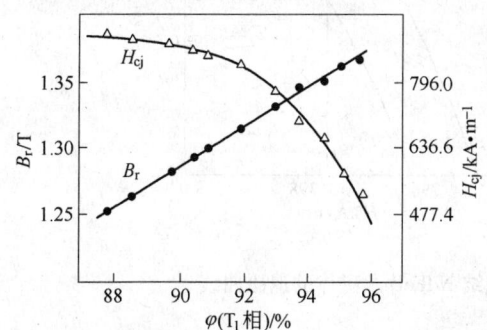

图 8–14 B_r、H_{cj} 与烧结 NdFeB 磁体主相
体积分数的关系

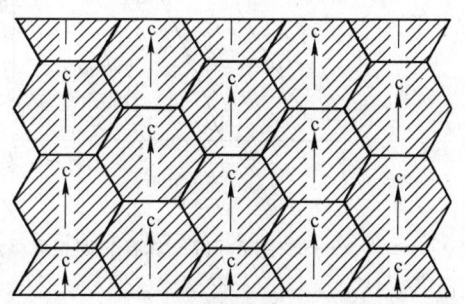

图 8–15 高性能烧结 NdFeB 永磁材料的
理想显微结构模型

（6）2：14：1 相的晶粒 c 轴几乎百分之百沿磁场取向方向。

（7）2：14：1 晶粒内部的成分与结构均匀一致。

$Nd_2Fe_{14}B$ 晶粒的单畴临界尺寸约为 $0.26\mu m$，而烧结 NdFeB 永磁体的平均晶粒尺寸一般在 $5 \sim 10\mu m$ 范围之内，热退磁状态下每个晶粒都是多畴体。在磁化场作用下，由于 $Nd_2Fe_{14}B$ 晶粒内部不存在畴壁钉扎中心，畴壁的位移十分容易，它容易被磁化到饱和。对于具有理想显微结构的 NdFeB 永磁体，当沿磁场取向轴方向磁化到饱和并去掉外磁场后，每一个晶粒的饱和磁极化强度均停留在原磁化方向上，一般很难产生反磁化畴。这时磁体的剩磁 B_r 应等于磁体的饱和磁极化强度 J_s，如图8-16所示。因为在反磁化场作用下，对于具有理想

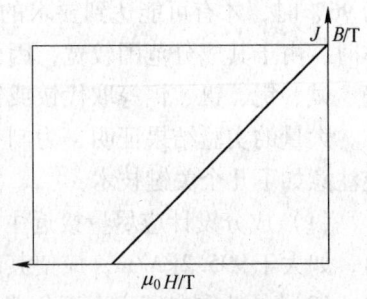

图 8-16　具有理想显微结构烧结 NdFeB 永磁体的退磁曲线

显微结构永磁体的每个晶粒形成反磁化畴的形核场是相同的，因此形成反磁化畴核之前，第二象限内 $J-H$ 退磁曲线是一条与横坐标平行的直线。$J-H$ 退磁曲线的方形度达到 100%，$B-H$ 退磁曲线回复磁导率 $\mu_{rec}=1.0$。如果实际永磁体不满足上述显微结构七点特征中的任何一点，都不能实现所有晶粒均匀一致反磁化。那么将会有部分晶粒在绝对值较小的反磁化场产生反磁化核，实现反磁化；而其他满足上述七点特征的晶粒将在较大的反磁化场下才能形成反磁化核，实现反磁化。在这种情况下，永磁体的 $J-H$ 退磁曲线是一条有台阶的折线或是一条斜线，见图8-17a、图8-17b。此时 $J-H$ 退磁曲线的方形度小于 100%，而 $B-H$ 退磁曲线的 μ_{rec} 必然要大于 1.0。有时尽管 $B-H$ 退磁曲线是线性的，但其回复磁导率 μ_{rec} 不同，所得到的 $(BH)_m$ 也是不同的。例如，当 $B_r=1.45T$ 时，$B-H$ 退磁曲线的 μ_{rec} 分别为 1.10 和 1.00 时，其磁能积分别为 $380kJ/m^3$ 和 $420kJ/m^3$，相差约 $40kJ/m^3$。可见改进显微结构的均匀一致性，使磁体尽可能地实现均匀一致的反磁化，降低 μ_{rec}，是提高 $(BH)_m$ 值的重要途径。

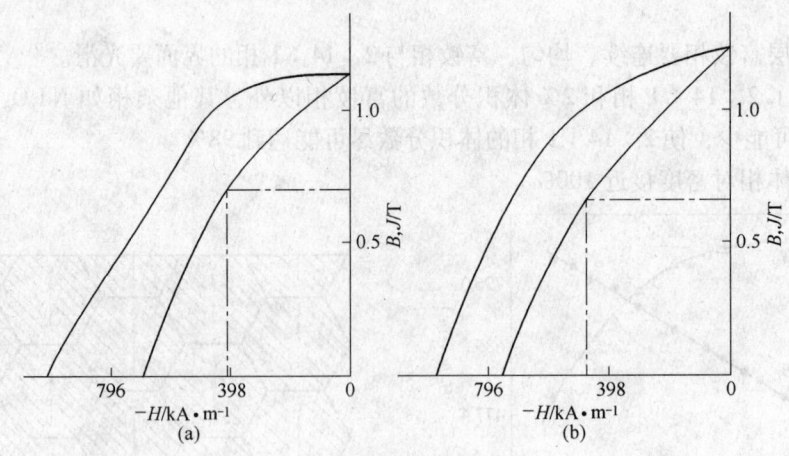

图 8-17　具有非理想显微结构烧结 NdFeB 永磁体的退磁曲线

刘湘涟研究了烧结温度与时间等工艺因素对 $Nd_{33}Dy_{1.5}Fe_{余}Al_{0.4}B_{1.02}$ 烧结永磁体 $J-H$ 退磁曲线的方形度 Q 和回复磁导率 μ_{rec} 的影响，发现在 $1050℃$ 和 $1100℃$ 烧结的 Q 值较低，

μ_{rec}值较大。在1080℃烧结1h，Q值可达95.2%，μ_{rec}值约为1.05，相对密度为99.4%。1080℃下烧结不同时间的磁体相对密度、晶粒平均尺寸、Q和μ_{rec}列于表8-6，可见Q和μ_{rec}与相对密度及晶粒平均尺寸的关系是相互矛盾的。在相对密度小于99.4%之前，相对密度对Q和μ_{rec}的影响起主要作用；当相对密度达到99.4%~99.5%以后，晶粒平均尺寸的大小对Q和μ_{rec}的影响起主要作用。由此可见磁体密度高，晶粒平均尺寸小是获得高Q和低μ_{rec}的基本条件。由于原始粉末颗粒尺寸分布宽导致烧结磁体晶粒尺寸不均匀，引起Q值降低而μ_{rec}值升高。富钕相分布不均匀也导致晶粒粗细分布不均和影响磁体的Q和μ_{rec}。

表8-6　$Nd_{33}Dy_{1.5}Fe_{余}Al_{0.4}B_{1.02}$在1080℃烧结不同时间并回火后对$Q$和$\mu_{\mathrm{rec}}$的影响

烧结时间/h	0.25	0.5	1.0	2.0	4.0	8.0	24
相对密度/%	89.4	98.2	99.4	99.6	99.8	99.8	100
平均晶粒尺寸/μm	9.2	10.2	10.2	12.2	13.0	14.0	15.6
μ_{rec}	2.05	1.07	1.05	1.06	1.07	1.05	1.07
$Q/\%$	48.8	93.4	95.2	94.3	93.4	95.2	93.4

8.3.5　实验室研制的高磁能积 NdFeB 永磁材料

2000年，日本住友特殊金属公司实验室开发出磁能积为444kJ/m³的磁体，其退磁曲线如图8-18所示，磁性能达到：$B_r=1.514T$，$H_{cj}=691kA/m$，$H_{cb}=691kA/m$，$(BH)_m=444kJ/m^3$。它的剩磁J_r已达到纯$Nd_2Fe_{14}B$化合物的饱和磁极化强度$J_s=1.61T$的94%，退磁曲线方形度达97.4%，回复磁导率为$\mu_{\mathrm{rec}}=1.026$。该磁体的成分为$Nd_{12.46}Pr_{0.14}Fe_{80.6}B_{5.77}O_{0.60}C_{0.43}$（分析成分）；其稀土总量为12.6%摩尔分数，已接近$Nd_2Fe_{14}B$相的化学计量成分11.76%摩尔分数。该磁体的制备工艺要点为，采用高纯原材料在真空感应炉内熔炼，用近快速凝固技术（SC）铸成0.3mm厚鳞片铸锭，铸锭中没有α-Fe，富钕相均匀分布，$Nd_2Fe_{14}B$片状晶厚度约5μm，见图8-19a；采用氢破碎（HD）粗碎，添加少量润滑剂，然后用改进了的气流磨制粉，粉末颗粒平均尺寸为3.8~4.0μm。其粉末粒度分布十分集中，如图8-20a所示，没有大于8μm和小于1μm的颗粒，而颗粒尺寸为2.5~5μm的粉末占90%以上；采用橡胶模等静压，初装相对密度约40%~50%，采用4800kA/m双向脉冲场进行磁取向，即正、负脉冲场共取向4次，最后在2T的静磁场中进行等静压成型；采用四室连续烧结炉，1050℃烧结2~4h，600℃回火2~3h；烧结后磁体晶粒

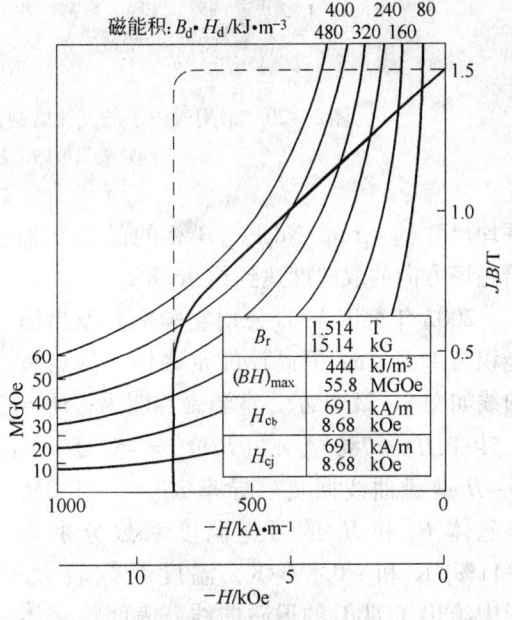

图8-18　磁能积为444kJ/m³的烧结 NdFeB
永磁体的退磁曲线

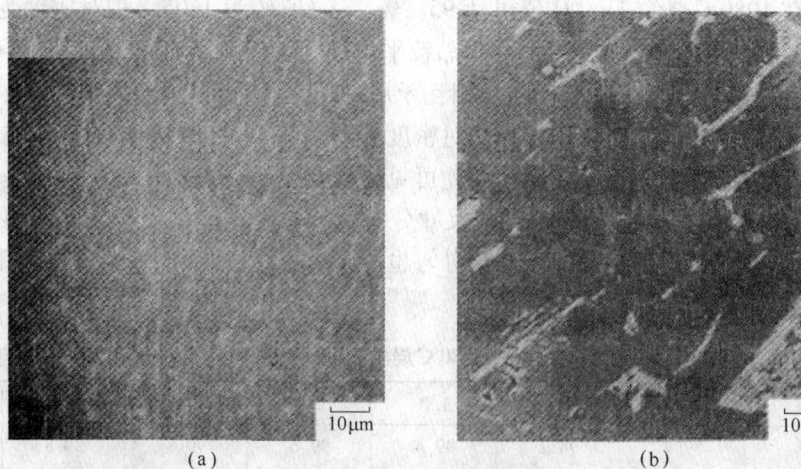

图 8-19　NdFeB 鳞片铸锭的 SEM 背散射电子像
(a) SC 铸锭；(b) 传统铸锭

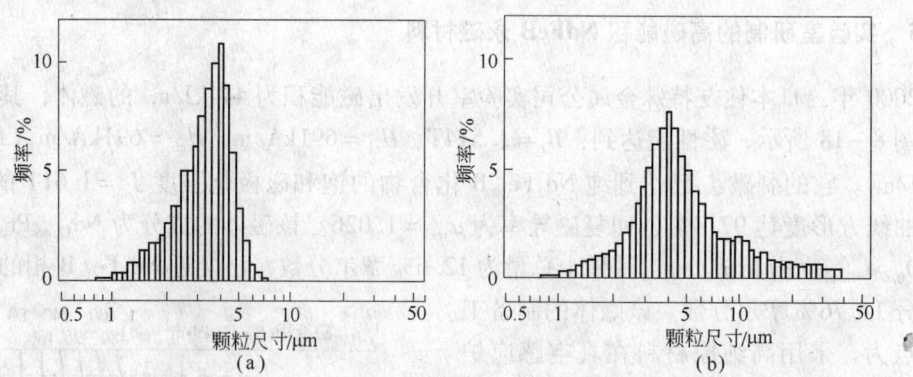

图 8-20　采用改进了的气流磨制备的 NdFeB 合金粉末颗粒尺寸分布
(a) 新发展的工艺；(b) 传统工艺

平均尺寸约 $4\mu m$，$Nd_2Fe_{14}B$ 相的晶粒 c 轴沿磁场方向的取向度达到约 96.8%。

2002 年德国 VAC 公司实验室开发出磁能积为 $451kJ/m^3$ 的高性能永磁体，其退磁曲线如图 8-21 所示，室温磁性能为：$B_r = 1.519T$，$H_{cj} = 780kA/m$，$(BH)_m = 451kJ/m^3$。$B-H$ 退磁曲线回复磁导率 $\mu_{rec} = -1.03$。该磁体 B_r 和 H_{cj} 的可逆温度系数分别为 $-11\%/K$ 和 $-0.8\%/K$，温度系数较大。图中给出了 80℃ 的退磁曲线，表明该磁体最高工作温度为 80℃ 左右。采用双合金法

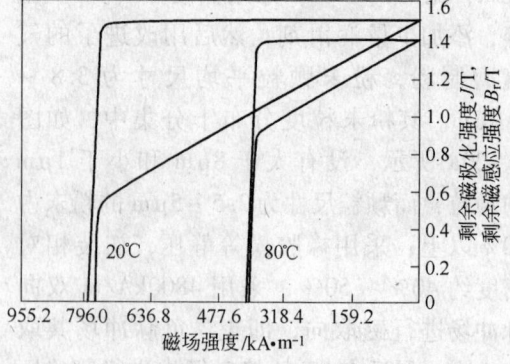

图 8-21　双合金法制备的烧结 NdFeB 永磁体的退磁曲线（主相与辅相比约为 97.1 : 2.9）

制备工艺，主相合金成分为 $Nd_{12.7}Dy_{0.63}Fe_{80.7}TM_{0.08}B_{5.8}$ 和 $Nd_{13.7}Dy_{0.03}Fe_{79.8}TM_{0.08}B_{5.7}$，其中 TM 为铝、镓、钴、铜等，富稀土相成分未给出。所用原材料纯度大于 99.5%，真空感应炉熔炼，铸锭经均匀化退火处理，粗破碎后用气流磨制粉，粉末颗粒平均尺寸为 3～5μm。主相粉末与富稀土相按不同比例混合，粉末在 1300kA/m 恒磁场中预成型到相对密度 24%，然后在 6400kA/m 双向脉冲场进行磁取向，正、负脉冲场取向 6 次，脉冲场峰宽约 10ms，最后进行等静压。压坯烧结工艺为：1060～1120℃烧结 1～24h。磁体密度达到 7.55～7.68g/cm³，$Nd_2Fe_{14}B$ 相的晶粒 c 轴取向度约为 98.3%，晶粒平均尺寸约 4.6μm，见图 8-22。

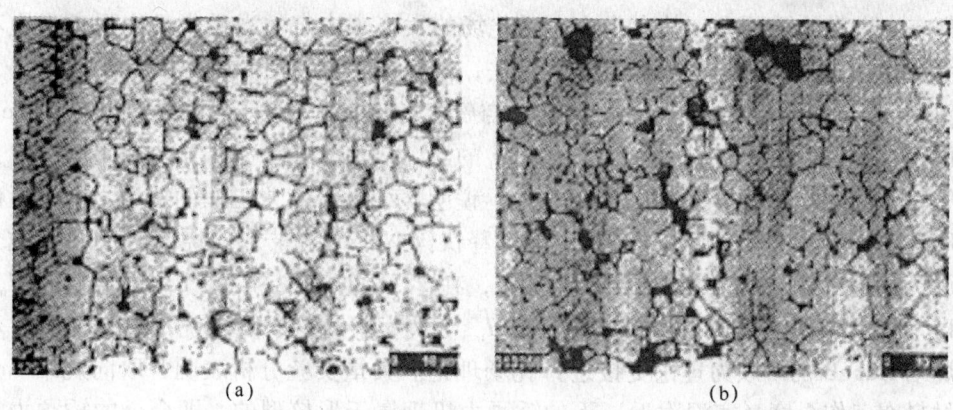

图 8-22　高磁能积烧结 NdFeB 永磁体光学显微组织

(a) $(BH)_m = 451kJ/m^3$，平均晶粒尺寸 4.6μm，最大晶粒尺寸 25μm；

(b) $(BH)_m = 440kJ/m^3$，平均晶粒尺寸 4.9μm，最大晶粒尺寸 330μm

8.4　烧结 NdFeB 永磁材料的矫顽力

矫顽力是永磁材料的重要磁参量。材料的矫顽力越高，表明它抗退磁能力越强。然而 NdFeB 永磁合金的实际矫顽力仅为其理论值的 1/3～1/30，因此提高矫顽力已成为改善 NdFeB 永磁材料性能的关键之一。提高矫顽力不仅可提高其抗退磁能力，还可提高其温度稳定性，降低磁通不可逆损失和矫顽力温度系数。研究 NdFeB 永磁合金的矫顽力机理和它的本质，将为寻找提高其 H_C 的途径打下基础。

8.4.1　烧结 NdFeB 永磁材料的形核场 H_N 与矫顽力

一种材料的矫顽力是由形核场决定，还是由钉扎场决定，取决于 H_{cj} 与磁化场的依赖关系。一般来说，若永磁材料的 H_{cj} 随磁化场的增加而线性地增加，并且当磁化场达到某一个值 H_{sat} 后，矫顽力就达到最大值 H_{max}，而且 $H_{max} > H_{sat}$，则这种合金的矫顽力是由反磁化畴的形核场控制的，或称为形核型的。H_{sat} 称为获得最大矫顽力所需要的磁化场。如果合金的 H_{cj} 随磁化场的增加开始时增加得很少，当磁化场达到某一临界值 H_P 后，矫顽力跳跃式达到最大值 H_{max}，而且 $H_{max} < H_{sat}$，则这种合金的矫顽力是由钉扎场控制的，或者说是钉扎型的。H_P 称为钉扎场。

图 8-23 是 $Nd_{15}Fe_{77}B_8$ 烧结磁体的起始磁化曲线和经不同磁场磁化后的退磁曲线。从

起始磁化曲线可以看出，低场区的起始磁化曲线十分陡，具有很高的磁导率，说明 $Nd_2Fe_{14}B$ 晶粒内部没有畴壁的钉扎中心，畴壁位移十分容易，在较低的磁场下就可把畴壁从晶粒内部赶出去，使磁体磁化到技术饱和，H_s 仅有 500kA/m。然而退磁曲线却表明，热退磁状态的 $Nd_{15}Fe_{77}B_8$ 烧结磁体随磁化场的提高，其矫顽力、退磁曲线的隆起度也提高。当磁化场大于 1200kA/m 后，其矫顽力就达到一个稳定的最大值 H_{max}。磁畴观察表明，错取向晶粒和粗晶粒首先开始反磁化，在反磁化场较小时，这些晶粒已出现反磁化畴。随反磁化场增加到某一数值，磁体完成了反磁化，并在反方向磁化到饱和，在所有晶粒内部再也观察不到磁畴。晶粒越细，实现反磁化所需要的磁场就越强。也就是说每一个晶粒都有它自身的矫顽力，其大小也由磁化场的大小来决定。当磁化场达到真正饱和值 H_{sat} 后，才能把所有晶粒内的反磁化核赶出去，得到稳定的最大矫顽力 H_{max}。

图 8-24 是 3 种烧结 NdFeB 合金的 H_{cj} 与磁化场的依赖关系。可见 3 种烧结 NdFeB 永磁体的 H_{max} 均远大于 H_{sat}，即 $Nd_{15}Fe_{77}B_8$ 的 $H_{max}=1.5H_{sat}$，$Nd_{20}Fe_{71}Al_2B_7$ 的 $H_{max}=1.55H_{sat}$，$Nd_{13.5}Dy_{1.5}Fe_{77}B_8$ 的 $H_{max}=2.6H_{sat}$。说明烧结 NdFeB 永磁体的矫顽力是由反磁化畴的形核场决定的。但是形核场理论不能解释快淬 NdFeB 和非取向烧结 NdFeB 永磁合金的矫顽力机理，例如对于快淬 NdFeB 合金，在 285K 时，$H_{sat}=2.5T$，大于它的 $H_{max}=1.52T$；而非取向烧结 NdFeB 合金的 H_{sat} 比 H_{max} 大得多。就这一点来说，快淬 NdFeB 和非取向烧结 NdFeB 的矫顽力理论更接近钉扎场理论。大量实验分析表明，取向烧结 NdFeB 永磁材料在工作温度（室温附近）下的矫顽力机理属于形核型的，即合金的矫顽力是由反磁化畴的形核场控制的。

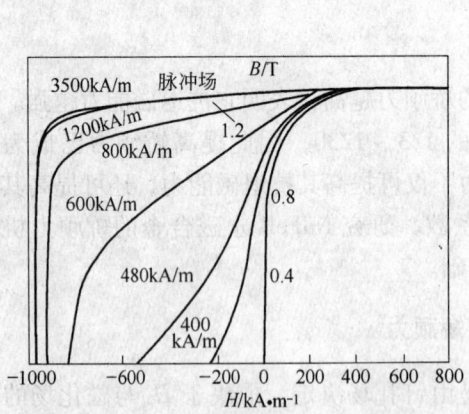

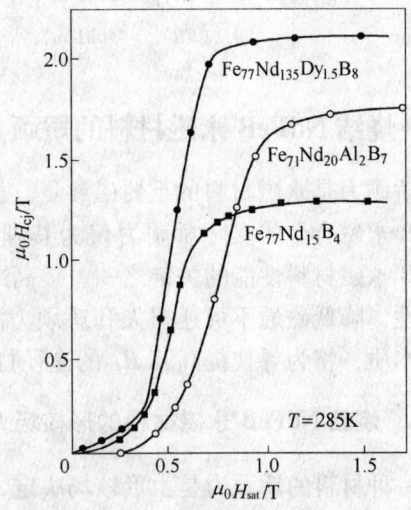

图 8-23 $Nd_{15}Fe_{77}B_8$ 烧结磁体的起始磁化曲线和经不同磁场磁化后的退磁曲线

图 8-24   3 种烧结 NdFeB 永磁体的 H_{cj} 与磁化场 H 的关系

8.4.2   烧结 NdFeB 永磁体的形核场 H_N 与各向异性（K_1 和 H_A）的关系

按照铁磁理论，形核场 $H_N=H_A=2K_1/(\mu_0M_s)$。在 H_{cj} 由形核场决定的材料中，H_{cj} 总是与 K_1 成正比的。图 8-25 给出各种主要永磁材料的实际矫顽力 H_{cj} 和理论形核场 H_N 与

K_1 的关系。可见凡是 K_1 高的材料，其 H_{cj} 和 H_N 也高，但是实际获得的 H_{cj} 总是低于形核场理论值 H_N。图 8 – 26 为主要永磁材料的 H_N 与实验室和工业产品 H_{cj} 之比的发展变化。对于 NdFeB 烧结永磁材料来说，实验室样品的 H_{cj} 可达到 H_N 的 35% ~ 40%，而工业产品的 H_{cj} 仅有理论值的 20% ~ 30%。

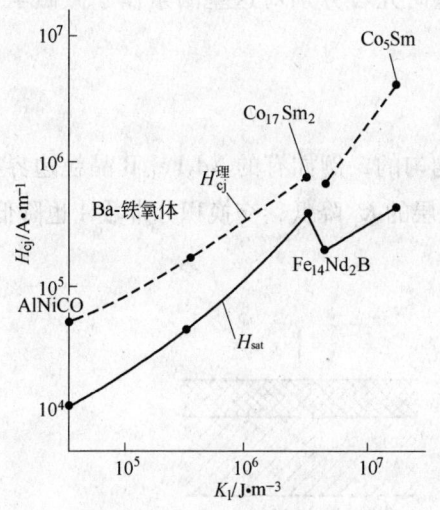

图 8 – 25　几种主要永磁材料的
H_{cj}、H_N 与 K_1 的关系

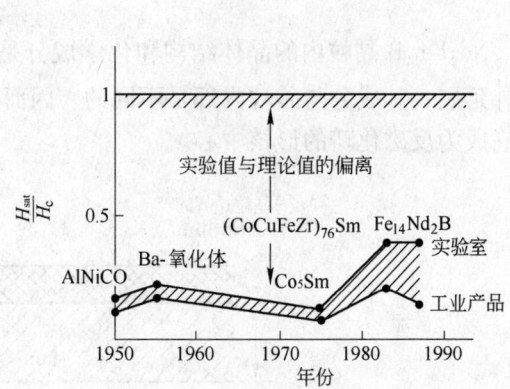

图 8 – 26　永磁材料 H_{cj}/H_N 的发展变化

　　实验表明，在室温附近 H_{cj} 与各向异性场 H_A 的关系是线性的，如图 8 – 27 所示。因此 H_{cj} 与 H_A 的关系可表示为

$$H_{cj} = CH_A + D = C\frac{2K_1}{\mu_0 M_s} - N_{eff}M_s$$

式中，右边第一项为反磁化畴的形核场 $H_N = CH_A$，$H_A = 2K_1/(\mu_0 M_s)$，C 是一个小于 1 的系数；第二项为材料内部的散磁场，或者说有效退磁场，可写成 $D = N_{eff}M_s$，N_{eff} 是有效退磁因子。其中 C、N_{eff} 都是对磁体的显微结构的敏感参量。

　　由于 $Nd_2Fe_{14}B$ 化合物具有很高的磁晶各向异性（$K_1 = 5.7 \times 10^6 J/m^3$），尽管 $Nd_2Fe_{14}B$ 晶粒尺寸比孤立的单畴体的临界尺寸大 20 ~ 50 倍，但这些比单畴临界尺寸大得多的 $Nd_2Fe_{14}B$ 晶粒，一旦磁化到饱和而成为一个大的单畴体后，在零磁场下也是不能自发地形成

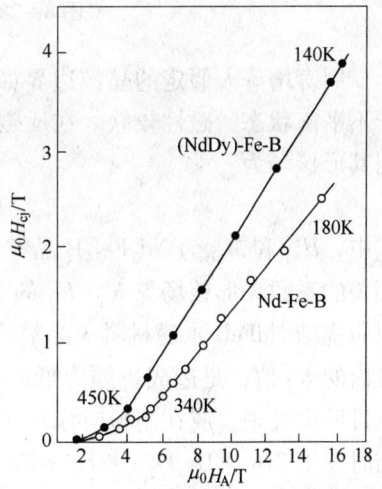

图 8 – 27　NdFeB 磁体在不同温度下
H_{cj} 和 H_A 的关系

反磁化畴的，而保持其单畴的状态，其反磁化过程符合单畴体的反磁化理论。也就是说，$Nd_2Fe_{14}B$ 晶粒的反磁化场（即形核场）起码等于它的各向异性场（$H_A > 5572kA/m$）。但实际 NdFeB 永磁材料的矫顽力远低于它的各向异性场，由以上分析可知，主要是材料的显微结构因素导致了矫顽力的降低。

8.4.3　烧结 NdFeB 永磁材料的形核场 H_N

理论形核场 $H_N = 2K_1 / (\mu_0 M_s)$ 是根据理想的球状单畴颗粒，按磁矩均匀转动反磁化而导出来的，它是具有理想显微结构材料的矫顽力。而实际烧结 NdFeB 永磁材料的显微结构存在诸多降低其形核场 H_N 的结构因素，一些研究者分别对这些因素作了微磁学分析，这里仅简要介绍他们的分析结果。

8.4.3.1　晶粒内 K_1 不均匀区对 H_N 的影响

$Nd_2Fe_{14}B$ 晶粒内的晶体结构和化学成分是不均匀的，例如有的 $Nd_2Fe_{14}B$ 晶粒边界存在外延层，其成分与晶粒内部是不同的。因而外延层的 K_1 降低，交换积分常数 A 也降低，使它成为反磁化畴的形核中心。

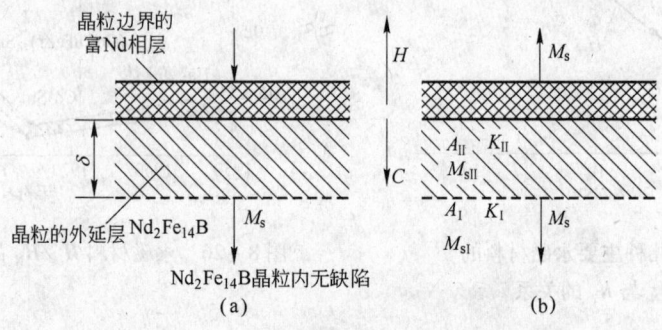

图 8-28　烧结 NdFeB 永磁体边界示意图

周寿增等人假定的晶粒边界如图 8-28 所示。由于 $Nd_2Fe_{14}B$ 晶粒外延层，即Ⅱ区处于不平衡状态，磁性较软。在反磁化场作用下，Ⅱ区首先形成反磁化畴核。微磁学分析证明其形核场为

$$H_N = kH_{AI} - 4\pi N M_{sI}$$

式中，H_{AI} 和 M_{sI} 为 $Nd_2Fe_{14}B$ 晶粒正常区域的各向异性场和磁化强度；k 为与 K_{II}/K_I 比值相关的系数，形核场与 K_{II}/K_I 的关系示于图 8-29。说明烧结 NdFeB 永磁材料中晶粒边界的 K_{II} 值低于晶粒内的 K_I 值，是造成矫顽力低的重要原因。烧结后通过回火处理，或在制粉时添加少量 Dy_2O_3，使在烧结时发生 $2Nd + Dy_2O_3 \rightarrow 2Dy + Nd_2O_3$ 反应，并使 Dy 原子扩散到 $Nd_2Fe_{14}B$ 晶粒外延层中去，可提高烧结 NdFeB 永磁材料的矫顽力。

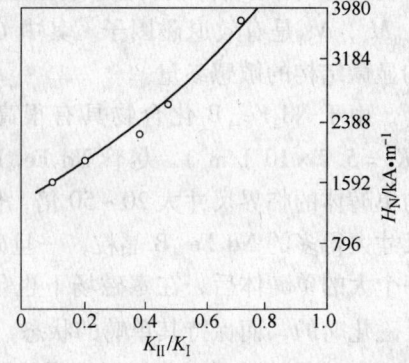

8.4.3.2　晶粒错取向对 H_N 的影响

$Nd_2Fe_{14}B$ 相的 c 轴取向不完整，存在错取向的晶粒，某些晶粒的 c 轴与取向轴有一个夹角 α，在反磁化时易实现磁化反转。

图 8-29　当 $Nd_2Fe_{14}B$ 晶粒外延层厚度为 3nm 时，H_N 与 K_{II}/K_I 比值的关系

假定烧结 NdFeB 永磁体在粉末磁场取向过程中，有一个晶粒的 c 轴与磁场取向轴 z 的夹角为 φ_0，如图 8-30 所示。当磁场为零时，设晶粒的 M_s 沿 c 轴；当沿取向轴施加一个反磁化场 H_{sat}，M_s 可逆地转动一个 α_0 角。当 H_{sat} 增加到某一临界场时，M_s 就自发地不可逆地转动到与 z 轴成 α_N 角度上，即实现了磁化反转，也就是说错取向晶粒完成了反磁化。该临界场就是错取向晶粒的形核场 H_N（α_0），在一级近似上，可以认为影响 H_N（α_0）的错取向显微结构参数仅与 α_0 有关，而与材料的内禀磁参量没有关系。图 8-31 是不同温度下错取向晶粒形核场 H_N（α_0）与错取向角 α_0 的关系。可粗略估算在 $\alpha_0 = \pi/4$ 时，有最小的形核场。然而当 α_0 继续增加时，错取向晶粒的形核场反而增加。

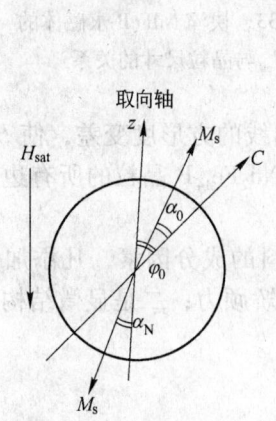

图 8-30　错取向晶粒的
形核场模型

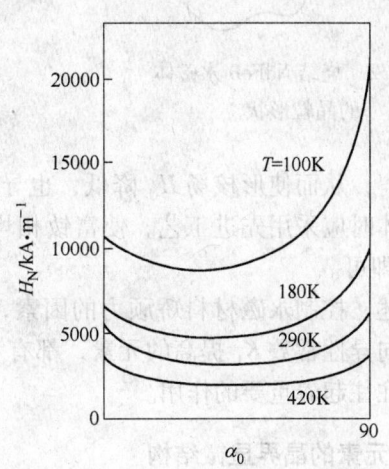

图 8-31　在不同温度下，H_N（α_0）
与 α_0 的关系

8.4.3.3　散磁场对 H_N 的影响

烧结 NdFeB 永磁体是由许多彼此孤立的 $Nd_2Fe_{14}B$ 晶粒组成的，其晶粒形状一般是多面体状，且常有尖锐棱角或突出部位。如图 8-32 所示，在 A 晶粒的尖锐棱角和 B 晶粒的突出部位处，可产生很大的退磁场，使局域的磁矩排列不均匀，甚至使其磁矩反转，从而产生反磁化畴。

对平行六面体方形截面在不均匀散磁场作用下反磁化畴形核场 H_N 微磁学计算结果表明，随颗粒尺寸增加，边角处的散磁场增大，从而使 H_N 随晶粒尺寸的增加连续地降低。图 8-33 给出了方形截面平行六面体晶粒的有效散磁场因子 N_{eff} 与边长的关系，可见边长由 10nm 增加到 1000nm 时，N_{eff} 从 2π 增加到 4π。因而，降低烧结 NdFeB 永磁体的平均晶粒尺寸是提高磁体矫顽力的重要途径。

8.4.3.4　晶粒边界无富钕相时对 H_N 的影响

烧结 NdFeB 永磁体由许多细小晶粒组成，如果所有晶粒边界都有富钕相薄层存在，则晶粒与晶粒之间是孤立的，或称磁性孤立的。如果某些晶粒边界不存在富钕相，则相邻晶粒原子磁矩就存在交换耦合作用，其结果是使没有富钕边界相的晶粒连成一个大晶粒集团。此时，一个小晶粒的反磁化就会连锁式带动相邻晶粒反磁化，因为在晶粒边界没有畴

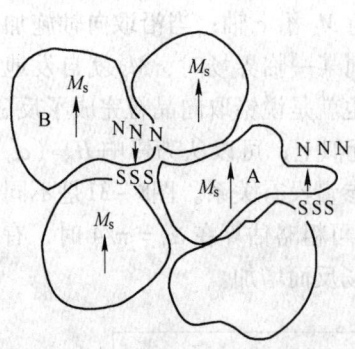

图 8 - 32　烧结 NdFeB 永磁体
的晶粒形状

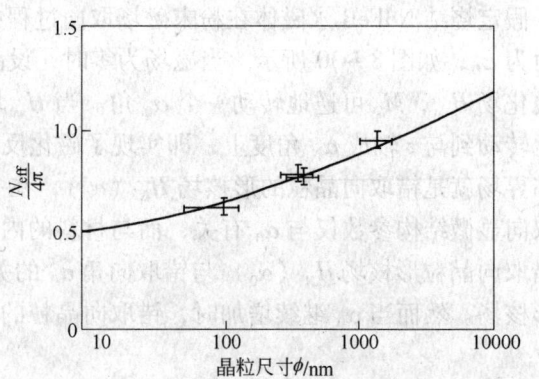

图 8 - 33　快淬 NdFeB 永磁体的
N_{eff} 与晶粒尺寸的关系

壁位移的障碍，从而使形核场 H_N 降低，也导致退磁曲线的方形度变差，使 H_K 降低。因此在制备磁体时应采用先进工艺，使富钕相均匀地沿 $Nd_2Fe_{14}B$ 晶粒的所有边界分布，其厚度约 2nm 即可。

综上所述，控制永磁材料矫顽力的因素，一是材料的成分因素，凡添加使 $Nd_2Fe_{14}B$ 基体相的各向异性常数 K_1 提高的元素，都有利于提高矫顽力；二是显微结构因素，对矫顽力的影响往往起着重要的作用。

8.4.4　添加元素的晶界显微结构

烧结 NdFeB 永磁体的矫顽力比 $Nd_2Fe_{14}B$ 化合物的各向异性场低，造成这种差别的原因是其显微组织。为了提高烧结 NdFeB 永磁体的矫顽力，人们研究了各种添加元素对烧结 NdFeB 边界显微组织和矫顽力的影响。Fidler 等人研究并系统地总结了添加元素对烧结 NdFeB 磁体显微结构的影响，认为添加元素通过下列途径来影响磁体显微结构和磁体性能：

（1）添加元素部分地溶解在 $Nd_2Fe_{14}B$ 中，占据 Fe 的晶位，改变基体相的 T_s、T_1 和 K_1。

（2）形成新的晶界相或溶解在共晶相中，影响共晶温度，改变共晶液相与 $Nd_2Fe_{14}B$ 基体的润湿性和表面张力，改变富钕相在晶界的分布特性。

（3）在 $Nd_2Fe_{14}B$ 相内或晶界相内形成新的沉淀相。根据添加元素在 NdFeB 合金系中是否形成低熔点共晶相作为判断依据，可将添加元素分成两种类型。

第一类添加元素用 MI 表示，有铝、铜、锌、镓、锗、锡等。MI 元素的特点是在 MI - RE 二元相图的富稀土一侧存在 RE（= Nd、Pr）- MI 共晶反应。在 NdFeB 中添加 MI 元素，一部分溶解在 $Nd_2Fe_{14}B$ 相中，其溶解度在较高的烧结温度时可能高一些；在低温时可能低一些。在冷却时，MI 原子可在富钕相区扩散，或在 $Nd_2Fe_{14}B$ 相内沉淀。所添加的 MI 元素的大部分与稀土元素（如 Nd、Pr 等）形成新的低熔点共晶相。这些低熔点共晶相或在烧结（1000～1150℃）时形成，或在回火（450～650℃）时形成。

铝已在商业 NdFeB 烧结永磁体中作为提高矫顽力的添加元素使用。研究表明，添加少量铝可细化晶粒；可提高富钕相与 $Nd_2Fe_{14}B$ 晶粒的浸润性，因为添加铝能促进富钕相由 hcp 结构转变为 fcc 结构,后者有较好的浸润性;使 $Nd_2Fe_{14}B$ 晶粒表面变得光滑。此外,添加铝除了有低共晶温度的新二元共晶相 $AlNd_3$($635℃$)析出外,还观察到 $Al_3Fe_{11}Nd_6$ 晶界相,它具有四角晶体结构,结构类型为 $Ga_3Co_{11}La_6$,空间群为 $14/mcm$,点阵常数为 $a = 0.81nm$,$c = 2.31nm$。在 NdFeAl 系中,还观察到另外两种新型的含铝稳定的富钕相。它们是 $Fe_{67.5-x}Al_xNd_{32.5}$($1 < x < 2.5$)和 $Fe_{63.5-x}Al_xNd_{36.5}$($2.5 < x < 5$),分别称为 δ 相和 μ 相。两者都以包晶反应方式形成,包晶反应温度分别为 $900℃$(δ 相)和 $750℃$(μ 相)。μ 相的磁化强度为 $0.85T$,各向异性场 $H_A > 8T$。μ 相在包晶反应时是以 $Nd_2Fe_{14}B$ 晶粒为基体生成的,铝提高 NdFeB 永磁体矫顽力与此有关。

在添加镓的烧结 NdFeB 永磁材料中,发现了 3 种含镓的晶界相,即 GaNd 相,它是正交晶系,点阵常数为 $a = 0.44nm$,$b = 1.13nm$,$c = 0.42nm$;Ga_2Nd 相,它是六角晶系,点阵常数为 $a = 0.43nm$,$c = 0.43nm$;还有 $Ga_3Fe_{11}Nd_6$ 相,它属于四角晶系,点阵常数为 $a = 0.81nm$,$c = 2.3nm$。添加少量镓可提高 NdFeB 磁体的矫顽力,但当镓的摩尔分数大于 2% 后,磁体的矫顽力反而降低,原因是 GaNd 或 Ga_2Nd 与 α – Fe 共晶沉淀。另外还与铁磁性的 $Ga_3Fe_{11}Nd_6$ 相的沉淀析出有关。这些晶界相不是同时出现的,而取决于磁体镓的含量和回火处理工艺。

在添加铜或锗的 PrFeB 铸态或铸态 $+975℃$ 回火态中,观察到富镨和 CuPr 的共晶组织。CuPr 的结构类型为 FeB,属于菱方晶系,空间群为 Pnma,点阵常数为 $a = 0.73nm$,$b = 0.46nm$,$c = 0.56nm$。在添加铜的 NdFeB 磁体中,观察到在 $520℃$ 发生共晶反应,即 $L \leftrightarrow Nd + CuPr$,而 PrFeCuB 系的共晶反应 $L \leftrightarrow Pr + CuPr$ 的温度为 $472℃$,铜降低了 REFeB 永磁体的共晶温度,提高富钕液相与 $Nd_2Fe_{14}B$ 晶体固相的浸润能力,改善了富钕相沿 $Nd_2Fe_{14}B$ 晶粒边界的均匀分布,即提高了 $Nd_2Fe_{14}B$ 相相邻两晶粒的“磁绝缘性”,或者说提高了其去交换耦合作用的能力,从而有利于矫顽力的提高。此外在添加元素锌、锗和锡时,也观察到类似的效应。

应该指出,添加某些 MI 元素如铜、锗等,如在某一特定温度下处理时,可能有 α – Fe 析出,导致矫顽力降低,这是应该避免的。

第二类添加元素用 MII 表示,有钒、钼、钨、铌、钛等,它们与稀土元素在富稀土一侧不形成共晶反应;在 $Nd_2Fe_{14}B$ 相中的溶解度也很小。然而添加元素 MII 通常与稀土元素形成二元或三元硼化物。所添加的 MII 元素,一小部分在高温溶解于 $Nd_2Fe_{14}B$ 相内,随温度降低,它以某种形式在 $Nd_2Fe_{14}B$ 基体中沉淀析出。另外,MII 的硼化物通常形成新晶界相。MII 与硼可形成下列硼化物:

(1)$MIIB_2$,如 MII = Ti 时;

(2)MIIFeB,如 MII = Nb、W 时;

(3)MII_2FeB_2,如 MII = V、Mo 时。

TEM 观察表明,在添加钛的 NdFeB 烧结磁体中,有 TiB_2 沉淀,它起到阻碍晶粒长大的作用。在添加铌的 NdFeB 磁体中,有 Fe_2Nb 或 NbFeB 化合物沉淀。添加锆时也观察到类似沉淀物。当以 Al_2O_3、ZrO_2、TiO_2 等作为沉淀物时,也观察到相同的效果。

最后应强调指出,在 NdFeB 永磁材料中,几乎所有的添加元素都使其 J_s 降低,这是不利的;但它在一定程度上提高 H_c,可提高 30% ~ 50%,或可改善抗腐蚀性能。

8.4.5　高矫顽力烧结 NdFeB 永磁材料的成分及结构设计

在实际烧结 NdFeB 永磁材料中，除了钕、铁、硼、氧等元素外，还可能含有钕以外的其他稀土元素和铁以外的其他金属元素，考虑它们对 NdFeB 永磁体性能的作用，可为材料的成分设计提供依据。

表 8-7 给出其他 $RE_2Fe_{14}B$ 化合物在 295K 的磁性能。可见镨的 T_c、J_s 和 H_A 与钕的相近，可用镨部分取代钕来制备烧结永磁体。由于目前镨的价格较低，用镨部分取代钕又可降低材料成本。除镨以外，所有轻稀土元素化合物的磁性能均比钕的低。为制备高 H_{cj} 的烧结 NdFeB 永磁体，应尽可能避免其他轻稀土元素（如镧、铈、钇等）进入磁体。在重稀土元素中，镝和铽的 H_A 分别比钕的高 2 倍和 3 倍，用部分镝和铽取代钕是提高烧结 NdFeB 永磁体矫顽力的有效途径。但需注意，$Dy_2Fe_{14}B$ 和 $Tb_2Fe_{14}B$ 化合物的 J_s 分别只有 $Nd_2Fe_{14}B$ 的一半左右，镝或铽取代钕将导致磁体 J_s 急剧下降，从而限制了磁体 $(BH)_m$ 的提高。因此，镝和铽的添加量应适当控制。

表 8-7　$RE_2Fe_{14}B$ 化合物在 295K 的磁性能

$RE_2Fe_{14}B(RE=)$	T_c/K	J_s/T	$H_A/kA\cdot m^{-1}$
Y	565	1.41	2069.6
La	530	1.38	2592.0
Pr	565	1.56	5970.0
Nd	588	1.61	5810.0
Gd	660	0.89	1910.0
Tb	620	0.70	17512.0
Dy	598	0.71	11940.0

铁以外其他非稀土金属元素对 $Nd_2Fe_{14}B$ 为基体的烧结永磁材料磁性能的影响列于表 8-8，表中箭头"↑"表示使磁性能提高，"↓"表示使磁性能降低。可见所有其他金属元素都能使 $Nd_2Fe_{14}B$ 为基体的烧结永磁体的 H_{cj} 提高，其中铝、铜尤为显著。值得指出的是，使 H_{cj} 提高的金属元素的添加量均在 2% 质量分数以下，有的仅为 0.02% 质量分数，甚至更低。添加元素提高了烧结 NdFeB 永磁材料的矫顽力，主要是由于添加少量元素改进了其显微组织结构，尤其是改进了边界显微组织结构引起 H_{cj} 的提高。另外可看出，表 8-8 所列元素均使磁体 J_s 降低，且降低量与添加量成线性的关系。因为这些元素在磁体中起着磁稀释作用，因此在进行成分设计时，应遵循少量多种元素复合添加的原则。

表 8-8　添加元素对烧结永磁体室温磁性能的影响

添加元素	在晶体中的占位	T_c/K	J_s/T	$H_A/kA\cdot m^{-1}$	$H_{cj}/kA\cdot m^{-3}$
Al	j_2, $16k_2$	↓	↓	↑	↑↑
Ga	$8j_1$, 4c, $16k_2$	↑	↓	↑	↑
Si	4c ($16k_2$)	↑	↓	↑	↑
Sn		↑	↓	↑	↑
Bi		↑	↓		↓

添加元素	在晶体中的占位	T_c/K	J_s/T	H_A/kA·m^{-1}	H_{cj}/kA·m^{-3}
Sc		↑	↓	↓	
Ti		↓	↓	↓	↑
V		↓	↓	↓	↑
Cr	$8j_2$	↓	↓	↓	↑
Mn	$8j_2$	↓	↓		↑
Co	$16k_2$,$8j_1$,$4e$	↑↑	↓	↓	
Ni	$18k_2$,$8j_2$	↓	↓	↓	
Cu		↓	↓	↓	↑↑
Zr		↓	↓		↑
Nb		↓	↓	↑	↑
Mo		↓			↑
Ru		↓			
W		↓			↑

为了使烧结 NdFeB 永磁材料具有高矫顽力，在优化成分的基础上，还需要优化显微组织结构。因为即使是成分相同的材料，由于显微组织结构不同，矫顽力也可能有几倍的差别。具有高矫顽力烧结 NdFeB 永磁材料的显微组织结构模型，归纳起来应是：

（1）$Nd_2Fe_{14}B$ 晶粒被一层厚度约 2nm 的富钕相薄层所包围，使晶粒与晶粒之间彼此孤立起来，它们之间不存在磁交换耦合作用。

（2）$Nd_2Fe_{14}B$ 晶粒的化学成分与结构均匀一致。$Nd_2Fe_{14}B$ 晶体的畴壁厚度约 5.2nm。若在 3~5 个原子层的范围内存在成分与结构的不均匀性，使不均匀区的 K_1 降低，就可能成为反磁化畴的形核中心，在较低的反磁化场作用下，形成反磁化畴，从而导致整个晶粒的反磁化，使磁体的矫顽力降低。

（3）具有理想的边界结构。除了边界上有约 2nm 厚的富钕相薄层外，还要求与富钕相薄层相接触的 $Nd_2Fe_{14}B$ 晶粒表面层的成分与结构与晶粒内部均匀一致，不存在外延层。只要在与富钕相薄层相接触的 $Nd_2Fe_{14}B$ 晶粒表面层有 5~6nm 厚度的成分不均匀区，其 K_1 较低，它就会成为形成反磁化畴核的中心。另外要求 $Nd_2Fe_{14}B$ 晶粒表面与富钕相层的界面平直。观察发现，主要在界面处存在原子尺寸级的台阶，在该台阶处也会产生很大的散磁场，从而诱发反磁化畴核的形成。

（4）平均晶粒尺寸以 5~6μm 为宜。晶粒尺寸越小，矫顽力越高；同时晶粒尺寸分布要窄。当所有晶粒被富钕相薄层包围后，每一个晶粒的反磁化过程是独立的，每一个晶粒有自身的矫顽力。如果晶粒尺寸大小不同，其矫顽力大小也不相同，结果磁体不仅矫顽力不高，第二象限的退磁曲线方形度也不高，回复磁导率 μ_{rec} 大于 1.0。

（5）要求晶粒形状近似球形，不应存在尖锐的边角以及突出部位，因为这些位置往往存在很大的散磁场，最大的散磁场可达 M_s，它会诱发反磁化畴形成，导致矫顽力降低。

（6）每一个晶粒的 c 轴沿磁场取向的方向均匀一致地取向，使取向度达到 100%。因为错取向晶粒可能首先在较低磁场下形成反磁化畴核。

图 8-34 是实际烧结 NdFeB 永磁材料显微组织结构与理想显微组织结构模型的比较。图中 a、b、c 是烧结磁体的组织结构，d 是理想的显微组织结构。理想的显微组织结构的获得，与合金的成分和制备工艺（包括铸锭组织、制粉、磁场取向、烧结温度与时间、回火温度与时间等工艺因素）有关。

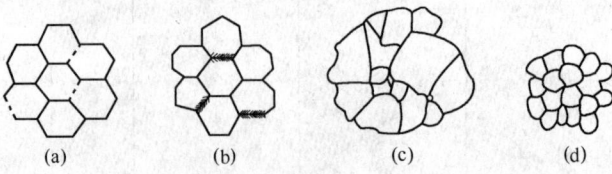

图 8-34　烧结 NdFeB 永磁材料的显微组织结构
(a) 存在无富钕相边界与边界不平直；(b) 边界存在外延层；
(c) 晶粒尺寸大小不均匀，晶粒存在尖锐边角与凸出部位；
(d) 理想的显微结构

本 章 小 结

（1）三元烧结 NdFeB 永磁材料获得高磁能积的合金成分范围十分窄，其成分应与 $Nd_2Fe_{14}B$ 化合物的分子式相近；为获得高矫顽力，硼含量应适当，可适当提高钕含量；随氧含量的提高，B_r 降低；当氧质量分数小于 0.4% 时，H_{cj} 随氧含量的提高而提高；要保证临界净钕含量。

（2）三元以上的烧结 NdFeB 永磁材料通过添加某些元素可改善其磁性能和使用效能，如提高矫顽力、居里温度和温度稳定性等；还有一类是添加少量轻稀土元素以降低成本，其中 PrFeB 的磁性能与 NdFeB 相当，但目前金属镨的价格也与钕相当。

（3）具有足够高矫顽力烧结 NdFeB 永磁体的 J_s 实际极限值只能达到 1.546T，则 $(BH)_m$ 的极限值为 475kJ/m^3。要获得高性能，磁体要有合理的成分、尽量高的密度和取向度，还要有理想的显微结构。

（4）提高矫顽力是改善 NdFeB 永磁材料性能的关键之一。NdFeB 永磁材料的矫顽力机理属于形核型的，有很高的理论形核场，而实际烧结磁体的显微结构存在诸多降低其形核场或矫顽力的结构因素。添加某些元素溶入主相，或形成新的晶界相，或形成新的沉淀相，都有提高矫顽力的作用，也需要进行成分及结构设计。

复习思考题

8-1　试比较我国烧结 NdFeB 永磁材料牌号与日本住友特殊金属公司烧结 NdFeB 永磁材料牌号的异同，我国牌号中缺少哪些产品？

8-2　为何说烧结 NdFeB 永磁合金的成分设计至关重要，获得最佳磁性能的适宜成分范围是多少？

8-3　氧在烧结 NdFeB 永磁体中对磁体的磁性能有何影响，磁体中临界净钕含量是如何确定的，净钕含量的高低对磁性能有何影响？

8-4　在三元以上的烧结 NdFeB 永磁材料中，各种添加元素对磁性能有何影响，是如何影响的？

8-5　低成本的烧结 NdFeB 永磁材料有哪几种，其成分及磁性能范围如何？

8-6　为何说三元烧结 NdFeB 永磁材料不能应用于精密仪器仪表？添加镝、铽、钴、镓、钨的具有低温度系数的烧结 NdFeB 永磁材料成分和磁性能各为多少?

8 – 7 烧结 NdFeB 永磁材料 B_r 和 $(BH)_m$ 的极限值是多少? 磁体的 B_r、$(BH)_m$ 与主相体积分数和取向度有何关系?

8 – 8 试计算摩尔分数为 $Nd_{13.0}Fe_{80.5}B_{6.5}$ 烧结磁体的各个相的质量分数和体积分数。假设该磁体的晶体取向度为 98% 和 94% 时,$A = 1.0$,$d/d_0 = 1.0$,$\mu_{rec} = 1.05$,其 $(BH)_m$ 各为多少? (416,399kJ/ m^3)

8 – 9 如何考虑高磁能积烧结 NdFeB 永磁材料的成分? 现欲生产 $(BH)_m \geq 400kJ/m^3$ 的磁体,试确定其成分和工艺因素。

8 – 10 高磁能积烧结 NdFeB 永磁材料的理想显微结构有哪些特征,这些特征如何影响退磁曲线的方形度?

8 – 11 简述实验室研制的高磁能积 NdFeB 永磁体的制备工艺,其成分和显微结构有何特点?

8 – 12 由烧结 NdFeB 永磁材料经不同磁场磁化后的退磁曲线分析其 H_{cj} 与磁化场 H 的依赖关系,其 H_{sat} 值是多少? H_{max} 是多少? $Nd_{13.5}Dy_{1.5}Fe_{77}B_8$ 的 H_{sat} 是多少?

8 – 13 烧结 NdFeB 永磁材料的矫顽力与形核场有何关系,为何产品的 H_{cj} 远低于其理论值?

8 – 14 影响烧结 NdFeB 永磁材料形核场 H_N 的因素有哪些? 分析其主要原因和归纳提高矫顽力的措施。

8 – 15 在烧结 NdFeB 永磁材料中,各种添加元素是如何改善晶界显微结构和提高矫顽力的,如何考虑高矫顽力烧结 NdFeB 永磁材料的成分和结构?

9 稀土钴永磁材料

教学目标

根据稀土钴永磁材料成分、组织、制备工艺与性能之间的关系，制定 $RECo_5$ 系列和 RE_2Co_{17} 系列烧结永磁材料的制备技术方案

稀土钴永磁材料具有高的磁能积和高的矫顽力，温度稳定性好，用其制成的永磁零件体积小、重量轻、性能稳定，广泛应用于微波通信、电机工程、仪器仪表、磁力机械、磁化和磁疗等领域，特别适用于微波器件、伺服电机、测量仪表等静态或动态磁路。

9.1 稀土钴永磁材料的品种规格及性能

稀土钴永磁材料按其结构特性分为 1:5 系列和 2:17 系列。1:5 型 $RECo_5$ 磁体通常称为第一代稀土磁体，RE 为稀土金属铈、镨、钐，如 $SmCo_5$。2:17 型 RE_2Co_{17} 磁体通常称为第二代稀土磁体，RE 为稀土金属钐，一部分钴由铁、铜、锆、铪或其他过渡族金属取代，如 Sm（Co，Cu，Fe，Zr）$_z$。同一系列的稀土钴永磁材料按磁特性分为低内禀矫顽力和高内禀矫顽力等品种。每个品种有若干牌号。

稀土钴永磁材料的牌号由 4 部分组成（根据 GB/T 4180—2000）：

第一部分：材料的主称，用汉语拼音字母表示。XG 表示稀土钴；

第二部分：材料的制备工艺特征，用汉语拼音字母表示。S 表示烧结，N 表示黏结；

第三部分：材料的主要磁性能特征，用数字表示。斜线前表示材料的最大磁能积 $(BH)_{max}$ 的标称值（单位 kJ/m^3）；斜线后表示材料的磁极化强度矫顽力 H_{cj} 最小值（单位 kA/m）的十分之一。数值采用四舍五入取整数；

第四部分：材料磁结构特征，用汉语拼音字母表示。T 表示磁各向同性；该部分缺省时，表示磁各向异性。

牌号示例：

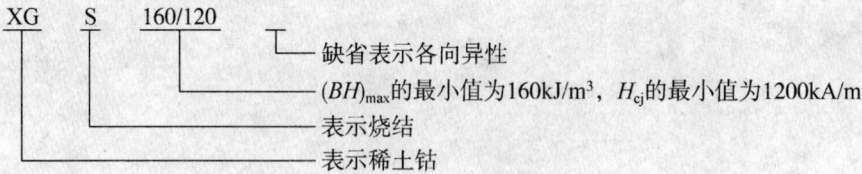

RECo$_5$ 系列烧结稀土钴永磁材料的主要磁性能应符合表 9-1 的规定。

RE$_2$Co$_{17}$ 系列烧结稀土钴永磁材料的主要磁性能应符合表 9-2 的规定。

黏结稀土钴永磁材料的主要磁性能应符合表 9-3 的规定。

烧结稀土钴永磁材料的辅助磁性能和部分力学物理特性见表 9-4。

表 9-1 RECo₅ 系列烧结稀土钴永磁材料的主要磁性能

品种	材料牌号	IEC 分类代号	最大磁能积 $(BH)_{max}$ /kJ·m⁻³	剩磁 B_r/mT	矫 顽 力		典型化合物
					H_{cb}/kA·m⁻¹	H_{cj}/kA·m⁻¹	
			范 围	最小值	最小值	最小值	
低矫顽力	XGS80/36		65~90	600	320	360	Ce(Co, Cu, Fe)₅
	XGS100/80	R5-1-1	80~120	650	500	800	MMCo₅
	XGS135/96	R5-1-2	120~150	770	590	960	SmCo₅
	XGS165/80	R5-1-3	150~180	900	640	800	(Sm, Pr)Co₅
高矫顽力	XGS135/120		120~150	770	590	1200	SmCo₅ 或
	XGS135/160		120~150	770	590	1600	(Sm, Pr)Co₅
	XGS165/120		150~180	880	640	1200	
	XGS165/145		150~180	880	640	1450	

表 9-2 RE₂Co₁₇ 系列烧结稀土钴永磁材料的主要磁性能

品种	材料牌号	IEC 分类代号	最大磁能积 $(BH)_{max}$/kJ·m⁻³	剩磁 B_r/mT	矫 顽 力		典型化合物
					H_{cb}/kA·m⁻¹	H_{cj}/kA·m⁻¹	
			范 围	最小值	最小值	最小值	
低矫顽力	XGS180/50	R5-1-11	165~195	950	440	500	
	XGS185/70	R5-1-12	170~200	970	630	700	
	XGS195/40		180~210	980	380	400	
	XGS195/90	R5-1-13	180~210	1000	680	900	Sm₂(Co, Cu, Fe, Zr)₁₇
	XGS205/45		190~220	1000	420	450	
	XGS205/70	R5-1-14	190~220	1050	560	700	
	XGS235/45		220~250	1070	440	450	
高矫顽力	XGS205/120		190~220	1000	650	1200	
	XGS205/160		190~220	1000	650	1600	

表 9-3 黏结稀土钴永磁材料的主要磁性能

品种	材料牌号	IEC 分类代号	最大磁能积 $(BH)_{max}$/kJ·m⁻³	剩磁 B_r/mT	矫 顽 力		典型化合物
					H_{cb}/kA·m⁻¹	H_{cj}/kA·m⁻¹	
			范 围	最小值	最小值	最小值	
低矫顽力	XGN65/60	R5-3-1	48~80	500	360	600	SmCo₅ 或 Sm₂(Co, Cu, Fe, Zr)₁₇

表 9 - 4　烧结稀土钴永磁材料的辅助磁性能和部分力学物理特性

参数名称		$RECo_5$		RE_2Co_{17}
		$Ce(Co,Cu,Fe)_5$	$SmCo_5$，$(Sm,Pr)Co_5$	$Sm_2(Co,Cu,Fe,Zr)_{17}$
辅助磁性能	剩磁温度系数 $\alpha(B_r)/\% \cdot K^{-1}$	-0.08	-0.05	-0.03
	内禀矫顽力温度系数 $\alpha(H_{cj})/\% \cdot K^{-1}$		-0.3	-0.3
	居里温度 T_c/K	750	1000	1000
	回复磁导率 μ_{rec}	1.10	1.05	1.10
物理特性	密度 $D/g \cdot cm^{-3}$	7.8	8.2	8.4
	维氏硬度 HV/MPa	450	450	600
	电阻率 $\rho/\Omega \cdot cm$	5×10^{-4}	5.3×10^{-5}	8.5×10^{-5}
	压缩强度 σ_c/MPa		1000	800
	拉伸强度 σ_b/MPa		400	350
	弯曲强度 σ_w/MPa		180	150

　　烧结稀土钴永磁材料的制备工艺过程与烧结钕铁硼永磁材料的制备工艺过程大体上是相同的。即包括原材料准备与配料、冶炼、制粉、粉末磁场取向与压制成型、烧结与热处理、磁体加工与检测等。由于合金成分不同，所采用的工艺方法或工艺参数有所不同。稀土钴永磁元件轻微的外观缺陷只要不影响正常组装或功能，很少损害永磁元件的磁性能及其稳定性和抗退磁能力。

　　稀土钴永磁材料应注意尽量在技术磁化饱和后使用。未经技术磁化饱和或多次充退磁，不能获得材料应有的磁性能，且有损于其效率和磁性能。除特殊情况外，不赞成使用退磁方法得到所需磁性能。对稳定性要求较高的场合，推荐对稀土钴永磁元件采用预稳定处理。处理温度应适当高于实际使用温度。处理时，视使用的具体情况，将磁化后的稀土钴永磁元件固定于非铁磁性基板上或在模拟工作状态下进行处理。

9.2　$RECo_5$ 型稀土钴永磁材料

　　最早发展的 $RECo_5$ 型稀土钴永磁材料是 $SmCo_5$ 化合物永磁体，此后又发展了 $PrCo_5$、$(Sm，Pr)Co_5$、$MMCo_5$ 和 $Ce(Co，Cu，Fe)_5$ 等永磁材料。

9.2.1　$SmCo_5$ 永磁材料的成分与磁性能的关系

　　$SmCo_5$ 永磁材料的成分对其磁性能有重要影响。按化合物分子式计算，$SmCo_5$ 的成分为 16.66% Sm + 83.33% Co（摩尔分数），或 33.79% Sm + 66.21% Co（质量分数）。有实验指出，钐含量控制在相图中 $SmCo_5$ 与 Sm_2Co_7 边界线上时，可获得 H_c 和 $(BH)_m$ 的峰值，如图 9 - 1 所示。图中的有效成分是指扣除与合金中的氧化合后的净钐含量，可见净钐含量在摩尔分数 16.85% ~ 17.04% 的范围内可获得最佳的磁性能，而且这一成分范围十分窄。图 9 - 2 是 $SmCo_5$ 合金在烧结时的收缩率与成分的关系，图中实线为固相烧结，虚线为液相烧结，液相成分为 60% Sm + 40% Co（质量分数）。可见在 $SmCo_5/Sm_2Co_7$ 相界对应的成分，即 38% Sm + 62% Co（质量分数），以及在 $SmCo_5/Sm_2Co_{17}$，即 31.5% Sm + 68.5% Co（质量分数）成分处有最大的收缩率。考虑到在工业条件下烧结时，约有 1% ~ 2% 质量分数的钐氧化而变成 Sm_2O_3，因此出现最大收缩率的成分区与 $SmCo_5$ 均匀区两侧的相界成分相符合。例如基相成分为 $SmCo_5$，通过添加适量的成分为 60％ Sm ＋40％ Co（质量分数）的液相，配制成 36％ Sm ＋64％ Co（质量分数）的合金，在适当的制备工艺条件下，可获得较高的磁性能。

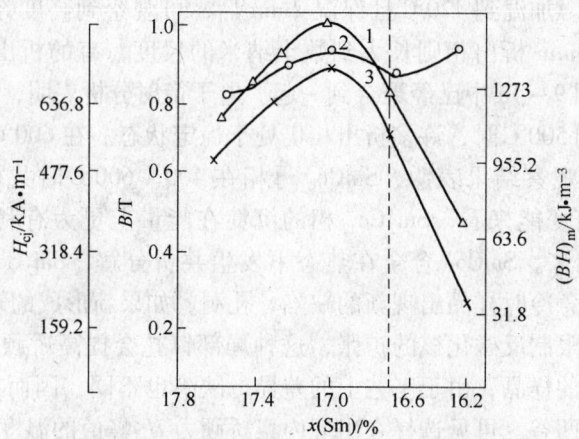

图 9 - 1 烧结 $SmCo_5$ 永磁体的有效成分与磁性能的关系

1—$(BH)_{max}$；2—B_r；3—H_{cb}

9.2.2 $SmCo_5$ 永磁合金的 750℃回火效应

$SmCo_5$ 永磁合金具有很高的饱和磁化强度、居里点和磁晶各向异性，但其矫顽力随回火温度升高呈非线性变化（图 9 - 3）。在 750℃回火后，其矫顽力下降到最低。750℃以上，矫顽力随回火温度升高而上升。多年来，人们对于 $SmCo_5$ 永磁合金的 750℃回火效应

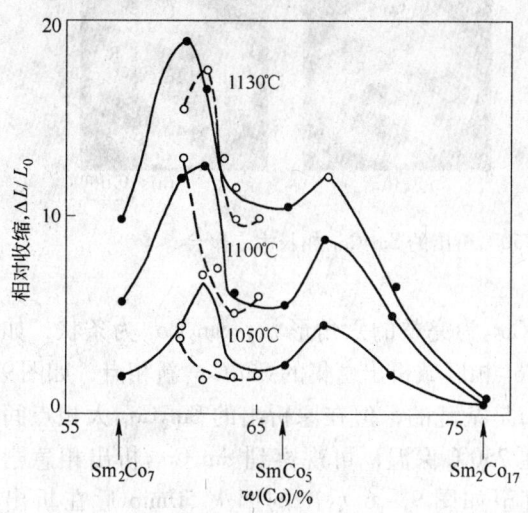

图 9 - 2 在不同温度烧结 200min 后，$SmCo_5$ 合金的收缩率与成分的关系

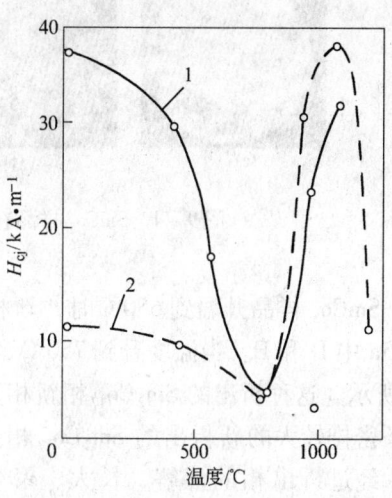

图 9 - 3 $SmCo_5$ 永磁合金室温下矫顽力随回火温度变化的曲线

1—$SmCo_5$ 矫顽力随烧结温度的变化；
2—烧结 $SmCo_5$ 矫顽力随回火温度的变化

进行了深入的研究，提出了多种理论见解。潘树明等人采用 1000kV 超高压电子显微镜动态观察技术，结合多种研究方法的结果，对于 $SmCo_5$ 永磁合金的 750℃ 回火效应提出了新的观点。

从 1000kV 超高压电子显微镜动态加温的原位观察表明，在 350℃ 之前 $SmCo_5$ 样品在热激活下没有析出物。加温到 420℃ 且保温 2min 后，可观察到高度弥散的析出相布满整个视野。继续保温 10min 析出相则长大到数十纳米的尺度，有的析出相已经聚合，如图 9－4f 中的 R、Q 在图 9－4h 中已经聚合到一起。电子衍射分析表明，析出相为 Sm_2Co_7 和 Sm_2Co_{17}。当温度升到 500℃ 时，许多析出相仍处于稳定状态。在 600℃ 以上明显地观察到析出相的不完整性。观察结果表明，$SmCo_5$ 母相在 400～600℃ 时共析分解为 Sm_2Co_7 和 Sm_2Co_{17} 相。从弹性畸变能来看，Sm_2Co_{17} 相的沉淀在能量上更为有利，因而 $SmCo_5$ 中的 Sm_2Co_{17} 相首先沉淀出来。$SmCo_5$ 合金在热态下发生共析分解，Sm_2Co_7 相和 Sm_2Co_{17} 相析出、长大、聚合，再急冷时样品出现新的缺陷、孔洞。如果新形成的缺陷尺寸大于或等于畴壁宽度时，缺陷将限制反磁化核的扩张，这种局部钉扎会提高矫顽力；如果恰好相反，则矫顽力降低。不同的样品，由于工艺上的差异，缺陷也不同，因而在 600℃ 以下回火时矫顽力表现出峰值或凹谷。可见选择在出现内禀矫顽力 H_{cj} 峰值的温度下回火，对提高 H_{cj} 是有利的。

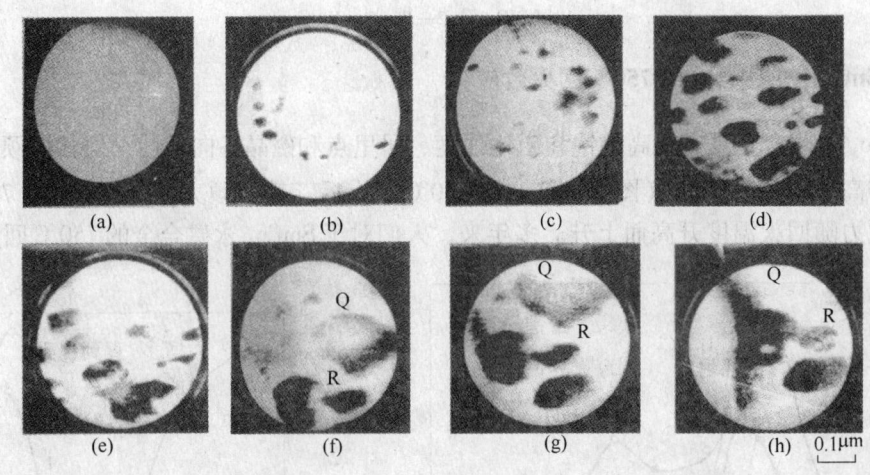

图 9－4　$SmCo_5$ 样品在 25～750℃ 析出的 Sm_2Co_{17} 相长大、聚合

$SmCo_5$ 样品升温到 650℃ 时，新相 Sm_2Co_{17} 为完整的六角形状，Sm_2Co_7 为条状，如图 9－5a 中 D 和 E。当温度升到 750℃，Sm_2Co_7 相区域析出密集的 Sm_2Co_{17} 新相点，如图 9－5b 所示。这种析出的 Sm_2Co_{17} 相新相点分布是杂乱的，但在原析出的 Sm_2Co_{17} 大相点间有一条密排较大的新析出的 Sm_2Co_{17} 相点。在 750℃ 保温，可观察到 Sm_2Co_{17} 析出相急剧变化，经过析出相的溶解、长大、聚合，直至如图 9－6 示出的回火 50min 后在析出的 Sm_2Co_{17} 相上出现元素偏聚。照片中黑块为析出的 Sm_2Co_{17} 相，在析出相与母相之间有一定的界面，厚度接近 0.5～1.0μm，此界面或称过渡区的结构，对反磁化核的形成起重要作用。随着保温时间的延长，析出相的成分起伏、偏聚程度加剧，Sm_2Co_{17} 相上的缺陷加大直到中间出现空洞。测量和计算表明，$SmCo_5$ 合金在 750℃ 回火，由于析出 Sm_2Co_{17} 相的

多缺陷区域和析出相与母相之间的过渡区具有很低的磁各向异性，成为反磁化形核中心，因此矫顽力出现最低值。

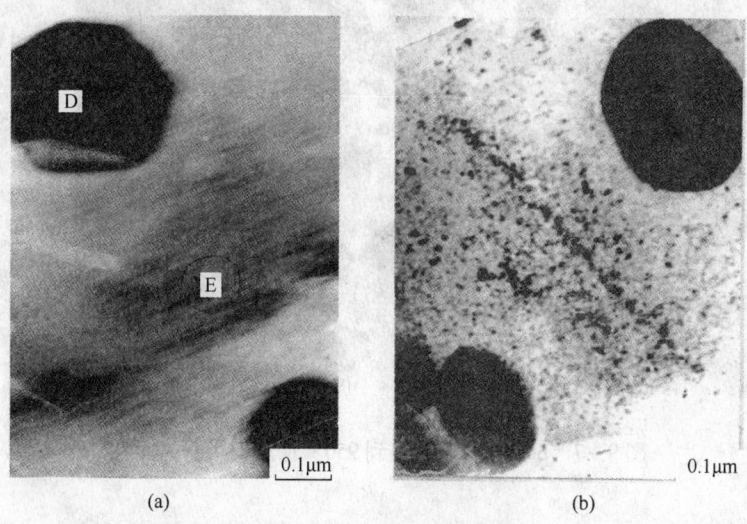

图 9-5 SmCo$_5$ 合金在 650~750℃ 析出的 Sm$_2$Co$_{17}$ 和 Sm$_2$Co$_7$ 新相

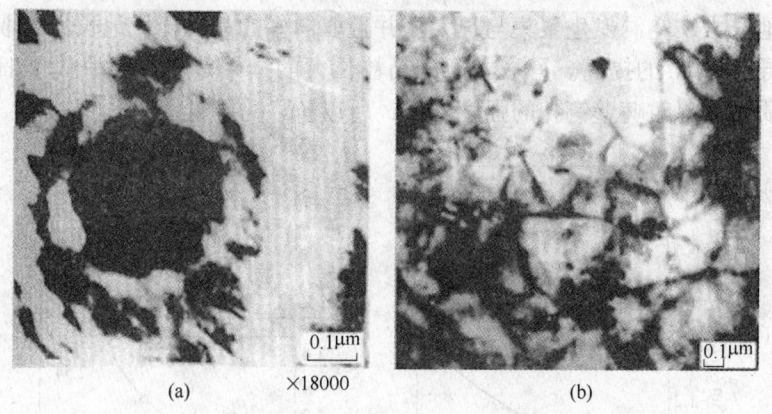

图 9-6 SmCo$_5$ 合金在 750℃ 回火 50min 后电子显微相

SmCo$_5$ 永磁合金在 750~950℃ 回火矫顽力又出现峰值，并且在 850℃ 矫顽力达到最大值。透射电镜的动态观察表明，在 750℃ 析出的 Sm$_2$Co$_{17}$ 相上的缺陷、不均匀区随着升温到 800℃、850℃ 逐渐消失。如图 9-7 所示，黑色的 Sm$_2$Co$_{17}$ 相成为均匀的沉淀相，沉淀相四周的过渡区消失；条纹状的 Sm$_2$Co$_7$ 相消失，而且此后再没有出现；d 区六角形的 Sm$_2$Co$_{17}$ 相内部白色区域为 SmCo$_5$ 相，Sm$_2$Co$_{17}$ 相只剩下一个轮廓。从而认为，在 750℃ 到 800℃ 以上回火，矫顽力的提高是因为热激活作用，不均匀固溶体逐渐减少，均匀的固溶体逐渐增多，合金恢复磁晶各向异性高的 SmCo$_5$ 相所致。

9.2.3 SmCo$_5$ 合金烧结和热处理工艺与磁性能的关系

实验表明，随烧结温度的升高，SmCo$_5$ 合金的矫顽力升高，当烧结温度为 1140~

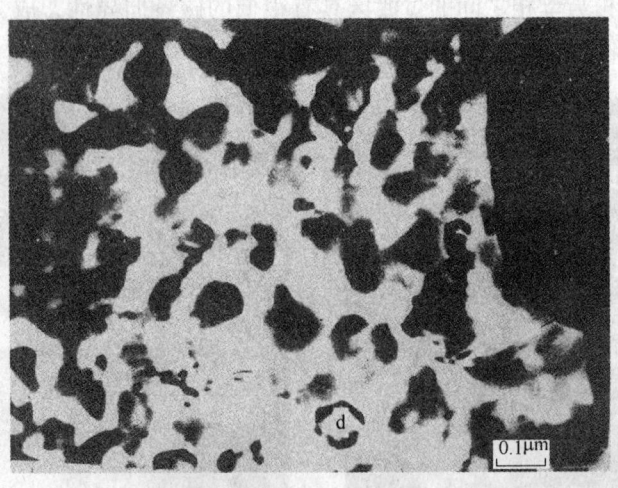

图 9 - 7　SmCo₅ 合金升温到 950℃ 保温 1h 电子显微相

1160℃ 时，H_{ej} 出现峰值。合金成分不同，获得最高 H_{ej} 的温度稍有不同。图 9 - 8 是烧结温度与 SmCo₅ 合金的 H_{ej}、B_r、晶粒尺寸之间的依赖关系。当烧结温度升高至 1150℃ 时，晶粒尺寸明显地长大，空洞发生聚集与长大。并且取向好的晶粒择优地长大，取向差的晶粒缩小，从而导致了 B_r 的提高。另一方面，晶粒长大的结果是新晶界取代了旧晶界，改变了晶界的性质，晶界对畴壁钉扎的强度降低，所以矫顽力降低。

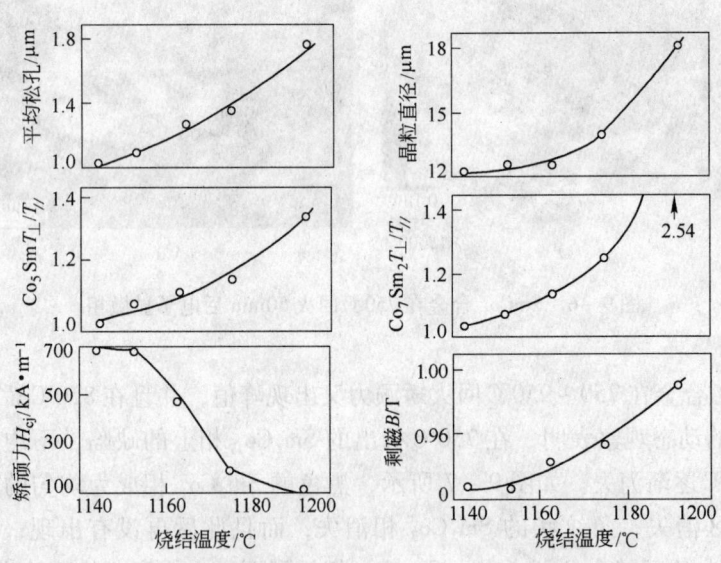

图 9 - 8　SmCo₅ 合金的 H_{ej}、B_r、晶粒尺寸与烧结温度的关系

　　SmCo₅ 合金的矫顽力与回火温度的关系曲线如图 9 - 9 所示。回火处理后，可全面地改善 SmCo₅ 的磁性能。例如，烧结后 SmCo₅ 的磁能积为 $(BH)_m = 167.1 \text{kJ/m}^3$，而经过回火处理后，$(BH)_m$ 达到 187.0kJ/m^3，B_r 达到 1.02T。特别值得注意的是，回火后的冷却

速度对 SmCo₅ 的磁性能有重要影响。为获得高性能，在 900 ~ 400℃ 的温度范围内要快冷。因为 SmCo₅ 在 750℃ 发生共析分解，在 750℃ 附近停留 3min，SmCo₅ 的矫顽力就可由557 ~ 637kA/m 降低到 80 ~ 159kA/m。图 9 - 10 是 SmCo₄.₂和 SmCo₄.₇两种磁体烧结后于 925℃ 保温 1h，冷却速度 v_2 对矫顽力的影响。随冷却速度的加快，SmCo₅ 系合金的矫顽力迅速地提高。

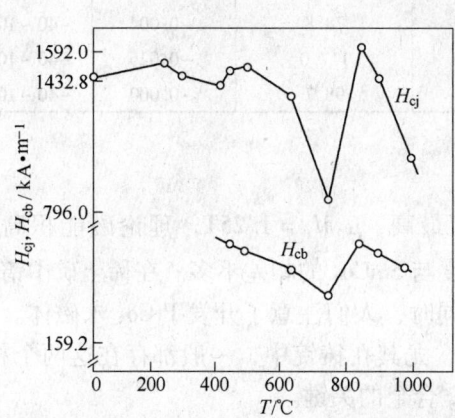

图 9 - 9　SmCo₅ 合金矫顽力与回火
温度的关系曲线

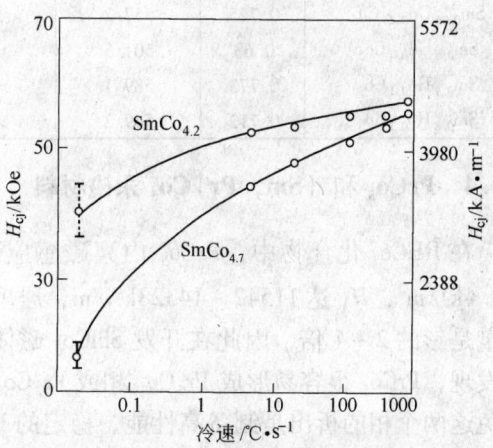

图 9 - 10　SmCo₅ 合金矫顽力与经 925℃
回火 1h 后冷却速度的关系

图 9 - 11 示出 SmCo₅ 合金在 7 种温度下的退磁曲线，其测量顺序为：25℃ → 100℃ → 150℃ → 200℃ → 250℃ → 25℃ → -60℃ → - 196℃ → 25℃，在此顺序中几次测到的 25℃ 的退磁曲线均能很好地重合，表明没有发生因温度条件变化而产生的磁不可逆损失。

SmCo₅ 永磁材料具有高的磁性能和较低的磁感可逆温度系数（$\alpha_{20~100℃}$ = -0.04%/℃），在 SmCo₅ 化合物中加入适量的重稀土金属，可以得到磁感可逆温度系数接近于零的永磁体，以适用于精密仪

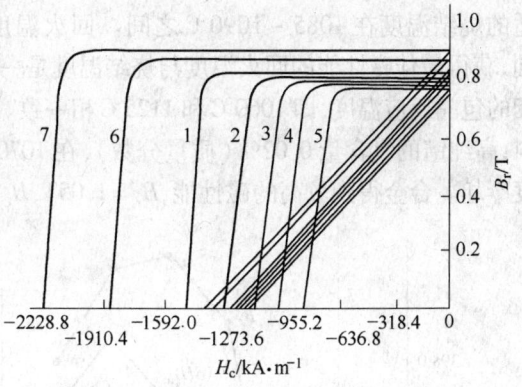

图 9 - 11　 - 196 ~ 250℃ SmCo₅ 永磁
合金的退磁曲线

器、微波器件等应用场合。RECo₅ 合金的磁感可逆温度系数主要取决于组成它的分子磁矩与温度的依赖关系。一般来说，钴亚点阵原子磁矩随温度的变化较小，稀土亚点阵原子磁矩随温度的变化较大。在 RECo₅ 中，轻稀土原子磁矩与钴原子磁矩是铁磁性耦合，它具有负的温度系数。重稀土原子磁矩与钴原子磁矩是亚铁磁性耦合，它具有正的温度系数。在一定温度范围内，两者具有温度补偿作用。因此在 RECo₅ 化合物中适量的重稀土与轻稀土配合，可以得到磁化强度几乎不随温度变化、高稳定性的 （LRE、HRE）Co₅ 永磁体。表 9 - 5 是具有代表性的（LRE、HRE）Co₅ 的成分与磁性能。

表 9 - 5 　(LRE、HRE)Co₅ 的成分与磁性能

合金成分	B_r/T	$H_{cb}/kA \cdot m^{-1}$	$H_{cj}/kA \cdot m^{-1}$	$(BH)_{max}/kJ \cdot m^{-3}$	$\alpha/\% \cdot ℃^{-1}$	$\Delta t/℃$
$Sm_{0.6}Gd_{0.2}Dy_{0.2}Co_5$	0.805	477.6		104.2	-0.0003	77~127
$Sm_{0.75}Gd_{0.11}Dy_{0.14}Co_5$	0.86	644.8		127.3	~0	0~55
$Sm_{0.6}Er_{0.4}Co_5$	0.71	469.6		87.6	~0	20~50
$Sm_{0.6}Gd_{0.2}Er_{0.2}Co_5$	0.64	445.7		85.1	~0	20~100
$Sm_{0.76}Gd_{0.24}Co_5$	0.725	557.2	1990	120.5	-0.018	-40~100
$Sm_{0.6}Gd_{0.4}Co_5$	0.63	501.5	>1990	78.8	-0.004	-40~100
$Sm_{0.9}Ho_{0.1}Co_5$	0.773	589.1	>1990	117.0	-0.026	-40~100
$Sm_{0.8}Ho_{0.2}Co_5$	0.712	549.2	>1990	98.7	-0.000	-40~100

9.2.4　PrCo₅ 和 (Sm, Pr)Co₅ 永磁材料

在 $RECo_5$ 化合物中，$PrCo_5$ 内禀磁感应强度最高，$\mu_0M_s = 1.25T$，理论磁能积高达 310.4kJ/m³，H_A 达 11542 ~ 14328kA/m，居里温度与 $SmCo_5$ 的相差不多。在稀土矿中镨的储量是钐的 2~4 倍，因此在开发 $SmCo_5$ 磁体的同时，人们注意了开发 $PrCo_5$ 永磁体。实验发现，$PrCo_5$ 很容易形成 Pr_5Co_{19} 相或 Pr_2Co_{17} 相，尤其在铸锭中，一般都存在这两个相。避免这两个相的析出是制备高性能、稳定的 $PrCo_5$ 合金的关键。

在制备 $PrCo_5$ 磁体时，要避免氧化，避免 Pr_5Co_{19} 相或 Pr_2Co_{17} 相的析出，其工艺条件较为苛刻。图 9 - 12 和图 9 - 13 分别是烧结温度对 $PrCo_5$ 磁性能和密度的影响。可见在 1090℃ 烧结可获得最高的 B_r，然而在 1080℃ 烧结获得最佳的 $(BH)_m$ 和 H_{cj}。在高性能状态下，晶粒较细小，Pr_2Co_{17} 相较弥散。随烧结温度升高，合金的密度增加，但晶粒长大，矫顽力降低。合适的烧结温度在 1085 ~ 1090℃ 之间。回火温度对 $PrCo_5$ 磁性能的影响与 $SmCo_5$ 合金的相同，获得最佳磁性能的回火温度与烧结温度是一致的。这些温度与 $PrCo_3$ 和 Pr_5Co_{19} 或 Pr_2Co_{17} 相的包晶反应温度，即 1060℃ 和 1125℃ 相一致。采用质量分数为 33.5% Pr + 66.5% Co 的原材料，高纯镨的氧含量 0.02%（质量分数），在 1070℃ 烧结 1h，从 1070℃ 到 930℃ 以 30℃/min 速度冷却。合金得到较高的磁性能，$B_r = 1.05T$，$H_{cj} = 437.8kA/m$，$(BH)_m = 199.8kJ/m^3$。

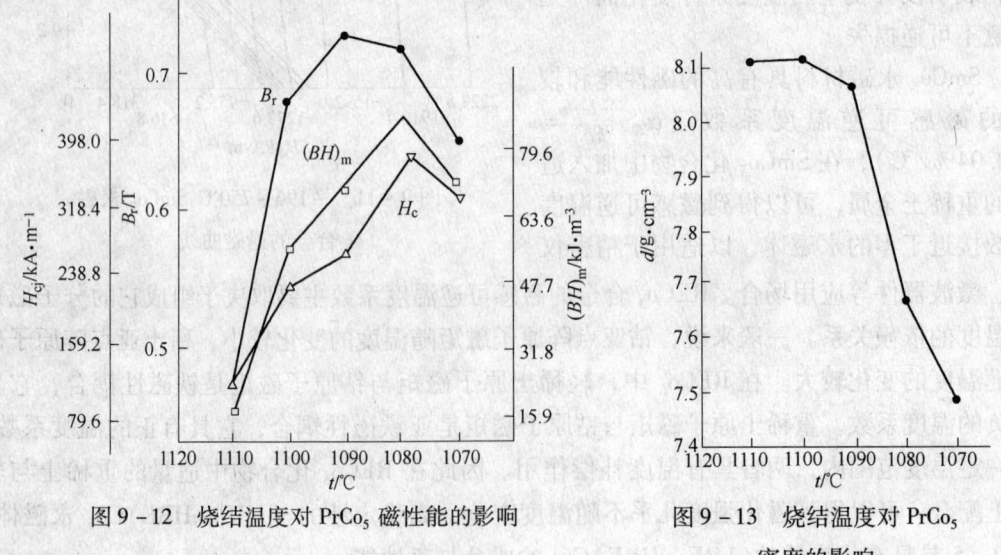

图 9 - 12　烧结温度对 $PrCo_5$ 磁性能的影响　　　　图 9 - 13　烧结温度对 $PrCo_5$ 密度的影响

添加少量的金属氧化物如 Cr_2O_3 等,采用液相(质量分数为 60% Pr + 40% Co)烧结,可以进一步提高 $PrCo_5$ 合金的磁性能。例如,添加质量分数为 0.44% 的 Cr_2O_3,可使 $PrCo_5$ 合金的 H_{cj} 从约 630kA/m 提高到 1194kA/m(图 9 – 14)。在烧结时,Cr_2O_3 主要进入晶粒边界,弥散地分布在晶粒边界上。它一方面阻碍晶粒长大,另一方面阻碍反磁化畴长大和畴壁位移,从而提高了矫顽力。但过量的 Cr_2O_3 反而促进 Pr_2Co_{17} 相析出,使磁性能恶化。

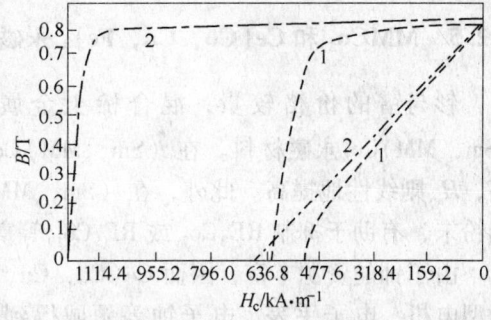

图 9 – 14 添加少量 Cr_2O_3 对 $PrCo_5$ 合金退磁曲线的影响

1—$PrCo_5$ 合金的退磁曲线;2—添加质量分数为 0.44% Cr_2O_3 的 $PrCo_5$ 合金的退磁曲线

$SmCo_5$ 的各向异性高,$PrCo_5$ 的 M_s 高,资源丰富。用镨部分取代钐,制成(Sm,Pr)Co_5 永磁体,既有较高的磁性能又有较好的经济效益,磁体的稳定性也较好。(Sm,Pr)Co_5 永磁体已在工业中得到广泛应用,商品(Sm,Pr)Co_5 永磁体的退磁曲线示于图 9 – 15。在(Sm,Pr)Co_5 中钐与镨的相对含量在 $Sm_{0.5}Pr_{0.5}Co_5$ 附近,$(BH)_m$ 与 H_c 出现峰值。对于 $Sm_{0.5}Pr_{0.5}Co_5$ 的基相成分,通过添加质量分数为 60% Pr + 40% Co 的液相,配制成名义成分为 37%(Sm + Pr)+ 63% Co(质量分数)的合金,具有最佳的磁性能。相同成分的磁体,固相烧结的磁性能为 $B_r = 0.89T$,$H_{cb} = 123.4kA/m$,$(BH)_m = 42.98kJ/m^3$,而液相烧结的磁性能为 $B_r = 0.893T$,$H_{cb} = 700.48kA/m$,$H_{cj} = 1154.2kA/m$,$(BH)_m = 159.2kJ/m^3$。采用等静压加液相烧结可制得更高性能的 $Sm_{0.5}Pr_{0.5}Co_5$ 永磁体,它的 $(BH)_m$ 达到 199kJ/m^3。

烧结温度对名义成分为 21.3% Pr + 15.8% Sm + 62.9% Co(质量分数)合金的退磁曲线的影响如图 9 – 16 所示,可见其磁性能对烧结温度十分敏感。该合金在 1200℃ 烧结 1h,磁体的磁性能为:$B_r = 1.026T$,$H_{cb} = 806.3kA/m$,$H_{cj} = 1353.2kA/m$,$(BH)_m = 206.9kJ/m^3$。

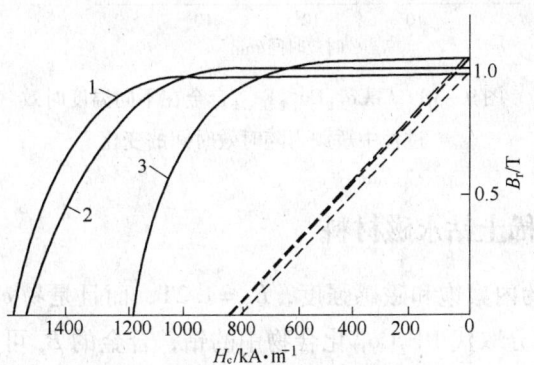

图 9 – 15 (Sm,Pr)Co_5 永磁体的退磁曲线

1—$Sm_{0.65}Pr_{0.35}Co_5$;2—$Sm_{0.5}Pr_{0.5}Co_5$;

3—$Sm_{0.5}Pr_{0.5}Nd_{0.2}Co_5$

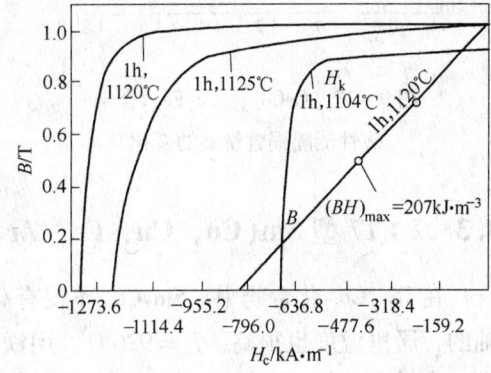

图 9 – 16 烧结温度对(Sm,Pr)Co_5 合金退磁曲线的影响

9.2.5　MMCo₅ 和 Ce(Co，Cu，Fe)₅ 永磁材料

钐与镨的价格较贵，混合稀土金属 MM 则便宜得多，因而发展了 MMCo₅ 或
(Sm，MM)Co₅永磁材料。在 (Sm，MM)Co₅ 合金中，随钐含量的增加，$(BH)_m$ 有所提
高，H_{cj} 则线性地提高。此外，在 (Sm，MM)Co₅ 中添加少量的锡、铁、钴、锆、铪等金
属粉末，有助于抑制 RE₂Co₇ 或 RE₅Co₁₉ 等富稀土相的形成，可有效地改善其磁性能。

由于铈的资源丰富，因而 Ce(Co，Cu，Fe)₅ 永磁材料得到了发展。这种永磁体已在
微型电机、电子手表、电子钟等领域得到广泛的应用。在 RE－Co－Cu 三元系中，在
700℃以下可能有 RECu₅ 析出，有沉淀硬化效应，可提高 H_{cj}。在 Ce－Co－Cu 合金的基础
上，用铁部分取代钴，并适当减少铜含量，不仅维持其高 H_{cj}，还提高它的磁化强度 M_s。
铜含量对 CeCo₄.₅₋ₓCuₓFe₀.₅ 合金磁性能的影响如图 9－17 所示，表明合金的矫顽力随铜含
量线性地增加，但 B_r 降低。在 $x=0.9$ 处，获得 $(BH)_m$ 的最大值 80kJ/m³。

热处理对 Ce(Co，Cu，Fe)₅ 合金的磁性能有重要影响，在 1000～1100℃淬火后，H_{cj}
仅有 119.4kA/m，而经过 400℃回火 4h 后，H_{cj} 提高到 716.4kA/m。CeCo₃.₅Cu₁.₀Fe₀.₅ 合金
在不同温度时效时，矫顽力随时效时间的变化如图 9－18 所示，可见在 350～400℃时效
处理可获得最高的磁性能。TEM 观察表明，400℃出现的时效峰值与分解反应 Ce(Co，
Cu，Fe)₅ →Ce(Co，Cu，Fe)₇ + Ce₂(Co，Cu，Fe)₁₇ 有关。

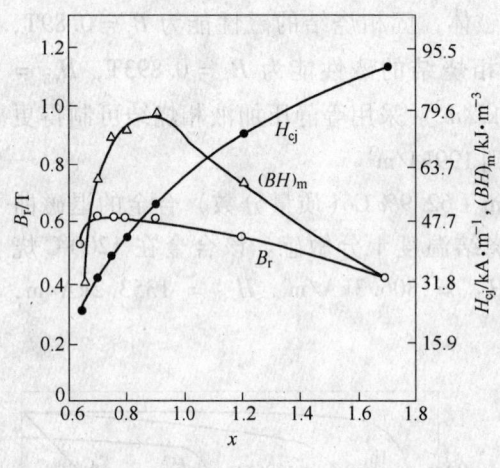

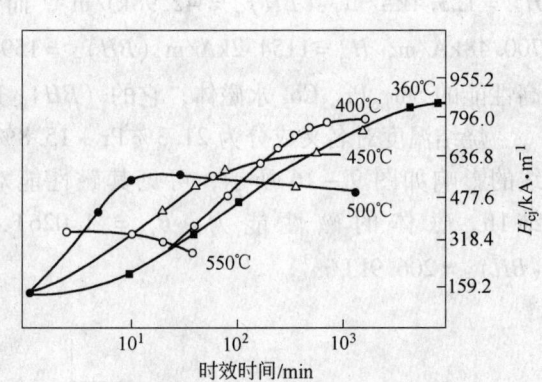

图 9－17　CeCo₄.₅₋ₓCuₓFe₀.₅ 合金
磁性能随铜含量 x 的变化

图 9－18　CeCo₃.₅Cu₁.₀Fe₀.₅ 合金在不同温度时效
过程中矫顽力随时效时间的变化

9.3　2∶17 型 Sm(Co，Cu，Fe，Zr)z 稀土钴永磁材料

在 RE₂Co₁₇ 化合物中，Sm₂Co₁₇ 不仅有高的内禀饱和磁感强度，$B_s=1.2T$，而且是易 c
轴的，居里温度也很高，$T_c=926℃$。用铁部分取代 RE₂Co₁₇ 化合物中的钴，合金的 B_s 可
进一步提高。如 Sm₂(Co₁₋ₓ，Feₓ)₁₇ 合金，当 $x=0.7$ 时，$B_s=1.63T$，理论磁能积可高达
$(BH)_m=525.4 kJ/m³$。但 Sm₂Co₁₇ 二元合金的矫顽力很低，很难成为实用永磁材料。因此，
人们一方面在 Sm₂(Co₁₋ₓ，Feₓ)₁₇ 合金系的基础上，通过添加其他元素而发展高性能的永
磁材料；另一方面在 Sm－Co－Cu 三元沉淀硬化材料的基础上发展 2∶17 型稀土钴永磁材

料。目前在工业上得到广泛应用的是 2∶17 型 $Sm(Co, Cu, Fe, Zr)_z$ 永磁材料，它的主要磁性能优于 $SmCo_5$ 合金，居里温度约 $840 \sim 870℃$，比 $SmCo_5$ 的（$T_c = 740℃$）高；磁感温度系数约 $-0.02\%/℃$，可在 $-60 \sim 350℃$ 范围工作；同时其钐和钴含量比 $SmCo_5$ 低。它的缺点是制备工艺复杂，工艺费较高。

9.3.1　2∶17 型 Sm(Co, Cu, Fe, Zr)$_z$永磁材料的成分

这种合金的成分可表达为：

$$Sm(Co_{1-u-v-w}Cu_uFe_vZr_w)_z$$

其中，z 代表钐原子与（$Co + Cu + Fe + Zr$）原子摩尔数之比，它介于 $7.0 \sim 8.3$ 之间；$u = 0.05 \sim 0.08$，$v = 0.15 \sim 0.30$，$w = 0.01 \sim 0.03$。

在低矫顽力类型、成分为 $SmCoCu_8Fe_8Zr$（质量分数）的合金中，当钐含量约为 25.5% 质量分数时，可获得较高矫顽力。但在高矫顽力类型，成分为 $SmCoCu_{6或8}Fe_{15}Zr_3$（质量分数）的合金中，钐含量为 24.5%（质量分数）时，可获得很高的矫顽力，$H_{cj} = 2388kA/m$。但退磁曲线的方形度较差，H_k/H_{cj} 仅有 40% 左右。随钐含量的增加，H_{cj} 降低，但退磁曲线的方形度增加。当钐含量为 26.5%（质量分数）时，H_{cj} 达 $1592kA/m$，退磁曲线的方形度达 90%（图 9 - 19）。这说明适当的调整和控制钐的含量，不仅可调整合金的矫顽力，还可调整退磁曲线的方形度。

在低矫顽力类型钐含量为 25.5%（质量分数）的 $SmCoCu_8Fe_8Zr$（质量分数）合金中，随铁含量的提高，B_r、H_{cj} 和 $(BH)_m$ 三个参量都提高。

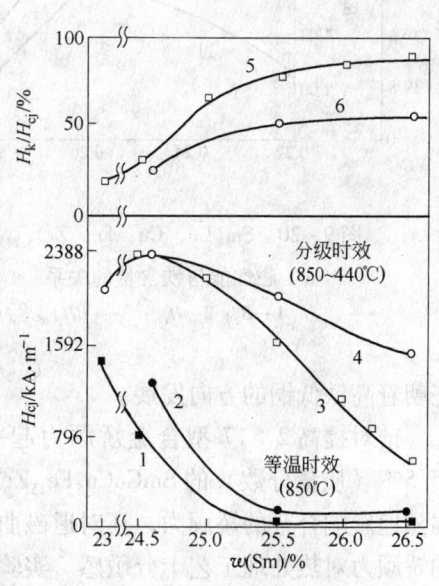

图 9 - 19　$SmCoCu_{6或8}Fe_{15}Zr_3$（质量分数）
合金的 H_{cj}，H_k/H_{cj} 与钐含量的关系
1, 3, 5—6% Cu；2, 4, 6—8% Cu
（1, 2 为 850℃ 等温时效，
余为 850 ~ 400℃ 分级时效）

当铁含量高达 14%（质量分数）时，矫顽力开始下降。在高矫顽力类型，成分为 $Sm(Co_{0.675-x}Cu_{0.078}Fe_{0.22+x}Zr_{0.027})_{8.22}$ 合金中，铁含量与合金磁性能的关系如图 9 - 20 所示。可见随铁含量的提高，B_r 提高。成分为 $Sm(Co_{0.654}Cu_{0.078}Fe_{0.24}Zr_{0.027})_{8.22}$ 的合金获得最佳磁性能，即 $B_r = 1.06T$，$H_{cb} = 732.3kA/m$，$(BH)_m = 238.8kJ/m^3$。铁含量与锆的含量有关，为获得高性能的永磁体，在提高铁含量的同时，应提高其锆的含量。

在低矫顽力类型钐含量为 25.5%（质量分数）的 $SmCoCuFe_8Zr$ 合金中，只要铜含量高于 5% 质量分数，随铜含量的提高，合金的矫顽力迅速地提高。含铜量高于 10%（质量分数）时，矫顽力有下降的趋势。在高矫顽力类型，成分为含钐 26.5%（质量分数）的 $SmCoCuFe_{18.5}Zr_{2.4}$ 合金中，合金的矫顽力随铜含量的变化如图 9 - 21 所示。图中曲线 1、2、3、4、5、6 分别表示样品经 750℃、800℃、820℃、850℃、870℃、900℃ 时效处理 10h 后，以 0.5℃/min 冷却至 400℃，磁体的矫顽力与铜含量的关系。图中曲线 4 表明，含有 6% ~ 8% 质量分数铜的合金，矫顽力可达到 $1592kA/m$。合金中的铜含量不应低于 5%（质量分数）。但应看到铜的含量与铁的含量是密切相关的。高磁能积 2∶17 型永磁材料

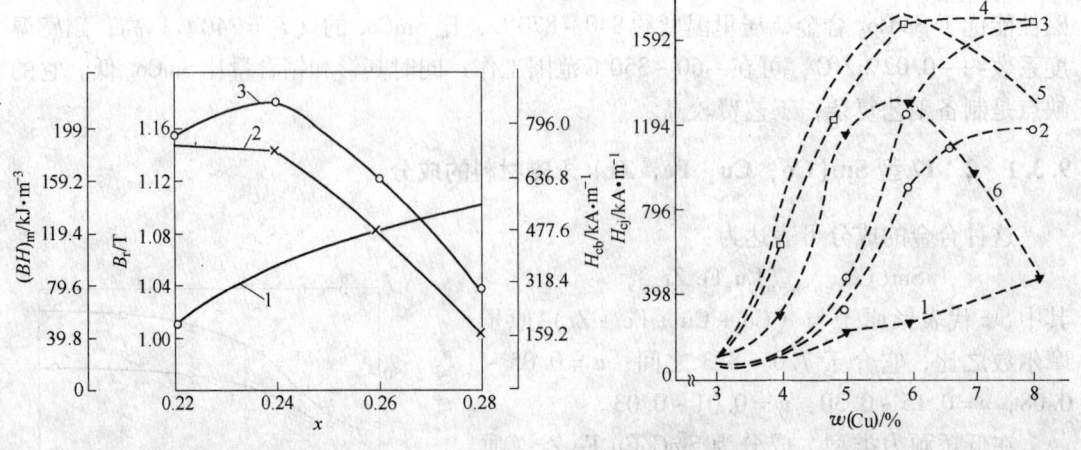

图 9 - 20　Sm(Co, Cu, Fe, Zr)$_{8.22}$合金
磁性能与铁含量的关系
1—B_r；2—H_{cb}；3—$(BH)_m$

图 9 - 21　成分为含钐 26.5%（质量分数）
的 SmCoCuFe$_{18.5}$Zr$_{2.4}$合金磁性能
与铜含量的关系

正朝着高铁低铜的方向发展。

　　锆对提高 2∶17 型合金矫顽力起关键性作用。图 9 - 22 是高矫顽力类型钐含量为25.5%（质量分数）的 SmCoCu$_6$Fe$_{15}$Zr 合金的 H_{cj} 和 H_k/H_{cj} 与锆含量的关系。可见锆不仅强烈地影响合金的矫顽力，还对退磁曲线的方形度 H_k/H_{cj} 有强烈的影响。另外，含锆合金的矫顽力对热处理工艺十分敏感。实验还发现，为了获得高矫顽力的 2∶17 型永磁体，锆的含量仅与铁的含量有关。最佳的锆含量也与钐的含量有关，如图 9 - 23 所示。可见为了获得高矫顽力合金，在提高锆含量时，应适当地降低钐含量。

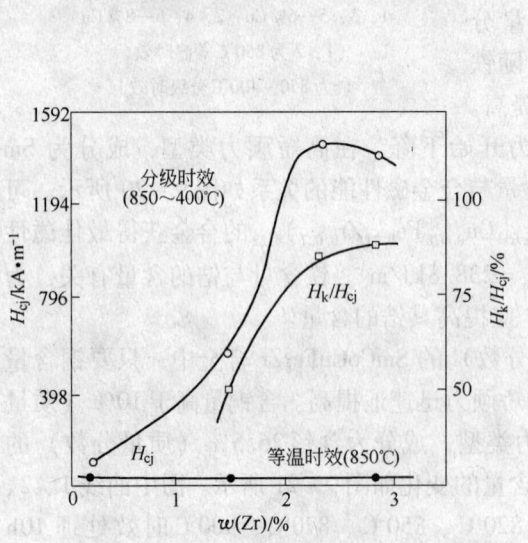

图 9 - 22　钐含量为 25.5%（质量分数）的
SmCoCu$_6$Fe$_{15}$Zr 合金的 H_{cj} 和 H_k/H_{cj}
与锆含量的关系

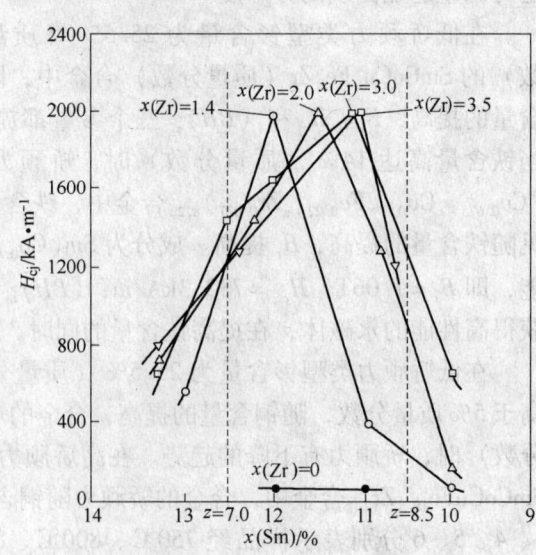

图 9 - 23　质量分数为 SmCoCu$_7$Fe$_{22}$Zr 合金的
H_{cj} 与锆含量和钐含量的关系

与 RECo$_5$ 系永磁材料相类似，在 Sm(Co，Cu，Fe，Zr)$_z$永磁材料的基础上，用重稀土元素部分取代钐可制造出具有低温度系数的 2：17 型永磁材料。例如，成分为 Sm$_{0.75}$Er$_{0.25}$(Co，Cu，Fe，Zr)$_{7.4}$的合金，磁感平均温度系数 $\alpha_{25\sim100℃}=-0.008\%/℃$，$\alpha_{25\sim200℃}=-0.0195\%/℃$。在 200℃ 时仍然具有很高的磁性能，即 $B_r=0.906T$，$H_{cb}=636.8kA/m$，$H_{cj}=1018.8kA/m$，$(BH)_m=141.7kJ/m^3$。

9.3.2 高矫顽力 Sm(Co，Cu，Fe，Zr)$_{7.4}$合金的显微组织

高矫顽力 Sm(Co，Cu，Fe，Zr)$_{7.4}$是一种析出硬化型的永磁合金，合金具有胞状的显微组织。合金的矫顽力是由胞状组织对畴壁的钉扎来决定的。

Sm(Co，Cu，Fe，Zr)$_{7.4}$合金固溶处理淬火后在室温下的显微组织见图 9-24，它是单相固熔体，在晶粒内有位错出现。经过透射电镜动态升温观察发现，Sm(Co，Cu，Fe，Zr)$_{7.4}$永磁合金在 460℃ 出现胞状组织，形状为球形。500~600℃胞状组织生长发育（图 9-25），这时的胞状组织大小不同，有的已经长大，但有的还仅是雏形。700℃形成完整的胞状组织（图 9-26），790℃胞状组织发育得十分完善。785℃时在原胞状组织基础上出现了垂直于 c 轴的薄片相（图 9-27）。810℃时见到胞状组织和片状组织同时存在（图 9-28），这种薄片相称为富锆的长片相（或 Z 相）。随着时效温度的继续升高，片状相逐渐增多，840℃保温 0.5h 的片状相如图 9-29 所示，可看出片状相贯穿整个视场。

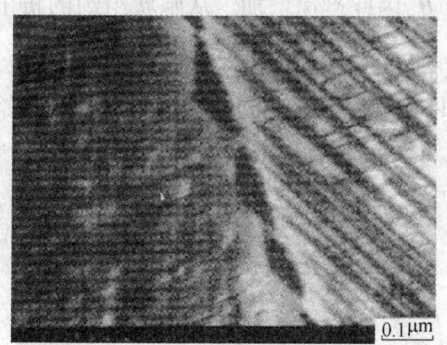
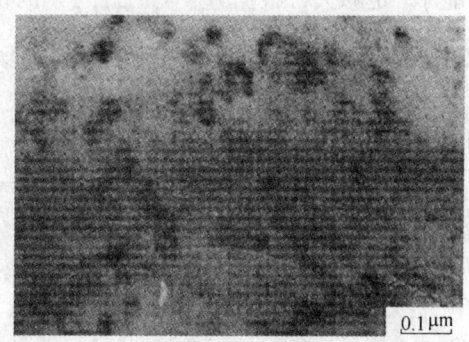

图 9-24 Sm(Co，Cu，Fe，Zr)$_{7.4}$合金室温下的显微组织　　图 9-25 500℃时胞状组织的电子显微相

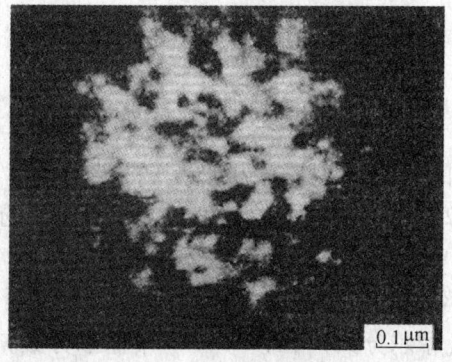
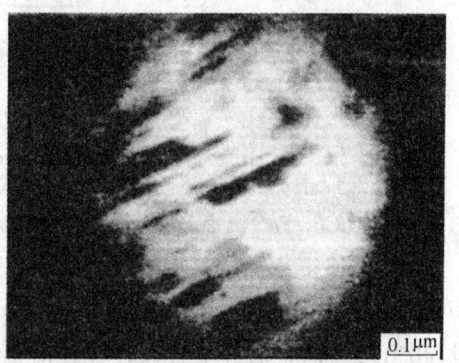

图 9-26 700℃时胞状组织的电子显微相　　图 9-27 785℃时垂直于 c 轴的长片组织的电子显微相

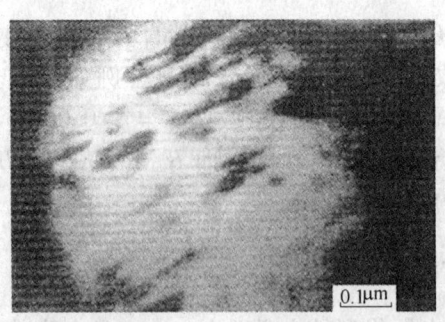

图 9 - 28　810℃时垂直于 c 轴的
长片组织的电子显微相

图 9 - 29　840℃时长片组织的电子显微相

9.3.3　高矫顽力 Sm(Co，Cu，Fe，Zr)$_{7.4}$ 合金的矫顽力

Sm(Co，Cu，Fe，Zr)$_{7.4}$ 永磁合金的矫顽力产生于时效过程中析出的富 Sm(Co，Cu)$_5$ 相对畴壁的钉扎。Sm(Co，Cu)$_5$ 相对畴壁的钉扎强度取决于它的形状、数量及与基体的成分差。尽管胞状组织的胚型在 460℃ 就已经形成，但此时胞壁相还没有连接在一起，对矫顽力并无明显的硬化作用（图 9 - 30）。当温度上升到 700℃ 以上，胞状组织充分长大而且胞壁连接在一起时，胞内和胞壁中铜含量足够大，从而导致胞内畴壁能 $\gamma_{畴}$ 和胞壁的畴壁能 $\gamma_{壁}$ 足够大，根据 $H_{cj} = \dfrac{\gamma_{畴} - \gamma_{壁}}{2M_s\delta}$ 的机理，H_{cj} 因此迅速增加。从胞状组织的析出到 840℃ 长成发育完好，合金的矫顽力由钉扎场决定。840℃ 长时间时效或继续升高温度，从胞状组织破坏后，其矫顽力应当由形核场决定。时效过程中出现的穿过胞状组织的富锆薄片相对合金的矫顽力没有直接贡献。

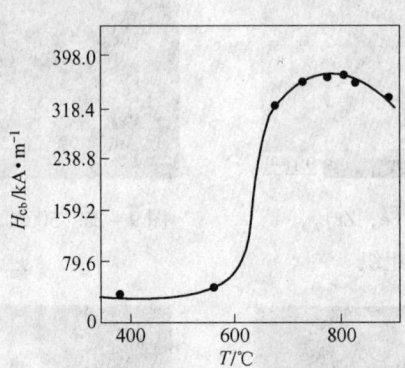

图 9 - 30　矫顽力峰值与时效温度的关系

Sm(Co，Cu，Fe，Zr)$_{7.4}$ 永磁合金胞状组织的析出过程属于扩散型的连续相变。图 9 - 31 是 SmCoCu$_{13}$Fe$_{10}$ 纵截面相图，在 1210℃ 时 2∶17 相对钐的溶解度从 10.5%（摩尔分数）扩展到 13%（摩尔分数）。钐含量为 11.9% ~ 12.5%（摩尔分数）的合金，在 1210℃ 高温下具有 TbCu$_7$ 型结构，在 TbCu$_7$ 相区均匀化处理，可得到比较高的矫顽力。2∶17 相结构与铁、铜含量有关，含有锆 2.0%（摩尔分数）和钐 11.5%（摩尔分数）的合金，在高温具有 TbCu$_7$ 型结构，经固溶处理和时效处理后矫顽力可达 H_{cj} = 2000kA/m。

合金在固溶处理和急冷后得到饱和的 2∶17 型固溶体，时效硬化则是一种脱溶过程。

动态观察到合金从 300℃ 到 460℃ 先形成新相核心，这些核胚或新相点的起伏靠单个原子热激活的扩散迁移，依靠自由能梯度作为相变的驱动力。脱溶的后期阶段，脱溶出平衡相，大颗粒长大，与小颗粒溶解后颗粒粗化，必然在大颗粒和小颗粒之间形成浓度梯度。经过连续有序及起伏的聚集，由一个单相分解成为亚稳的尺寸约为 50nm 的 $Sm_2(Co,Cu,Fe,Zr)_{17}$ 相和 10nm 的 $Sm(Co,Cu,Fe,Zr)_5$ 相。前者被后者所包围，这两相为共格的。任何小的起伏，使浓度波幅继续增高，形成新相。其起伏浓度随时间而连续地改变，开始阶段上述 2：17 和 1：5 两相之间的界面不明显，分解后 1：5 相和 2：17 相大小分布较规则，有高度的连续性，至 800℃ 时胞状组织发育得十分完善。胞状组织形成过程示意图见图 9 - 32。

$Sm(Co,Cu,Fe,Zr)_{7.4}$ 合金经烧结和固溶处理后，时效方式和第一级时效时间对矫顽力的影响如图 9 - 33 所示。可见在 800℃ 等温时效可获得较高的矫顽力。而且必须进行分级时效或以 0.3 ~ 1.0℃/min 的速度冷却才能获得最好的磁性能。因此，$Sm(Co,Cu,Fe,Zr)_{7.4}$ 合金可通过改变热处理条件获得不同类型矫顽力的合金，应用不同的热处理制度，得到的磁体的退磁曲线也不同。

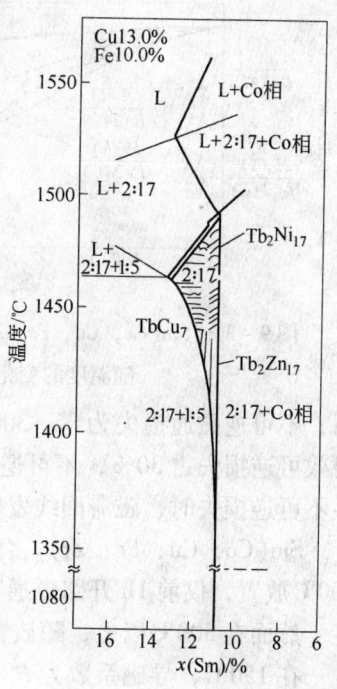

图 9 - 31 $SmCoCu_{13}Fe_{10}$ 纵截面相图

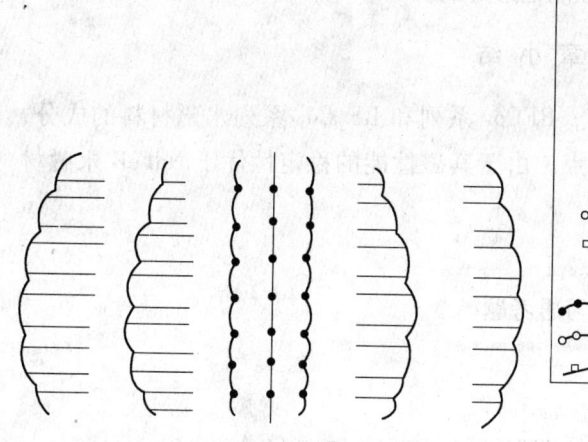

图 9 - 32 胞状组织形成过程示意图

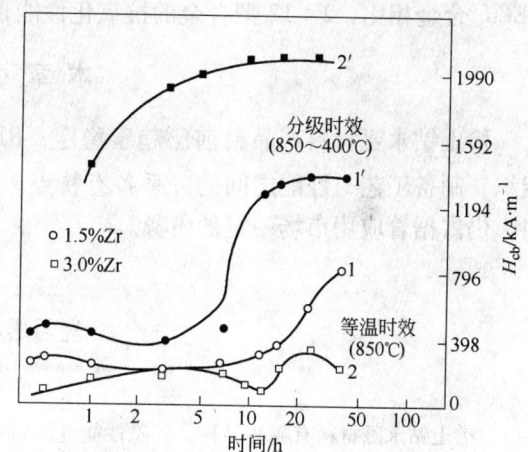

图 9 - 33 时效方式和第一级时效时间对 $Sm(Co,Cu,Fe,Zr)_{7.4}$ 合金矫顽力的影响
1，1′—含 1.5wt% Zr 的 $Sm(Co,Cu,Fe,Zr)_{7.4}$ 合金；
2，2′—含 3.0wt% Zr 的 $Sm(Co,Cu,Fe,Zr)_{7.4}$ 合金

9.3.4 高矫顽力 $Sm(Co,Cu,Fe,Zr)_{7.4}$ 永磁材料的稳定性

在稀土永磁材料中，2：17 型 Sm - Co 永磁体是磁性稳定性最好的一种。图 9 - 34 是具有不同矫顽力的 3 种 2：17 型合金磁性能随温度的变化。样品 A 是成分为 24.5% ~

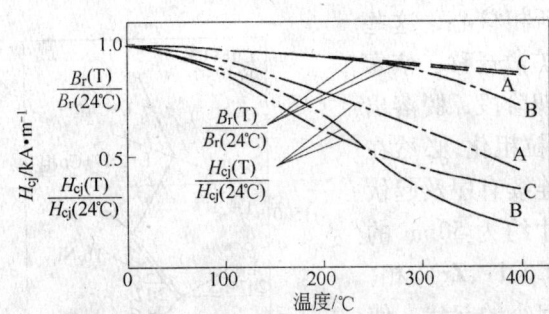

图 9 - 34　Sm(Co, Cu, Fe, Zr)$_{7.4}$合金磁性能
随温度的变化

26.5%Sm – 5.0% ~ 5.5%Cu – 15.0% ~ 18.0%Fe – 2.6%Zr – 余Co（质量分数）的合金，具有最小的可逆温度系数。甚至在 25 ~ 400℃ 的很宽的温度范围内，磁感可逆温度系数也仅有 – 0.034%/℃。矫顽力可逆温度系数也相当低，约 0.148%/℃。

Sm(Co, Cu, Fe, Zr)$_{7.4}$合金在 200℃ 和 300℃ 长时间放置，发生的磁通损失是磁时效引起的。即经过再磁化后，不可逆磁通损失为零。300℃ 放置开始出现不可逆损失。高矫顽力样品在 400℃ 时，时效可逆损失占 30%，不可逆损失占 70%。随放置温度的升高，不可逆损失增加。当发生不可逆损失时，磁滞回线发生了变化。

Sm(Co, Cu, Fe, Zr)$_{7.4}$合金的相对磁通在不同温度下的变化情况也不同。合金在 200℃ 放置，仅前 1h 开路磁通有所降低，随后在 200℃ 连续放置 2100h，磁通基本保持不变。然而在 300℃ 以上，随放置时间的延长，磁通连续降低。

在 150℃，导磁系数为 $B/H = -2.5$ 时，高矫顽力的 2∶17 型合金起始不可逆损失很小，长期稳定性与 SmCo$_5$ 合金相当。但当导磁系数 $B/H = -0.5$ 时，不论是不可逆损失，还是长期稳定性，都比 SmCo$_5$ 合金好。但低矫顽力 2∶17 型合金的稳定性比高矫顽力 2∶17 型合金差得多。此外，在 120℃ 空气环境长时间停留时，样品增重量较小。与其他所有 RECo$_5$ 合金相比，2∶17 型合金的抗氧化性能是最好的。

本 章 小 结

稀土钴永磁材料产品目前已趋于稳定，RECo$_5$ 系列和 RE$_2$Co$_{17}$ 系列永磁材料的成分、组织、制备工艺与性能之间的关系各有特点。由于其磁性能的稳定性优于 NdFeB 永磁材料，仍占据着应用市场一定的份额。

复习思考题

9 - 1　稀土钴永磁材料有哪些品种，其磁性能范围如何？

9 - 2　烧结 SmCo$_5$ 永磁材料获得最佳磁性能的成分范围是多少，通常如何配制合金的成分？

9 - 3　根据 1000kV 超高压电子显微镜动态观察结果，解释 SmCo$_5$ 永磁合金的 750℃ 回火效应。

9 - 4　SmCo$_5$ 合金的烧结与热处理工艺与磁性能有何关系，为何 SmCo$_5$ 合金可用于精密仪器和微波器件？

9 - 5　PrCo$_5$ 和 (Sm, Pr)Co$_5$ 永磁材料合适的成分范围、工艺条件和磁性能范围分别是多少？

9 - 6　Sm(Co, Cu, Fe, Zr)$_z$ 稀土钴永磁材料低矫顽力类型和高矫顽力类型的成分有何差别，磁性能与成分有何关系？

9 - 7　高矫顽力 Sm(Co, Cu, Fe, Zr)$_z$ 稀土钴永磁材料的显微组织有何特点，与矫顽力有何关系，其磁性稳定性如何？

10 其他稀土－铁系永磁材料

教学目标

　　正在发展中的其他稀土－铁系永磁材料备受世人关注，认知各种材料的性能和特点，跟踪其进展。

　　其他稀土－铁系永磁材料诸如稀土－铁－硼热变形加工永磁材料、稀土－铁氮间隙化合物软磁材料和稀土双相纳米晶复合永磁材料等，正处于发展之中，具有广阔的应用前景。

10.1　热变形各向异性 REFeB 永磁材料

　　制备各向异性永磁体的方法除传统的粉末冶金法外，也可以采用热变形法。热变形法包括铸造－热变形法和粉末－致密化－热变形法。铸造－热变形法工艺过程简单，过程氧化少，磁体氧含量较低。目前铸造热变形 $Pr_{17}Fe_{76.5}Cu_{1.5}B_5$ 永磁材料的磁性能已达到 $B_r = 1.2T$，$H_{cj} = 1220kA/m$，$(BH)_m = 260kJ/m^3$。粉末－致密化－热变形法可以使用快淬粉末、HDDR 粉末、机械合金化粉末或雾化粉末等。快淬粉末热变形各向异性永磁体的磁性能已达到 $B_r = 1.48T$，$H_{cj} = 1178kA/m$，$(BH)_m = 400kJ/m^3$。热变形法已成为制备稀土－铁系各向异性永磁材料的重要工艺手段之一。

10.1.1　REFeB 合金的铸造－热变形制备技术

10.1.1.1　PrFeB 合金铸锭的热变形行为

　　$Pr_{17}Fe_{76.5}Cu_{1.5}B_5$ 合金熔炼后，直接铸造成棒状样品，其柱晶具有放射状，并与棒状样品的轴向垂直。$Pr_2Fe_{14}B$ 晶体的 a 轴与生长方向平行，c 轴与生长方向垂直，如图 10－1 所示。a 轴与 y 轴平行，z 轴分布在 x－y 平面内，与 a 轴垂直，热压时的压力与棒状样品轴即 z 轴平行。在非模压条件下，样品在应变很小时就开裂。图 10－2 是热压装置示意图，在图示模压条件下，当合金成分、样品尺寸相同，以不同应变速度模压的应力应变曲线如图 10－3 所示。开始时，随应力增加，应变呈线性地增加；当应力达到 σ_L 值时，将出现一应力平台；样品在该应力作用下继续发生塑性流变变形，其应变可达到总应变的 70% 以上。这里把 σ_L 定义为塑性流变应力，随变形速度的提高，σ_L

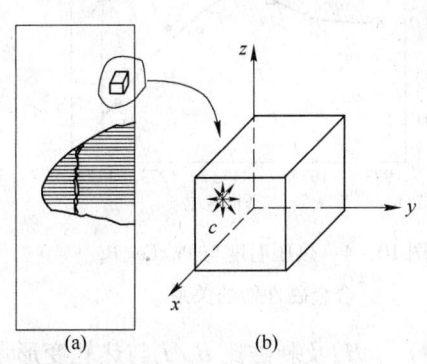

图 10－1　$Pr_{17}Fe_{76.5}Cu_{1.5}B_5$ 合金铸棒宏观结构（a）以及从铸棒中取出的单元立体试样（b）

逐渐提高。

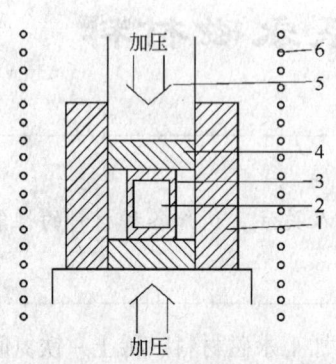

图 10-2　热压装置示意图

1—钢模；2—合金样品；3—保护套；
4—垫块；5—压机压头；6—加热炉丝

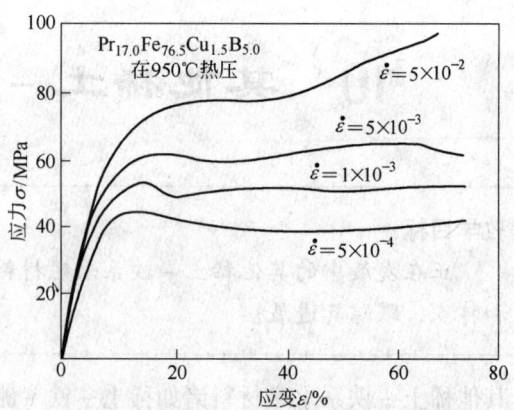

图 10-3　$Pr_{17}Fe_{76.5}Cu_{1.5}B_5$ 合金铸棒
在 950℃模压时的应力应变曲线

10.1.1.2　PrFeB 合金热变形过程中磁性能的变化

$Pr_{17}Fe_{79}B_4$ 铸态合金棒经 900~1000℃均匀化退火 24h 后进行热压变形，热压温度与磁性能的关系如图 10-4 所示。可见在 900~975℃之间进行热压可获得最佳的磁能积和剩磁。但随热压温度的提高，合金矫顽力几乎呈线性地降低。当热压温度为 1100℃时，$(BH)_m$ 和 H_{cj} 均显著地降低。

图 10-5 是 $Pr_{17}Fe_{76.5}Cu_{1.5}B_5$ 合金棒状样品经 900~1000℃退火 24h 后，在 700℃进行热压时，样品平行压制方向的磁性能与热压变形量的关系。可见随变形量的提高，样品磁性能几乎线性地提高。相反，在垂直压力方向上的磁性能，随变形量的提高，除了 J_s 与平行压力方向上的相同外，其他各项磁参量均降低。经热压变形后，合金样品已变成各向异性，如图 10-6所示。

图 10-7 是 $Pr_{17}Fe_{76.5}Cu_{1.5}B_5$ 合金棒状样品经 900~1000℃退火 24h 后，在 z 轴方向热轧时磁性能与热轧温度的关系，变形量为 76%。可见 $(BH)_m$ 在 900~960℃温度范围内出现最佳值，H_{cj} 随热轧温度升高

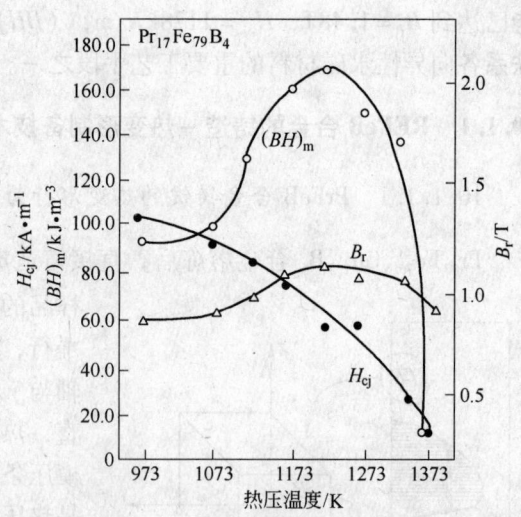

图 10-4　热压温度与 $Pr_{17}Fe_{79}B_4$
合金磁性能的关系

线性地降低。图 10-8 是在 900℃热轧时合金的 $(BH)_m$、H_{cj} 及剩磁比 B_r/J_s 与热轧变形量的关系，可见 $(BH)_m$、H_{cj} 几乎随热轧变形量线性地增加。在 z 轴方向的 B_r/J_s 随变形量线性地增加，在 y 轴方向的 B_r/J_s 随变形量几乎没有变化，在 x 轴方向的 B_r/J_s 随变形量的增加而降低。说明热轧变形后的磁体已变成各向异性。

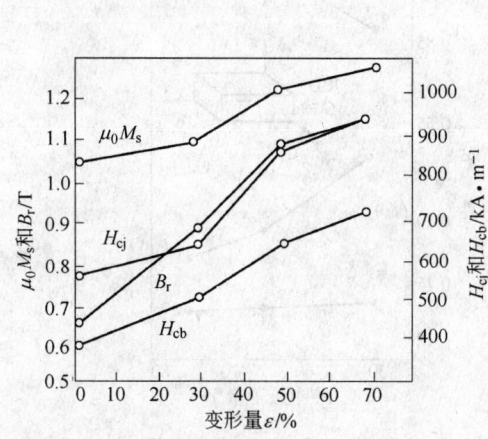

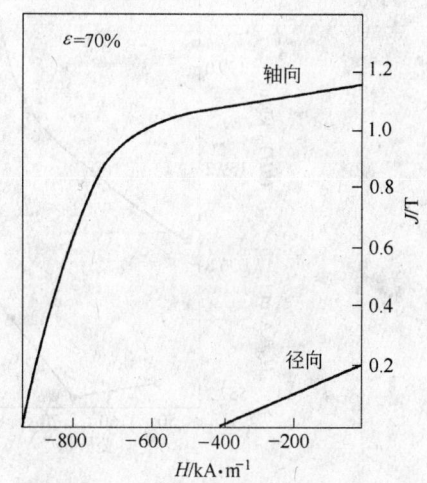

图 10 - 5 在 700℃热压变形时，$Pr_{17}Fe_{76.5}Cu_{1.5}B_5$
合金磁性能与变形量的关系

（变形速度为 70×10^{-3} m/s）

图 10 - 6 经 70% 变形量热压后，平行和
垂直压力方向的退磁曲线

10.1.1.3 PrFeB 合金热变形过程中显微结构的变化

$Pr_{17}Fe_{76.5}Cu_{1.5}B_5$ 铸态合金棒经 900～1000℃退火
24h 后，树枝状晶转变为等轴晶组织（见图 10 - 9a），
晶粒尺寸平均约为 40～60μm，富镨（铜）相沿
$Pr_2Fe_{14}B$ 晶粒边界分布。当在 700℃以 70×10^{-3} m/s
速度沿 z 轴方向热模压，变形量为 70% 时，合金具
有最佳的永磁性能。其显微组织如图 10 - 9b 所示，
可见热模压变形后合金晶粒已细化为 3～5μm，同时
晶粒的取向发生了很大的变化。X 射线衍射分析表
明，热变形前样品内晶粒的 c 轴沿棒状样品轴向没有
择优取向。在热变形过程中，随变形量的增加，样
品内各晶粒的 c 轴逐渐地转向与压力平行的方向，从
而形成各晶粒的 c 轴与样品轴成 15.44° 立体角的各
向异性。

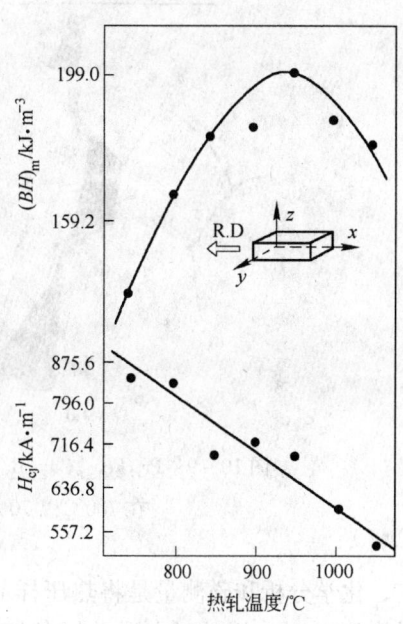

图 10 - 7 热轧变形 $Pr_{17}Fe_{76.5}Cu_{1.5}B_5$
磁体的磁性能与热轧温度的关系

（变形量为 76%）

PrFeB 合金在热变形过程中磁性能的提高与各向
异性的形成，取决于热变形时合金的能量状态及其
组织结构的变化。合金由主相 $Pr_2Fe_{14}B$ 和富镨（铜）晶界相组成。熔点为 500～600℃ 的
富镨（铜）晶界相在 700℃热压时已处于液态，主相 $Pr_2Fe_{14}B$ 晶粒周围被富镨（铜）液
相所包围。在压力作用下，富镨（铜）液相被从样品内挤压出去，同时主相 $Pr_2Fe_{14}B$ 晶
粒的变形将以滑移和晶粒转动两种方式进行。

表 10 - 1 是 $Pr_{17}Fe_{76.5}Cu_{1.5}B_5$ 合金成分与热压变形量的关系。随变形量增加，富镨
（铜）相被从样品内挤出的量不断增加，样品的镨和铜的含量降低。这已为实验观察所证

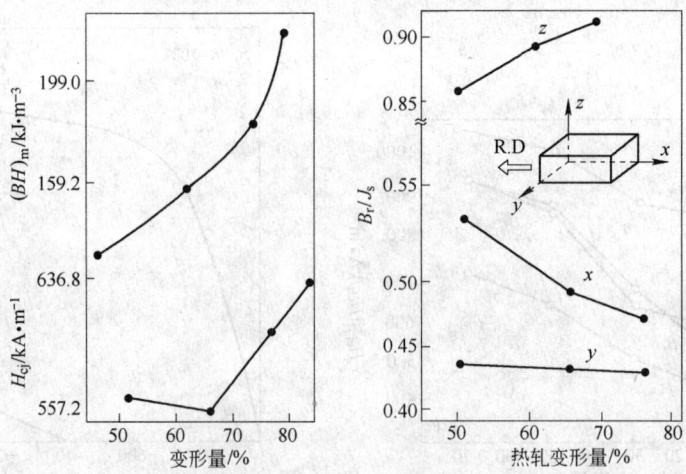

图 10 - 8　在 900℃ 热轧变形 $Pr_{17}Fe_{76.5}Cu_{1.5}B_5$ 合金的 $(BH)_m$、H_{cj} 及
剩磁比 B_r/J_s 与热轧变形量的关系

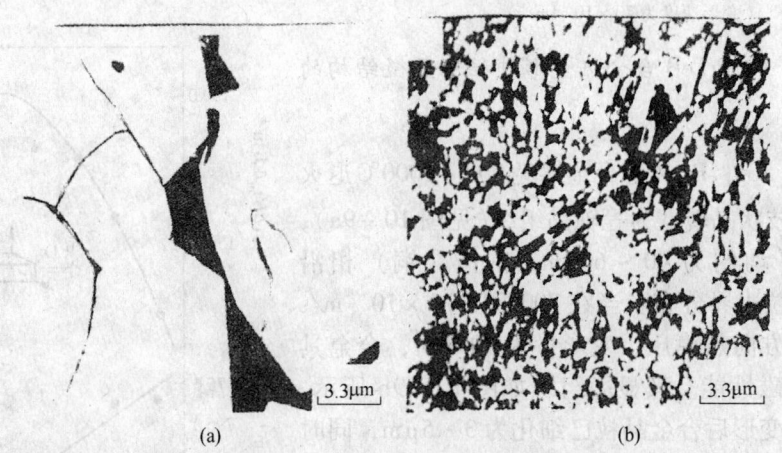

图 10 - 9　$Pr_{17}Fe_{76.5}Cu_{1.5}B_5$ 铸态合金并经 1000℃、24h 固溶处理后（a）与
在 700℃ 以 70% 变形量热模压后（b）的显微组织

实，化学分析和磁测量是将热压样品表面的富镨（铜）相切除后进行的。例如，当变形量为 70% 时，相对于变形前镨的摩尔分数从 16.92% 降低到 13.97%；铜的摩尔分数从 1.54% 降低到 1.13%。而铁的含量升高，硼的含量变化不大。这些数据表明，随热变形量的增加，合金成分向主相 $Pr_2Fe_{14}B$ 的成分靠近。这意味着富镨（铜）相逐渐减少，主相的体积分数增加。而合金的磁化强度 M_s 倚赖于铁磁性主相的体积分数。因此随热变形量的增加，合金的 M_s 提高。

表 10 - 1　$Pr_{17}Fe_{76.5}Cu_{1.5}B_5$ 合金成分（摩尔分数）与热压变形量的关系　　　（%）

热压变形量	Pr	Fe	B	Cu	其 他
0	16.92	75.26	4.85	1.54	1.43
30	15.72	76.46	5.01	1.88	1.44

热压变形量	Pr	Fe	B	Cu	其　他
50	14.65	77.62	5.16	1.25	1.32
70	13.97	78.11	5.26	1.13	1.53

合金的 H_{cj} 提高与晶粒尺寸细化以及边界显微结构的改善有关。由于主相 $Pr_2Fe_{14}B$ 的晶体结构具有层状结构的特点及其力学性质的各向异性，其滑移面将是基平面，如图10 - 10 所示。在 700℃ 热压时，由于 $Pr_2Fe_{14}B$ 单胞在 c 轴方向原子键合力较弱，而在基平面原子键合力较强，因而 $Pr_2Fe_{14}B$ 晶粒沿基平面滑移，导致晶粒的表面积增加，表面能提高，同时晶粒的畸变能也增大，这是一种不稳定的状态。因此，当晶粒在以某一速度变形的同时，发生形核与再结晶。这一过程是在压力的作用下进行的，只有 c 轴与压力平行的那些晶核由于应变能低而得以长大；而 c 轴与压力轴夹角大于 15.44° 以上的那些晶核由于应变能高，其长大将受到抑制。形核与晶粒长大均具有较强的方向性。在固态进行的形核与晶粒长大亦与温度有关，温度过高，形核率低，晶粒粗大，矫顽力低；温度过低则原子扩散困难，再结晶难以进行。因此，在某一临界温度下有一最佳的形核率，从而得到细小的晶粒结构和较高的矫顽力。此外，由于 $Pr_2Fe_{14}B$ 晶粒被富镨（铜）相所包围，在滑移变形过程中 $Pr_2Fe_{14}B$ 晶粒整体转动的可能性不大。晶粒转动的驱动力主要来源于应变能的各向异性，压力与晶粒 c 轴成一定角度时的应变能要大于压力与 c 轴夹角为零时的应变能，因此，晶粒 c 轴力图转动到与压力平行的方向。

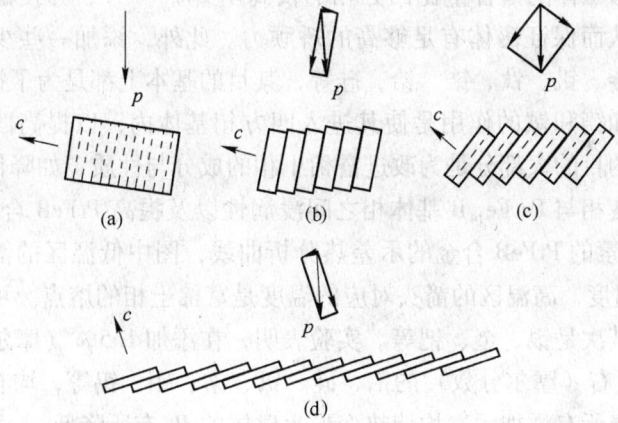

图 10 - 10　$Pr_2Fe_{14}B$ 晶粒在压应力作用下滑移变形过程示意图

10.1.1.4　PrFeB 磁体铸造－热变形工艺

铸造及热变形技术较早就应用于制备永磁材料，如铸造法制备 AlNiCo 永磁材料，热变形法制备 FeCoCr 永磁材料等。从降低生产成本和制造大尺寸板状磁体（热轧法）考虑，用铸造－热变形法制备稀土永磁材料有着工业发展前景。

PrFeB 磁体的铸造－热变形工艺大体可分为合金的熔炼和铸锭、热变形、最后退火 3 个阶段，工艺流程如图 10 - 11 所示。

铸造－热变形永磁材料的成分一般为：5%（摩尔分数）硼，16% ~ 17%（摩尔分

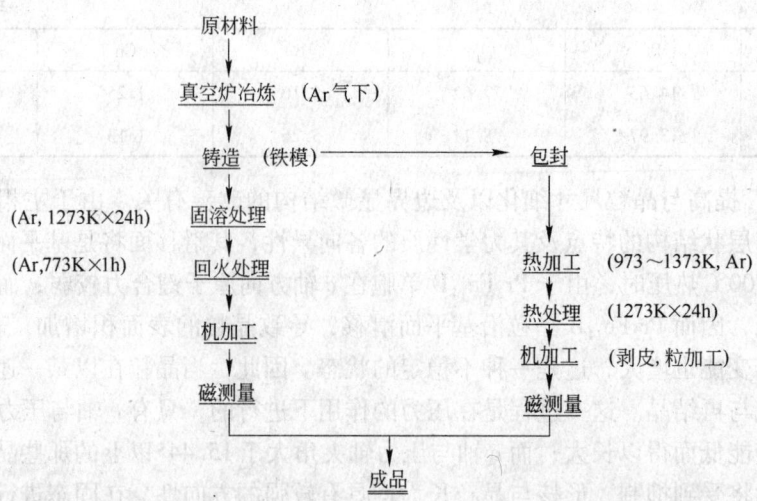

图 10-11　铸造-热变形法制备 PrFeB 磁体工艺流程图

数）镨，余为铁，以及其他少量添加元素。该成分与 $Pr_2Fe_{14}B$ 四方相的成分相比，镨含量比四方相高 4%～5%。高镨含量的作用在于在热变形温度下有较多的富镨液相，而富镨液相是 PrFeB 合金能够进行热变形的重要因素。在热加工塑性变形过程中富镨液相被挤出，最终获得热变形磁体的镨含量比四方相的仅高出 2%～3%，并使磁体在晶界处形成一薄层富稀土相，从而保证磁体有足够高的矫顽力。此外，添加一些少量其他元素，如镝、铽、铜、银、金、钒、钛、锆、铪、硅等，其目的基本上都是为了提高热变形永磁体的矫顽力。这里添加镝和铽的作用是使其进入四方相基体内，以提高四方相的各向异性场；添加其他元素的目的大部分是为改进富稀土相的成分与性质，如降低富稀土晶界相的熔点，改进富稀土液相与 $Pr_2Fe_{14}B$ 基体相之间浸润性以及提高 PrFeB 合金的热变形能力。图 10-12 为添加元素的 PrFeB 合金的示差热分析曲线，图中低温区的箭头对应的温度是 $Pr_2Fe_{14}B$ 相的居里温度，高温区的箭头对应的温度是富稀土相的熔点。可见铜能显著地降低富镨相的熔点，其次是银、金、钯等。实验表明，在添加 1.5%（摩尔分数）铜的基础上，再添加 0.5% 左右（摩尔分数）的铝、硅、钒、锆、钼、钨等，均有利于提高热变形永磁体的矫顽力。但所有添加元素均使热变形永磁体的 B_r 有所降低。

PrFeB 合金经真空感应炉熔炼，氩气保护下浇铸。铸锭在 1000℃ 退火 24h 后进行热变形处理。热变形工艺包括热压、热轧、镦粗等。在热变形时，为防止合金氧化并使其变形均匀，必须将合金铸锭包封在一个可塑性变形的金属套中，如用 45 号钢制成的金属套，然后抽真空并封焊。在热变形完成后，用机械加工方法将外套剥去，最后再加工磁体。外套的包封和剥离无疑增加了磁体的成本和工艺难度，这也是此工艺中的主要难点。

热处理对热变形永磁体的磁性能有重要影响。图 10-13 是热处理对热压 $Pr_{17}Fe_{76.5}Cu_{1.5}B_5$ 磁体退磁曲线的影响。可见经 950℃ 一级回火 2h 后，剩磁提高，H_{cj} 有所降低；经 950℃×2h＋548℃×1h 两级回火后，热压磁体的性能得到了进一步提高。图 10-14 是 $Pr_{17}Fe_{76.5}Cu_{1.5}B_5$ 磁体在 950℃ 热轧，变形量为 76%，在 400～550℃ 之间回火前后 $(BH)_m$

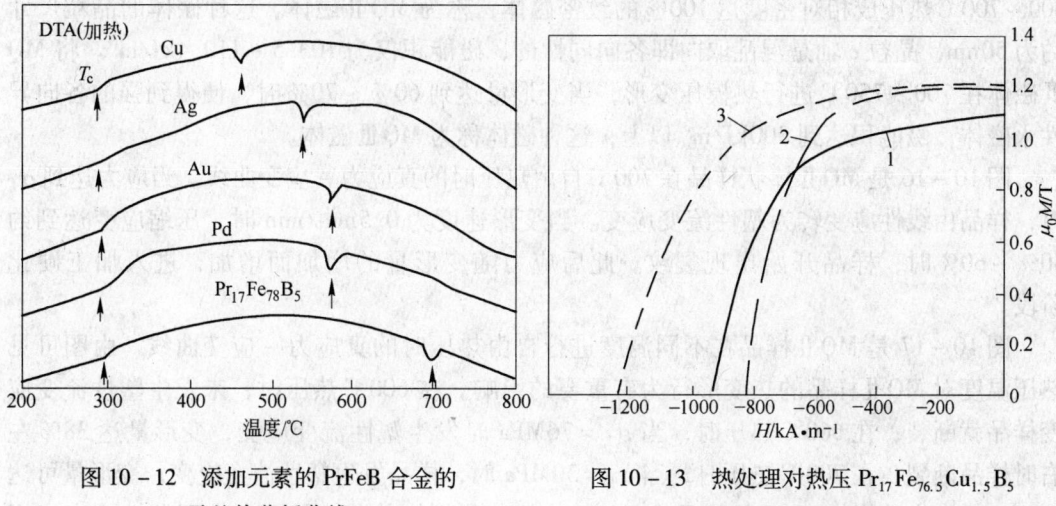

图 10-12　添加元素的 PrFeB 合金的
示差热分析曲线

图 10-13　热处理对热压 $Pr_{17}Fe_{76.5}Cu_{1.5}B_5$
磁体退磁曲线的影响

1—热压态；2—950℃×2h；3—950℃×2h+548℃×1h

和 H_{cj} 的变化。回火后矫顽力的提高与热轧温度有关，如图 10-15 所示。在 750~800℃ 热轧，变形量为 70%，再经 475℃ 回火，可获得最佳矫顽力。随热轧温度的升高，合金的矫顽力将迅速降低。金相观察表明，随热轧温度的提高，热轧后磁体的晶粒尺寸迅速增大，从而导致矫顽力的降低。

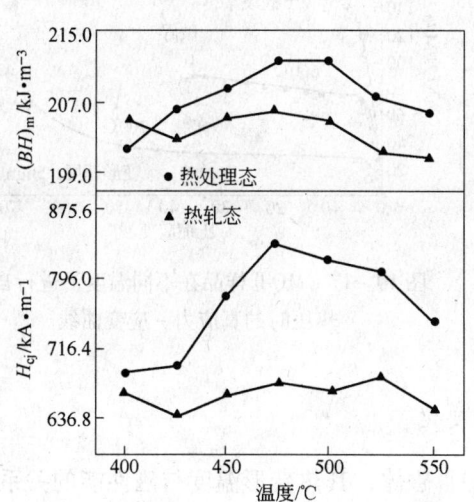

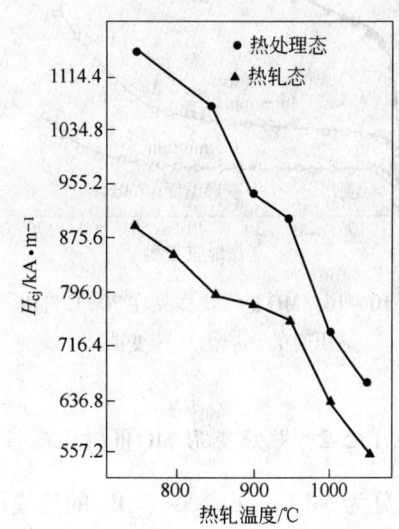

图 10-14　950℃热轧 $Pr_{17}Fe_{76.5}Cu_{1.5}B_5$ 磁体
（变形量 76%），回火温度与
$(BH)_m$、H_{cj} 的关系

图 10-15　$Pr_{17}Fe_{76.5}Cu_{1.5}B_5$ 热轧磁体
在 475℃回火后矫顽力与
热轧温度的关系

10.1.2　REFeB 合金的粉末－致密化－热变形制备技术

10.1.2.1　快淬 REFeB 磁粉热压磁体（MQⅡ）的热变形行为

成分为 $Nd_{13.5}Fe_{81.7}B_{4.8}$ 合金熔体以大于等于 10^6℃/s 速度以熔旋法制成薄带，然后在

600～700℃热压成相对密度达 100% 的致密磁体，称为 MQⅡ磁体。这种磁体的晶粒尺寸约为 50nm，晶粒 c 轴是混乱取向即各向同性的，磁能积仅为 103.5～119.4kJ/m³。将 MQⅡ磁体在 700～750℃进行热模压变形，当变形量达到 60%～70% 时，便得到强的各向异性永磁体，磁能积达到 300kJ/m³ 以上，这种磁体称为 MQⅢ磁体。

图 10-16 是 MQⅡ棒状样品在 700℃自由热压时的真应力-应变曲线。当应力达到 σ_L 时，样品由线性应变转为塑性流变应变。当变形速度为 0.5mm/min 时，压缩应变达到约 50%～60% 时，样品开始出现裂纹。此后应力随变形量的增加而增加，进入加工硬化阶段。

图 10-17 是 MQⅡ样品在不同温度进行自由热压时的真应力-应变曲线。由图可见热压温度对 MQⅡ样品的热变形行为有重要的影响。在 600℃热压时，未发生塑性流变应变样品就断裂；在 660℃热压时，当 $\sigma_L=76$MPa 时发生塑性流变应变，变形量达 38% 左右时样品断裂；在 700℃热压时，当 $\sigma_L=30$MPa 时，样品发生塑性流变应变，变形量可达 70%。另有实验指出，MQⅡ样品在 750℃加热，若不加载荷，是不会出现塑性流变应变的，并且没有明显的晶粒长大；当在 600℃以上的任何温度下，不论压力多么小，即使在 3～4MPa 的压应力作用下，也可观察到塑性变形。故认为 MQⅡ样品在高温（高于 600℃）下的应力-应变曲线上没有弹性变形区。

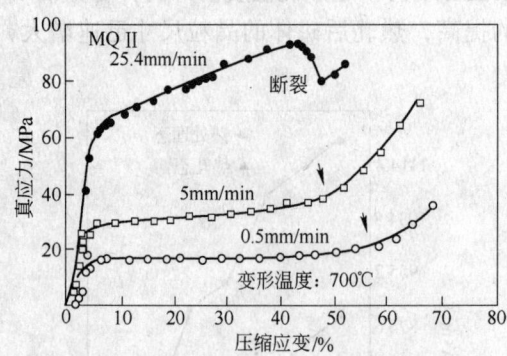

图 10-16　MQⅡ棒状样品在 700℃自由
热压时的真应力-应变曲线

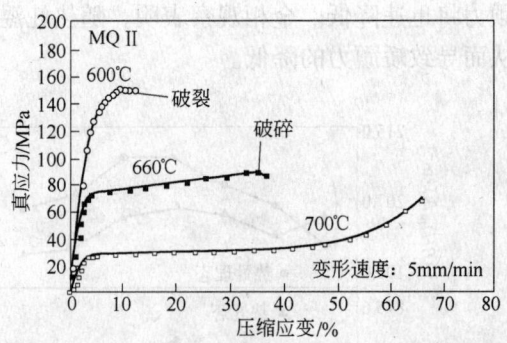

图 10-17　MQⅡ样品在不同温度下进行自由
热压时的真应力-应变曲线

10.1.2.2　热压变形 MQⅢ磁体磁性能的变化

成分为 $Nd_xFe_余Co_{7.5}Ga_{0.75}B_6$ 的热模压 MQⅢ磁体，其热变形温度与磁性能的关系见图 10-18。可见获得最佳磁性能的热变形温度与钕含量有关，随钕含量的提高，获得最佳磁性能的热变形温度降低。热变形速度对磁体磁性能的影响见图 10-19。当钕含量为 13%（摩尔分数）时，可在较宽的变形速度 0.15～0.35mm/s 下，获得较高的 $(BH)_m$ 和 H_{cj}；当钕含量为 13.8%（摩尔分数）时，只有当变形速度为 0.25mm/s 时才能获得最高的 $(BH)_m$。

10.1.2.3　热模压变形 MQⅢ磁体的组织、成分与磁性能

典型的热模压 MQⅢ磁体的 TEM 照片如图 10-20 所示，$Nd_2(Fe, Co, Ga)_{14}B$ 相具有

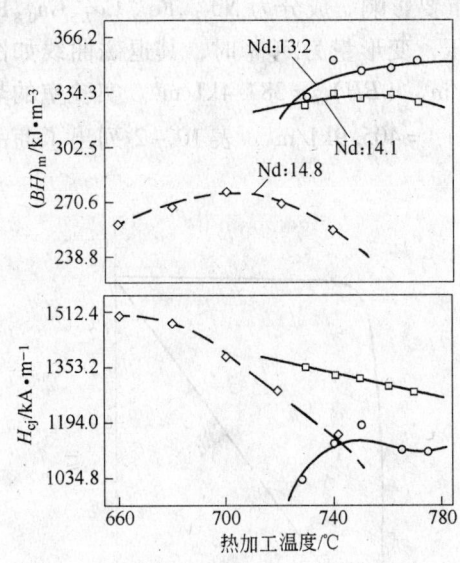

图 10－18 $Nd_x Fe_{余} Co_{7.5} Ga_{0.75} B_6$ 热模压
变形温度与磁性能的关系

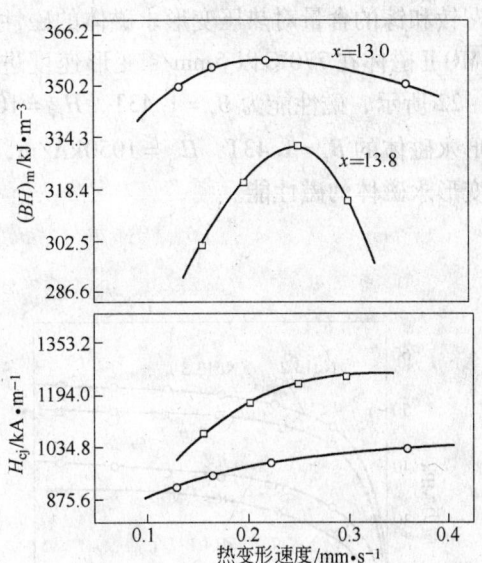

图 10－19 $Nd_x Fe_{余} Co_{7.5} Ga_{0.75} B_6$ 热模压
变形速度与磁性能的关系

片状结构，片厚度约 30～50nm，长度与宽度大约相等，约 200～300nm。薄片状的 $Nd_2 Fe_{14} B$ 相沿 c 轴方向堆垛，片与片之间存在富钕相。X 射线与微区电子衍射分析表明，2∶14∶1 相的 c 轴与压力方向平行，即与薄片的宽面垂直。当变形量达 60% 时，磁体已变成各向异性的磁体。

这种组织特征是由于在热压变形的压力作用下，造成的应变能各向异性使取向晶粒定向长大所致。MQ Ⅱ 磁体在 700～750℃ 热压变形时，$Nd_2 Fe_{14} B$ 晶界的富钕相已熔化，$Nd_2 Fe_{14} B$ 晶粒浸泡在富钕液相中，并受到压应力的作用；由于 $Nd_2 Fe_{14} B$ 晶粒具有应变能的各向异性，晶粒 c 轴与压力方向平行的那些晶粒应变能低，晶粒 c 轴与压力成一定角度的那些晶粒应变能高；应变能高的晶粒是不稳定的，它将溶解于富钕晶界液相中，使富钕液相对 2∶14∶1 固相的饱和度增加，形成一个温度梯度，通过液相扩散，应变能较低的 $Nd_2 Fe_{14} B$ 晶粒长大，其长大的择优方向是 2∶14∶1 相的基平面，最终导致 c 轴与压力方向平行的那些晶粒沿基平面长大成片，从而形成图 10－20 所示的晶体取向结构。

实验结果表明，富钕相的体积分数对 2∶14∶1 相片状结构的形成有重要影响。图10－21 是钕含量对成分为 $Nd_x Fe_{余} Co_{7.5} Ga_{0.75} B_6$ 的 MQ Ⅱ 磁体在 740～760℃ 热压变形时的应力－应变曲线的影响，出现应力平台的 σ_L 随钕含量提高而降低。钕含量越高，磁体的富钕相体积分数越高。富钕液相在热变形过程中起到润滑作用，有利于 $Nd_2 Fe_{14} B$ 晶粒转动和位移，促进晶体取向和晶粒长大。

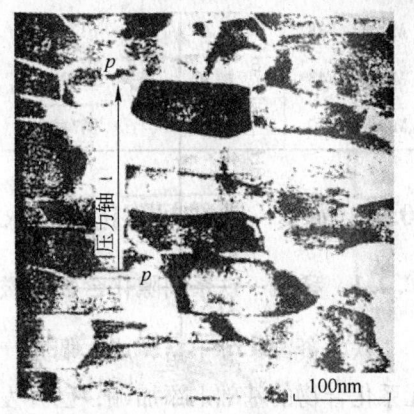

图 10－20 热模压 MQ Ⅲ
磁体的 TEM 照片

钕和镓的含量对热压变形永磁体的磁性能有重要影响。成分为 $Nd_{13.2}Fe_余Co_{7.5}Ga_{0.8}B_6$ 的 MQⅡ磁体在770℃以5mm/s变形速度进行热压，变形量为70%时，其退磁曲线如图 10-22所示，磁性能为 $B_r=1.43T$，$H_{cj}=1050kA/m$，$(BH)_m=384.4kJ/m^3$。实验室的热变形永磁体的 $B_r=1.43T$，$H_{cj}=1050kA/m$，$(BH)_m=405.9kJ/m^3$。表10-2列出了商品热变形永磁体的磁性能。

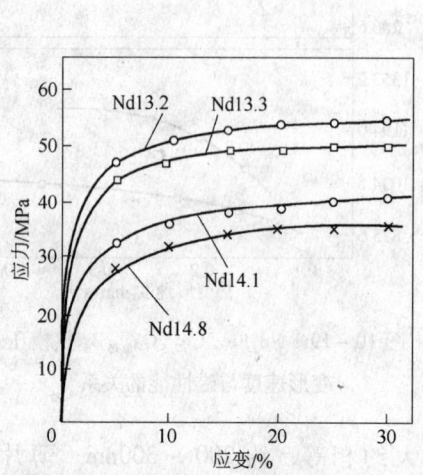

图 10-21 $Nd_xFe_余Co_{7.5}Ga_{0.75}B_6$ 的 MQⅡ磁体在740~760℃热压变形 时的应力-应变曲线

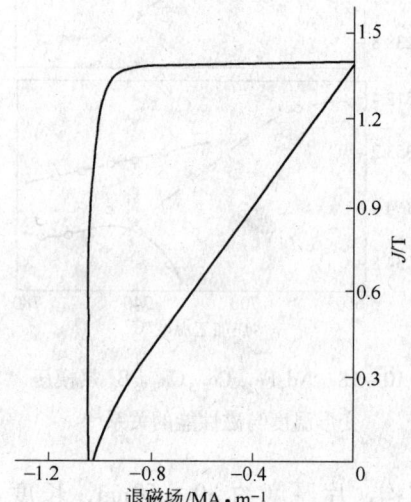

图 10-22 $Nd_{13.2}Fe_余Co_{7.5}Ga_{0.8}B_6$ 的 MQⅡ磁体的退磁曲线

表 10-2   热变形 REFeB MQⅢ永磁体的磁性能

牌 号	B_r/T	$H_{cj}/kA \cdot m^{-1}$	$(BH)_m/kJ \cdot m^{-3}$	$\alpha_{B_r}(20~100℃)$ /% · ℃$^{-1}$	$\alpha_H(20~100℃)$ /% · ℃$^{-1}$
MQⅢ-E38	1.28	1003	302.5	-0.1	-0.6
MQⅢ-E43	1.40	955.2	358.2	-0.1	-0.6
MQⅢ-F38	1.27	1321.3	302.5	-0.09	-0.6
MQⅢ-F43	1.36	1249.7	342.3	-0.09	-0.6
MQⅢ-G32	1.16	1671.6	254.7	-0.09	-0.6

10.2   稀土-铁系间隙化合物永磁材料

10.2.1   稀土-铁系间隙化合物永磁材料的基本原理

铁的资源十分丰富，成本低廉，并具有高 J_s 和高 T_c，但它的 K_1 很低。在稀土-铁二元系化合物的基础上添加硼，已开发出了高性能的 REFeB 系永磁材料。从几何晶体学的角度看，RE-Fe-M 三元系富铁角存在一系列 RE-Fe-M 三元化合物，如1:7、3:22、2:17、1:12、3:29化合物等，这些化合物的晶体结构均可由 $CaCu_5$ 型结构派生而来。

但这些化合物由于各向异性低或居里温度低而不能直接作为永磁材料。在某些 RE－Fe 二元系化合物的晶体结构中存在着空间尺寸较大的间隙位置，引入某些间隙元素到这些间隙位置中去，从而形成间隙化合物，如 $RE_2Fe_{17}N_x$，$RE_2Fe_{17}C_x$，$RE(Fe，M)_{12}N_x$，$RE_3(Fe，M)_{29}N_x$ 间隙化合物等。这些间隙化合物与母相具有相同的晶体结构，但其磁特性有很大的变化，使之成为新型的间隙化合物永磁材料。

在 RE－Fe 二元系中，RE_2Fe_{17} 化合物是最稳定的，并且是富铁的。但在 RE_2Fe_{17} 化合物中没有一个在室温以上具有易轴各向异性，而且这些化合物的居里温度很低，约在 240～480K 之间。原因是在 RE_2Fe_{17} 化合物中，铁－铁原子间距过短，它们具有反铁磁性交换作用。有关实验表明，对 RE_2Fe_{17} 化合物加以改进，可使之成为具有永磁特性的材料。例如，稀土金属化合物能吸收大量的氢，吸氢使其磁性能发生显著的变化；用少量磁性或非磁性元素如铝、镓等部分取代 RE_2Fe_{17} 中的铁，也可提高其 T_c；将碳原子引入到 Sm_2Fe_{17} 化合物中，形成 $Sm_2Fe_{17}C_x$ 化合物，使其 T_c 和 M_s 提高，并且将该化合物由易基面转化为易 c 轴，随碳含量提高其室温下的 H_A 达到 5.3T；将氮原子引入到 RE_2Fe_{17} 化合物中，可合成一系列 $RE_2Fe_{17}N_x$ 化合物，其中 $Sm_2Fe_{17}N_x$ 化合物具有优异的内禀磁特性，可作为实用永磁材料。此外，在 RE－Fe 二元系的基础上添加第三组元，如钛、钒、铬、钼、钨等，并且这些组元的含量适当时，钕的 1：12 型和 3：29 型化合物可成为有实用意义的永磁材料。

表 10－3 列出几种主要稀土金属间化合物的磁性能比较，可见 $Sm_2Fe_{17}N_x$、$Nd(Fe，M)_{12}N_x$、$Nd_3(Fe，M)_{29}N_x$ 等稀土－铁间隙化合物具有较高的内禀磁特性，而且稀土原子比是最低的，它们有可能发展成为具有优异磁性能的新型铁基稀土永磁材料。

表 10－3 几种主要稀土金属间化合物的磁性能比较

化 合 物	J_s/T	$(BH)_m$/kJ·m^{-3}	H_A/MA·m^{-1}	T_c/℃	RE/TM	TM
$SmCo_5$	1.15	248.0	32	740	0.166	Co
2：17Sm－Co(H_{cj})	1.56	480.0	约8	890	0.105	Co
$Nd_2Fe_{14}B$	1.61	528.0	约6	310	0.117	Fe
Sm_2Fe_{17}	0.94	176.0	易基面	119	0.105	Fe
$Sm_2Fe_{17}N_x$	1.54	472.0	11.2～20.8	470	0.09	Fe
$Sm_2Fe_{17}C_x$			4.24	297		Fe
$Nd(Fe，M)_{12}$	1.28	328.0	4.96	318	0.07	Fe
$Nd(Fe，M)_{12}N_x$	>1.41	397.6	8.4	469	0.07	Fe

10.2.2 $Sm_2Fe_{17}N_x$ 间隙化合物永磁材料

10.2.2.1 $Sm_2Fe_{17}N_x$ 间隙化合物的形成

可以用快淬法、机械合金化法、HDDR 法以及传统的粉末冶金法等方法制备 Sm_2Fe_{17} 母合金粉末，然后在温度 450～550℃，压力 10^5Pa 高纯氮气中进行气－固相反应，经这种氮化处理一定时间后得到具有高矫顽力的 $Sm_2Fe_{17}N_x$ 磁粉。

Sm_2Fe_{17} 化合物的氮化过程是氮气的分解－吸收过程。氮只能以氮原子形式被 Sm_2Fe_{17}

化合物吸收，吸氮过程也是扩散过程，符合一般扩散规律。在不同的氮化温度下，温度越高，化合物中氮原子浓度越高。在同一氮化温度下，氮气压力越高，化合物中氮原子浓度越高。$Sm_2(Fe_{0.75}, Co_{0.25})_{17}N_x$ 在 550℃进行氮化时，化合物中氮原子浓度与氮气压力的关系如图 10-23 所示，说明氮气压力高会促进吸氮过程。在同一氮化温度下，随氮化处理时间的延长，化合物中氮原子浓度逐渐提高。颗粒半径 $R=20\mu m$ 的 Sm_2Fe_{17} 粉末在 773K 氮化处理，氮质量分数随时间的变化见图 10-24。根据扩散公式的计算，颗粒尺寸 $R=15\mu m$ 的 Sm_2Fe_{17} 粉末在 773K 氮化处理，氮质量分数与氮化时间的关系见图 10-25a；在 773K 处理 6h 后，氮的质量分数分布随颗粒尺寸的变化见图 10-25b。

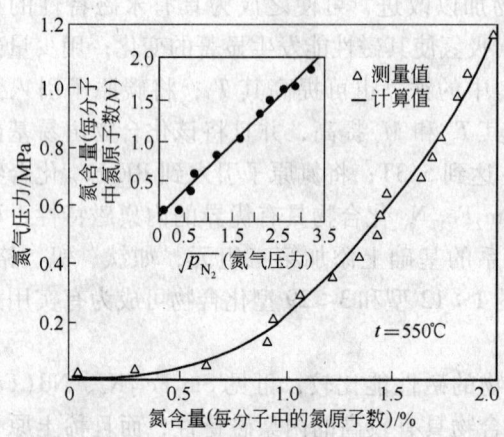

图 10-23　在 550℃时 $Sm_2(Fe_{0.75}, Co_{0.25})_{17}N_x$ 中氮的质量分数与氮气压力的关系

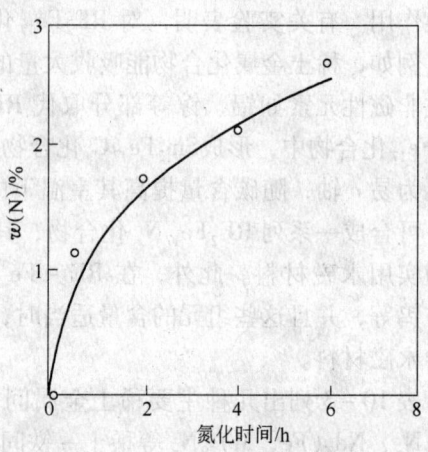

图 10-24　$R=20\mu m$ 的 Sm_2Fe_{17} 粉末在 773K 氮化处理，氮质量分数与氮化时间的关系

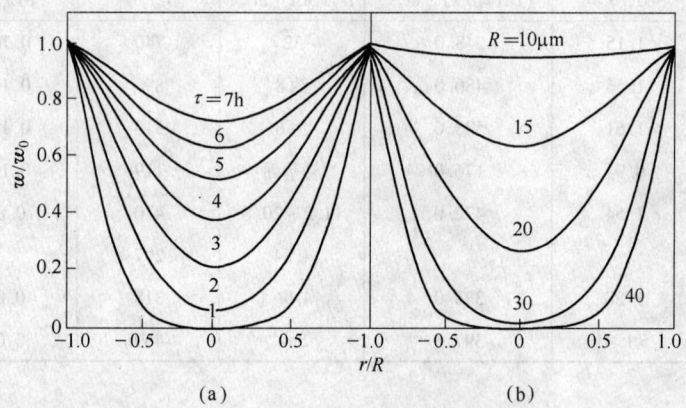

图 10-25　Sm_2Fe_{17} 粉末颗粒在 773K 氮化处理时氮质量分数的分布

（a）$R=15\mu m$ 颗粒；（b）经 6h 处理

10.2.2.2　$Sm_2Fe_{17}N_x$ 间隙化合物的内禀磁特性

在 $RE_2Fe_{17}N_x$ 化合物中，$Sm_2Fe_{17}N_x$ 是唯一具有易 c 轴各向异性、能够发展成为永磁材料的化合物。实验表明，$Sm_2Fe_{17}N_x$ 间隙化合物的氮原子数 x 可连续地从 0 到 3.0 变化，

并且当氮原子数不同时，化合物的点阵常数、单胞体积、内禀磁性能和分解温度均具有不同的数值。它们随氮原子数的变化分别如图 10 – 26 ~ 图 10 – 29 所示。可见当氮原子数 x 从 0 提高到 2.0 以上时，点阵常数与单胞体积的增加趋于一个稳定值。氮原子引入化合物后，铁－铁原子间距扩大，交换作用增强，T_c 与氮原子数的增加近乎呈线性关系，直至470℃，它比 Sm_2Fe_{17} 化合物的 T_c 高出约 360℃。当氮原子数 x 从 0 提高到 2.0 时，饱和磁极化强度 J_s 有较显著的增加，由于铁－铁原子间交换作用增强，铁亚点阵对分子磁矩的贡献约为 $33\mu_B/FU$；当 $x > 2.0$ 时，J_s 增加变得较为缓慢。各向异性场 H_A 随氮原子数的增加几乎是线性地增加，K_1 和 K_2 与氮原子数的关系（图 10 – 28）表明，H_A 主要是由 K_1 的增加而引起的。很显然，氮原子数影响到化合物的自旋再取向，当 $x = 0.81$ 时，$K_1 = 1.0MJ/m^3$，$Sm_2Fe_{17}N_{0.81}$ 已开始转变为易 c 轴各向异性。在 $Sm_2Fe_{17}N_x$ 化合物中，目前实验得到最大的氮原子数为 $x = 2.94$，此时该化合物的 $J_s = 1.51T$，$K_1 = 8400kJ/m^3$，$K_2 = 2100kJ/m^3$，$H_A = 16800kA/m^3$，外推到 $x = 3.0$ 时，$H_A = 17616kA/m^3$。

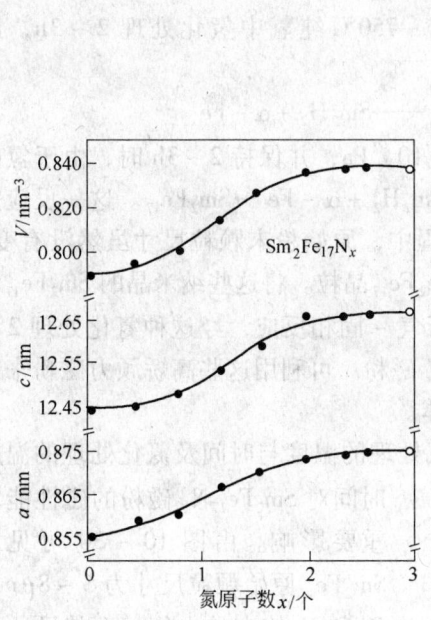

图 10 – 26　$Sm_2Fe_{17}N_x$ 化合物的点阵常数和
单胞体积随氮原子数的变化

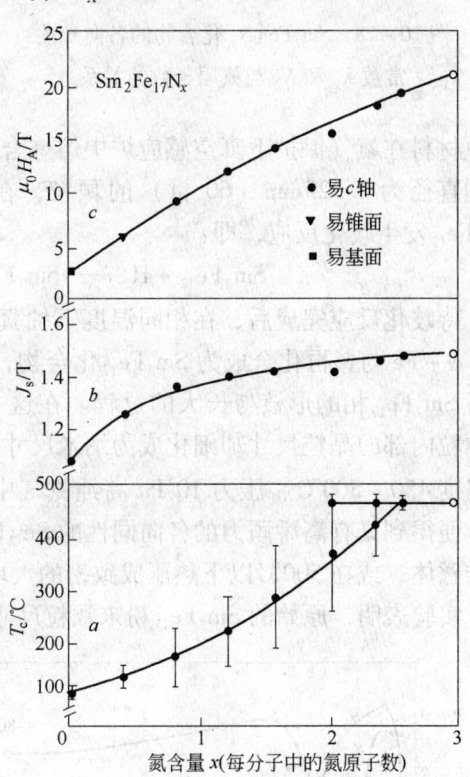

图 10 – 27　$Sm_2Fe_{17}N_x$ 化合物的 T_c、J_s
和 H_A 与氮原子数的关系

　　氮含量不仅对 $Sm_2Fe_{17}N_x$ 的内禀磁性能有重要影响，更重要的是它要影响 $Sm_2Fe_{17}N_x$ 的分解温度。由图 10 – 29 可见，$Sm_2Fe_{17}N_x$ 的起始分解温度和显著的分解温度均随氮原子数的增加而增加。当氮原子数 x 越接近 3.0 时，其分解温度越高。

10.2.2.3　$Sm_2Fe_{17}N_x$ 各向同性粉末的制备工艺

　　杨俊和周寿增等人首先用 HDDR 法制备出高性能的 $Sm_2Fe_{17}N_x$ 各向同性磁性粉末。用

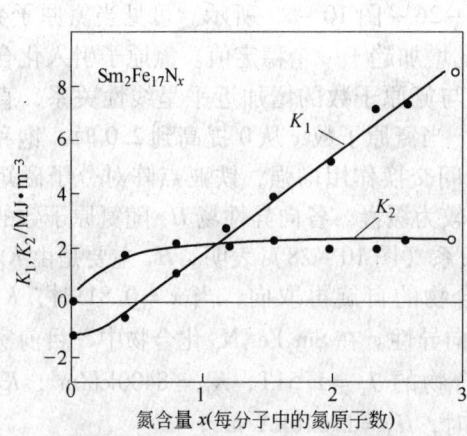

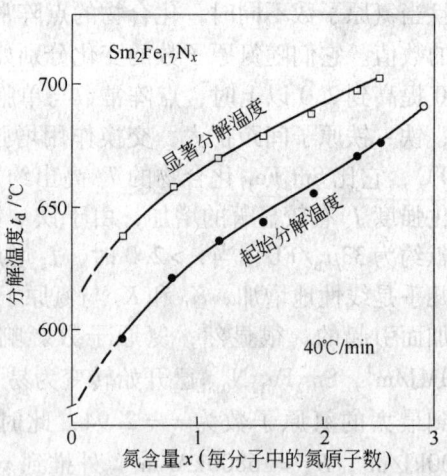

图 10-28　$Sm_2Fe_{17}N_x$ 化合物的各向异性
常数 K_1 和 K_2 与氮原子数的关系

图 10-29　$Sm_2Fe_{17}N_x$ 化合物的分解温度
与氮原子数的关系

纯原材料在氩气保护下真空感应炉中熔炼合金，铸锭经 1000~1050℃ 退火 1~3 天，粗破碎到直径为 0.325mm（60 目）的颗粒，在 700~750℃ 纯氢中氢化处理 2~3h，此时 Sm_2Fe_{17} 发生歧化反应，即：

$$Sm_2Fe_{17} + H_2 \longrightarrow Sm_2Fe_{17}H_x \longrightarrow Sm_2H_2 + \alpha - Fe$$

待歧化反应完成后，在相同温度下抽真空到 10^{-2}Pa，并保持 2~3h 时，由于氢的抽出，$\alpha - Fe$ 与钐再化合成为 Sm_2Fe_{17} 化合物，即 $Sm_2H_2 + \alpha - Fe \longrightarrow Sm_2Fe_{17}$。这一反应是固态下 Sm_2Fe_{17} 相的形核与长大的过程。在这一过程中，原始粉末颗粒尺寸虽然没有变化，但颗粒内部的晶粒尺寸却细化成为纳米尺寸的 Sm_2Fe_{17} 晶粒。将这些纳米晶的 Sm_2Fe_{17} 粉末在温度 450~500℃、压力 10^5Pa 高纯氮气中进行气-固相反应，经这种氮化处理 2~3h 后，便得到具有高矫顽力的各向同性的 $Sm_2Fe_{17}N_x$ 磁粉。可利用这些高矫顽力磁粉来制备黏结磁体，或在 500℃ 以下热压成致密的大块磁体。

实验表明，原始的 Sm_2Fe_{17} 粉末颗粒尺寸、氢处理的温度与时间及氮化处理的温度与时间对 $Sm_2Fe_{17}N_x$ 磁粉的磁性能均有重要影响。由图 10-30 可见，当 Sm_2Fe_{17} 原始颗粒尺寸为 5~8μm 时，B_r 和 H_{cj} 均有最大值；而其尺寸大于 10μm 时，B_r 和 H_{cj} 均急剧地降低，原因是大尺寸的颗粒氮化处理不易均匀，很可能存在未氮化的 Sm_2Fe_{17} 相区，导致磁粉的 B_r 和 H_{cj} 降低。此外，在 750℃ 氢化处理约 2h 以及在 750℃ 抽氢处理 1~3.5h 时，$Sm_2Fe_{17}N_x$ 磁粉均具有较高磁性能。抽氢处理时间不足，如小于 1h，$\alpha - Fe$ 与 Sm 的

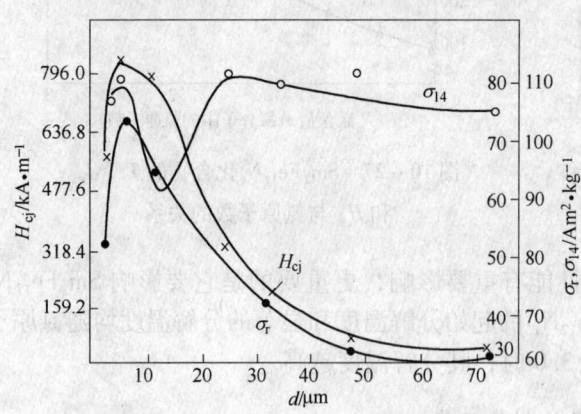

图 10-30　母合金 Sm_2Fe_{17} 粉末颗粒尺寸
对 $Sm_2Fe_{17}N_x$ 磁粉磁性能的影响

再化合反应不完全，则矫顽力很低。在 450~500℃氮化处理 2~3h 后，$Sm_2Fe_{17}N_x$ 磁粉具有较高的磁性能。氮化处理温度高于 500℃，磁粉的磁性能急剧地降低，这与 $Sm_2Fe_{17}N_x$ 发生分解反应 $Sm_2Fe_{17}N_x \rightarrow SmN_2 + \alpha-Fe$ 有关。一般来说，$Sm_2Fe_{17}N_x$ 的分解温度在 600℃左右，但实际上 $Sm_2Fe_{17}N_x$ 的分解与保温时间也有密切关系，例如 550℃保温 2~3h 时，已发现有部分 $Sm_2Fe_{17}N_x$ 分解。

添加元素对 $Sm_2(Fe_{1-x}M_x)_{17}N_y$ 磁粉的磁性能有重要影响。例如添加铬和镓可显著地提高 $Sm_2(Fe_{1-x}M_x)_{17}N_y$ 磁粉的 H_{cj}；添加钴使 H_{cj} 有所降低，原因是添加钴后，容易形成 $Sm(Fe, Co)_2N_x$ 和 $Sm(Fe, Co)_3N_x$ 间隙化合物，这些氮化物在低于 500℃时便发生分解，从而形成软磁性相 $\alpha-(Fe, Co)$，导致矫顽力降低。

10.2.2.4 $Sm_2Fe_{17}N_x$ 各向异性磁粉的制备工艺

实验表明，采用传统的粉末冶金工艺和气-固相反应法能够制备高性能各向异性 $Sm_2Fe_{17}N_x$ 磁粉。用工业纯金属铁、钐等作原料，在氩气保护下真空感应炉内熔炼合金，金属模铸锭；合金锭经 1000℃均匀化退火 1~3 天，粗破碎至约 30μm（500 目），在温度为 500℃，压力为 10^5Pa 高纯氮气下处理 5h，然后抽真空至 $10^{-2}Pa$，在 500℃均匀化处理 1.5h；在球磨机中研磨 10h，球料比为 30:1，用石油醚作保护介质；球磨后在真空中干燥，将干燥的 $Sm_2Fe_{17}N_x$ 磁粉放在磁场中取向后压制成型。用这一工艺制备的 $Sm_2Fe_{17}N_x$ 磁性粉末具有良好的各向异性，图 10-31 是该样品沿平行和垂直取向方向测量的磁滞回线。

各向异性 $Sm_2Fe_{17}N_x$ 磁粉的磁性能受到多方面因素的影响。实验结果表明，Sm_2Fe_{17} 粉末在 500℃氮化处理 5h 和随后在 500℃均匀化处理 1.5h 时，可获得最佳的磁性能。当氮化温度过低时，磁粉颗粒内部还存在未氮化的 Sm_2Fe_{17} 相区，因此随氮化处理温度的降低，磁粉的磁性能显著地降低；当氮化处理温度高于 550℃ 时，X 射线衍射分析表明，磁粉颗粒表面开始出现 SmN_2 和 $\alpha-Fe$，说明氮化处理温度过高，$Sm_2Fe_{17}N_x$ 磁粉已部分分解，从而导致磁性能下降；当氮化处理时间过短时，磁粉颗粒内部

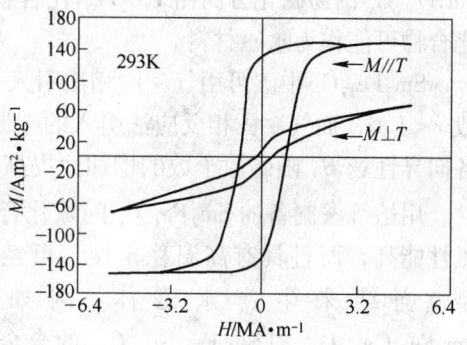

图 10-31 各向异性 $Sm_2Fe_{17}N_x$ 样品沿平行和垂直取向方向测量的磁滞回线

出现未氮化的 Sm_2Fe_{17} 相区，或氮浓度分布不均匀，或氮的质量分数过低，这些都会导致磁粉磁性能的降低。SEM 观察表明，球磨 8~10h 后，磁粉颗粒尺寸约为 1~3μm，接近于 $Sm_2Fe_{17}N_x$ 化合物的单畴临界尺寸（约 0.36μm），可获得最佳的综合磁性能。球磨时间过长，磁粉颗粒表面的活性增加，磁粉的氧含量和其他杂质的吸附量增加，从而导致磁性能下降。

目前人们已将 $Sm_2Fe_{17}N_x$ 制备成实用黏结永磁体，图 10-32 和图 10-33 分别是 $Sm_2Fe_{17}N_x$ 黏结永磁体退磁曲线和磁通不可逆损失与 REFeB 黏结永磁体的比较。可见 $Sm_2Fe_{17}N_x$ 各向同性黏结永磁体有最高的矫顽力，在相同温度放置后，其磁通不可逆损失最小。

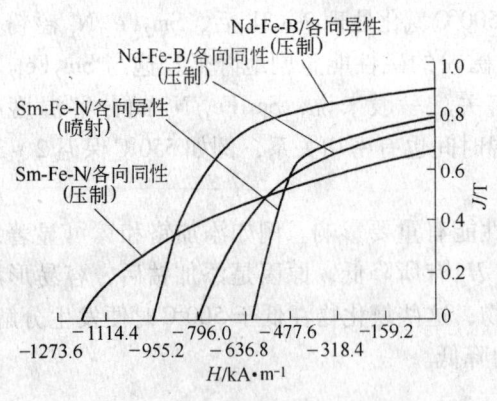

图 10-32　$Sm_2Fe_{17}N_x$ 和 REFeB 黏结
永磁体退磁曲线的比较

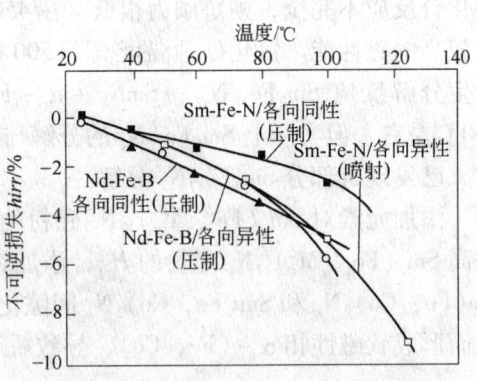

图 10-33　$Sm_2Fe_{17}N_x$ 和 REFeB 黏结
永磁体磁通不可逆损失的比较

10.2.3　其他稀土–铁系间隙化合物永磁材料

10.2.3.1　$Sm_2Fe_{17}C_x$ 间隙化合物永磁材料

碳原子的原子半径（0.077nm）与氮原子半径（0.07nm）相当，碳原子也可引入 RE_2Fe_{17} 化合物中，形成 $RE_2Fe_{17}C_x$ 间隙化合物，而且它们在 RE_2Fe_{17} 化合物中引起的间隙效应十分相似，制成磁粉的磁性能也相当。在所有的 $RE_2Fe_{17}C_x$ 间隙化合物中，只有 $Sm_2Fe_{17}C_x$ 的易磁化方向由 RE_2Fe_{17} 化合物的易基面转为易 c 轴，说明只有 $Sm_2Fe_{17}C_x$ 间隙化合物可能作为永磁材料。

$Sm_2Fe_{17}C_x$ 中碳可用气–固相法引入，也可在熔炼时加入。熔炼时加入的碳原子数一般 $x < 1.6$，而气–固相反应法引入的碳原子数可高些，$x \approx 2.5$。$Sm_2Fe_{17}C_x$ 间隙化合物的各向异性场 H_A 随碳原子数的增加而提高，在 293K 时，$Sm_2Fe_{17}C_{0.9}$ 的 H_A 可达 5T 左右。

用熔炼法制备的 $Sm_2Fe_{17}C_x$ 间隙化合物，不仅磁性能高，而且具有高温稳定性，可经制粉、成型、烧结来生产永磁体。例如成分为 $Sm_2Fe_{15}Ga_{2.0}C_{2.0}$ 和 $Sm_2Fe_{15}Si_{2.0}C_{1.5}$ 的合金，用电弧炉在氩气保护下熔炼，为补偿熔炼过程中钐的损失，多加 4.5%（质量分数）的钐。合金锭在 1450℃ 退火 24~60h，然后破碎成细小粉末与环氧树脂混合，放在 1600kA/m 磁场中取向。两个样品的平行与垂直磁场方向的磁化曲线如图 10-34 所示。

10.2.3.2　1:12 型间隙化合物永磁材料

杨应昌等人首先发现 $NdFe_{12-x}M_xN_y$（M = Ti、Mo、W、V、Cr、Nb 等，$x = 1~2$）具有高的各向异性，并用气–固相反应法制备出 $NdFe_{10.5}Mo_{1.5}N_y$

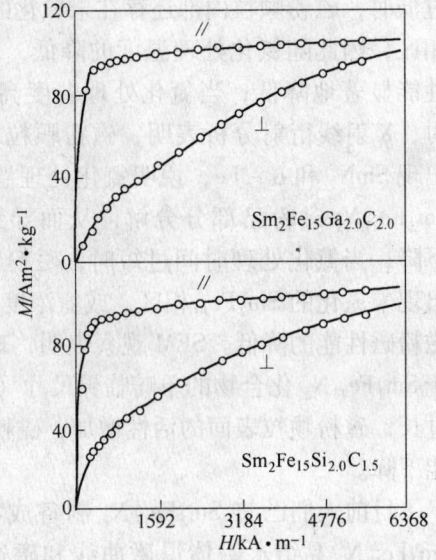

图 10-34　$Sm_2Fe_{15}Ga_{2.0}C_{2.0}$ 和 $Sm_2Fe_{15}Si_{2.0}C_{1.5}$
取向粉末样品的磁化曲线

间隙化合物永磁材料。

在 RE－Fe 二元系中不存在 1∶12 型化合物，有某些特定的第三组元 M 并以特定的含量存在时，才能形成 1∶12 型化合物。金属组元 M 是 1∶12 型 RE－Fe(M) 化合物得以形成和稳定地存在的前提条件，称之为 1∶12 型化合物的稳定化元素。$ThMn_{12}$ 型化合物的形成对稳定化元素的含量十分敏感，例如，对于 $GdFe_{12-x}Nb_x$ 化合物来说，当原子数 $x \leqslant 0.5$ 时，主相是 Th_2Zn_{17} 型化合物，而 $ThMn_{12}$ 型化合物是第二相；当 $x \approx 0.65$ 时，将形成单一的 $ThMn_{12}$ 型化合物；当 $x > 0.8$ 时，Th_2Zn_{17} 型化合物再一次成为主相，同时有 $NbFe_2$ 相第二相存在。大量实验结果表明，1∶12 型化合物的稳定化元素及其含量范围为：$0.7\% \leqslant w(Ti) \leqslant 1.5\%$、$0.5\% \leqslant w(Mo) \leqslant 5.0\%$、$0.12\% \leqslant w(W) \leqslant 5.0\%$、$1.25\% \leqslant w(V) \leqslant 4.0\%$、$1.5\% \leqslant w(Cr) \leqslant 3.5\%$、$w(Nb) = 0.65\%$。

用纯金属作为原材料，按分子式 $REFe_{12-x}M_x$ 的成分配料，为补偿稀土元素的损失，一般添加 5%~8%（质量分数）的过量稀土金属。合金锭经 900~1100℃ 退火 1~3 天，才能获得单相的 $ThMn_{12}$ 型化合物。然后将合金锭破碎和研磨至 20~30μm，放在压力为 10^5Pa 的高纯流动氮气中，经 500~550℃ 氮化处理 2~4h，便可得到 $REFe_{12-x}M_xN_y$ 化合物。

从永磁材料应具备的基本条件来考虑，在 $REFe_{12-x}M_xN_y$ 化合物中，只有钕的 1∶12 型间隙氮化物可成为有实用意义的永磁材料。在室温下，$NdFe_{11}TiN_y$ 的 σ_s 相当高，可达 145.35 Am^2/kg，$J_s \approx 1.34T$，$(BH)_m \approx 357.3kJ/m^3$，$\mu_0H_A \approx 8T$，$T_c = 740K$；$NdFe_{10.5}Mo_{1.5}N_y$ 的 $\sigma_s = 107Am^2/kg$，$B_r = 1.02T$，$H_{cj} = 477.6kA/m$，$(BH)_m = 168.75kJ/m^3$，$T_c = 609K$；$(Nd, Dy)Fe_{11}TiN_y$ 化合物中随镝含量的提高其各向异性场有所提高，如 $NdFe_{11}TiN_y$ 化合物的 $J_s \approx 1.34T$，$H_A = 7960kA/m$，$T_c = 745K$。可见这些化合物的 T_c、J_s 和 H_A 值均足够高，可成为有实用意义的永磁材料。

1∶12 型 $NdFe_{12-x}M_xN_y$ 间隙化合物与 2∶17 型 $Sm_2Fe_{17}N_x$ 间隙化合物一样，在高温时要分解成 NdN_2 和 $\alpha-Fe(Ti)$，因此不能用于制备烧结永磁材料，只能用于制造黏结永磁材料。

10.2.3.3 3∶29 型间隙化合物稀土铁系永磁材料

3∶29 型化合物与 1∶12 型化合物一样，在 RE－Fe 二元系中不存在，必须添加第三组元 M 如钛、钒、铬、钼、钨等作为稳定化元素，才能形成 3∶29 型稀土铁化合物。例如在 $RE_3(Fe_{1-x}M_x)_{29}$ 中，M 组元及其适当的含量为：$4.5\% \leqslant x(Ti) \leqslant 6.3\%$、$12.8\% \leqslant x(Cr) \leqslant 14.1\%$、$4.0\% \leqslant x(Mo) \leqslant 5.0\%$。图 10－35 是钼的摩尔分数 x 对 $Nd_3(Fe_{1-x}M_x)_{29}$ 单相形成的影响，钼含量较少时，合金的主相是 2∶17 相；当钼的摩尔分数 $x > 6$ 时，合金的主相是 1∶12 相。只有钼含量处于中间某一适当含量时，才能获得单一的 $Nd_3(Fe_{1-x}M_x)_{29}$ 相。因此可以说，3∶29 相是 2∶17 相和 1∶12 相的混合相，即

$$RE_3(Fe, M)_{29} = RE_2Fe_{17} + RE(Fe, M)_{12}$$

在 $RE_3(Fe_{1-x}M_x)_{29}$ 化合物中，$Sm_3(Fe, Ti)_{29}N_y$ 间隙化合物具有高居里温度、高磁化强度和高各向异性，可成为有实用意义的永磁材料。$Sm_3(Fe_{1-x}M_x)_{29}N_y$ 永磁材料的制备工艺为：用纯金属作为原材料，用电弧炉在氩气保护下熔炼，合金锭在 1273~1473K 退火 10~60h 后水淬冷却，将合金锭破碎、球磨至 15μm 颗粒，放入压力为 10^5Pa 的高纯流

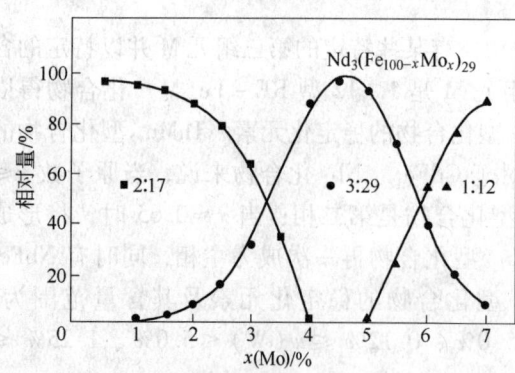

图 10 - 35   钼的摩尔分数对 $Nd_3(Fe_{1-x}M_x)_{29}$
相形成的影响

动氮气中，在 770 ~ 870℃ 氮化处理 2h。成分为 $Sm_3(Fe_{0.933}Ti_{0.067})_{29}N_5$ 的合金，与母相相比，氮化合物相的体积增大了 7.1%，居里温度从 486K 提高到 750K，室温质量饱和磁化强度从 $119Am^2/kg$ 提高到 $140Am^2/kg$，各向异性场从 3.4T 提高到 12.8T。除了 σ_s 以外，其他两项永磁材料的基本条件比 $Nd_2Fe_{14}B$ 的好。此外，$Sm_3(Fe,Ti)_{29}C_y$ 室温下 H_A 高达 14T。$Sm_3(Fe,Ti)_{29}N_y$ 也存在高温分解的问题，只能将其磁粉制成黏结永磁体。成分为 $Sm_3Fe_{26.7}V_{2.3}N_4$ 黏结永磁材料的室温磁性能为：$B_r = 0.94T$，$H_{cj} = 597kA/m$，$(BH)_m = 108.5kJ/m^3$，$T_c = 683K$。

10.3   双相纳米晶复合永磁材料

10.3.1   双相纳米晶复合永磁材料的特征

双相纳米晶复合永磁体出现后，已在世界范围内引起广泛的关注和兴趣，成为当前永磁材料研究的热门课题。

稀土永磁材料具有单轴各向异性，通常 $H_{cj} > M_r$，当 $M_r = M_s$ 时，其磁能积的理论值为 $(BH)_m^0 = \frac{1}{4}\mu_0 M_s^2$。实际稀土永磁材料的 $M_r < M_s$，因而磁体的磁能积总是低于其理论值。用黏结法或热压法制成的单易轴各向同性稀土永磁体，由于粉末晶粒混乱取向，$M_r = 0.5M_s$，其磁能积的理论值仅有各向异性磁体磁能积理论值的 25%。此外，在稀土永磁化合物中，由于 3d 金属电子自旋与稀土 4f 电子自旋是共线反向的，因此稀土金属间化合物的 M_s 一般要远低于 $\alpha - Fe$ 的 M_s (1710kA/m)。于是，人们自然会想到将具有高 M_s 的 $\alpha - Fe$ 和高各向异性的稀土金属间化合物复合起来制成永磁体，使 M_r 提高到大于 $0.5M_s$，那么将会得到高性能的各向同性黏结稀土永磁体。目前正在研究的有 REFeB/$\alpha -$Fe 系列和 $Sm_2(Fe_{1-x}M_x)_{17}N_y/\alpha - Fe$ 系列纳米晶复合永磁材料。

纳米晶复合永磁材料由软磁性相和硬磁性相在纳米范围内复合组成，基体相可以是硬磁性相，也可以是软磁性相。为获得高的永磁性能，要求硬磁性相有尽可能高的磁晶各向异性，而软磁性相有尽可能高的饱和磁化强度；两相在纳米范围内复合，两相或第二相的颗粒尺寸达到纳米级；两相界面在晶体学上是共格的，不存在界面相；两相界面处存在磁交换耦合作用。当有外磁场作用时，在两相磁交换耦合作用下，软磁性相的磁矩要随硬磁性相的磁矩同步转动，因此这种磁体的磁化与反磁化具有单一铁磁性相的特征；在剩磁状态，软磁性相的磁矩将停留在硬磁性相磁矩的平均方向上，因此各向同性的永磁体具有剩磁增强效应，M_r 可大于 $0.5M_s$，M_r 的理论值可达到 M_s。这种永磁材料的矫顽力取决于两相界面的磁交换作用的强与弱，强的磁交换作用一是要求硬磁性相的磁晶各向异性常数要大，二是要求第二相颗粒（或晶粒）尺寸达到临界尺寸，此临界尺寸与硬磁性相布洛赫壁的厚度相当，约 5 ~ 10nm。从理论上来说，这种永磁材料的矫顽力可达到硬磁性相各向异性场 H_A 的数值。为了使这种永磁体内两相界面处共格，两相应是从同一母相产生出来。因此这种永磁材料可用快淬法、机械合金化法或薄膜技术来制备，然后将其制成黏结磁体或压结磁体。

10.3.2 双相纳米晶复合永磁材料的磁学分析

微磁学理论分析的结果认为，假设纳米晶复合永磁材料由具有高的磁晶各向异性的硬磁性相（用 H 代表）和具有高的饱和磁化强度的软磁性相（用 S 代表）交替地复合组成。如果在起始状态 H 相的厚度正好等于其畴壁厚度时，由两相界面磁交换耦合作用的条件，可导出 S 相区的临界尺寸。当 S 相区的厚度达到这一临界尺寸时，在反磁化场作用下，S 相实现反磁化不可逆反转所需的反磁场为临界场 H_0，此时 $H_0 = H_{cj}$，即材料具有最大矫顽力 $H_{cj} = H_0 = K_{1H}/J_{ss}$。同时，由于在 S 相与 H 相的边界处存在磁交换耦合作用，因此在剩磁状态下，软磁性相的 M_{rS} 与硬磁性相的 M_{rH} 是同向平行的，从而导致剩磁效应增强，使单易轴磁体的 $M_r \gg M_s$。对于非取向的多晶样品来说，整个样品的剩磁 M_r 将与两相的相对体积分数、S 相的晶体对称性以及两相的相界面的晶体学共格关系有关，但由于磁交换耦合作用，总会有剩磁增强效应，即样品的 $M_r > 0.5M_s$。

有关二维与三维磁交换耦合模型的微磁学计算表明，各向同性双相纳米晶复合永磁材料的磁性能显著地随软磁性相 $\alpha-Fe$ 的数量和晶粒尺寸而变化。随 $\alpha-Fe$ 数量的增加，复合永磁体的 B_r 或 J_r 增加，原因是 $\alpha-Fe$ 的 J_s 比硬磁性相的高。当然更为重要的是在两相的相界面处存在磁交换耦合作用，其结果使 $\alpha-Fe$ 的磁矩沿饱和磁化方向，因而可使各向同性的磁体的 B_r 高达 $0.79J_s$。随 $\alpha-Fe$ 的晶粒尺寸的增加，复合永磁体的 J_r 降低，原因是两相的相界面处的磁交换作用长度约为 10nm 左右，当 $\alpha-Fe$ 晶粒尺寸长大后，$\alpha-Fe$ 晶粒内部的磁矩首先反磁化，导致 J_r 降低。图 10-36 是 $Nd_2Fe_{14}B/\alpha-Fe$、$Sm_2(Fe_{0.8}Co_{0.2})_{17}N_{2.8}/\alpha-Fe$ 和 $SmCo_5/\alpha-Fe$ 三个系列纳米晶复合永磁材料的磁能积 $(BH)_m$ 的比较以及它们随 $\alpha-Fe$ 晶粒尺寸的变化，可见除了 $SmCo_5/\alpha-Fe$ 系列外，当 $\alpha-Fe$ 的平均晶粒尺寸为 20nm 时，其磁能积可达到 $300kJ/m^3$。

有关磁交换耦合三维模型的微磁学分析，导出了各向异性双相纳米晶复合永磁体形核场 H_N 与球状软磁性相 $\alpha-Fe$ 颗粒直径 D 之间的关系。对于 $Sm_2Fe_{17}N_3/\alpha-Fe$ 纳米晶复合永磁体，得到图 10-37 所示的曲线，可见当软磁性相 $\alpha-Fe$ 颗粒直径小到等于硬磁性相 $180°$ 布洛赫壁的厚度，即颗粒直径 $D_c = 3nm$ 时，永磁体的形核场可达到图中平台的水平，具有最高的矫顽力 $H_{cj} = H_N = 20T$。此时相当于软磁性相与硬磁性相实现完全的磁交换耦合作用，即磁交换耦合作用使软磁性相 $\alpha-Fe$ 的磁矩与相邻硬磁性相的磁矩平行，并且在磁化与反磁化过程中，它们磁矩的转动也完全是同步的。当 $\alpha-Fe$ 的颗粒尺寸大于 D_c 时，该永磁体的矫顽力 H_{cj} 将随 D 的增加而按 $1/D^2$ 规律下降，也就是说此时 $\alpha-Fe$ 颗粒内部的磁矩与硬磁性相的磁矩便失去了磁交换耦合作用。

处于平台处的形核场即矫顽力可表达为：

$$H_{cj} = H_N = 2\frac{\varphi_S K_{1S} + \varphi_H K_{1H}}{\mu_0(\varphi_S M_{sS} + \varphi_H M_{sH})}$$

式中 φ_S，φ_H——分别为软磁性相和硬磁性相的体积分数；

K_{1S}，K_{1H}——分别为软磁性相和硬磁性相的磁晶各向异性常数；

M_{sS}，M_{sH}——分别为软磁性相和硬磁性相的饱和磁化强度。

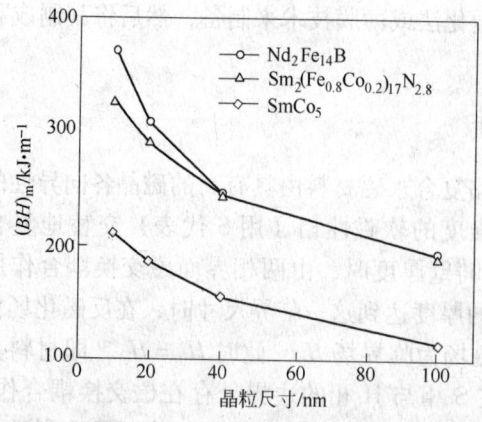 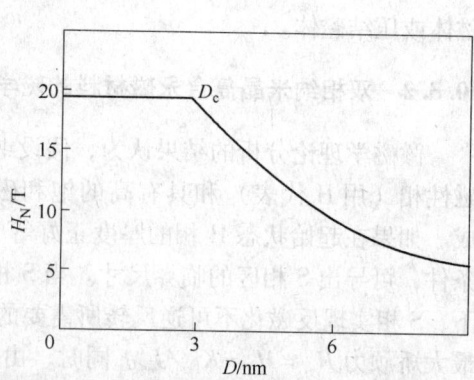

图 10-36　$Nd_2Fe_{14}B/\alpha-Fe$、$Sm_2(Fe_{0.8}Co_{0.2})_{17}N_{2.8}$/　　　图 10-37　$Sm_2Fe_{17}N_3/\alpha-Fe$ 纳米晶复合
$\alpha-Fe$ 和 $SmCo_5/\alpha-Fe$ 三种纳米晶复合永磁材料的　　　永磁体形核场 H_N 与球状软磁性相颗粒
磁能积 $(BH)_m$ 的比较以及它们与 $\alpha-Fe$　　　　　　　　直径 D 之间的关系
（20% 体积分数）晶粒尺寸的关系

　　可见该体系的矫顽力仅与 φ_S、K_{1S}、M_{sS} 和 φ_H、K_{1H}、M_{sH} 等有关，而与两相的形状无关。

　　此时它的剩磁为：

$$M_r = \varphi_H M_{sH} + \varphi_S M_{sS}$$

即具有显著的剩磁增强效应。它的磁滞回线（$J-H$）是方形的，磁能积为：

$$(BH)_m = \frac{1}{4}\mu_0 M_{sS}^2 \left[1 - \frac{\mu_0(M_{sS}-M_{sH})M_{sS}}{2K_H}\right]$$

　　由于 K_H 很大，式中括号内第二项的数值很小，所以该体系的磁能积为 $(BH)_m \approx \mu_0 M_{sS}^2/4$。例如，对于 $Sm_2Fe_{17}N_3/\alpha-Fe$ 纳米晶复合永磁体，取 $\mu_0 M_{sS} = 2.15T$，$\mu_0 M_{sH} = 1.55T$，$K_{1S} = 0$，$K_{1H} = 12MJ/m^3$，$\varphi_S = 7\%$，代入以上各式可得 $H_N = 14020kA/m$，$M_r = 1266.9kA/m \approx 0.74M_{sS}$。这时 $(BH)_m = 880kJ/m^3$。

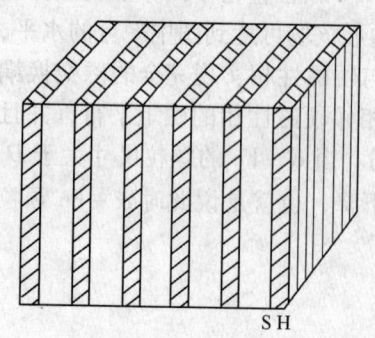

图 10-38　纳米晶双相
复合多层永磁体

　　如果考虑的是 $Sm_2Fe_{17}N_3/Fe_{65}Co_{35}$ 纳米晶复合永磁体，并且取 $\mu_0 M_{sS} = 2.43T$，$\mu_0 M_{sH}$、K_{1H} 等与上例相同，而 $\varphi_S = 9\%$，则可得到 $H_N = 13405kA/m$，$M_r = 1296.5kA/m \approx 0.67M_{sS}$，该永磁体的磁能积将达到 $(BH)_m = 1091kJ/m^3$。

　　纳米晶复合永磁体的两个相也可人工地制成交替的多层膜，如图 10-38 所示。由微磁学分析同样可求出软磁性相薄膜的临界厚度 L_c，当软磁性相薄膜的厚度小于 L_c 时，由于磁交换耦合作用，多层膜内软磁性相与硬磁性相区同时发生反磁化，它的形核场 H_N 就是多层膜永磁体的矫顽力。例如 $Sm_2Fe_{17}N_3/Fe_{65}Co_{35}$ 的多层膜，当硬磁性相薄膜的厚度 $L_H = 2.4nm$ 时，$L_C = 9.0nm$。这时永磁体的 $J_r = 2.24T \approx 0.92J_s$，$H_{cj} = 891kA/m$，磁能积将达到 $(BH)_m = 1000kJ/m^3$，即可获得兆焦耳永磁体。这种永磁体将在微型机械、机器人和薄型电路中有应用前景。

10.3.3 双相纳米晶复合 $RE_2Fe_{14}B/\alpha-Fe$ 系永磁材料

10.3.3.1 纳米晶复合 REFeB 系永磁材料的成分范围

图 10-39 是 REFeB 系室温截面图（RE = Nd 或 Pr），图中 Fe_3B 是非平衡相，只有用熔体快淬法或机械合金化法制备 REFeB 时才会出现，而用烧结法时则不会出现。图中有 3 个影线区，其中 MQ 区是快淬 MQ 磁粉的成分区。Ⅰ 和 Ⅱ 区均是低稀土的纳米晶复合永磁材料成分区。Ⅰ 区是以 Fe_3B 为基体，同时含有少量的 $RE_2Fe_{14}B$ 相和 $\alpha-Fe$，属于 Fe_3B 基永磁材料。Ⅱ 区是以 $RE_2Fe_{14}B$ 为基体，同时含有少量的 $\alpha-Fe$、Fe_3B 和 T_2 相。$RE_2Fe_{14}B$ 相的数量取决于合金的具体成分。

10.3.3.2 纳米晶复合 $Pr_2Fe_{14}B/\alpha-Fe$ 永磁材料

王佐诚等人系统地研究了纳米晶复合 $Pr_2Fe_{14}B/\alpha-Fe$ 永磁材料的成分、组织结构、磁性能与工艺参数之间的关系，并制备出高性能的 $Pr_8Fe_{86}B_6$（体积分数约为 70% $Pr_2Fe_{14}B$ 和 30% Fe）的纳米晶复合永磁材料。其磁性能达到 $B_r = 1.23T$，$H_{cj} = 461.68kA/m$，$(BH)_m = 165.67kJ/m^3$。

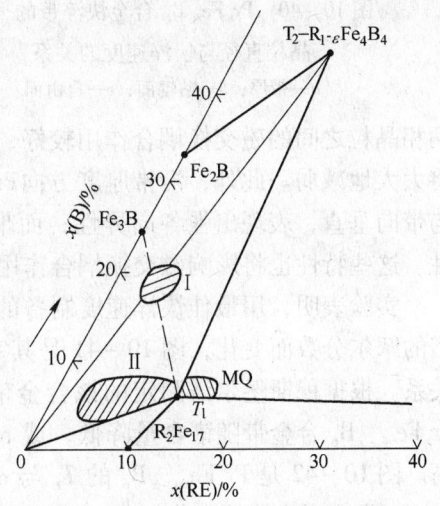

图 10-39 REFeB 系室温截面图

在快淬工艺参数中，快淬速度对 $Pr_8Fe_{86}B_6$ 双相纳米晶复合永磁体组织与磁性能的影响最大，在快淬速度为 18m/s 左右获得最佳磁性能，该速度称为最佳快淬速度 v_c。当 $v \leqslant v_c$ 时，合金薄带样品完全由 $Pr_2Fe_{14}B$ 和 $\alpha-Fe$ 两个晶体相组成。当 $v = v_c = 18m/s$ 时，快淬带样品的平均晶粒尺寸约为 20nm，已与软磁性相的临界厚度相近，造成 $Pr_2Fe_{14}B$ 与 $\alpha-Fe$ 两相晶粒之间较强的磁交换耦合作用，因此具有很高的硬磁性能。当 $v < v_c$ 时，样品的平均晶粒尺寸增大，如 $v = 10m/s$ 时，平均晶粒尺寸约为 200~300nm，远大于两相磁交换耦合作用的耦合长度，样品的磁滞回线具有两个铁磁性相混合体的磁滞回线特征，磁体的磁性能降低。

当 $v > v_c$ 时，合金薄带样品由 $Pr_2Fe_{14}B$ 和 $\alpha-Fe$ + 非晶相组成。并且随快淬速度的提高，$Pr_2Fe_{14}B$ 和 $\alpha-Fe$ 晶体相逐渐减少，非晶相的体积分数逐渐增加，样品的磁性能降低。将这种样品在不同晶化温度下退火处理，发现通过最佳快淬速度制备的 $Pr_8Fe_{86}B_6$ 纳米晶复合永磁材料具有最好的磁性能；通过部分快淬和最佳退火温度晶化得到的性能次之；而通过完全过快淬和最佳退火温度晶化得到的性能最低。说明快淬态非晶相的体积分数越大，经最佳退火温度晶化处理后得到的磁性能也越低。造成这一结果的原因与晶化处

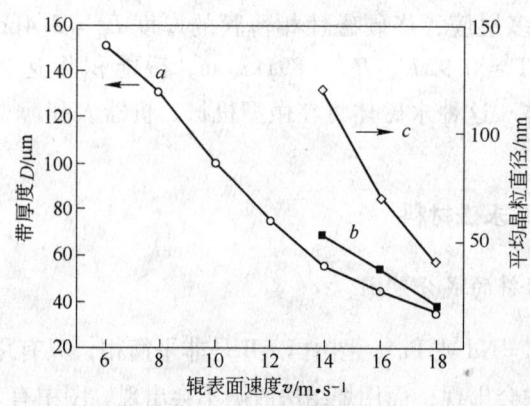

图 10 - 40　$Pr_8Fe_{86}B_6$ 合金快淬带的平均

晶粒直径与快淬速度的关系

a—带厚；b—贴辊面；c—自由面

理过程中显微结构的变化以及晶粒尺寸大小和分布有关。

在最佳快淬速度得到的合金薄带样品的 $B_r = 1.23T \approx 0.76J_s$，其矫顽力也比预想的要低。原因是具有一定厚度的快淬带的贴辊面与自由面的晶粒大小不同。图 10 - 40 是 $Pr_8Fe_{86}B_6$ 合金快淬带晶粒直径与快淬速度的关系。可见随快淬速度降低，带的厚度增加，贴辊面与自由面的平均晶粒直径及其尺寸差都增大。例如快淬速度为 18m/s 的薄带，带厚约 30μm，其贴辊面的晶粒尺寸为 20nm，而自由面的为 40nm，带中心的为 30nm。这样贴辊面

两相晶粒之间的磁交换耦合作用较好，而带中心和自由面两相晶粒之间的磁交换耦合作用将大大地减弱。此外，沿带厚度方向 $Pr_2Fe_{14}B$ 晶粒 c 轴取向方向也不同。贴辊面晶粒 c 轴与带向垂直，表现出强各向异性；而带的自由面晶粒 c 轴是混乱取向的，表现出各向同性。这些特性也将影响磁交换耦合作用和磁性能。

实验表明，用最佳快淬速度制备的 $Pr_xFe_{94-x}B_6$ 纳米晶复合永磁合金薄带的磁性能随镨的摩尔分数而变化，图 10 - 41 是其室温磁性能与镨摩尔分数以及软磁性相体积分数的关系。根据穆斯堡尔谱测定的该合金带组成相的体积分数见表 10 - 4。可见最佳快淬态 $Pr_xFe_{94-x}B_6$ 合金带随镨含量降低，或 α - Fe 含量的增加，剩磁增强效应 $B_r - B_r^*$ 逐渐提高。图 10 - 42 是 $Pr_xFe_{94-x}B_6$ 的 T_c 与 α - Fe 相含量的关系，可见随 α - Fe 含量提高，与 α - Fe 发生磁交换耦合作用的 $Pr_2Fe_{14}B$ 纳米相的数量增加，因此合金的 T_c 有所提高。

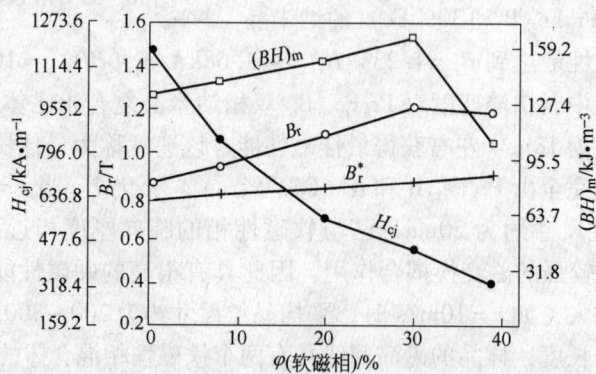

图 10 - 41　最佳快淬态 $Pr_xFe_{94-x}B_6$ 合金带室温磁性能与

镨摩尔分数以及软磁性相体积分数的关系

表 10 - 4　最佳快淬态 $Pr_xFe_{94-x}B_6$ 合金带组成相的体积分数

x	$Pr_2Fe_{14}B$	α - Fe	Fe_3B	$Pr_{1.1}Fe_4B_4$
12	100			
10.44	92	8		

续表 10-4

x	Pr₂Fe₁₄B	α-Fe	Fe₃B	Pr₁.₁Fe₄B₄
9	77	18	3	2
8	66	27	3	4
7	57	35	4	4

用21m/s快淬速度制备快淬合金带，采用最佳退火温度处理后，经球磨将合金带磨成0.246mm（60目）的粉末，配入质量分数为3%的环氧树脂并均匀混合后，以20MPa压力使之压制成型，在140℃固化处理1h，最终制成黏结磁体。其成分和磁性能列于表10-5。可见用较低稀土含量（8%~9%摩尔分数）的纳米晶复合黏结永磁材料与用MQ I（Nd摩尔分数为15%）磁粉制备的黏结永磁体的性能相当，这是一种低成本的黏结永磁体，可发展成为一系列廉价高性能的永磁体。

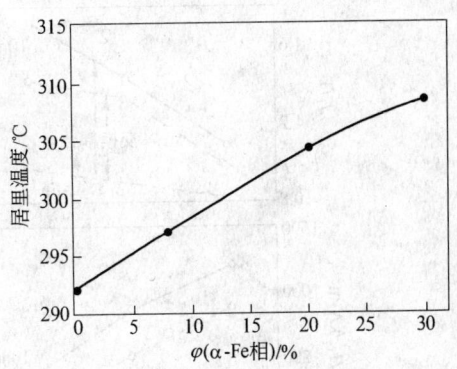

图 10-42 最佳快淬态 Pr$_x$Fe$_{94-x}$B$_6$ 合金带的 T_c 与 α-Fe 相含量的关系

表 10-5 Pr₂Fe₁₄B/α-Fe 纳米晶复合黏结永磁体的成分与性能

合金成分（原子分数）	B_r/T	H_{cj}/kA·m^{-1}	H_{cb}/kA·m^{-1}	$(BH)_m$/kJ·m^{-3}
Pr₁₂Fe₈₂B₆	0.617	958.4	417.9	65.83
Pr₁₀.₄₄Fe₈₃.₅₆B₆	0.637	700.5	410.7	70.0
Pr₈Dy₁Fe₈₄B₆	0.649	660.7	384.5	68.8
Pr₉Fe₆₅B₆	0.702	469.6	340.6	69.2
Pr₈Fe₈₆B₆	0.725	394.8	270.4	56.6
Nd₁₅Fe₇₇B₆(MQ)	0.59	1241.8		67.8

10.3.3.3 纳米晶复合 Nd₂Fe₁₄B/α-Fe 永磁材料

如果采用熔体快淬法来制备纳米晶复合 Nd₂Fe₁₄B/α-Fe 永磁材料，它的成分、结构、工艺与性能的关系规律几乎与 Pr₂Fe₁₄B/α-Fe 纳米晶复合永磁材料的完全相同。图10-43所示为纳米晶复合 Nd₂Fe₁₄B/α-Fe 永磁材料的磁性能随软磁性相 α-Fe 体积分数和晶粒尺寸的变化，可见在一般的制备工艺条件下，当 α-Fe 的体积分数为40%，平均晶粒尺寸为20nm时，复合磁体的磁能积可达到 $(BH)_m = 300kJ/m^3$。然而目前实际得到的 Nd₂Fe₁₄B/α-Fe 复合磁体，在成分与结构上与 Pr₂Fe₁₄B/α-Fe 复合磁体相同，通常 α-Fe 的体积分数约30%左右，平均晶粒尺寸大于30nm，因此两种复合磁体的磁性能也相近。

此外，人们还研究了取代合金元素对（Nd，RE)₂(Fe，M)₁₄B/α-Fe（M）系永磁材料性能的影响，其主要结果列于表10-6。

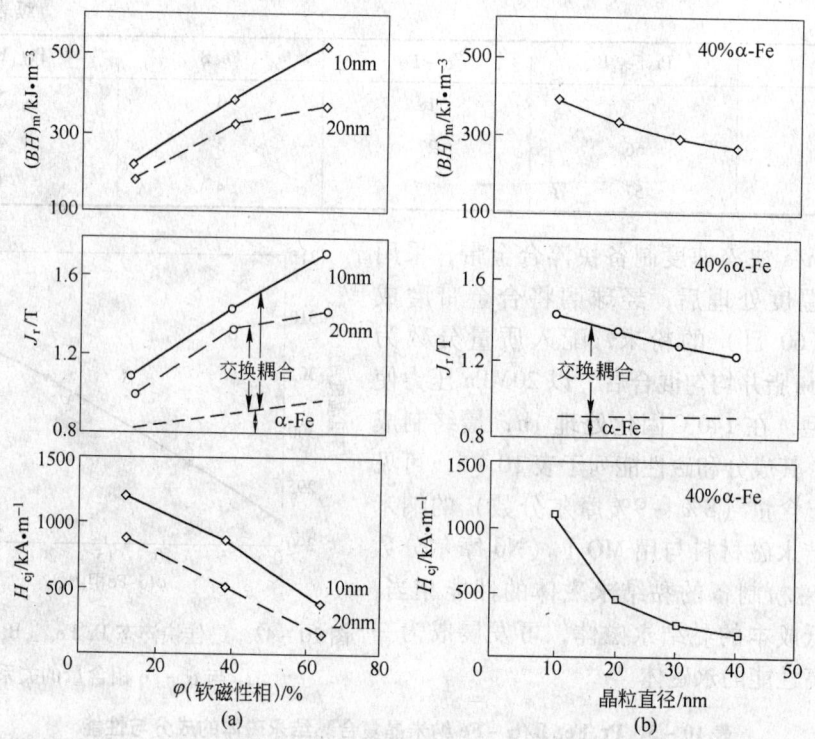

图 10 - 43　Nd₂Fe₁₄B/α - Fe 纳米晶复合永磁材料的磁性能与
软磁性相体积分数和晶粒尺寸的关系

表 10 - 6　Nd₂Fe₁₄B/α - Fe 系纳米晶复合永磁材料的磁性能

合金成分（摩尔分数）	B_r/T	H_{cj}/kA · m⁻¹	$(BH)_m$/kJ · m⁻³	α - Fe 晶粒直径/nm
Nd₈Fe₈₆B₆	1.10	485	158	<30
Nd₁₂Fe₈₄Ti₁B₅	0.91	710	97	5~50
Nd₁₀Fe₈₄Ti₁B₅	0.94	390	82	5~50
Nd₆Fe₈₇Nb₁B₆	1.04	300	78	30~50
Nd₉.₅Fe₈₅.₅B₅	1.07	552	136	<35
(Nd₀.₉₅La₀.₀₅)₉.₅Fe₈₅.₅B₅	1.03	464	113.6	<25
(Nd₀.₉₀La₀.₁₀)₉.₅Fe₈₅.₅B₅	0.96	504	123.2	<20
(Nd₀.₈₅La₀.₁₅)₉.₅Fe₈₅.₅B₅	1.01	456	128	<20

　　近期正在研究的有 Nd₂Fe₁₄B/α - Fe 纳米晶复合多层膜永磁材料。例如用磁控溅射方法制备的 Nd₂Fe₁₄B/α - Fe/Nd₂Fe₁₄B 3 层膜永磁材料，其中 Nd₂Fe₁₄B 膜厚度为 30nm，α - Fe 膜厚度为 5nm，其矫顽力达到 H_{cj} = 230kA/m。用同样方法制备的 Nd₂Fe₁₄B/α - Fe 纳米晶复合 10 层膜永磁材料的磁性能达到 B_r = 1.10T，H_{cj} = 400kA/m。

10.3.4　双相纳米晶复合 Fe₃B/α - Fe + Nd₂Fe₁₄B 系永磁材料

　　用熔体快淬法将摩尔分数为 Nd₄Fe₇₆B₂₀ 的合金制成薄带，然后在 670℃ 晶化退火

30min，其永磁性能达到：$J_s = 1.6T$，$B_r = 1.2T$，$H_{cj} = 286.5kA/m$，$(BH)_m = 95kJ/m^3$。显微结构分析表明，该合金由 Fe_3B、$Nd_2Fe_{14}B$ 和 $\alpha - Fe$ 3 个相组成，它们的体积分数分别是 73%、15% 和 12%。研究表明，亚稳相 Fe_3B 具有体心四方结构，其 T_c 和 J_s 分别为 786K 和 1.6T。Fe_3B 具有单轴各向异性，$K_1 = 200kJ/m^3$，合金中 Fe_3B 的 $H_A = 640kA/m$。因此认为 $Nd_4Fe_{76}B_{20}$ 合金矫顽力来源于含钕的 Fe_3B 自身各向异性。此外，该合金的快淬样品，经 600~800℃ 退火处于高矫顽力状态时，合金由体心四方 Fe_3B 亚稳相和少量 $\alpha - Fe$ 组成，此时 Fe_3B 相中含有少量钕原子；只有在高于 850℃ 以上退火时，才观察到 $Nd_2Fe_{14}B$ 相，但此时样品的矫顽力已大大地降低，并且亚稳定的 Fe_3B 相已分解为 $\alpha - Fe$ 和 Fe_2B 相。说明 Fe_3B 基纳米晶复合永磁材料矫顽力来源于含有钕的 Fe_3B 相本身，而剩磁增强作用来源于 Fe_3B 与 $\alpha - Fe$ 相纳米晶复合交换耦合作用。

Fe_3B 基双相纳米晶复合永磁材料的磁性能与钕含量有密切关系，图 10-44 是快淬 $(Nd_xFe_{1-x})_{81.5}B_{18.5}$ 合金经最佳热处理后获得的室温磁性能与钕含量 x 的关系，可见 B_r 和 H_{cj} 均在 $x = 0.05~0.06$，即相当于 $Nd_4Fe_{77.5}B_{18.5}$ 处出现峰值。它的磁性能达到 $B_r = 1.27T$，$H_{cj} = 238.8kA/m$，$(BH)_m = 105.8kJ/m^3$。当用钴取代部分铁，合金中 Fe_3B、$Nd_2Fe_{14}B$ 和 $\alpha - Fe$ 3 个相的 T_c 均提高，如图 10-45 所示，说明所添加的钴同时进入 3 个相。各种添加元素中，镝、钴、镓的复合添加可显著地提高其磁性能。单独用镝取代，也可提高 H_{cj}，但当镝的摩尔分数大于 3% 以后，其磁性反而降低。此外，Fe_3B 基纳米晶复合永磁材料的磁感温度系数优于烧结 NdFeB 永磁体或 MQ 磁粉。

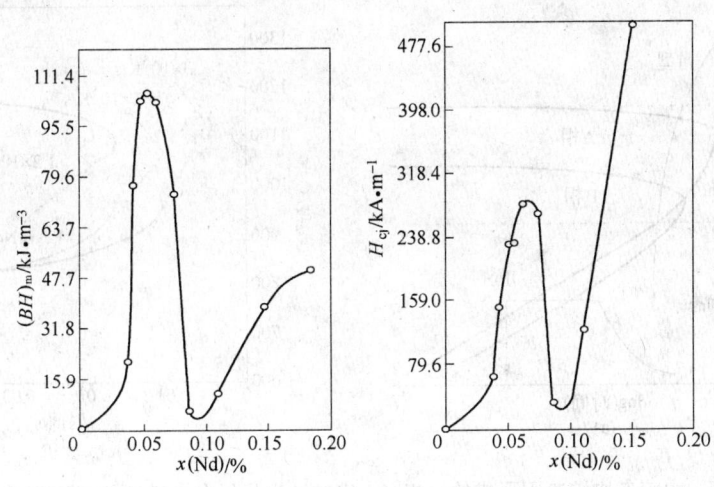

图 10-44　$(Nd_xFe_{1-x})_{81.5}B_{18.5}$ 合金快淬带经最佳
温度退火后磁性能与钕含量 x 的关系

10.3.5　双相纳米晶复合永磁材料的新进展

双相纳米晶复合永磁材料是制备中、低矫顽力黏结永磁体的很好材料，其优点为：稀土含量比 MQ 磁粉的低，成本可降低；温度稳定性好，尤其是它的矫顽力温度系数低，约为 -0.4%/℃；生产周期短，工艺成本较低；特别是它的理论磁能积很高。近几年来，人们一直在双相纳米晶复合永磁材料的制备原理、微观结构、成分与磁性能关系、制备工艺

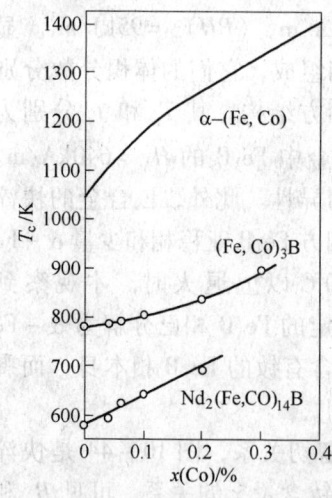

图 10 – 45　Nd$_4$(Fe$_{1-x}$Co$_x$)$_{77.5}$B$_{18.5}$
合金非晶带经最佳温度退火后，
3 个相的 T_c 与钴含量
x 的关系

参数与磁性能关系、磁畴结构、磁化与反磁化、微磁学理论等方面进行广泛的研究，以便寻找提高其磁性能的途径。从实用的角度而言，已研制出多种具有较好磁性能的双相纳米晶复合永磁材料，如双相纳米晶复合致密磁体的磁性能已达到 $B_r = 1.482$T，$H_{cj} = 816.7$kA/m，$(BH)_m = 367.7$kJ/m^3。

值得注意的是，Hirosawa 等人对熔体快淬法获得纳米结构的过程与机理进行了研究。对于 Nd$_4$Fe$_{77.5}$B$_{18.5}$、Nd$_4$Fe$_{77.5}$B$_{18.5}$Cr$_{2.5}$ 和 Nd$_4$Fe$_{77.5}$B$_{18.5}$Cu$_{0.5}$（以下按顺序分别称为 A$_1$、A$_2$ 和 A$_3$）3 种成分合金 Fe$_3$B/Nd$_2$Fe$_{14}$B 相的凝固过程，用红外线高速照相机来摄取熔潭及其延伸带温度随时间的变化，结合 X 射线衍射分析，初步作出了 A$_1$、A$_2$ 和 A$_3$ 合金熔体的连续相变 CCT 曲线，如图 10 – 46 所示。图 a 为双相纳米晶复合永磁体的两种类型转变原理图；图 b 为 3 种合金的 CCT 曲线图，实线是 Nd$_4$Fe$_{77.5}$B$_{18.5}$（A$_1$）合金的 TTT 曲线，虚线是 Nd$_4$Fe$_{77.5}$B$_{18.5}$Cr$_{2.5}$（A$_2$）和

Nd$_4$Fe$_{77.5}$B$_{18.5}$Cu$_{0.5}$（A$_3$）合金的 TTT 曲线（TTT 表示温度（T）–时间（T）–转变（T）曲线）。

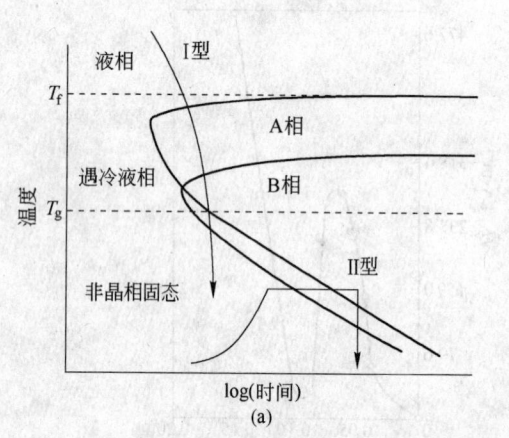
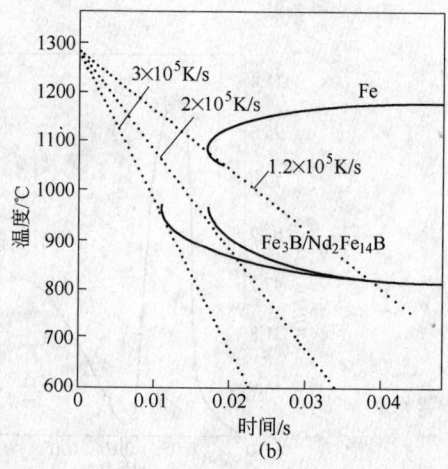

图 10 – 46　由液态快淬凝固形成的双相（A/B）纳米晶复合永磁体的 CCT 转变原理图

由图 10 – 46 可见，A$_1$ 快淬薄带以 2×10^5K/s，而 A$_2$ 和 A$_3$ 以 3×10^5K/s 速度冷却，得到的都是非晶态薄带，其矫顽力很低，如图 10 – 47 所示。3 种合金薄带的最佳快淬速度分别为：A$_1$ 1.5×10^5K/s，A$_2$ 1.25×10^5K/s 和 A$_3$ 1.0×10^5K/s。以最佳快淬速度冷却时，3 种合金均由 Fe$_3$B 和 Nd$_2$Fe$_{14}$B 相组成，并且晶粒尺寸均匀、细小，因此具有高矫顽力。图 10 – 46 对了解 Fe$_3$B/Nd$_2$Fe$_{14}$B 纳米晶复合永磁体组织结构与工艺设计都是很有意义的。

图 10 – 48 是 Fe$_3$B/Nd$_2$Fe$_{14}$B 纳米晶复合永磁体，通过以过快淬速冷却制备出非晶带，

随后在 600～700℃ 回火 20～30℃ 所获得的磁性能与合金成分的关系。可见当成分为 $Nd_{4.5}Fe_{73}B_{18.5}Cr_2CO_2$ 时，合金有较好的综合磁性能；而成分为 $Nd_{5.5}Fe_{66}B_{18.5}Cr_5CO_5$ 时，合金具有较高的矫顽力。图 10–48 为根据性能要求来选择合金成分提供了依据。

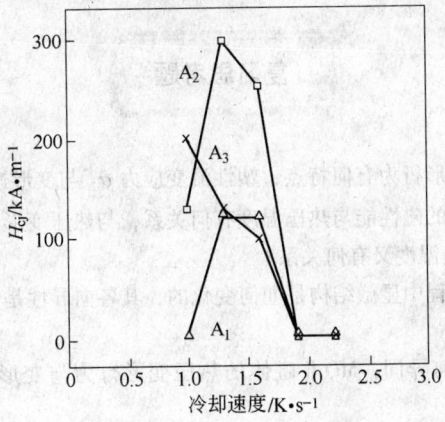

图 10–47 A_1、A_2 和 A_3 三种成分合金从熔点以上到 600℃ 之间的
冷却速度与合金快淬带矫顽力的关系

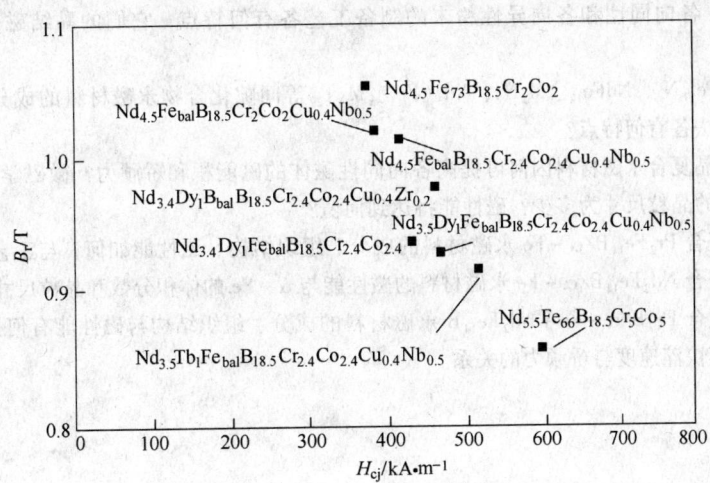

图 10–48 $Fe_3B/Nd_2Fe_{14}B$ 纳米晶复合永磁薄带的磁
性能与合金成分的关系（Ⅱ型相变）

本 章 小 结

（1）PrFeB 铸造－热变形法工艺过程简单，其磁体的磁性能取决于热变形时组织结构的变化；REFeB 合金的粉末－致密化－热变形工艺通过热压得到 MQⅡ各向同性磁体，再进行热模压变形得到 MQⅢ磁体，具有高的磁性能。

（2）$Sm_2Fe_{17}N_x$ 化合物具有优异的内禀磁特性，将 Sm_2Fe_{17} 母合金经过氮化处理得到这种新型的间隙化合物永磁材料，其实用黏结磁体具有很高的矫顽力；其他如 $Sm_2Fe_{17}C_x$ 和 1:12 型、3:29 等氮间隙化合物，也可成为有实用意义的永磁材料。

（3）双相纳米晶复合永磁材料由软磁性相 $\alpha-Fe$、$Fe_3B/\alpha-Fe$ 等和硬磁性相 $RE_2Fe_{14}B$ 在纳米范围内复合组成，为了使两相界面处共格，用快淬法、机械合金化法或薄膜技术制备，然后将其制成黏结磁体或压接磁体。

复习思考题

10 - 1　PrFeB 合金铸锭的热变形行为有何特点，塑性流变应力 σ_L 与变形速度有何关系？

10 - 2　PrFeB 合金热模压磁体的磁性能与热压温度有何关系，与热压变形量有何关系，热轧磁体的磁性能与热轧变形量和热轧温度又有何关系？

10 - 3　PrFeB 合金在热变形过程中显微结构是如何变化的，其各向异性是如何形成的，热处理对磁性能有何影响？

10 - 4　MQⅡ 与 MQⅢ 磁体有何异同，MQⅡ 磁体的热压变形行为与变形温度和变形速度及压力有何关系？

10 - 5　热模压变形 MQⅢ 磁体的组织、成分与磁性能有何关系，为什么？

10 - 6　$Sm_2Fe_{17}N_x$ 间隙化合物氮含量与氮化温度、压力、时间、颗粒尺寸各有何关系？化合物的点阵常数、单胞体积、内禀磁性能和分解温度与氮含量有何关系？

10 - 7　$Sm_2Fe_{17}N_x$ 各向同性和各向异性粉末的制备工艺各有何特点，它们的黏结磁体的磁性能有何差异？

10 - 8　归纳 $Sm_2Fe_{17}N_x$、$NdFe_{12-x}M_xN_y$、$Nd_3(Fe_{1-x}M_x)_{29}$ 等间隙化合物永磁材料的成分和磁性能范围。其制备方法各有何特点？

10 - 9　双相纳米晶复合永磁材料因何可提高各向同性磁体的磁能积和矫顽力？微磁学分析的结果认为该类磁体的晶粒尺寸为多少？磁性能将达到何值？

10 - 10　纳米晶复合 $Pr_2Fe_{14}B/\alpha-Fe$ 永磁材料的成分、组织结构、磁性能如何，与工艺参数有何关系？纳米晶复合 $Nd_2Fe_{14}B/\alpha-Fe$ 永磁材料的磁性能与 $\alpha-Fe$ 的体积分数和晶粒尺寸有何关系？

10 - 11　纳米晶复合 $Fe_3B/\alpha-Fe+Nd_2Fe_{14}B$ 永磁材料的成分、组织结构与磁性能有何关系？由 CCT 曲线分析其快淬速度与矫顽力的关系。

参 考 文 献

[1] 周寿增. 稀土永磁材料及其应用 [M]. 北京：冶金工业出版社，1990.

[2] 周寿增，等. 超强永磁体——稀土铁系永磁材料（第2版）[M]. 北京：冶金工业出版社，2004.

[3] 潘树明. 稀土永磁合金高温相变及其应用 [M]. 北京：冶金工业出版社，2005.

[4] 朱中平，薛剑峰等. 中外磁性材料实用手册 [M]. 北京：中国物资出版社，2004.

[5] 戴道生，钱昆明. 铁磁学（上册）[M]. 北京：科学出版社，2000.

[6] 钟文定. 铁磁学（中册）[M]. 北京：科学出版社，2000.

[7] 徐光宪，等. 稀土（第2版）[M]. 北京：冶金工业出版社，1995.

[8] 石富. 稀土冶金 [M]. 呼和浩特：内蒙古大学出版社，1994.

[9] 黄培云. 粉末冶金原理（第2版）[M]. 北京：冶金工业出版社，1997.

[10] 卢寿慈. 粉体加工技术（第2版）[M]. 北京：中国轻工业出版社，1998.

[11] 石富. 稀土冶金技术（第2版）[M]. 北京：冶金工业出版社，2013.

[12] 石富，等. 矿热炉控制与操作（第2版）[M]. 北京：冶金工业出版社，2013.

[13] 周寿增，等. 烧结钕铁硼稀土永磁材料与技术 [M]. 北京：冶金工业出版社，2011.

冶金工业出版社部分图书推荐

书　名	作　者	定价(元)
中国冶金百科全书·金属材料	编委会　编	229.00
超强永磁体——稀土铁系永磁材料（第2版）	周寿增　等著	56.00
稀土永磁合金——高温相变及其应用	潘树明　著	29.00
烧结钕铁硼稀土永磁材料与技术	周寿增　等著	69.00
粉末烧结理论	果世驹　著	34.00
粉末冶金摩擦材料	曲在纲　著	39.00
粉末金属成形过程计算机仿真与缺陷预测	董林峰　著	20.00
金属学原理（第2版）（本科教材）	余永宁　编	160.00
金属学原理习题解答（本科教材）	余永宁　编著	19.00
金属材料学（第2版）（本科教材）	吴承建　等编	52.00
粉末冶金原理（第2版）	黄培云　主编	44.50
粉末冶金工艺及材料（本科教材）	陈文革　等编	33.00
金相实验技术（第2版）（本科教材）	王　岚　等编	32.00
特种冶炼与金属功能材料（本科教材）	崔雅茹　等编	20.00
钢铁冶金原理（第4版）（本科教材）	黄希祜　编	80.00
冶金物理化学研究方法（第4版）（本科教材）	王常珍　主编	68.00
冶金与材料热力学（本科教材）	李文超　等编	65.00
冶金物理化学（本科教材）	张家芸　主编	39.00
冶金工程实验技术（本科教材）	陈伟庆　主编	39.00
相图分析及应用（本科教材）	陈树江　等编	20.00
合金相与相变（第2版）（本科教材）	肖纪美　主编	37.00
工程材料基础（高职高专教材）	甄丽萍　主编	26.00
稀土冶金技术（第2版）（高职高专教材）	石　富　主编	39.00
铁合金生产工艺与设备（高职高专教材）	刘　卫　等编	39.00
矿热炉控制与操作（第2版）（高职高专教材）	石　富　等编	39.00
矿热炉机械设备和电气设备（高职高专教材）	许传才　等编	45.00